国家出版基金项目
NATIONAL PUBLICATION FOUNDATION

"十三五"国家重点图书出版规划项目

中国水稻品种志

万建民　总主编

江西卷

余传元　余丽琴　主　编

中国农业出版社

北京

内容简介

　　江西省自古以来盛产稻米，具有优越的水稻生产自然条件和丰富的稻种资源。自1934年江西省农业院成立以来，江西省就开始了以系统选育为基础的水稻育种工作，并取得了丰硕成果。自1985年实施品种审定以来至2014年，江西省农作物品种审定委员会共审定水稻品种669个。本书介绍了全国和江西省水稻生产、种植区划及品种选育进程，选录了曾在江西省水稻生产及育种中发挥了重大作用的512个品种，包括59个常规早籼稻、39个常规晚籼稻、88个地方品种及杂交稻亲本，272个籼型三系杂交稻和54个籼型两系杂交稻，并对品种特性等分别加以描述，大部分品种附有植株、稻穗和米粒照片。少部分早期选育的常规品种或杂交稻组合因年代久远、资料匮乏、种子缺失等原因，只有文字介绍。书中还介绍了12位在江西省乃至全国水稻育种中做出突出贡献的专家。

　　为便于读者查阅，各类品种均按汉语拼音顺序排列。同时为便于读者了解品种选育年代，书后还附有品种检索表，包括类型、审定编号和品种权号。

Abstract

　　Jiangxi Province has superior natural conditions for rice planting and therefore has abundant rice genetic resources. As early as the establishment of the former Jiangxi Agricultural Academy in 1934, rice breeders began to work on rice breeding mainly focused on the systematic breeding method, and so far has achieved fruitful results. From 1985 when Jiangxi Province started to implement variety approval policy, total 669 rice varieties have been approved by the Crop Variety Approval Committee of Jiangxi Province till 2014. This book summarized rice production, rice planting regionalization, and breeding history of China and Jiangxi Province. Total 512 varieties were selected and recorded in the book, including 59 conventional early *indica* varieties, 39 conventional late *indica* varieties, 88 local varieties and hybrid parents, 272 *indica* three-line hybrid rice, and 54 *indica* two-line hybrid rice that had played major roles in rice production and rice breeding of Jiangxi Province. All varieties were described with detailed characteristics and most of them had illustrations with photos of plants, spikes and grains individually. For some varieties or hybrid combinations improved in early period, there were only brief introductions because of no detailed information or lack of seeds for taking photographs. Moreover, this book also introduced 12 famous rice breeders who made outstanding contributions to rice breeding in Jiangxi Province and even in the whole country.

　　For the convenience of readers' reference, all varieties were arranged according to the order of Chinese phonetic alphabet. At the same time, in order to facilitate readers to access simplified variety information, a variety index was attached at the end of the book, including category, approval number and variety right number etc.

《中国水稻品种志》
编辑委员会

江西卷编委会

前 言

　　水稻是中国和世界大部分地区栽培的最主要粮食作物，水稻的产量增加、品质改良和抗性提高对解决全球粮食问题、提高人们生活质量、减轻环境污染具有举足轻重的作用。历史证明，中国水稻生产的两次大突破均是品种选育的功劳，第一次是20世纪50年代末至60年代初开始的矮化育种，第二次是70年代中期开始的杂交稻育种。90年代中期，先后育成了超级稻两优培九、沈农265等一批超高产新品种，单产达到11～12t/hm²。单产潜力超过16t/hm²的超级稻品种目前正在选育过程中。水稻育种虽然取得了很大成绩，但面临的任务也越来越艰巨，对骨干亲本及其育种技术的要求也越来越高，因此，有必要编撰《中国水稻品种志》，以系统地总结65年来我国水稻育种的成绩和育种经验，提高我国新形势下的水稻育种水平，向第三次新的突破前进，进而为促进我国民族种业发展、保障我国和世界粮食安全做出新贡献。

　　《中国水稻品种志》主要内容分三部分：第一部分阐述了1949—2014年中国水稻品种的遗传改良成就，包括全国水稻生产情况、品种改良历程、育种技术和方法、新品种推广成就和效益分析，以及水稻育种的未来发展方向。第二部分展示中国不同时期育成的新品种（新组合）及其骨干亲本，包括常规籼稻、常规粳稻、杂交籼稻、杂交粳稻和陆稻的品种，并附有品种检索表，供进一步参考。第三部分介绍中国不同时期著名水稻育种专家的成就。全书分十八卷，分别为广东海南卷、广西卷、福建台湾卷、江西卷、安徽卷、湖北卷、四川重庆卷、云南卷、贵州卷、黑龙江卷、辽宁卷、吉林卷、浙江上海卷、江苏卷，以及湖南常规稻卷、湖南杂交稻卷、华北西北卷和旱稻卷。

　　《中国水稻品种志》根据行政区划和实际生产情况，把中国水稻生产区域分为华南、华中华东、西南、华北、东北及西北六大稻区，统计并重点介绍了自1978年以来我国育成年种植面积大于40万hm²的常规水稻品种如湘矮早9号、原丰早、浙辐802、桂朝2号、珍珠矮11等共23个，杂交稻品种如D优63、冈优22、南优2号、汕优2号、汕优6号等32个，以及2005—2014年育成的超级稻品种如龙粳31、武运粳27、松粳15、中早39、合美占、中嘉早17、两优培九、准两优527、辽优1052和甬优12、徽两优6号等111个。

　　《中国水稻品种志》追溯了65年来中国育成的8 500余份水稻、陆稻和杂交水稻现代品种的亲源，发现一批极其重要的育种骨干亲本，它们对水稻品种的遗传改良贡献巨大。据不完全统计，常规籼稻最重要的核心育种骨干亲本有矮仔占、南特号、珍汕97、矮脚南特、珍珠矮、低脚乌尖等22个，它们衍生的品种数超过2 700个；常规粳稻最重要的核心育种骨干亲本有旭、笹锦、坊主、爱国、农垦57、农垦58、农虎6号、测21等20个，衍生的品种数超过2 400个。尤其是携带*sd1*矮秆基因的矮仔占质源自早期从南洋引进后就成为广西容县一带优良农家地方品种，利用该骨干亲本先后育成了11代超过405个品种，其中种植面积较大的育成品种有广场矮、珍珠矮、广陆矮4号、二九青、先锋1号、特青、桂朝2号、双桂1号、湘早籼7号、嘉育948等。

《中国水稻品种志》还总结了我国培育杂交稻的历程，至今最重要的杂交稻核心不育系有珍汕97A、Ⅱ-32A、V20A、协青早A、金23A、冈46A、谷丰A、农垦58S、安农S-1、培矮64S、Y58S、株1S等21个，衍生的不育系超过160个，配组的大面积种植品种数超过1 300个；已广泛应用的核心恢复系有17个，它们衍生的恢复系超过510个，配组的杂交品种数超过1 200个。20世纪70～90年代大部分强恢复系引自国外，包括IR24、IR26、IR30、密阳46等，它们均含有我国台湾地方品种低脚乌尖的血缘（*sd1*矮秆基因）。随着明恢63（IR30／圭630）的育成，我国杂交稻恢复系选育走上了自主创新的道路，育成的恢复系其遗传背景呈现多元化。

《中国水稻品种志》由中国农业科学院作物科学研究所主持编著，邀请国内著名水稻专家和育种家分卷主撰，凝聚了全国水稻育种者的心血和汗水。同时，在本志编著过程中，得到全国各水稻研究教学单位领导和相关专家的大力支持和帮助，在此一并表示诚挚的谢意。

《中国水稻品种志》集科学性、系统性、实用性、资料性于一体，是作物品种志方面的专著，内容丰富，图文并茂，可供从事作物育种和遗传资源研究者、高等院校师生参考。由于我国水稻品种的多样性和复杂性，育种者众多，资料难以收全，尽管在编著和统稿过程中注意了数据的补充、核实和编撰体例的一致性，但限于编著者水平，书中疏漏之处难免，敬请广大读者不吝指正。

编　者
2018年4月

目　录

三、常规地方品种 ……………………………138

二、籼型两系杂交稻 …………………………………………………………………… 492

第一章
中国稻作区划与水稻品种遗传改良概述

ZHONGGUO SHUIDAO PINZHONGZHI · JIANGXI JUAN

水稻是中国最主要的粮食作物之一，稻米是中国一半以上人口的主粮。2014年，中国水稻种植面积3 031万hm²，总产20 651万t，分别占中国粮食作物种植面积和总产量的26.89%和34.02%。毫无疑问，水稻在保障国家粮食安全、振兴乡村经济、提高人民生活质量方面，具有举足轻重的地位。

中国栽培稻属于亚洲栽培稻种（*Oryza sativa* L.），有两个亚种，即籼亚种（*O. sativa* L. subsp. *indica*）和粳亚种（*O. sativa* L. subsp. *japonica*）。中国不仅稻作栽培历史悠久，稻作环境多样，稻种资源丰富，而且育种技术先进，为高产、多抗、优质、广适、高效水稻新品种的选育和推广提供了丰富的物质基础和强大的技术支撑。

中华人民共和国成立以来，通过育种技术的不断改进，从常规育种（系统选择、杂交育种、诱变育种、航天育种）到杂种优势利用，再到生物技术育种（细胞工程育种、分子标记辅助选择育种、遗传转化育种等），至2014年先后育成8 500余份常规水稻、陆稻和杂交水稻现代品种，其中通过各级农作物品种审定委员会审（认）定的水稻品种有8 117份，包括常规水稻品种3 392份，三系杂交稻品种3 675份，两系杂交稻品种794份，不育系256份。在此基础上，实现了水稻优良品种的多次更新换代。水稻品种的遗传改良和优良新品种的推广，栽培技术的优化和病虫害的综合防治等一系列技术革新，使我国的水稻单产从1949年的1 892kg/hm²提高到2014年的6 813.2kg/hm²，增长了260.1%；总产从4 865万t提高到20 651万t，增长了324.5%；稻作面积从2 571万hm²增加到3 031万hm²，仅增加了17.9%。研究表明，新品种的不断育成和推广是水稻单产和总产不断提高的最重要贡献因子。

第一节　中国栽培稻区的划分

水稻是喜温喜水、适应性强、生育期较短的谷类作物，凡温度适宜、有水源的地方，均可种植水稻。中国稻作分布广泛，最北的稻作区位于黑龙江省的漠河（北纬53°27′），为世界稻作区的北限；最高海拔的稻作区在云南省宁蒗县山区，海拔高度2 965m。在南方的山区、坡地以及北方缺水少雨的旱地，种植有较耐干旱的陆稻。从总体看，由于纬度、温度、季风、降水量、海拔高度、地形等的影响，中国水稻种植面积存在南方多北方少，东南集中西北分散的状况。

本书以我国行政区划（省、自治区、直辖市）为基础，结合全国水稻生产的光温生态、季节变化、耕作制度、品种演变等，参考《中国水稻种植区划》（1988）和《中国水稻生产发展问题研究》（2010），将全国分为华南、华中华东、西南、华北、东北和西北六大稻区。

一、华南稻区

本区位于中国南部，包括广东、广西、福建、海南等大陆4省（自治区）和台湾省。本区水热资源丰富，稻作生长季260～365d，≥10℃的积温5 800～9 300℃；稻作生长季日照时数1 000～1 800h，降水量700～2 000mm。稻作土壤多为红壤和黄壤。本区的籼稻面积占95%以上，其中杂交籼稻占65%左右，耕作制度以双季稻和中稻为主，也有部分单季晚稻，部分地区实行与甘蔗、花生、薯类、豆类等作物当年或隔年水旱轮作。

2014年本区稻作面积503.6万hm²（不包括台湾），占全国稻作总面积的16.61%。稻谷单产5 778.7kg/hm²，低于全国平均产量（6 813.2kg/hm²）。

二、华中华东稻区

本区为中国水稻的主产区，包括江苏、上海、浙江、安徽、江西、湖南、湖北7省（直辖市），也称长江中下游稻作区。本区属亚热带温暖湿润季风气候，稻作生长季210～260d，≥10℃的积温4 500～6 500℃；稻作生长季日照时数700～1 500h，降水量700～1 600mm。本区平原地区稻作土壤多为冲积土、沉积土和鳝血土，丘陵山地多为红壤、黄壤和棕壤。本区双、单季稻并存，籼稻、粳稻均有。20世纪60～80年代，本区双季稻面积占全国双季稻面积的50%以上，其中，浙江、江西、湖南的双季稻面积占该三省稻作面积的80%～90%。20世纪80年代中期以来，由于种植结构和耕作制度的变革，杂交稻的兴起，以及双季早稻米质不佳等原因，双季早稻面积锐减，使本区的稻作面积从80年代初占全国稻作面积的54%下降到目前的49%左右。尽管如此，本区稻米生产的丰歉，对全国粮食形势仍然具有重要影响。太湖平原、里下河平原、皖中平原、鄱阳湖平原、洞庭湖平原、江汉平原历来都是中国著名的稻米产区。

2014年本区稻作面积1 501.6万hm²，占全国稻作总面积的49.54%。稻谷单产6 905.6kg/hm²，高于全国平均产量。

三、西南稻区

本区位于云贵高原和青藏高原，属亚热带高原型湿热季风气候，包括云南、贵州、四川、重庆、青海、西藏6省（自治区、直辖市）。本区具有地势高低悬殊、温度垂直差异明显、昼夜温差大的高原特点，稻作生长季180～260d，≥10℃的积温2 900～8 000℃；稻作生长季日照时数800～1 500h，降水量500～1 400mm。稻作土壤多为红壤、红棕壤、黄壤和黄棕壤等。本区籼稻、粳稻并存，以单季中稻为主，成都平原是我国著名的单季中稻区。云贵高原稻作垂直分布明显，低海拔（<1 400m）稻区多为籼稻，湿热坝区可种植双季籼稻，高海拔（>1 800m）稻区多为粳稻，中海拔（1 400～1 800m）稻区籼稻、粳稻并存。部分山区种植陆稻，部分低海拔又无灌溉水源的坡地筑有田埂，种植雨水稻。

2014年本区稻作面积450.9万hm²，占全国稻作总面积的14.88%。稻谷单产6 873.4kg/hm²，高于全国平均产量。

四、华北稻区

本区位于秦岭—淮河以北，长城以南，关中平原以东地区，包括北京、天津、山东、河北、河南、山西、内蒙古7省（自治区、直辖市）。本区属暖温带半湿润季风气候，夏季温度较高，但春、秋季温度较低，稻作生长季较短，无霜期170～200d，年≥10℃的积温4 000～5 000℃；年日照时数2 000～3 000h，年降水量580～1 000mm，但季节间分布不均。稻作土壤多为黄潮土、盐碱土、棕壤和黑黏土。本区以单季早、中粳稻为主，水源主要来自渠井和地下水。

2014年本区稻作面积95.3万hm²，占全国稻作总面积的3.14%。稻谷单产7 863.9kg/hm²，高于全国平均产量。

五、东北稻区

本区是我国纬度最高的稻作区，包括黑龙江、吉林和辽宁3省，属中温带—寒温带，年平均气温2～10℃，无霜期90～200d，年≥10℃的积温2000～3700℃；年日照时数2200～3100h，年降水量350～1100mm。本区光照充足，但昼夜温差大，稻作生长期短，土壤多为肥沃、深厚的黑泥土、草甸土、棕壤以及盐碱土。稻作以早熟的单季粳稻为主，冷害和稻瘟病是本区稻作的主要问题。最北部的黑龙江省稻区，粳稻品质十分优良，近35年来由于大力发展灌溉设施，稻作面积不断扩大，从1979年的84.2万hm²发展到2014年的320.5万hm²，成为中国粳稻的主产省之一。

2014年本区稻作面积451.5万hm²，占全国稻作总面积的14.90%。稻谷单产7863.9kg/hm²，高于全国平均产量。

六、西北稻区

本区包括陕西、甘肃、宁夏和新疆4省（自治区），幅员广阔，光热资源丰富，但干燥少雨，季节和昼夜气温变化大，无霜期150～200d，年≥10℃的积温3450～3700℃；年日照时数2600～3300h，年降水量150～200mm。稻田土壤较瘠薄，多为灰漠土、草甸土、粉沙土、灌淤土及盐碱土。稻作以单季粳稻为主，分布于河流两岸及有灌溉水源的地区。干燥少雨是本区发展水稻的制约因素。

2014年本区稻作面积28.2万hm²，占全国稻作总面积的0.93%。稻谷单产8251.4kg/hm²，高于全国平均产量。

中华人民共和国成立65年来，六大稻区的水稻种植面积及占全国稻作面积的比例发生了一定变化。华南稻区的稻作面积波动较大，从1949年的811.7万hm²，增加到1979年的875.3万hm²，但2014年下降到503.6万hm²。华中华东稻区是我国的主产稻区，基本维持在全国稻区面积的50%左右，其种植面积的高峰在20世纪的70～80年代，达到全国稻区面积的53%～54%。西南和西北稻区稻作面积基本保持稳定，近35年来分别占全国稻区面积的14.9%和0.9%左右。华北和东北稻区种植面积和占比均有提高，特别是东北稻区，其稻作面积和占比近35年来提高较快，2014年达到了451.5万hm²，全国占比达到14.9%，与1979年的84.2万hm²相比，种植面积增加了367.3万hm²。我国六大稻区2014年的稻作面积和占比见图1-1。

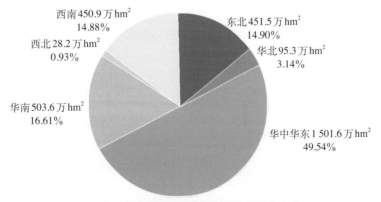

图1-1 中国六大稻区2014年的稻作面积和占比

第二节　中国栽培稻的分类

中国栽培稻的分类比较复杂，丁颖教授将其系统分为四大类：籼亚种和粳亚种，早稻、中稻和晚稻，水稻和陆稻，粘稻和糯稻。随着杂种优势的利用，又增加了一类，为常规稻和杂交稻。本节将根据这五大类分别进行介绍。

一、籼稻和粳稻

中国栽培稻籼亚种（*O. sativa* L. subsp. *indica*）和粳亚种（*O. sativa* L. subsp. *japonica*）的染色体数同为 24（2*n*=24），但由于起源演化的差异和人为选择的结果，这两个亚种存在一定的形态和生理特性差异，并有一定程度的生殖隔离。据《辞海》（1989年版）记载，籼稻与粳稻比较：籼稻分蘖力较强；叶幅宽，叶色淡绿，叶面多毛；小穗多数短芒或无芒，易脱粒，颖果狭长扁圆；米质黏性较弱，膨性大；比较耐热和耐强光，主要分布于华南热带和淮河以南亚热带的低地。

按照现代分类学的观点，粳稻又可分为温带粳稻和热带粳稻（爪哇稻）。中国传统（农家/地方）粳稻品种均属温带粳稻类型。近年有的育种家为扩大遗传背景，在育种亲本中加入了热带粳稻材料，因而育成的水稻品种含有部分热带粳稻（爪哇稻）的血缘。

籼稻、粳稻的分布，主要受温度的制约，还受到种植季节、日照条件和病虫害的影响。目前，中国的籼稻品种主要分布在华南和长江流域各省份，以及西南的低海拔地区和北方的河南、陕西南部。湖南、贵州、广东、广西、海南、福建、江西、四川、重庆的籼稻面积占各省稻作面积的90%以上，湖北、安徽占80%～90%，浙江、云南在50%左右，江苏在25%左右。粳稻主要分布在东北、华北、长江下游太湖地区和西北，以及华南、西南的高海拔山区。东北的黑龙江、吉林、辽宁三省是全国著名的北方粳稻产区，江苏、浙江、安徽、湖北是南方粳稻主产区，云南的高海拔地区则以粳稻为主。

2014年，中国籼稻种植面积2 130.8万 hm²，约占稻作面积的70.3%；粳稻面积900.2万 hm²，占稻作面积的29.7%。据统计，2014年中国种植面积大于6 667hm²的常规水稻品种有298个，其中籼稻品种104个，占34.9%；粳稻品种194个，占65.1%；2014年种植面积最大的前5位常规粳稻品种是：龙粳31（92.2万 hm²）、宁粳4号（35.8万 hm²）、绥粳14（29.1万 hm²）、龙粳26（28.1万 hm²）和连粳7号（22.0万 hm²）；种植面积最大的前5位常规籼稻品种是：中嘉早17（61.1万 hm²）、黄华占（30.6万 hm²）、湘早籼45（17.8万 hm²）、中早39（16.3万 hm²）和玉针香（11.2万 hm²）。

二、常规稻和杂交稻

常规稻是遗传纯合、可自交结实、性状稳定的水稻品种类型，杂交稻是利用杂种一代优势、目前必须年年制种的杂交水稻类型。中国是世界上第一个大面积、商品化应用杂交稻的国家，20世纪70年代后期开始大规模推广三系杂交稻，90年代初成功选育出两系杂交稻并应用于生产。目前，常规稻种植面积占全国稻作面积的46%左右，杂交稻占54%左右。

1991年我国年种植面积大于6 667hm² 的常规稻品种有193个，2014年增加到298个（图1-2）；杂交稻品种数从1991年的62个增加到2014年的571个。1991年以来，年种植面积大于6 667hm² 的常规稻品种数每年较为稳定，基本为200 ~ 300个品种，但杂交稻品种数增加较快，增加了8倍多。

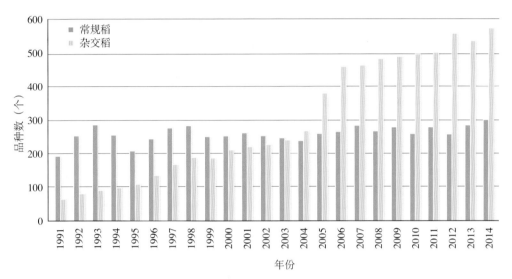

图1-2　1991—2014年年种植面积大于6 667hm² 的常规稻和杂交稻品种数

三、早稻、中稻和晚稻

在稻种向不同纬度、不同海拔高度传播的过程中，在日照和温度的强烈影响下，在自然选择和人为选择的综合作用下，栽培稻发生了一系列感光性和感温性的变异，出现了早稻、中稻和晚稻栽培类型。一般而言，早稻基本营养生长期短，感温性强，不感光或感光性极弱；中稻基本营养生长期较长，感温性中等，感光性弱；晚稻基本营养生长期短，感光性强，感温性中等或较强，但通常晚籼稻的感光性强于晚粳稻。

籼稻和粳稻、杂交稻和常规稻都有早、中、晚类型，每一类型根据生育期的长短有早熟、中熟和迟熟之分，从而形成了大量适应不同栽培季节、耕作制度和生育期要求的品种。在华南、华中的双季稻区，早籼和早粳品种对日长反应不敏感，生育期较短，一般3 ~ 4月播种，7 ~ 8月收获。在海南和广东南部，由于温度较高，早籼稻通常2月中、下旬播种，6月下旬收获。中稻一般作单季稻种植，生育期稳定，产量较高，华南稻区部分迟熟早籼稻品种在华中和华东地区可作中稻种植。晚籼稻和晚粳稻均可作双季晚稻和单季晚稻种植，以保证在秋季气温下降前抽穗授粉。

20世纪70年代后期以来，由于杂交水稻的兴起，种植结构的变化，中国早稻和晚稻的种植面积逐年减少，单季中稻的种植面积大幅增加。早、中、晚稻种植面积占全国稻作面积的比重，分别从1979年的33.7%、32.0%和34.3%，转变为1999年的24.2%、48.9%和26.9%，2014年进一步变化为19.1%、59.9%和21.0%（图1-3）。

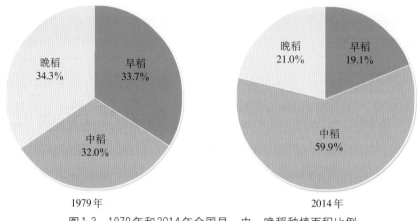

图1-3 1979年和2014年全国早、中、晚稻种植面积比例

四、水稻和陆稻

中国的栽培稻极大部分是水稻,占中国稻作面积的98%。陆稻(Upland rice)亦称旱稻,古代称棱稻,是适应较少水分环境(坡地、旱地)的一类稻作生态品种。陆稻的显著特点是耐干旱,表现为种子吸水力强,发芽快,幼苗对土壤中氯酸钾的耐毒力较强;根系发达,根粗而长;维管束和导管较粗,叶表皮较厚,气孔少,叶较光滑有蜡质;根细胞的渗透压和茎叶组织的汁液浓度也较高。与水稻比较,陆稻吸水力较强而蒸腾量较小,故有较强的耐旱能力。通常陆稻依靠雨水或地下水获得水分,稻田无田埂。虽然陆稻的生长发育对光、温要求与水稻相似,但一生需水量约是水稻的2/3或1/2。因而,陆稻适于水源不足或水源不均衡的稻区、多雨的山区和丘陵区的坡地或台田种植,还可与多种旱作物间作或套种。从目前的地理环境和种植水平看,陆稻的单产低于水稻。

陆稻也有籼稻、粳稻之别和生育期长短之分。全国陆稻面积约57万hm²,仅占全国稻作总面积的2%左右,主要分布于云贵高原的西南山区、长江中游丘陵地区和华北平原区。云南西双版纳和思茅等地每年陆稻种植面积稳定在10万hm²左右。近年,华北地区正在发展一种旱作稻(Aerobic rice),耐旱性较强,在整个生育期灌溉几次即可,产量较高。此外,广东、广西、海南等地的低洼地区,在20世纪50年代前曾有少量深水稻品种,中华人民共和国成立后,随着水利排灌设施的完善,现已绝迹。目前,种植面积较大的陆稻品种有中旱209、旱稻277、巴西陆稻、中旱3号、陆引46、丹旱稻1号、冀粳12、IRAT104等。

五、粘稻和糯稻

稻谷胚乳均有糯性与非糯性之分。糯稻和非糯稻的主要区别在于饭粒黏性的强弱,相对而言,粘稻(非糯稻)黏性弱,糯稻黏性强,其中粳糯稻的黏性大于籼糯稻。化学成分的分析指出,胚乳直链淀粉含量的多少是区别粘稻和糯稻的化学基础。通常,粳粘稻的直链淀粉含量占淀粉总量的8%~20%,籼粘稻为10%~30%,而糯稻胚乳基本为支链淀粉,不含或仅含极少量直链淀粉(≤2%)。从化学反应看,由于糯稻胚乳和花粉中的淀粉基本或完全为支链淀粉,因此吸碘量少,遇1%的碘-碘化钾溶液呈红褐色反应,而粘稻直链淀粉含量高，吸碘量大，呈蓝紫色反应，这是区分糯稻与非糯稻品种的主要方法之一。从外观看，糯稻胚乳在刚收获时因含水量较高而呈半透明，经充分干燥后呈乳白色，这是因为胚乳细胞快速失水，产生许多大小不一的空隙，导致光散射而引起的乳白色视觉。

云南、贵州、广西等省（自治区）的高海拔地区，人们喜食糯米，籼型糯稻品种丰富，而长江中下游地区以粳型糯稻品种居多，东北和华北地区则全部是粳型糯稻。从用途看，糯米通常用于酿制米酒，制作糕点。在云南的低海拔稻区，有一种低直链淀粉含量的籼粘稻，称为软米，其黏性介于籼粘稻和糯稻之间，适于制作饵块、米线。

第三节　水稻遗传资源

水稻育种的发展历程证明，品种改良每一阶段的重大突破均与水稻优异种质的发现和利用相关。20世纪50年代末，矮仔占、矮脚南特、台中本地1号（TN1，亦称台中在来1号）和广场矮等矮秆种质的发掘与利用，实现了60年代我国水稻品种的矮秆化；70～80年代野败型、矮败型、冈型、印水型、红莲型等不育资源的发现及二九南1号A、珍汕97A等水稻野败型不育系育成，实现了籼型杂交稻的"三系"配套和大面积推广利用；80年代农垦58S、安农S-1等光温敏核不育材料的发掘与利用，实现了"两系"杂交水稻的突破；90年代02428、培矮64、轮回422等广亲和种质的发掘与利用，基本克服了籼粳稻杂交的瓶颈；80～90年代沈农89366、沈农159、辽粳5号等新株型优异种质的创新与利用，实现了北方粳稻直立穗型与高产的结合，使北方粳稻产量有了较大的提高；90年代以来光温敏不育系培矮64S、Y58S、株1S以及中9A、甬粳2号A和恢复系9311、蜀恢527等的创新与利用，选育出一系列高产、优质的超级杂交稻品种。可见，水稻优异种质资源的收集、评价、创新和利用是水稻品种遗传改良的重要环节和基础。

一、栽培稻种质资源

中国具有丰富的多样化的水稻遗传资源。清代的《授时通考》（1742）记载了全国16省的3 429个水稻品种，它们是长期自然突变、人工选择和留种栽培的结果。中华人民共和国成立以来，全国进行了4次大规模的稻种资源考察和收集。20世纪50年代后期到60年代在广东、湖南、湖北、江苏、浙江、四川等14省（自治区、直辖市）进行了第一次全国性的水稻种质资源的考察，征集到各类水稻种质5.7万余份。70年代末至80年代初，进行了全国水稻种质资源的补充考察和征集，获得各类水稻种质万余份。国家"七五"（1986—1990）、"八五"（1991—1995）和"九五"（1996—2000）科技攻关期间，分别对神农架和三峡地区以及海南、湖北、四川、陕西、贵州、广西、云南、江西和广东等省（自治区）的部分地区再度进行了补充考察和收集，获得稻种3 500余份。"十五"（2001—2005）和"十一五"（2006—2010）期间，又收集到水稻种质6 996份。

通过对收集到的水稻种质进行整理、核对与编目，截至2010年，中国共编目水稻种质82 386份，其中70 669份是从中国国内收集的种质，占编目总数的85.8%（表1-1）。在此基础上，编辑和出版了《中国稻种资源目录》（8册）、《中国优异稻种资源》，编目内容包括基本信息、形态特征、生物学特性、品质特性、抗逆性、抗病虫性等。

截至2010年，在国家作物种质库［简称国家长期库（北京）］繁种保存的水稻种质资源共73 924份，其中各类型种质所占百分比大小顺序为：地方稻种（68.1%）＞国外引进稻种（13.9%）＞野生稻种（8.0%）＞选育稻种（7.8%）＞杂交稻"三系"资源（1.9%）＞遗传材料（0.3%）（表1-1）。在所保存的水稻地方品种中，保存数量较多的省份包括广西（8 537份）、云南（5 882份）、贵州（5 657份）、广东（5 512份）、湖南（4 789份）、四川（3 964份）、江西（2 974份）、江苏（2 801份）、浙江（2 079份）、福建（1 890份）、湖北（1 467份）和台湾（1 303份）。此外，在中国水稻研究所的国家水稻中期库（杭州）保存了稻属及近缘属种质资源7万余份，是我国单项作物保存规模最大的中期种质库，也是世界上最大的单项国家级水稻种质基因库之一。在入国家长期库（北京）的66 408份地方稻种、选育稻种、国外引进稻种等水稻种质中，籼稻和粳稻种质分别占63.3%和36.7%，水稻和陆稻种质分别占93.4%和6.6%，粘稻和糯稻种质分别占83.4%和16.6%。显然，籼稻、水稻和粘稻的种质数量分别显著多于粳稻、陆稻和糯稻。

表1-1　中国稻种资源的编目数和入库数

种质类型	编目		繁殖入库	
	份数	占比（%）	份数	占比（%）
地方稻种	54 282	65.9	50 371	68.1
选育稻种	6 660	8.1	5 783	7.8
国外引进稻种	11 717	14.2	10 254	13.9
杂交稻"三系"资源	1 938	2.3	1 374	1.9
野生稻种	7 663	9.3	5 938	8.0
遗传材料	126	0.2	204	0.3
合计	82 386	100	73 924	100

截至2010年，完成了29 948份水稻种质资源的抗逆性鉴定，占入库种质的40.5%；完成了61 462份水稻种质资源的抗病虫性鉴定，占入库种质的83.1%；完成了34 652份水稻种质资源的品质特性鉴定，占入库种质的46.9%。种质评价表明：中国水稻种质资源中蕴藏着丰富的抗旱、耐盐、耐冷、抗白叶枯病、抗稻瘟病、抗纹枯病、抗褐飞虱、抗白背飞虱等优异种质（表1-2）。

表1-2　中国稻种资源中鉴定出的抗逆性和抗病虫性优异的种质份数

种质类型	抗旱		耐盐		耐冷		抗白叶枯病	
	极强	强	极强	强	极强	强	高抗	抗
地方稻种	132	493	17	40	142	—	12	165
国外引进稻种	3	152	22	11	7	30	3	39
选育稻种	2	65	2	11	—	50	6	67

（续）

种质类型	抗稻瘟病			抗纹枯病		抗褐飞虱			抗白背飞虱		
	免疫	高抗	抗	高抗	抗	免疫	高抗	抗	免疫	高抗	抗
地方稻种	—	816	1 380	0	11	—	111	324	—	122	329
国外引进稻种	—	5	148	5	14	—	0	218	—	1	127
选育稻种		63	145	3	7		24	205		13	32

注：数据来自2005年国家种质数据库。

2001—2010年，结合水稻优异种质资源的繁殖更新、精准鉴定与田间展示、网上公布等途径，国家粮食作物种质中期库 [简称国家中期库（北京）] 和国家水稻种质中期库（杭州）共向全国从事水稻育种、遗传及生理生化、基因定位、遗传多样性和水稻进化等研究的300余个科研及教学单位提供水稻种质资源47 849份次，其中国家中期库（北京）提供26 608份次，国家水稻种质中期库（杭州）提供21 241份次，平均每年提供4 785份次。稻种资源在全国范围的交换、评价和利用，大大促进了水稻育种及其相关基础理论研究的发展。

二、野生稻种质资源

野生稻是重要的水稻种质资源，在中国的水稻遗传改良中发挥了极其重要的作用。从海南岛普通野生稻中发现的细胞质雄性不育株，奠定了我国杂交水稻大面积推广应用的基础。从江西发现的矮败野生稻不育株中选育而成的协青早A和从海南发现的红芒野生稻不育株育成的红莲早A，是我国两个重要的不育系类型，先后转育了一大批杂交水稻品种。利用从广西普通野生稻中发现的高抗白叶枯病基因*Xa23*，转育成功了一系列高产、抗白叶枯病的栽培品种。从江西东乡野生稻中发现的耐冷材料，已经并继续在耐冷育种中发挥重要作用。

据1978—1982年全国野生稻资源普查、考察和收集的结果，参考1963年中国农业科学院原生态研究室的考察记录，以及历史上台湾发现野生稻的记载，现已明确，中国有3种野生稻：普通野生稻（*O. rufipogon* Griff.）、疣粒野生稻（*O. meyeriana* Baill.）和药用野生稻（*O. officinalis* Wall. ex Watt），分布于广东、海南、广西、云南、江西、福建、湖南、台湾等8个省（自治区）的143个县（市），其中广东53个县（市）、广西47个县（市）、云南19个县（市）、海南18个县（市）、湖南和台湾各2个县、江西和福建各1个县。

普通野生稻自然分布于广东、广西、海南、云南、江西、湖南、福建、台湾等8个省（自治区）的113个县（市），是我国野生稻分布最广、面积最大、资源最丰富的一种。普通野生稻大致可分为5个自然分布区：①海南岛区。该区气候炎热，雨量充沛，无霜期长，极有利于普通野生稻的生长与繁衍。海南省18个县（市）中就有14个县（市）分布有普通野生稻，而且密度较大。②两广大陆区。包括广东、广西和湖南的江永县及福建的漳浦县，为普通野生稻的主要分布区，主要集中分布于珠江水系的西江、北江和东江流域，特别是北回归线以南及广东、广西沿海地区分布最多。③云南区。据考察，在西双版纳傣族自治州的景洪镇、勐罕坝、大勐龙坝等地共发现26个分布点，后又在景洪和元江发现2个普通野生稻分布点，这两个县普通野生稻呈零星分布，覆盖面积小。历年发现的分布点都集中在流沙河和澜沧江流域，这两条河向南流入东南亚，注入南海。④湘赣区。包括湖南茶陵县及江西东乡县的普通野生稻。东乡县的普通野生稻分布于北纬28°14′，是目前中国乃至全球普通野生稻分布的最北限。⑤台湾区。20世纪50年代在桃园、新竹两县发现过普通野生稻，但目前已消失。

药用野生稻分布于广东、海南、广西、云南4省（自治区）的38个县（市），可分为3个自然分布区：①海南岛区。主要分布在黎母山一带，集中分布在三亚市及陵水、保亭、乐东、白沙、屯昌5县。②两广大陆区。为主要分布区，共包括27个县（市），集中于桂东中南部，包括梧州、苍梧、岑溪、玉林、容县、贵港、武宣、横县、邕宁、灵山等县（市），以及广东省的封开、郁南、德庆、罗定、英德等县（市）。③云南区。主要分布于临沧地区的耿马、永德县及普洱市。

疣粒野生稻主要分布于海南、云南与台湾三省（台湾的疣粒野生稻于1978年消失）的27个县（市），海南省仅分布于中南部的9个县（市），尖峰岭至雅加大山、鹦哥岭至黎母山、大本山至五指山、吊罗山至七指岭的许多分支山脉均有分布，常常生长在背北向南的山坡上。云南省有18个县（市）存在疣粒野生稻，集中分布于哀牢山脉以西的滇西南，东至绿春、元江，而以澜沧江、怒江、红河、李仙江、南汀河等河流下游地区为主要分布区。台湾在历史上曾发现新竹县有疣粒野生稻分布，目前情况不明。

自2002年开始，中国农业科学院作物科学研究所组织江西、湖南、云南、海南、福建、广东和广西等省（自治区）的相关单位对我国野生稻资源状况进行再次全面调查和收集，至2013年底，已完成除广东省以外的所有已记载野生稻分布点的调查和部分生态环境相似地区的调查。调查结果表明，与1980年相比，江西、湖南、福建的野生稻分布点没有变化，但分布面积有所减少；海南发现现存的野生稻居群总数达154个，其中普通野生稻136个，疣粒野生稻11个，药用野生稻7个；广西原有的1 342个分布点中还有325个存在野生稻，且新发现野生稻分布点29个，其中普通野生稻13个，药用野生稻16个；云南在调查的98个野生稻分布点中，26个普通野生稻分布点仅剩1个，11个药用野生稻分布点仅剩2个，61个疣粒野生稻分布点还剩25个。除了已记载的分布点，还发现了1个普通野生稻和10个疣粒野生稻新分布点。值得注意的是，从目前对现存野生稻的调查情况看，与1980年相比，我国70%以上的普通野生稻分布点、50%以上的药用野生稻分布点和30%疣粒野生稻分布点已经消失，濒危状况十分严重。

2010年，国家长期库（北京）保存野生稻种质资源5 896份，其中国内普通野生稻种质资源4 602份，药用野生稻880份，疣粒野生稻29份，国外野生稻385份；进入国家中期库（北京）保存的野生稻种质资源3 200份。考虑到种茎保存能较好地保持野生稻原有的种性，为了保持野生稻的遗传稳定性，现已在广东省农业科学院水稻研究所（广州）和广西农业科学院作物品种资源研究所（南宁）建立了2个国家野生稻种质资源圃，收集野生稻种茎入圃保存，至2013年已入圃保存的野生稻种茎10 747份，其中广州圃保存5 037份，南宁圃保存5 710份。此外，新收集的12 800份野生稻种质资源尚未入编国家长期库（北京）或国家野生稻种质圃长期保存，临时保存于各省（自治区）临时圃或大田中。

近年来，对中国收集保存的野生稻种质资源开展了较为系统的抗病虫鉴定，至2013年底，共鉴定出抗白叶枯病种质资源130多份，抗稻瘟病种质资源200余份，抗纹枯病种质资源10份，抗褐飞虱种质资源200多份，抗白背飞虱种质资源180多份。但受试验条件限制，目前野生稻种质资源抗旱、耐寒、抗盐碱等的鉴定较少。

第四节　栽培稻品种的遗传改良

中华人民共和国成立以来，水稻品种的遗传改良获得了巨大成就，纯系选择育种、杂交育种、诱变育种、杂种优势利用、组织培养（花粉、花药、细胞）育种、分子标记辅助育种等先后成为卓有成效的育种方法。65年来，全国共育成并通过国家、省（自治区、直辖市）、地区（市）农作物品种审定委员会审定（认定）的常规和杂交水稻品种共8 117份，其中1991—2014年，每年种植面积大于6 667hm^{2}的品种已从1991年的255个增加到2014年的869个（图1-4）。20世纪50年代后期至70年代的矮化育种、70～90年代的杂交水稻育种，以及近20年的超级稻育种，在我国乃至世界水稻育种史上具有里程碑意义。

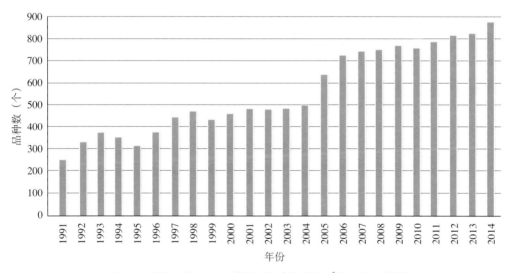

图1-4　1991—2014年年种植面积在6 667hm^{2}以上的品种数

一、常规品种的遗传改良

（一）地方农家品种改良（20世纪50年代）

20世纪50年代初期，全国以种植数以万计的高秆农家品种为主，以高秆（>150cm）、易倒伏为品种主要特征，主要品种有夏至白、马房籼、红脚早、湖北早、黑谷子、竹桠谷、油占子、西瓜红、老来青、霜降青、有芒早粳等。50年代中期，主要采用系统选择法对地方农家品种的某些农艺性状进行改良以提高防倒伏能力，增加产量，育成了一批改良农家品种。在全国范围内，早籼确定38个、中籼确定20个、晚粳确定41个改良农家品种予以大面积推广，连续多年种植面积较大的品种有早籼：南特号、雷火占；中籼：胜利籼、乌嘴川、长粒籼、万利籼；晚籼：红米冬占、浙场9号、粤油占、黄禾子；早粳：有芒早粳；中粳：桂花球、洋早十日、石稻；晚粳：新太湖青、猪毛簇、红须粳、四上裕等。与此同时，通过简单杂交和系统选育，育成了一批高秆改良品种。改良农家品种和新育成的高秆改良品种的产量一般为2 500 ~ 3 000kg/hm²，比地方高秆农家品种的产量高5% ~ 15%。

（二）矮化育种（20世纪50年代后期至70年代）

20世纪50年代后期，育种家先后发现籼稻品种矮仔占、矮脚南特和低脚乌尖，以及粳稻品种农垦58等，具有优良的矮秆特性：秆矮（<100cm），分蘖强，耐肥，抗倒伏，产量高。研究发现，这4个品种都具有半矮秆基因Sd1。矮仔占来自南洋，20世纪前期引入广西，是我国20世纪50年代后期至60年代前期种植的最主要的矮秆品种之一，也是60 ~ 90年代矮化育种最重要的矮源亲本之一。矮脚南特是广东农民由高秆品种南特16的矮秆变异株选得。低脚乌尖是我国台湾省的农家品种，是国内外矮化育种最重要的矮源亲本之一。农垦58则是50年代后期从日本引进的粳稻品种。

可利用的Sd1矮源发现后，立即开始了大规模的水稻矮化育种。如华南农业科学研究所从矮仔占中选育出矮仔占4号，随后以矮仔占4号与高秆品种广场13杂交育成矮秆品种广场矮。台湾台中农业改良场用矮秆的低脚乌尖与高秆地方品种菜园种杂交育成矮秆的台中本地1号（TN1）。南特号是双季早籼品种极其重要的育种亲源，以南特号为基础，衍生了大量品种，包括矮脚南特（南特号→南特16→矮脚南特）、广场13、莲塘早和陆财号等4个重要骨干品种。农垦58则迅速成为长江中下游地区中粳、晚粳稻的育种骨干亲本。广场矮、矮脚南特、台中本地1号和农垦58这4个具有划时代意义的矮秆品种的育成、引进和推广，标志中国步入了大规模的卓有成效的籼、粳稻矮化育种，成为水稻矮化育种的里程碑。

从20世纪60年代初期开始，全国主要稻区的农家地方品种均被新育成的矮秆、半矮秆品种所替代。这些品种以矮秆（80 ~ 85cm）、半矮秆（86 ~ 105cm）、强分蘖、耐肥、抗倒伏为基本特征，产量比当地主要高秆农家品种提高15% ~ 30%。著名的籼稻矮秆品种有矮脚南特、珍珠矮、珍珠矮11、广场矮、广场13、莲塘早、陆财号等；著名的粳稻矮秆品种有农垦58、农垦57（从日本引进）、桂花黄（Balilla，从意大利引进）。60年代后期至70年代中期，年种植面积曾经超过30万hm²的籼稻品种有广陆矮4号、广选3号、二九青、广二104、原丰早、湘矮早9号、先锋1号、矮南早1号、圭陆矮8号、桂朝2号、桂朝13、南京1号、窄叶青8号、红410、成都矮8号、泸双1011、包选2号、包胎矮、团结1号、广二选二、广秋矮、二白矮1号、竹系26、青二矮等；年种植面积超过20万hm²的粳稻矮秆品种有农垦58、农垦57、农虎6号、吉粳60、武农早、沪选19、嘉湖4号、桂花糯、双糯4号等。

（三）优质多抗育种（20世纪80年代中期至90年代）

1978—1984年，由于杂交水稻的兴起和农村种植结构的变化，常规水稻的种植面积大大压缩，特别是常规早稻面积逐年减少，部分常规双季稻被杂交中籼稻和杂交晚籼稻取代。因此，常规品种的选育多以提高稻米产量和品质为主，主要的籼稻品种有广陆矮4号、二九青、先锋1号、原丰早、湘矮早9号、湘早籼13、红410、二九丰、浙733、浙辐802、湘早籼7号、嘉育948、舟903、广二104、桂朝2号、珍珠矮11、包选2号、国际稻8号（IR8）、南京11、754、团结1号、二白矮1号、窄叶青8号、粳籼89、湘晚籼11、双桂1号、桂朝13、七桂早25、鄂早6号、73-07、青秆黄、包选2号、754、汕二59、三二矮等；主要的粳稻品种有秋光、合江19、桂花黄、鄂晚5号、农虎6号、嘉湖4号、鄂宜105、秀水04、武育粳2号、秀水48、秀水11等。

自矮化育种以来，由于密植程度增加，病虫害逐渐加重。因此，90年代常规品种的选育重点在提高产量的同时，还须兼顾提高病虫抗性和改良品质，提高对非生物压力的耐性，因而育成的品种多数遗传背景较为复杂。突出的籼稻品种有早籼31、鄂早18、粤晶丝苗2号、嘉育948、籼小占、粤香占、特籼占25、中鉴100、赣晚籼30、湘晚籼13等；重要的粳稻品种有空育131、辽粳294、龙粳14、龙粳20、吉粳88、垦稻12、松粳6号、宁粳16、垦稻8号、合江19、武育粳3号、武育粳5号、早丰9号、武运粳7号、秀水63、秀水110、秀水128、嘉花1号、甬粳18、豫粳6号、徐稻3号、徐稻4号、武香粳14等。

1978—2014年，最大年种植面积超过40万hm^{2}的常规稻品种共23个，这些都是高产品种，产量高，适应性广，抗病虫力强（表1-3）。

表1-3　1978—2014年最大年种植面积超过40万hm^{2}的常规水稻品种

品种名称	品种类型	亲本/血缘	最大年种植面积（万hm^2）	累计种植面积（万hm^2）
广陆矮4号	早籼	广场矮3784/陆财号	495.3（1978）	1 879.2（1978—1992）
二九青	早籼	二九矮7号/青小金早	96.9（1978）	542.0（1978—1995）
先锋1号	早籼	广场矮6号/陆财号	97.1（1978）	492.5（1978—1990）
原丰早	早籼	IR8种子^{60}Co辐照	105.0（1980）	436.7（1980—1990）
湘矮早9号	早籼	IR8/湘矮早4号	121.3（1980）	431.8（1980—1989）
余赤231-8	晚籼	余晚6号/赤块矮3号	41.1（1982）	277.7（1981—1999）
桂朝13	早籼	桂阳矮49/朝阳早18，桂朝2号的姐妹系	68.1（1983）	241.8（1983—1990）
红410	早籼	珍龙410系选	55.7（1983）	209.3（1982—1990）
双桂1号	早籼	桂阳矮C17/桂朝2号	81.2（1985）	277.5（1982—1989）
二九丰	早籼	IR29/原丰早	66.5（1987）	256.5（1985—1994）
73-07	早籼	红梅早/7055	47.5（1988）	157.7（1985—1994）
浙辐802	早籼	四梅2号种子辐照	130.1（1990）	973.1（1983—2004）
中嘉早17	早籼	中选181/育嘉253	61.1（2014）	171.4（2010—2014）
珍珠矮11	中籼	矮仔占4号/惠阳珍珠早	204.9（1978）	568.2（1978—1996）
包选2号	中籼	包胎白系选	72.3（1979）	371.7（1979—1993）
桂朝2号	中籼	桂阳矮49/朝阳早18	208.8（1982）	721.2（1982—1995）
二白矮1号	晚籼	秋二矮/秋白矮	68.1（1979）	89.0（1979—1982）
龙粳25	早粳	佳禾早占/龙花97058	41.1（2011）	119.7（2010—2014）
空育131	早粳	道黄金/北明	86.7（2004）	938.5（1997—2014）
龙粳31	早粳	龙花96-1513/垦稻8号的F$_1$花药培养	112.8（2013）	256.9（2011—2014）
武育粳3号	中粳	中丹1号/79-51//中丹1号/扬粳1号	52.7（1997）	560.7（1992—2012）
秀水04	晚粳	C21///辐农709//辐农709/单209	41.4（1988）	166.9（1985—1993）
武运粳7号	晚粳	嘉40/香糯9121//丙815	61.4（1999）	332.3（1998—2014）

二、杂交水稻的兴起和遗传改良

20世纪70年代初，袁隆平等在海南三亚发现了含有胞质雄性不育基因 cms 的普通野生稻，这一发现对水稻杂种优势利用具有里程碑的意义。通过全国协作攻关，1973年实现不育系、保持系、恢复系三系配套，1976年中国开始大面积推广"三系"杂交水稻。1980年全国杂交水稻种植面积479万 hm^2，1990年达到1 665万 hm^2。70年代初期，中国最重要的不育系二九南1号A和珍汕97A，是来自携带 cms 基因的海南普通野生稻与中国矮秆品种二九南1号和珍汕97的连续回交后代；最重要的恢复系来自国际水稻研究所的IR24、IR661和IR26，它们配组的南优2号、南优3号和汕优6号成为20世纪70年代后期到80年代初期最重要的籼型杂交水稻品种。南优2号最大年（1978）种植面积298万 hm^2，1976—1986年累计种植面积666.7万 hm^2；汕优6号最大年（1984）种植面积173.9万 hm^2，1981—1994年累计种植面积超过1 000万 hm^2。

1973年10月，石明松在晚粳农垦58田间发现光敏雄性不育株，经过10多年的选育研究，1987年光敏核不育系农垦58S选育成功并正式命名，两系杂交水稻正式进入攻关阶段，两系杂交水稻优良品种两优培九通过江苏省（1999）和国家（2001）农作物品种审定委员会审定并大面积推广，2002年该品种年种植面积达到82.5万 hm^2。

20世纪80～90年代，针对第一代中国杂交水稻稻瘟病抗性差的突出问题，开展抗稻瘟病育种，育成明恢63、测64、桂33等抗稻瘟病性较强的恢复系，形成第二代杂交水稻汕优63、汕优64、汕优桂33等一批新品种，从而中国杂交水稻又蓬勃发展，80年代湖北出现6 666.67 hm^2 汕优63产量超9 000kg/ hm^2 的记录。著名的杂交水稻品种包括：汕优46、汕优63、汕优64、汕优桂99、威优6号、威优64、协优46、D优63、冈优22、II优501、金优207、四优6号、博优64、秀优57等。中国三系杂交水稻最重要的强恢复系为IR24、IR26、明恢63、密阳46（Miyang 46）、桂99、CDR22、辐恢838、扬稻6号等。

1978—2014年，最大年种植面积超过40万 hm^2 的杂交稻品种共32个，这些杂交稻品种产量高，抗病虫力强，适应性广，种植年限长，制种产量也高（表1-4）。

表1-4　1978—2014年最大年种植面积超过40万 hm^2 的杂交稻品种

杂交稻品种	类型	配组亲本	恢复系中的国外亲本	最大年种植面积（万 hm^2）	累计种植面积（万 hm^2）
南优2号	三系，籼	二九南1号A/IR24	IR24	298.0（1978）	＞666.7（1976—1986）
威优2号	三系，籼	V20A/IR24	IR24	74.7（1981）	203.8（1981—1992）
汕优2号	三系，籼	珍汕97A/IR24	IR24	278.3（1984）	1 264.8（1981—1988）
汕优6号	三系，籼	珍汕97A/IR26	IR26	173.9（1984）	999.9（1981—1994）
威优6号	三系，籼	V20A/IR26	IR26	155.3（1986）	821.7（1981—1992）
汕优桂34	三系，籼	珍汕97A/桂34	IR24、IR30	44.5（1988）	155.6（1986—1993）
威优49	三系，籼	V20A/测64-49	IR9761-19	45.4（1988）	163.8（1986—1995）
D优63	三系，籼	D汕A/明恢63	IR30	111.4（1990）	637.2（1986—2001）

（续）

杂交稻品种	类型	配组亲本	恢复系中的国外亲本	最大年种植面积（万hm²）	累计种植面积（万hm²）
博优64	三系，籼	博A/测64-7	IR9761-19-1	67.1（1990）	334.7（1989—2002）
汕优63	三系，籼	珍汕97A/明恢63	IR30	681.3（1990）	6 288.7（1983—2009）
汕优64	三系，籼	珍汕97A/测64-7	IR9761-19-1	190.5（1990）	1 271.5（1984—2006）
威优64	三系，籼	V20A/测64-7	IR9761-19-1	135.1（1990）	1 175.1（1984—2006）
汕优桂33	三系，籼	珍汕97A/桂33	IR24、IR36	76.7（1990）	466.9（1984—2001）
汕优桂99	三系，籼	珍汕97A/桂99	IR661、IR2061	57.5（1992）	384.0（1990—2008）
冈优12	三系，籼	冈46A/明恢63	IR30	54.4（1994）	187.7（1993—2008）
威优46	三系，籼	V20A/密阳46	密阳46	51.7（1995）	411.4（1990—2008）
汕优46*	三系，籼	珍汕97A/密阳46	密阳46	45.5（1996）	340.3（1991—2007）
汕优多系1号	三系，籼	珍汕97A/多系1号	IR30、Tetep	68.7（1996）	301.7（1995—2004）
汕优77	三系，籼	珍汕97A/明恢77	IR30	43.1（1997）	256.1（1992—2007）
特优63	三系，籼	龙特甫A/明恢63	IR30	43.1（1997）	439.3（1984—2009）
冈优22	三系，籼	冈46A/CDR22	IR30、IR50	161.3（1998）	922.7（1994—2011）
协优63	三系，籼	协青早A/明恢63	IR30	43.2（1998）	362.8（1989—2008）
Ⅱ优501	三系，籼	Ⅱ-32A/明恢501	泰引1号、IR26、IR30	63.5（1999）	244.9（1995—2007）
Ⅱ优838	三系，籼	Ⅱ-32A/辐恢838	泰引1号、IR30	79.1（2000）	663.0（1995—2014）
金优桂99	三系，籼	金23A/桂99	IR661、IR2061	40.4（2001）	236.2（1994—2009）
冈优527	三系，籼	冈46A/蜀恢527	古154、IR24、IR1544-28-2-3	44.6（2002）	246.4（1999—2013）
冈优725	三系，籼	冈46A/绵恢725	泰引1号、IR30、IR26	64.2（2002）	469.4（1998—2014）
金优207	三系，籼	金23A/先恢207	IR56、IR9761-19-1	71.9（2004）	508.7（2000—2014）
金优402	三系，籼	金23A/R402	古154、IR24、IR30、IR1544-28-2-3	53.5（2006）	428.6（1996—2014）
培两优288	两系，籼	培矮64S/288	IR30、IR36、IR2588	39.9（2001）	101.4（1996—2006）
两优培九	两系，籼	培矮64S/扬稻6号	IR30、IR36、IR2588、BG90-2	82.5（2002）	634.9（1999—2014）
丰两优1号	两系，籼	广占63S/扬稻6号	IR30、R36、IR2588、BG90-2	40.0（2006）	270.1（2002—2014）

* 汕优10号与汕优46的父、母本和育种方法相同，前期称为汕优10号，后期统称汕优46。

三、超级稻育种

国际水稻研究所从1989年起开始实施理想株型（Ideal plant type，俗称超级稻）育种计划，试图利用热带粳稻新种质和理想株型作为突破口，通过杂交和系统选育及分子育种方

法育成新株型品种 [New plant type（NPT），超级稻] 供南亚和东南亚稻区应用，设计产量希望比当地品种增产20%～30%。但由于产量、抗病虫力和稻米品质不理想等原因，迄今还无突出的品种在亚洲各国大面积应用。

为实现在矮化育种和杂交育种基础上的产量再次突破，农业部于1996年启动中国超级稻研究项目，要求育成高产、优质、多抗的常规和杂交水稻新品种。广义要求，超级稻的主要性状如产量、米质、抗性等均应显著超过现有主栽品种的水平；狭义要求，应育成在抗性和米质与对照品种相仿的基础上，产量有大幅度提高的新品种。在育种技术路线上，超级稻品种采用理想株型塑造与杂种优势利用相结合的途径，核心是种质资源的有效利用或有利多基因的聚合，育成单产大幅提高、品质优良、抗性较强的新型水稻品种（表1-5）。

表1-5　超级稻品种的主要指标

项　　目	长江流域早熟早稻	长江流域中迟熟早稻	长江流域中熟晚稻、华南感光性晚稻	华南早晚兼用稻、长江流域迟熟晚稻、东北早熟粳稻	长江流域一季稻、东北中熟粳稻	长江上游迟熟一季稻、东北迟熟粳稻
生育期（d）	≤105	≤115	≤125	≤132	≤158	≤170
产量（kg/hm²）	≥8 250	≥9 000	≥9 900	≥10 800	≥11 700	≥12 750
品　　质	北方粳稻达到部颁二级米以上（含）标准，南方晚籼稻达到部颁三级米以上（含）标准，南方早籼稻和一季稻达到部颁四级米以上（含）标准					
抗　　性	抗当地1～2种主要病虫害					
生产应用面积	品种审定后2年内生产应用面积达到每年3 125hm²以上					

近年有的育种家提出"绿色超级稻"或"广义超级稻"的概念，其基本思路是将品种资源研究、基因组研究和分子技术育种紧密结合，加强水稻重要性状的生物学基础研究和基因发掘，全面提高水稻的综合性状，培育出抗病、抗虫、抗逆、营养高效、高产、优质的新品种。2000年超级杂交稻第一期攻关目标大面积如期实现产量10.5t/hm²，2004年第二期攻关目标大面积实现产量12.0t/hm²。

2006年，农业部进一步启动推进超级稻发展的"6236工程"，要求用6年的时间，培育并形成20个超级稻主导品种，年推广面积占全国水稻总面积的30%，即900万hm²，单产比目前主栽品种平均增产900kg/hm²，以全面带动我国水稻的生产水平。2011年，湖南隆回县种植的超级杂交水稻品种Y两优2号在7.5hm²的面积上平均产量13 899kg/hm²；2011年宁波农业科学院选育的籼粳型超级杂交晚稻品种甬优12单产14 147kg/hm²；2013年，湖南隆回县种植的超级杂交水稻Y两优900获得14 821kg/hm²的产量，宣告超级杂交水稻第三期攻关目标大面积产量13.5t/hm²的实现。据报道，2015年云南个旧市的"超级杂交水稻示范基地"百亩连片水稻攻关田，种植的超级稻品种超优千号，百亩片平均单产16 010kg/hm²；2016年山东临沂市莒南县大店镇的百亩片攻关基地种植的超级杂交稻超优千号，实测单产15 200kg/hm²，创造了杂交水稻高纬度单产的世界纪录，表明已稳定实现了超级杂交水稻第四期大面积产量潜力达到15t/hm²的攻关目标。

截至2014年，农业部确认了111个超级稻品种，分别是：

常规超级籼稻7个：中早39、中早35、金农丝苗、中嘉早17、合美占、玉香油占、桂农占。

常规超级粳稻28个：武运粳27、南粳44、南粳45、南粳49、南粳5055、淮稻9号、长白25、莲稻1号、龙粳39、龙粳31、松粳15、镇稻11、扬粳4227、宁粳4号、楚粳28、连粳7号、沈农265、沈农9816、武运粳24、扬粳4038、宁粳3号、龙粳21、千重浪、辽星1号、楚粳27、松粳9号、吉粳83、吉粳88。

籼型三系超级杂交稻46个：F优498、荣优225、内5优8015、盛泰优722、五丰优615、天优3618、天优华占、中9优8012、H优518、金优785、德香4103、Q优8号、宜优673、深优9516、03优66、特优582、五优308、五丰优T025、天优3301、珞优8号、荣优3号、金优458、国稻6号、赣鑫688、Ⅱ优航2号、天优122、一丰8号、金优527、D优202、Q优6号、国稻1号、国稻3号、中浙优1号、丰优299、金优299、Ⅱ优明86、Ⅱ优航1号、特优航1号、D优527、协优527、Ⅱ优162、Ⅱ优7号、Ⅱ优602、天优998、Ⅱ优084、Ⅱ优7954。

粳型三系超级杂交稻1个：辽优1052。

籼型两系超级杂交稻26个：两优616、两优6号、广两优272、C两优华占、两优038、Y两优5867、Y两优2号、Y两优087、准两优608、深两优5814、广两优香66、陵两优268、徽两优6号、桂两优2号、扬两优6号、陆两优819、丰两优香1号、新两优6380、丰两优4号、Y优1号、株两优819、两优287、培杂泰丰、新两优6号、两优培九、准两优527。

籼粳交超级杂交稻3个：甬优15、甬优12、甬优6号。

超级杂交水稻育种正在继续推进，面临的挑战还有很多。从遗传角度看，目前真正能用于超级稻育种的有利基因及连锁分子标记还不多，水稻基因研究成果还不足以全面支撑超级稻分子育种，目前的超级稻育种仍以常规杂交技术和资源的综合利用为主。因此，需要进一步发掘高产、优质、抗病虫、抗逆基因，改进育种方法，将常规育种技术与分子育种技术相结合起来，培育出广适性的可大幅度减少农用化学品（无机肥料、杀虫剂、杀菌剂、除草剂）而又高产优质的超级稻品种。

第五节　核心育种骨干亲本

分析65年来我国育成并通过国家或省级农作物品种审定委员会审（认）定的8 117份水稻、陆稻和杂交水稻现代品种，追溯这些品种的亲源，可以发现一批极其重要的核心育种骨干亲本，它们对水稻品种的遗传改良贡献巨大。但是由于种质资源的不断创新与交流，尤其是育种材料的交流和国外种质的引进，育种技术的多样化，有的品种含有多个亲本的血缘，使得现代育成品种的亲缘关系十分复杂。特别是有些品种的亲缘关系没有文字记录，或者仅以代号留存，难以查考。另外，籼、粳稻品种的杂交和选择，出现了大量含有籼、粳血缘的中间品种，难以绝对划分它们的籼、粳类别。毫无疑问，品种遗传背景的多样性对于克服品种遗传脆弱性，保障粮食生产安全性极为重要。

考虑到这些相互交错的情况，本节品种的亲源一般按不同亲本在品种中所占的重要性和比率确定，可能会出现前后交叉和上下代均含数个重要骨干亲本的情况。

一、常规籼稻

据不完全统计，我国常规籼稻最重要的核心育种骨干亲本有22个，衍生的大面积种植（年种植面积＞6 667hm²）的品种数超过2 700个（表1-6）。其中，全国种植面积较大的常规籼稻品种是：浙辐802、桂朝2号、双桂1号、广陆矮4号、湘早籼45、中嘉早17等。

表1-6　籼稻核心育种骨干亲本及其主要衍生品种

品种名称	类型	衍生的品种数	主要衍生品种
矮仔占	早籼	＞402	矮仔占4号、珍珠矮、浙辐802、广陆矮4号、桂朝2号、广场矮、二九青、特青、嘉育948、红410、泸红早1号、双桂36、湘早籼7号、广二104、珍汕97、七桂早25、特籼占13
南特号	早籼	＞323	矮脚南特、广场13、莲塘早、陆财号、广场矮、广选3号、矮南早1号、广陆矮4号、先锋1号、青小金早、湘早籼3号、湘矮早3号、湘矮早7号、嘉育293、赣早籼26
珍汕97	早籼	＞267	珍竹19、庆元2号、闽科早、珍汕97A、Ⅱ-32A、D汕A、博A、中A、29A、天丰A、枝A不育系及油优63等大量杂交稻品种
矮脚南特	早籼	＞184	矮南早1号、湘矮早7号、青小金早、广选3号、温选青
珍珠矮	早籼	＞150	珍龙13、珍汕97、红梅早、红410、红突31、珍珠矮6号、珍珠矮11、7055、6044、赣早籼9号
湘早籼3号	早籼	＞66	嘉育948、嘉育293、湘早籼10号、湘早籼13、湘早籼7号、中优早81、中86-44、赣早籼26
广场13	早籼	＞59	湘早籼3号、中优早81、中86-44、嘉育293、嘉育948、早籼31、嘉兴香米、赣早籼26
红410	早籼	＞43	红突31、8004、京红1号、赣早籼9号、湘早籼5号、舟优903、中优早3号、泸红早1号、辐8-1、佳禾早占、鄂早16、余红1号、湘晚籼9号、湘晚籼14
嘉育293	早籼	＞25	嘉育948、中98-15、嘉兴香米、嘉早43、越糯2号、嘉育143、嘉育41、嘉早935、中嘉早17
浙辐802	早籼	＞21	香早籼11、中516、浙9248、中组3号、皖稻45、鄂早10号、赣早籼50、金早47、赣早籼56、浙852、中选181
低脚乌尖	中籼	＞251	台中本地1号（TN1）、IR8、IR24、IR26、IR29、IR30、IR36、IR661、原丰早、洞庭晚籼、二九丰、滇瑞306、中选8号
广场矮	中籼	＞151	桂朝2号、双桂36、二九矮、广场矮5号、广场矮3784、湘矮早3号、先锋1号、泸南早1号
IR8	中籼	＞120	IR24、IR26、原丰早、滇瑞306、洞庭晚籼、滇陇201、成矮597、科六矮、滇屯502、滇瑞408
IR36	中籼	＞108	赣早籼15、赣早籼37、赣早籼39、湘早籼3号
IR24	中籼	＞79	四梅2号、浙辐802、浙852、中156，以及一批杂交稻恢复系和杂交稻品种南优2号、汕优2号
胜利籼	中籼	＞76	广场13、南京1号、南京11、泸胜2号、广场矮系列品种
台中本地1号（TN1）	中籼	＞38	IR8、IR26、IR30、BG90-2、原丰早、湘晚籼1号、滇瑞412、扬稻1号、扬稻3号、金陵57

（续）

品种名称	类型	衍生的品种数	主要衍生品种
特青	中晚籼	>107	特籼占13、特籼占25、盐稻5号、特三矮2号、鄂中4号、胜优2号、丰青矮、黄华占、茉莉新占、丰矮占1号、丰澳占，以及一批杂交稻恢复系镇恢084、蓉恢906、浙恢9516、广恢998
秋播了	晚籼	>60	516、澄秋5号、秋长3号、东秋播、白花
桂朝2号	中晚籼	>43	豫籼3号、镇籼96、扬稻5号、湘晚籼8号、七山占、七桂早25、双朝25、双桂36、早桂1号、陆青早1号、湘晚籼32
中山1号	晚籼	>30	包胎红、包胎白、包选2号、包胎矮、大灵矮、钢枝占
粳籼89	晚籼	>13	赣晚籼29、特籼占13、特籼占25、粤野软占、野黄占、粤野占26

矮仔占源自早期的南洋引进品种，后成为广西容县一带农家地方品种，携带 $sd1$ 矮秆基因，全生育期约140d，株高82cm左右，节密，耐肥，有效穗多，千粒重26g左右，单产4 500 ~ 6 000kg/hm²，比一般高秆品种增产20% ~ 30%。1955年，华南农业科学研究所发现并引进矮仔占，经系选，于1956年育成矮仔占4号。采用矮仔占4号/广场13，1959年育成矮秆品种广场矮；采用矮仔占4号/惠阳珍珠早，1959年育成矮秆品种珍珠矮。广场矮和珍珠矮是矮仔占最重要的衍生品种，这2个品种不但推广面积大，而且衍生品种多，随后成为水稻矮化育种的重要骨干亲本，广场矮至少衍生了151个品种，珍珠矮至少衍生了150个品种。因此，矮仔占是我国20世纪50年代后期至60年代最重要的矮秆推广品种，也是60 ~ 80年代矮化育种最重要的矮源。至今，矮仔占至少衍生了402个品种，其中种植面积较大的衍生品种有广场矮、珍珠矮、广陆矮4号、二九青、先锋1号、特青、桂朝2号、双桂1号、湘早籼7号、嘉育948等。

南特号是20世纪40年代从江西农家品种鄱阳早的变异株中选得，50年代在我国南方稻区广泛作早稻种植。该品种株高100 ~ 130cm，根系发达，适应性广，全生育期105 ~ 115d，较耐肥，每穗约80粒，千粒重26 ~ 28g，单产3 750 ~ 4 500kg/hm²，比一般高秆品种增产13% ~ 34%。南特号1956年种植面积达333.3万hm²，1958—1962年，年种植面积达到400万hm²以上。南特号直接系选衍生出南特16、江南1224和陆财号。1956年，广东潮阳县农民从南特号发现矮秆变异株，经系选育成矮脚南特，具有早熟、秆矮、高产等优点，可比高秆品种增产20% ~ 30%。经分析，矮脚南特也含有矮秆基因 $sd1$，随后被迅速大面积推广并广泛用作矮化育种亲本。南特号是双季早籼品种极其重要的育种亲源，至少衍生了323个品种，其中种植面积较大的衍生品种有广场矮、广场13、矮南早1号、莲塘早、陆财号、广陆矮4号、先锋1号、青小金早、湘矮早2号、湘矮早7号、红410等。

低脚乌尖是我国台湾省的农家品种，携带 $sd1$ 矮秆基因，20世纪50年代后期因用低脚乌尖为亲本（低脚乌尖/菜园种）在台湾育成台中本地1号（TN1）。国际水稻研究所利用Peta/低脚乌尖育成著名的IR8品种并向东南亚各国推广，引发了亚洲水稻的绿色革命。祖国大陆育种家利用含有低脚乌尖血缘的台中本地1号、IR8、IR24和IR30作为杂交亲本，至少衍生了251个常规水稻品种，其中IR8（又称科六或691）衍生了120个品种，台中本地1号衍生了38个品种。利用IR8和台中本地1号而衍生的、种植面积较大的品种有原丰早、科梅、双科1号、湘矮早9号、二九丰、扬稻2号、泸红早1号等。利用含有低脚乌尖血缘的IR24、IR26、IR30等，又育成了大量杂交水稻恢复系，有的恢复系可直接作为常规品种种植。

早籼品种珍汕97对推动杂交水稻的发展作用特殊、贡献巨大。该品种是浙江省温州农业科学研究所用珍珠矮11/汕矮选4号于1968年育成，含有矮仔占血缘，株高83cm，全生育期约120d，分蘖力强，千粒重27g左右，单产约5 500kg/hm²。珍汕97除衍生了一批常规品种外，还被用于杂交稻不育系的选育。1973年，江西省萍乡市农业科学研究所以海南普通野生稻的野败材料为母本，用珍汕97为父本进行杂交并连续回交育成珍汕97A。该不育系早熟、配合力强，是我国使用范围最广、应用面积最大、时间最长、衍生品种最多的不育系。珍汕97A与不同恢复系配组，育成多种熟期类型的杂交水稻品种，如汕优6号、汕优46、汕优63、汕优64等供华南、长江流域作双季晚稻和单季中、晚稻大面积种植。以珍汕97A为母本直接配组的年种植面积超过6 667hm²的杂交水稻品种有92个，36年来（1978—2014年）累计推广面积超过14 450万hm²。

特青是广东省农业科学院用特矮/叶青伦于1984年育成的早、晚兼用的籼稻品种，茎秆粗壮，叶挺色浓，株叶形态好，耐肥，抗倒伏，抗白叶枯病，产量高，大田产量6 750～9 000kg/hm²。特青被广泛用于南方稻区早、中、晚籼稻的育种亲本，主要衍生品种有特籼占13、特籼占25、盐稻5号、特三矮2号、鄂中4号、胜优2号、黄华占、丰矮占1号、丰澳占等。

嘉育293（浙辐802/科庆47//二九丰///早丰6号/水原287////HA79317-7）是浙江省嘉兴市农业科学研究所育成的常规早籼品种。全生育期约112d，株高76.8cm，苗期抗寒性强，株型紧凑，叶片长而挺，茎秆粗壮，生长旺盛，耐肥，抗倒伏，后期青秆黄熟，产量高，适于浙江、江西、安徽（皖南）等省作早稻种植，1993—2012年累计种植面积超过110万hm²。嘉育293被广泛用于长江中下游稻区的早籼稻育种亲本，主要衍生品种有嘉育948、中98-15、嘉兴香米、嘉早43、越糯2号、嘉育143、嘉早41、嘉早935、中嘉早17等。

二、常规粳稻

我国常规粳稻最重要的核心育种骨干亲本有20个，衍生的种植面积较大（年种植面积＞6 667hm²）的品种数超过2 400个（表1-7）。其中，全国种植面积较大的常规粳稻品种有：空育131、武育粳2号、武育粳3号、武运粳7号、鄂宜105、合江19、宁粳4号、龙粳31、农虎6号、鄂晚5号、秀水11、秀水04等。

旭是日本品种，从日本早期品种日之出选出。对旭进行系统选育，育成了京都旭以及关东43、金南风、下北、十和田、日本晴等日本品种。至20世纪末，我国由旭衍生的粳稻品种超过149个。如利用旭及其衍生品种进行早粳育种，育成了辽丰2号、松辽4号、合江20、合江21、早丰、吉粳53、吉粳88、冀粳1号、五优稻1号、龙粳3号、东农416等；利用京都旭及其衍生品种农垦57（原名金南风）进行中、晚粳育种，育成了金垦18、南粳11、徐稻2号、镇稻4号、盐粳4号、扬粳186、盐粳6号、镇稻6号、淮稻6号、南粳37、阳光200、远杂101、鲁香粳2号等。

表1-7 常规粳稻最重要核心育种骨干亲本及其主要衍生品种

品种名称	类型	衍生的品种数	主要衍生品种
旭	早粳	>149	农垦57、辽丰2号、松辽4号、合江20、合江21、早丰、吉粳53、吉粳88、冀粳1号、五优稻1号、龙粳3号、东农416、吉粳60、东农416
笹锦	早粳	>147	丰锦、辽粳5号、龙粳1号、秋光、吉粳69、龙粳1号、龙粳4号、龙粳14、垦稻8号、藤系138、京稻2号、辽盐2号、长白8号、吉粳83、青系96、秋丰、吉粳66
坊主	早粳	>105	石狩白毛、合江3号、合江11、合江22、龙粳2号、龙粳14、垦稻3号、垦稻8号、长白5号
爱国	早粳	>101	丰锦、宁粳6号、宁粳7号、辽粳5号、中花8号、临稻3号、冀粳6号、砦1号、辽盐2号、沈农265、松粳10号、沈农189
龟之尾	早粳	>95	宁粳4号、九稻1号、东农4号、松辽5号、虾夷、松辽5号、九稻1号、辽粳152
石狩白毛	早粳	>88	大雪、滇榆1号、合江12、合江22、龙粳1号、龙粳2号、龙粳14、垦稻8号、垦稻10号
辽粳5号	早粳	>61	辽粳68、辽粳288、辽粳326、沈农159、沈农189、沈农265、沈农604、松粳3号、松粳10号、辽星1号、中迁9052
合江20	早粳	>41	合江23、吉粳62、松粳3号、松粳9号、五优稻1号、五优稻3号、松粳21、龙粳3号、龙粳13、绥育1号
吉粳53	早粳	>27	长白9号、九稻11、双丰8号、吉粳60、新稻2号、东农416、吉粳70、九稻44、丰选2号
红旗12	早粳	>26	宁粳9号、宁粳11、宁粳19、宁粳23、宁粳28、宁稻216
农垦57	中粳	>116	金垦18、双丰4号、南粳11、南粳23、徐稻2号、镇稻4号、盐粳4号、扬粳201、扬粳186、盐粳6号、南粳36、镇稻6号、淮稻6号、扬粳9538、南粳37、阳光200、远杂101、鲁香粳2号
桂花黄	中粳	>97	南粳32、矮粳23、秀水115、徐稻2号、浙粳66、双糯4号、临稻10号、宁粳9号、宁粳23、镇稻2号
西南175	中粳	>42	云粳3号、云粳7号、云粳9号、云粳134、靖粳10号、靖粳16、京黄126、新城糯、楚粳5号、楚粳22、合系41、滇靖8号
武育粳3号	中粳	>22	淮稻5号、淮稻6号、镇稻99、盐稻8号、武运粳11、华粳2号、广陵香粳、武育粳5号、武香粳9号
滇榆1号	中粳	>13	合系34、楚粳7号、楚粳8号、楚粳24、凤稻14、楚粳14、靖粳8号、靖粳优2号、靖粳优3号、云粳优1号
农垦58	晚粳	>506	沪选19、鄂宜105、农虎6号、辐农709、秀水48、农红73、矮粳23、秀水04、秀水11、秀水63、宁67、武运粳7号、武育粳3号、宁粳1号、甬粳18、徐稻3号、武香粳9号、鄂晚5号、嘉991、镇稻99、太湖糯
农虎6号	晚粳	>332	秀水664、嘉湖4号、祥湖47、秀水04、秀水11、秀水48、秀水63、桐青晚、宁67、太湖糯、武香粳9号、甬粳44、香血糯335、辐农709、武运粳7号
测21	晚粳	>254	秀水04、武香粳14、秀水11、宁粳1号、秀水664、武粳15、武运粳8号、秀水63、甬粳18、祥湖84、武香粳9号、武运粳21、宁67、嘉991、矮糯21、常农粳2号、春江026
秀水04	晚粳	>130	武香粳14、秀水122、武运粳23、秀水1067、武粳13、甬优6号、秀水17、太湖粳2号、甬优1号、宁粳3号、皖稻26、运9707、甬优9号、秀水59、秀水620
矮宁黄	晚粳	>31	老来青、沪晚23、八五三、矮粳23、农红73、苏粳7号、安庆晚2号、浙粳66、秀水115、苏稻1号、镇稻1号、航育1号、祥湖25

辽粳5号(丰锦////越路早生/矮脚南特//藤坂5号/BaDa///沈苏6号)是沈阳市浑河农场采用籼、粳稻杂交,后代用粳稻多次复交,于1981年育成的早粳矮秆高产品种。辽粳5号集中了籼、粳稻特点,株高80～90cm,叶片宽、厚、短、直立上举,色浓绿,分蘖力强,株型紧凑,受光姿态好,光能利用率高,适应性广,较抗稻瘟病,中抗白叶枯病,产量高。适宜在东北作早粳种植,1992年最大种植面积达到9.8万hm²。用辽粳5号作亲本共衍生了61个品种,如辽粳326、沈农159、沈农189、松粳10号、辽星1号等。

合江20(早丰/合江16)是黑龙江省农业科学院水稻研究所于20世纪70年代育成的优良广适型早粳品种。合江20全生育期133～138d,叶色浓绿,直立上举,分蘖力较强,抗稻瘟病性较强,耐寒性较强,耐肥,抗倒伏,感光性较弱,感温性中等,株高90cm左右,千粒重23～24g。70年代末至80年代中期在黑龙江省大面积推广种植,特别是推广水稻旱育稀植以后,该品种成为黑龙江省的主栽品种。作为骨干亲本合江20衍生的品种包括松粳3号、合江21、合江23、黑粳5号、吉粳62等。

桂花黄是我国中、晚粳稻育种的一个主要亲源品种,原名Balilla(译名巴利拉、伯利拉、倍粒稻),1960年从意大利引进。桂花黄为1964年江苏省苏州地区农业科学研究所从Balilla变异单株中选育而成,亦名苏粳1号。桂花黄株高90cm左右,全生育期120～130d,对短日照反应中等偏弱,分蘖力弱,穗大,着粒紧密,半直立,千粒重26～27g,一般单产5 000～6 000kg/hm²。桂花黄的显著特点是配合力好,能较好地与各类粳稻配组。据统计,40年来(1965—2004年)桂花黄共衍生了97个品种,种植面积较大的品种有南粳32、矮粳23、秀水115、徐稻2号、浙粳66、双糯4号、临稻10号等。

农垦58是我国最重要的晚粳稻骨干亲本之一。农垦58又名世界一(经考证应该为Sekai系列中的1个品系),1957年农垦部引自日本,全生育期单季晚稻160～165d,连作晚稻135d,株高约110cm,分蘖早而多,株型紧凑,感光,对短日照反应敏感,后期耐寒,抗稻瘟病,适应性广,千粒重26～27g,米质优,作单季晚稻单产一般6 000～6 750kg/hm²。该品种20世纪60～80年代在长江流域稻区广泛种植,1975年种植面积达到345万hm²,1960—1987年累计种植面积超过1 100万hm²。50年来(1960—2010年)以农垦58为亲本衍生的品种超过506个,其中直接经系选育而成的品种59个。具有农垦58血缘并大面积种植的品种有:鄂宜105、农虎6号、辐农709、农红73、秀水04、秀水11、秀水63、宁67、武运粳7号、武育粳3号、宁粳1号、甬粳18、徐稻3号等。从农垦58田间发现并命名的农垦58S,成为我国两系杂交稻光温敏核不育系的主要亲本之一,并衍生了多个光温敏核不育系如培矮64S等,配组了大量两系杂交稻如两优培九、两优培特、培两优288、培两优986、培两优特青、培杂山青、培杂双七、培杂泰丰、培杂茂三等。

农虎6号是我国著名的晚粳品种和育种骨干亲本,由浙江省嘉兴市农业科学研究所于1965年用农垦58与老虎稻杂交育成,具有高产、耐肥、抗倒伏、感光性较强的特点,仅1974年在浙江、江苏、上海的种植面积就达到72.2万hm²。以农虎6号为亲本衍生的品种超过332个,包括大面积种植的秀水04、秀水63、祥湖84、武香粳14、辐农709、武运粳7号、宁粳1号、甬粳18等。

武育粳3号是江苏省武进稻麦育种场以中丹1号分别与79-51和扬粳1号的杂交后代经复交育成。全生育期150d左右,株高95cm,株型紧凑,叶片挺拔,分蘖力较强,抗倒伏性中等，单产大约 8 700kg/hm²，适宜沿江和沿海南部、丘陵稻区中等或中等偏上肥力条件下种植。1992—2008 年累计推广面积 549 万 hm²，1997 年最大推广面积达到 52.7 万 hm²。以武育粳 3 号为亲本，衍生了一批中粳新品种，如淮稻 5 号、镇稻 99、香粳 111、淮稻 8 号、盐稻 8 号、盐稻 9 号、扬粳 9538、淮稻 6 号、南粳 40、武运粳 11、扬粳 687、扬粳糯 1 号、广陵香粳、华粳 2 号、阳光 200 等。

测 21 是浙江省嘉兴市农业科学研究所用日本种质灵峰（丰沃/绫锦）为母本，与本地晚粳中间材料虎蕾选（金蕾 440/农虎 6 号）为父本杂交育成。测 21 半矮生，叶姿挺拔，分蘖中等，株型挺，生育后期根系活力旺盛，成熟时穗弯于剑叶之下，米质优，配合力好。测 21 在浙江、江苏、上海、安徽、广西、湖北、河北、河南、贵州、天津、吉林、辽宁、新疆等省（自治区、直辖市）衍生并通过审定的常规粳稻新品种 254 个，包括秀水 04、武香粳 14、秀水 11、宁粳 1 号、秀水 664、武粳 15、武运粳 8 号、秀水 63、甬粳 18、祥湖 84、武香粳 9 号、武运粳 21、宁 67、嘉 991、矮糯 21 等。1985—2012 年以上衍生品种累计推广种植达 2 300 万 hm²。

秀水 04 是浙江省嘉兴市农业科学研究所以测 21 为母本，与辐农 70-92/ 单 209 为父本杂交于 1985 年选育而成的中熟晚粳型常规水稻品种。秀水 04 茎秆矮而硬，耐寒性较强，连晚栽培株高 80cm，单季稻 95～100cm，叶片短而挺，分蘖力强，成穗率高，有效穗多。穗颈粗硬，着粒密，结实率高，千粒重 26g，米质优，产量高，适宜在浙江北部、上海、江苏南部种植，1985—1994 年累计推广面积 180 万 hm²。以秀水 04 为亲本衍生的品种超过 130 个，包括武香粳 14、秀水 122、祥湖 84、武香粳 9 号、武运粳 21、宁 67、武粳 13、甬优 6 号、秀水 17、太湖粳 2 号、宁粳 3 号、皖稻 26 等。

西南 175 是西南农业科学研究所从台湾粳稻农家品种中经系统选择于 1955 年育成的中粳品种，产量较高，耐逆性强，在云贵高原持续种植了 50 多年。西南 175 不但是云贵地区的主要当家品种，而且是西南稻区中粳育种的主要亲本之一。

三、杂交水稻不育系

杂交水稻的不育系均由我国创新育成，包括野败型、矮败型、冈型、印水型、红莲型等三系不育系，以及两系杂交水稻的光敏和温敏不育系。最重要的杂交稻核心不育系有 21 个，衍生的不育系超过 160 个，配组的大面积种植（年种植面积 > 6 667hm²）的品种数超过 1 300 个。配组杂交稻品种最多的不育系是：珍汕 97A、Ⅱ-32A、V20A、冈 46A、龙特甫 A、博 A、协青早 A、金 23A、中 9A、天丰 A、谷丰 A、农垦 58S、培矮 64S 和 Y58S 等（表 1-8）。

表 1-8　杂交水稻核心不育系及其衍生的品种（截至 2014 年）

不育系	类　　型	衍生的不育系数	配组的品种数	代　表　品　种
珍汕 97A	野败籼型	> 36	> 231	汕优 2 号、汕优 22、汕优 3 号、汕优 36、汕优 36 辐、汕优 4480、汕优 46、汕优 559、汕优 63、汕优 64、汕优 647、汕优 6 号、汕优 70、汕优 72、汕优 77、汕优 78、汕优 8 号、汕优多系 1 号、汕优桂 30、汕优桂 32、汕优桂 33、汕优桂 34、汕优桂 99、汕优晚 3、汕优直龙

（续）

不育系	类 型	衍生的不育系数	配组的品种数	代 表 品 种
Ⅱ-32A	印水籼型	＞5	＞237	Ⅱ优084、Ⅱ优128、Ⅱ优162、Ⅱ优46、Ⅱ优501、Ⅱ优58、Ⅱ优602、Ⅱ优63、Ⅱ优718、Ⅱ优725、Ⅱ优7号、Ⅱ优802、Ⅱ优838、Ⅱ优87、Ⅱ优多系1号、Ⅱ优辐819、优航1号、Ⅱ优明86
V20A	野败籼型	＞8	＞158	威优2号、威优35、威优402、威优46、威优48、威优49、威优6号、威优63、威优64、威优647、威优77、威优98、威优华联2号
冈46A	冈籼型	＞1	＞85	冈矮1号、冈优12、冈优188、冈优22、冈优151、冈优188、冈优527、冈优725、冈优827、冈优881、冈优多系1号
龙特甫A	野败籼型	＞2	＞45	特优175、特优18、特优524、特优559、特优63、特优70、特优838、特优898、特优桂99、特优多系1号
博A	野败籼型	＞2	＞107	博Ⅲ优273、博Ⅱ优15、博优175、博优210、博优253、博优258、博优3550、博优49、博优64、博优803、博优998、博优桂44、博优桂99、博优香1号、博优湛19
协青早A	矮败籼型	＞2	＞44	协优084、协优10号、协优46、协优49、协优57、协优63、协优64、协优华联2号
金23A	野败籼型	＞3	＞66	金优117、金优207、金优253、金优402、金优458、金优191、金优63、金优725、金优77、金优928、金优桂99、金优晚3
K17A	K籼型	＞2	＞39	K优047、K优402、K优5号、K优926、K优1号、K优3号、K优40、K优52、K优817、K优818、K优877、K优88、K优绿36
中9A	印水籼型	＞2	＞127	中9优288、中优207、中优402、中优974、中优桂99、国稻1号、国丰1号、先农20
D汕A	D籼型	＞2	＞17	D优49、D优78、D优162、D优361、D优1号、D优64、D汕优63、D优63
天丰A	野败籼型	＞2	＞18	天优116、天优122、天优1251、天优368、天优372、天优4118、天优428、天优8号、天优998、天优华占
谷丰A	野败籼型	＞2	＞32	谷优527、谷优航1号、谷优964、谷优航148、谷优明占、谷优3301
丛广41A	红莲籼型	＞3	＞12	广优4号、广优青、粤优8号、粤优938、红莲优6号
黎明A	滇粳型	＞11	＞16	黎57、滇杂32、滇杂34
甫粳2A	滇粳型	＞1	＞11	甫优2号、甫优3号、甫优4号、甫优5号、甫优6号
农垦58S	光温敏	＞34	＞58	培矮64S、广占63S、广占63-4S、新安S、GD-1S、华201S、SE21S、7001S、261S、N5088S、4008S、HS-3、两优培九、培两优288、培两优青、丰两优1号、扬两优6号、新两优6号、粤杂122、华两优103
培矮64S	光温敏	＞3	＞69	培两优210、两优培九、两优培特、培两优288、培两优3076、培两优981、培两优986、培两优特青、培杂山青、培杂双七、培杂桂99、培杂67、培杂泰丰、培杂茂三
安农S-1	光温敏	＞18	＞47	安两优25、安两优318、安两优402、安两优青占、八两优100、八两优96、田两优402、田两优4号、田两优66、田两优9号
Y58S	光温敏	＞7	＞120	Y两优1号、Y两优2号、Y两优6号、Y两优9981、Y两优7号、Y两优900、深两优5814
株1S	光温敏	＞20	＞60	株两优02、株两优08、株两优09、株两优176、株两优30、株两优58、株两优81、株两优839、株两优99

珍汕97A属野败胞质不育系，是江西省萍乡市农业科学研究所以海南普通野生稻的野败材料为母本，以迟熟早籼品种珍汕97为父本杂交并连续回交于1973年育成。该不育系配合力强，是我国使用范围最广、应用面积最大、时间最长、衍生品种最多的不育系。与不同恢复系配组，育成多种熟期类型的杂交水稻供华南早稻、华南晚稻、长江流域的双季早稻和双季晚稻及一季中稻利用。以珍汕97A为母本直接配组的年种植面积超过6 667hm^{2}的杂交水稻品种有92个，30年来（1978—2007年）累计推广面积13 372万hm^2。

V20A属野败胞质不育系，是湖南省贺家山原种场以野败/6044//71-72后代的不育株为母本，以早籼品种V20为父本杂交并连续回交于1973年育成。V20A一般配合力强，异交结实率高，配组的品种主要作双季晚稻使用，也可用作双季早稻。V20A是全国主要的不育系之一，配组的威优6号、威优63、威优64等系列品种在20世纪80～90年代曾经大面积种植，其中威优6号在1981—1992年的累计种植面积达到822万hm^2。

Ⅱ-32A属印水胞质不育系。为湖南杂交水稻研究中心从印尼水田谷6号中发现的不育株，其恢保关系与野败相同，遗传特性也属于孢子体不育。Ⅱ-32A是用珍汕97B与IR665杂交育成定型株系后，再与印水珍鼎（糯）A杂交、回交转育而成。全生育期130d，开花习性好，异交结实率高，一般制种产量可达3 000～4 500kg/hm^2，是我国主要三系不育系之一。Ⅱ-32A衍生了优ⅠA、振丰A、中9A、45A、渝5A等不育系，与多个恢复系配组的品种，包括Ⅱ优084、Ⅱ优46、Ⅱ优501、Ⅱ优63、Ⅱ优838、Ⅱ优多系1号、Ⅱ优辐819、Ⅱ优明86等，在我国南方稻区大面积种植。

冈型不育系是四川农学院水稻研究室以西非晚籼冈比亚卡（Gambiaka Kokum）为母本，与矮脚南特杂交，利用其后代分离的不育株杂交转育的一批不育系，其恢保关系、雄性不育的遗传特性与野败基本相似，但可恢复性比野败好，从而发现并命名为冈型细胞质不育系。冈46A是四川农业大学水稻研究所以冈二九矮7号A为母本，用"二九矮7号/V41//V20/雅矮早"的后代为父本杂交、回交转育成的冈型早籼不育系。冈46A在成都地区春播，播种至抽穗历期75d左右，株高75～80cm，叶片宽大，叶色淡绿，分蘖力中等偏弱，株型紧凑，生长繁茂。冈46A配合力强，与多个恢复系配组的74个品种在我国南方稻区大面积种植，其中冈优22、冈优12、冈优527、冈优151、冈优多系1号、冈优725、冈优188等曾是我国南方稻区的主推品种。

中9A是中国水稻研究所1992年以优ⅠA为母本，优ⅠB/L301B//菲改B的后代作父本，杂交、回交转育成的早籼不育系，属印尼水田谷6号质源型，2000年5月获得农业部新品种权保护。中9A株高约65cm，播种至抽穗60d左右，育性稳定，不育株率100%，感温，异交结实率高，配合力好，可配组早籼、中籼及晚籼3种栽培型杂交水稻，适用于所有籼型杂交稻种植区。以中9A配组的杂交品种产量高，米质好，抗白叶枯病，是我国当前较抗白叶枯病的不育系，与抗稻瘟病的恢复系配组，可育成双抗的杂交稻品种。配组的国稻1号、国丰1号、中优177、中优448、中优208等49个品种广泛应用于生产。

谷丰A是福建省农业科学院水稻研究所以地谷A为母本，以[龙特甫B/宙伊B（V41B/汕优菲—//IRs48B）]F$_4$作回交父本，经连续多代回交于2000年转育而成的野败型三系不育系。谷丰A株高85cm左右，不育性稳定，不育株率100%，花粉败育以典败为主，异交特性好，较抗稻瘟病，适宜配组中、晚籼类型杂交品种。谷优系列品种已在中国南方稻区大面积推广应用，成为稻瘟病重发区杂交水稻安全生产的重要支撑。利用谷丰A配组育成了谷优527、谷优964、谷优5138等32个品种通过省级以上农作物品种审定委员会审（认）定，其中4个品种通过国家农作物品种审定委员会审定。

甬粳2A是滇粳型不育系，是浙江省宁波市农业科学院以宁67A为母本，以甬粳2号为父本进行杂交，以甬粳2号为父本进行连续回交转育而成。甬粳2A株高90cm左右，感光性强，株型下紧上松，须根发达，分蘖力强，茎韧秆壮，剑叶挺直，中抗白叶枯病、稻瘟病、细菌性条纹病，耐肥，抗倒伏性好。采用粳不/籼恢三系法途径，甬粳2A配组育成了甬优2号、甬优4号、甬优6号等优质高产籼粳杂交稻。其中，甬优6号（甬粳2A/K4806）2006年在浙江省鄞州取得单季稻12 510kg/hm^{2}的高产，甬优12（甬粳2A/F5032）在2011年洞桥"单季百亩示范方"取得13 825kg/hm^{2}的高产。

培矮64S是籼型温敏核不育系，由湖南杂交水稻研究中心以农垦58S为母本，籼爪型品种培矮64（培迪/矮黄米//测64）为父本，通过杂交和回交选育而成。培矮64S株高65 ~ 70cm，分蘖力强，亲和谱广，配合力强，不育起点温度在13h光照条件下为23.5℃左右，海南短日照（12h）条件下不育起点温度超过24℃。目前已配组两优培九、两优培特、培两优288等30多个通过省级以上农作物品种审定委员会审定并大面积推广的两系杂交稻品种，是我国应用面积最大的两系核不育系。

安农S-1是湖南省安江农业学校从早籼品系超40/H285//6209-3群体中选育的温敏型两用核不育系。由于控制育性的遗传相对简单，用该不育系作不育基因供体，选育了一批实用的两用核不育系如香125S、安湘S、田丰S、田丰S-2、安农810S、准S360S等，配组的安两优25、安两优318、安两优402、安两优青占等品种在南方稻区广泛种植。

Y58S(安农S-1/常菲22B//安农S-1/Lemont///培矮64S)是光温敏不育系，实现了有利多基因累加，具有优质、高光效、抗病、抗逆、优良株叶形态和高配合力等优良性状。Y58S目前已选配Y两优系列强优势品种120多个，其中已通过国家、省级农作物品种审定委员会审（认）定的有45个。这些品种以广适性、优质、多抗、超高产等显著特性迅速在生产上大面积推广，代表性品种有Y两优1号、Y两优2号、Y两优9981等，2007—2014年累计推广面积已超过300万hm^2。2013年，在湖南隆回县，超级杂交水稻Y两优900获得14 821kg/hm^{2}的高产。

四、杂交水稻恢复系

我国极大部分强恢复系或强恢复源来自国外，包括IR24、IR26、IR30、密阳46等，它们均含有我国台湾省地方品种低脚乌尖的血缘（sd1矮秆基因）。20世纪70 ~ 80年代，IR24、IR26、IR30、IR36、IR58直接作恢复系利用，随着明恢63（IR30/圭630）的育成，我国的杂交稻恢复系走上了自主创新的道路，育成的恢复系其遗传背景呈现多元化。目前，主要的已广泛应用的核心恢复系17个，它们衍生的恢复系超过510个，配组的种植面积较大（年种植面积＞6 667hm^2）的杂交品种数超过1 200个（表1-9）。配组品种较多的恢复系有：明恢63、明恢86、IR24、IR26、多系1号、测64-7、蜀恢527、辐恢838、桂99、CDR22、密阳46、广恢3550、C57等。

表1-9　我国主要的骨干恢复系及配组的杂交稻品种（截至2014年）

骨干亲本名称	类型	衍生的恢复系数	配组的杂交品种数	代表品种
明恢63	籼型	>127	>325	D优63、Ⅱ优63、博优63、冈优12、金优63、马协优63、全优63、汕优63、特优63、威优63、协优63、优Ⅰ63、新香优63、八两优63
IR24	籼型	>31	>85	矮优2号、南优2号、油优2号、四优2号、威优2号
多系1号	籼型	>56	>78	D优68、D优多系1号、Ⅱ优多系1号、K优5号、冈优多系1号、油优多系1号、特优多系1号、优Ⅰ多系1号
辐恢838	籼型	>50	>69	辐优803、B优838、Ⅱ优838、长优838、川香838、辐优838、绵5优838、特优838、中优838、绵两优838、天优838
蜀恢527	籼型	>21	>45	D奇宝优527、D优13、D优527、Ⅱ优527、辐优527、冈优527、红优527、金优527、绵5优527、协优527
测64-7	籼型	>31	>43	博优49、威优49、协优49、油优49、D优64、油优64、威优64、博优64、常优64、协优64、优Ⅰ64、枝优64
密阳46	籼型	>23	>29	油优46、D优46、Ⅱ优46、Ⅰ优46、金优46、油优10、威优46、协优46、优Ⅰ46
明恢86	籼型	>44	>76	Ⅱ优明86、华优86、两优2186、油优明86、特优明86、福优86、D297优86、T优8086、Y两优86
明恢77	籼型	>24	>48	油优77、威优77、金优77、优Ⅰ77、协优77、特优77、福优77、新香优77、K优877、K优77
CDR22	籼型	24	34	油优22、冈优22、冈优3551、冈优363、绵5优3551、宜香3551、冈优1313、D优363、Ⅱ优936
桂99	籼型	>20	>17	油优桂99、金优桂99、中优桂99、特优桂99、博优桂99（博优903）、华优桂99、秋优桂99、枝优桂99、美优桂99、优Ⅰ桂99、培两优桂99
广恢3550	籼型	>8	>21	Ⅱ优3550、博优3550、汕优3550、油优桂3550、特优3550、天丰优3550、威优3550、协优3550、优优3550、枝优3550
IR26	籼型	>3	>17	南优6号、油优6号、四优6号、威优6号、威优辐26
扬稻6号	籼型	>1	>11	红莲优6号、两优培九、扬两优6号、粤优938
C57	粳型	>20	>39	黎优57、丹粳1号、辽优3225、9优418、辽优5218、辽优5号、辽优3418、辽优4418、辽优1518、辽优3015、辽优1052、泗优422、皖稻22、皖稻70
皖恢9号	粳型	>1	>11	70优9号、培两优1025、双优3402、80优98、Ⅲ优98、80优9号、80优121、六优121

明恢63是我国最重要的育成恢复系，由福建省三明市农业科学研究所以IR30/圭630于1980年育成。圭630是从圭亚那引进的常规水稻品种，IR30来自国际水稻研究所，含有IR24、IR8的血缘。明恢63衍生了大量恢复系，其衍生的恢复系占我国选育恢复系的65%～70%，衍生的主要恢复系有CDR22、辐恢838、明恢77、多系1号、广恢128、恩恢58、明恢86、绵恢725、盐恢559、镇恢084、晚3等。明恢63配组育成了大量优良的杂交稻品种，包括油优63、D优63、协优63、冈优12、特优63、金优63、油优桂33、油优多系1号等，这些杂交稻品种在我国稻区广泛种植，对水稻生产贡献巨大。直接以明恢63为恢复系配组的年种植面积超过6 667hm²的杂交水稻品种29个，其中，油优63（珍汕97A/

明恢63）1990年种植面积681万hm²，累计推广面积（1983—2009年）6 289万hm²；D优63（D珍汕97A/明恢63）1990年种植面积111万hm²，累计推广面积（1983—2001年）637万hm²。

密阳46（Miyang 46）原产韩国，20世纪80年代引自国际水稻研究所，其亲本为统一/IR24//IR1317/IR24，含有台中本地1号、IR8、IR24、IR1317（振兴/IR262//IR262/IR24）及韩国品种统一（IR8//蚨/台中本地1号）的血缘。全生育期110d左右，株高80cm左右，株型紧凑，茎秆细韧、挺直，结实率85%～90%，千粒重24g，抗稻瘟病力强，配合力强，是我国主要的恢复系之一。密阳46衍生的主要恢复系有蜀恢6326、蜀恢881、蜀恢202、蜀恢162、恩恢58、恩恢325、恩恢995、恩恢69、浙恢7954、浙恢203、Y111、R644、凯恢608、浙恢208等；配组的杂交品种油优46(原名油优10号)、协优46、威优46等是我国南方稻区中、晚稻的主栽品种。

IR24，其姐妹系为IR661，均引自国际水稻研究所（IRRI），其亲本为IR8/IR127。IR24是我国第一代恢复系，衍生的重要恢复系有广恢3550、广恢4480、广恢290、广恢128、广恢998、广恢372、广恢122、广恢308等；配组的矮优2号、南优2号、油优2号、四优2号、威优2号等是我国20世纪70～80年代杂交中晚稻的主栽品种，IR24还是人工制恢的骨干亲本之一。

测64是湖南省安江农业学校从IR9761-19中系选测交选出。测64衍生出的恢复系有测64-49、测64-8、广恢4480（广恢3550/测64）、广恢128（七桂早25/测64）、广恢96（测64/518）、广恢452（七桂早25/测64//早特青）、广恢368（台中籼育10号/广恢452）、明恢77（明恢63/测64）、明恢07（泰宁本地/圭630//测64///777/CY85-43）、冈恢12（测64-7/明恢63）、冈恢152（测64-7/测64-48）等。与多个不育系配组的D优64、油优64、威优64、博优64、常优64、协优64、优I64、枝优64等是我国20世纪80～90年代杂交稻的主栽品种。

CDR22（IR50/明恢63）系四川省农业科学院作物研究所育成的中籼迟熟恢复系。CDR22株高100cm左右，在四川成都春播，播种至抽穗历期110d左右，主茎总叶片数16～17叶，穗大粒多，千粒重29.8g，抗稻瘟病，且配合力高，花粉量大，花期长，制种产量高。CDR22衍生出了宜恢3551、宜恢1313、福恢936、蜀恢363等恢复系24个；配组的油优22和冈优22强优势品种在生产中大面积推广。

辐恢838是四川省原子能应用技术研究所以226（糯）/明恢63辐射诱变株系r552育成的中籼中熟恢复系。辐恢838株高100～110cm，全生育期127～132d，茎秆粗壮，叶色青绿，剑叶硬立，叶鞘、节间和稃尖无色，配合力高，恢复力强。由辐恢838衍生出了辐恢838选、成恢157、冈恢38、绵恢3724等新恢复系50多个；用辐恢838配组的Ⅱ优838、辐优838、川香9838、天优838等20余个杂交品种在我国南方稻区广泛应用，其中Ⅱ优838是我国南方稻区中稻的主栽品种之一。

多系1号是四川省内江市农业科学研究所以明恢63为母本，Tetep为父本杂交，并用明恢63连续回交育成，同时育成的还有内恢99-14和内恢99-4。多系1号在四川内江春播，播种至抽穗历期110d左右，株高100cm左右，穗大粒多，千粒重28g，高抗稻瘟病，且配合力高，花粉量大，花期长，利于制种。由多系1号衍生出内恢182、绵恢2009、绵恢2040、明恢1273、明恢2155、联合2号、常恢117、泉恢131、亚恢671、亚恢627、航148、晚R-1、中恢8006、宜恢2308、宜恢2292等56个恢复系。多系1号先后配组育成了汕优多系1号、Ⅱ优多系1号、冈优多系1号、D优多系1号、D优68、K优5号、特优多系1号等品种，在我国南方稻区广泛作中稻栽培。

明恢77是福建省三明市农业科学研究所以明恢63为母本，测64作父本杂交，经多代选择于1988年育成的籼型早熟恢复系。到2010年，全国以明恢77为父本配组育成了11个组合通过省级以上农作物品种审定委员会审定，其中3个品种通过国家农作物品种审定委员会审定，从1991—2010年，用明恢77直接配组的品种累计推广面积达744.67万hm²。到2010年，全国各育种单位利用明恢77作为骨干亲本选育的新恢复系有R2067、先恢9898、早恢9059、R7、蜀恢361等24个，这些新恢复系配组了34个品种通过省级以上农作物品种审定委员会审定。

明恢86是福建省三明市农业科学研究所以P18（IR54/明恢63//IR60/圭630）为母本，明恢75（粳187/IR30//明恢63）作父本杂交，经多代选择于1993年育成的中籼迟熟恢复系。到2010年，全国以明恢86为父本配组育成了11个品种通过省级以上农作物品种审定委员会品种审定，其中3个品种通过国家农作物品种审定委员会审定。从1997—2010年，用明恢86配组的所有品种累计推广面积达221.13万hm²。到2011年止，全国各育种单位以明恢86为亲本选育的新恢复系有航1号、航2号、明恢1273、福恢673、明恢1259等44个，这些新恢复系配组了65个品种通过省级以上农作物品种审定委员会审定。

C57是辽宁省农业科学院利用"籼粳架桥"技术，通过籼（国际水稻研究所具有恢复基因的品种IR8）/籼粳中间材料（福建省具有籼稻血统的粳稻科情3号）//粳（从日本引进的粳稻品种京引35），从中筛选出的具有1/4籼核成分的粳稻恢复系。C57及其衍生恢复系的育成和应用推动了我国杂交粳稻的发展，据不完全统计，约有60%以上的粳稻恢复系具有C57的血缘，如皖恢9号、轮回422、C52、C418、C4115、徐恢201、MR19、陆恢3号等。C57是我国第一个大面积应用的杂交粳稻品种黎优57的父本。

参考文献

陈温福，徐正进，张龙步，等，2002. 水稻超高产育种研究进展与前景[J]. 中国工程科学，4(1): 31-35.

程式华，曹立勇，庄杰云，等，2009. 关于超级稻品种培育的资源和基因利用问题[J]. 中国水稻科学，23(3): 223-228.

程式华，2010. 中国超级稻育种[M]. 北京：科学出版社：493.

方福平，2009. 中国水稻生产发展问题研究[M]. 北京：中国农业出版社：19-41.

韩龙植，曹桂兰，2005. 中国稻种资源收集、保存和更新现状[J]. 植物遗传资源学报，6(3): 359-364.

林世成，闵绍楷，1991. 中国水稻品种及其系谱[M]. 上海：上海科学技术出版社：411.

马良勇，李西民，2007. 常规水稻育种[M]//程式华，李健. 现代中国水稻. 北京：金盾出版社：179-202.

闵捷，朱智伟，章林平，等，2014. 中国超级杂交稻组合的稻米品质分析[J]. 中国水稻科学，28(2): 212-216.

庞汉华，2000. 中国野生稻资源考察、鉴定和保存概况[J]. 植物遗传资源科学，1(4): 52-56.

汤圣祥，王秀东，刘旭，2012. 中国常规水稻品种的更替趋势和核心骨干亲本研究[J]. 中国农业科学，5(8): 1455-1464.

万建民，2010. 中国水稻遗传育种与品种系谱[M]. 北京：中国农业出版社：742.

魏兴华, 汤圣祥, 余汉勇, 等, 2010. 中国水稻国外引种概况及效益分析 [J]. 中国水稻科学, 24(1): 5-11.

魏兴华, 汤圣祥, 2011. 中国常规稻品种图志 [M]. 杭州: 浙江科学技术出版社: 418.

谢华安, 2005. 汕优 63 选育理论与实践 [M]. 北京: 中国农业出版社: 386.

杨庆文, 陈大洲, 2004. 中国野生稻研究与利用 [M]. 北京: 气象出版社.

杨庆文, 黄娟, 2013. 中国普通野生稻遗传多样性研究进展 [J]. 作物学报, 39(4): 580-588.

袁隆平, 2008. 超级杂交水稻育种进展 [J]. 中国稻米 (1): 1-3.

Khush G S, Virk P S, 2005. IR varieties and their impact[M]. Malina, Philippines: IRRI: 163.

Tang S X, Ding L, Bonjean A P A, 2010. Rice production and genetic improvement in China[M]//Zhong H, Bonjean Alain A P A. Cereals in China. Mexico: CIMMYT.

Yuan L P, 2014. Development of hybrid rice to ensure food security[J]. Rice Science, 21(1): 1-2.

第二章
江西省稻作区划与品种改良概述

江西省位于中国东部内陆地区，地处北纬24°29′14″至30°04′41″，东经113°34′36″至118°28′58″，全省面积16.69万hm²，除北部较为平坦外，东、西、南部三面环山，中部丘陵起伏，成为一个整体向鄱阳湖倾斜而往北开口的巨大盆地。赣江、抚河、信江、修河和饶河五大河流纵贯全境，汇集于鄱阳湖后进入长江。全省气候温暖，雨量充沛，年均降水量1 341～1 940mm；全省年平均气温16.2～19.7℃，无霜期长，属中亚热带湿润季风气候区。2009年第二次全国耕地普查表明，江西省耕地保有量为309万hm²，有灌溉设施的耕地253万hm²，比重为81.85%。

江西省是江南"鱼米之乡"，粮食作物以水稻为主，占粮食总产的90%以上，是1949年以来全国唯一不间断输出稻米的省份。江西省光、温、水、土等自然资源极为有利于水稻生产，主要丘陵河谷及平原盆地如鄱阳湖平原、赣抚平原、吉泰盆地等均是著名稻米产区。江西省的稻作以双季稻为主，即春季种早稻，秋季种晚稻，双季连作；主要品种类型为籼稻，分早稻、中稻和晚稻三个熟季，中稻面积较少，多以一季晚稻形式种植。历史上，江西省有一定比例的粳稻，尤其在赣北湖区及较高海拔的山区粳稻面积较大，20世纪80年代后逐步被籼稻取代，近年来，在鄱阳湖平原等赣北地区，正在逐步恢复粳稻种植。

第一节　江西省水稻生产概述

江西省粮食作物中，以水稻常年种植面积最大，总产和单产水平最高。1949—2013年的65年间，江西年均粮食作物播种面积368万hm²，其中水稻面积年均315万hm²，占粮食作物播种面积的85.3%，稻谷总产年均2 004万t，占粮食总产的93.4%（图2-1、表2-1）。1973—1982年、2013—2014年水稻播种面积均超333万km²（图2-2）。2000—2013年，水稻的比重进一步加大，面积和总产分别占粮食作物的89.6%和94.5%。水稻产量逐年提升，1949年水稻产量仅1 605kg/hm²，随着矮秆高产品种的普及，1977年水稻产量首次突破3 000kg/hm²。杂交水稻大面积推广较快地提升了水稻的单产潜力，至1985年，水稻产量突破了4 500kg/hm²。以后的20年间，水稻产量增长较慢，一直在4 500～5 250kg/hm²之间徘徊。2005年以后，随着超级稻品种选育的突破及大面积推广，水稻产量快速提升，至2013年，平均产量首次突破6 000kg/hm²（图2-3）。

江西省是典型的双季稻区。1949年初期，江西省以种植单季稻为主，1952年，双季水稻面积接近50%。自1953年"单改双"种植结构调整加速，当年双季稻的比重迅速提升到70%以上，至1968年，双季稻面积已达91.2%。1968—1999年的32年间，双季稻面积一直维持在90%以上，最高达94%。2000—2013年，双季稻面积平均为87%。1949—1988年，早稻的产量一直高于晚稻和中稻，嗣后，晚稻和中稻的产量均超过早稻，其中以中稻最高；2000—2013年，全省早、中、晚稻的平均产量分别为5 328kg/hm²、6 486kg/hm²、5 466kg/hm²。

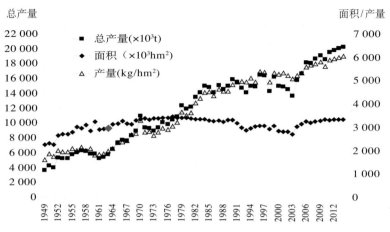

图2-1　1949—2013年江西省水稻生产趋势

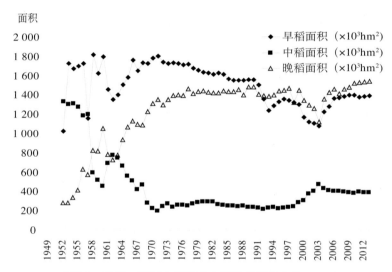

图2-2　1949—2013年江西省水稻种植面积趋势

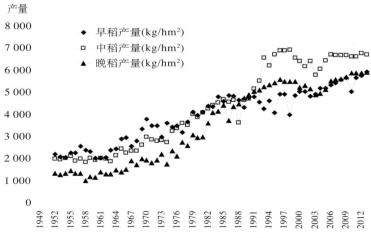

图2-3　1949—2013年江西省水稻产量趋势

表2-1 1949—2014年江西省水稻生产情况（来源：江西省农业厅）

年份	面积 （万hm²）	总产量 （万t）	产量 （kg/hm²）	年份	面积 （万hm²）	总产量 （万t）	产量 （kg/hm²）
1949	225.39	361.7	1 605.0	1982	333.95	1 346.5	4 032.0
1950	228.28	419.3	1 837.5	1983	332.37	1 408.0	4 236.0
1951	224.81	393.4	1 750.5	1984	332.69	1 493.0	4 488.0
1952	264.12	525.8	1 990.5	1985	326.49	1 475.8	4 519.5
1953	268.31	521.5	1 944.0	1986	325.07	1 406.9	4 327.5
1954	268.46	521.2	1 941.0	1987	326.87	1 509.0	4 617.0
1955	276.06	570.6	2 067.0	1988	321.05	1 456.0	4 534.5
1956	300.40	594.4	1 978.5	1989	329.77	1 494.7	4 533.0
1957	294.24	623.7	2 119.5	1990	329.26	1 587.7	4 822.5
1958	308.59	615.2	1 993.5	1991	315.40	1 552.3	4 921.5
1959	282.57	583.5	2 065.5	1992	298.15	1 473.6	4 942.5
1960	321.38	576.7	1 794.0	1993	286.51	1 410.6	4 923.0
1961	288.65	522.7	1 810.5	1994	293.87	1 493.8	5 083.5
1962	291.14	539.7	1 854.0	1995	301.49	1 486.5	4 930.5
1963	293.14	571.0	1 948.5	1996	305.26	1 641.8	5 379.0
1964	310.99	643.0	2 067.0	1997	306.35	1 636.0	5 340.0
1965	314.00	729.0	2 322.0	1998	290.08	1 425.6	4 914.0
1966	324.13	764.0	2 356.5	1999	305.00	1 619.3	5 310.0
1967	313.27	758.0	2 419.5	2000	283.20	1 491.9	5 268.0
1968	310.27	825.0	2 659.5	2001	280.83	1 491.4	5 311.5
1969	328.27	891.0	2 715.0	2002	278.66	1 451.6	5 209.5
1970	332.69	1 093.0	3 285.0	2003	268.53	1 360.5	5 067.0
1971	336.47	931.0	2 767.5	2004	302.97	1 579.4	5 212.5
1972	329.70	927.0	2 811.0	2005	312.90	1 667.2	5 328.0
1973	335.77	885.5	2 637.0	2006	323.93	1 808.8	5 584.5
1974	337.37	932.5	2 764.5	2007	319.43	1 806.4	5 655.0
1975	339.25	1 002.0	2 953.5	2008	325.55	1 862.1	5 719.5
1976	337.41	976.0	2 892.0	2009	328.21	1 905.9	5 806.5
1977	343.99	1 040.0	3 024.0	2010	331.84	1 858.3	5 599.5
1978	338.03	1 079.5	3 193.5	2011	331.77	1 950.1	5 878.5
1979	338.68	1 235.0	3 646.5	2012	332.83	1 976.0	5 937.0
1980	338.37	1 188.0	3 511.5	2013	333.79	2 004.0	6 003.0
1981	336.27	1 216.5	3 618.0	2014	333.89	2 020.2	6 051.0

第二节　江西省稻作区划

图2-4　江西省水稻种植区划

江西省早稻的全生育期一般为105～115d，中稻因种植环境不同，全生育期变幅较大，一般为130～160d，最长达180d，晚稻品种一般为115～130d。各类型水稻品种全生育期所需≥10℃的积温大致为：早稻2 350～2 950℃，中稻3 100～3 500℃，晚稻2 800～3 300℃。日平均气温＞10℃的持续天数为236～274d，全省日平均气温稳定通过15℃初期在4月上旬，终期在10月底至11月初；日平均气温＞20℃的水稻安全孕穗和齐穗期终期为9月上中旬。从南到北、从高海拔山区到低丘平原，有效积温逐步下降，低温危害风险有所上升。根据江西省地理环境、光温生态、灌溉条件、气候变化、耕作制度、水稻种植传统及不同品种类型对积温的要求等因素，参考《中国水稻种植区划》（浙江科学技术出版社，1989），将江西省水稻种植区域划分为赣北单双季稻混作区、赣东丘陵盆地双季稻区、赣北丘陵平原双季稻区、赣中河谷盆地双季稻区、赣西山地丘陵单双季稻混作区、赣中东部丘陵单双季稻混作区和赣南丘陵双季稻区七大稻区（图2-4）。为便于统计，各稻区边界划分以县界为基础，个别跨区县则以中间线划分。

1. **赣北单双季稻混作区**　赣北单双季稻混作区位于江西北部，包括九江、宜春、上饶、南昌和景德镇5个行政区的22个县（区）。该区内地形复杂，东、西两头均为丘陵山区，中间为滨湖平原。区内≥10℃的有效积温5 000～5 400℃。全区耕作农田（2014年，下同）46.3万hm²，其中水田35.5万hm²。

根据统计（2008—2010年三年平均，下述相同），该区水稻全年播种面积50.0万hm²，其中早稻17.2万hm²、中稻14.6万hm²、晚稻18.2万hm²，双季稻播种面积占70.78%。水稻平均产量为6 096.0kg/hm²，其中早稻、中稻和晚稻的产量分别为5 632.5kg/hm²、6 643.5kg/hm²和6 094.5kg/hm²。

根据地形及温光水等自然条件的差异，本区又划为三个亚区。

亚区1：赣西北丘陵稻作亚区

包括万载县、宜丰县、铜鼓县、修水县、奉新县、靖安县、安义县、武宁县8个县。该亚区山地面积大，气温变化大，部分县春季倒春寒和秋季寒露风较为频繁发生，其中铜鼓县是全省积温最底、最易受低温危害的县，据气象部门统计，1961—2012年间，该县重度倒春寒和寒露风分别发生58次、315次，中度寒露风达660次之多。水稻全年播种面积21.4万hm²，其中双季稻的比例为67.4%。水稻平均产量为6 207.0kg/hm²，其中早稻、中稻和晚稻的产量分别为5 818.5kg/hm²、6 564.0kg/hm²和6 237.0kg/hm²。

亚区2：沿江滨湖稻作亚区

该亚区位于鄱阳湖湖口区域，北临长江沿岸，包括永修县、德安县、共青城市、瑞昌市、九江县、星子县、都昌县、湖口县、鄱阳县北部、彭泽县和九江市郊区11个县（市、区）。该亚区河汊密布，地势低洼，春秋两季气温偏低，渍害、洪涝和风害常有发生。水稻全年播种面积23.93万hm²，其中双季稻的比例达79.5%。水稻平均产量为5 992.5kg/hm²，其中早稻、中稻和晚稻的产量分别为5 515.5kg/hm²、6 939.0kg/hm²和5 970.0kg/hm²。

亚区3：赣东北丘陵稻作亚区

包括婺源县、浮梁县和景德镇市郊区，该亚区总体积温偏低，其中婺源县是全省最易受低温危害的县之一。该亚区水稻全年播种面积4.5万hm²，双季稻的面积仅占49.6%。水稻平均产量为6 124.5kg/hm²，其中早稻、中稻和晚稻的产量分别为5 404.5kg/hm²、

6 312.0kg/hm^{2}和6 273.0kg/hm^2。

2. 赣东丘陵盆地双季稻区 本区位于浙赣铁路沿线，包括玉山县、德兴县、上饶县、横峰县、铅山县、弋阳县、贵溪县、广丰县和上饶市郊区、鹰潭市郊区。有山势不高的怀玉山横亘在北，对西北风的入侵有一定的阻拦作用。热量及水资源丰富，≥10℃的有效积温5 500～5 800℃，信江水系密布全境，灌溉面积较大。全区耕作农田17.6万hm^2，其中水田16.0万hm^2。

该区水稻全年播种面积26.2万hm^2，其中早稻10.6万hm^2、中稻4.4万hm^2、晚稻11.2万hm^2，双季稻播种面积占83.21%。水稻平均产量为5 695.5kg/hm^2，其中早稻、中稻和晚稻的产量分别为5 199.0kg/hm^2、6 388.5kg/hm^{2}和5 895.0kg/hm^2。

3. 赣北丘陵平原双季稻区 本区包括赣抚平原、袁锦河谷和鄱阳湖平原的平缓开阔区域，区内水系发达，灌溉便利，土壤肥沃，光温充足，是江西最大的稻谷产区，水稻单产水平最高。在该区内的万年县仙人洞，考古发现洞内野生稻碳化谷粒存在12 000年，栽培稻碳化谷粒存在8 000年，在东乡县境内仍然保存一片世界分布纬度最北（28°14′N，116°36′E）的普通野生稻群落，即东乡野生稻。区内≥10℃的有效积温5 400～5 800℃。全区耕作农田90.5万hm^2，其中水田79.1万hm^2。

该区水稻全年播种面积141.5万hm^2，其中早稻64.9万hm^2、中稻7.0万hm^2、晚稻69.6万hm^2，双季稻播种面积高达95.2%。水稻平均产量为6 303.0kg/hm^2，其中早稻、中稻和晚稻的产量分别为5 961.0kg/hm^2、7 036.5kg/hm^{2}和6 546.0kg/hm^2。根据地形及水系不同将本区划分为两个亚区。

亚区1：鄱阳湖平原双季稻亚区

本亚区主要围绕鄱阳湖南部周边水系，是江西著名的"鱼米之乡"，包括新建县、南昌县、进贤县、余干县、万年县、乐平县、鄱阳县南部和南昌市郊区。该亚区水稻全年播种面积60.5万hm^2，双季稻的面积仅占94.2%。水稻平均产量为6 019.5kg/hm^2，早稻、中稻和晚稻的产量分别为5 670.0kg/hm^2、7 120.5kg/hm^{2}和6 214.5kg/hm^2。

亚区2：赣北丘陵河谷双季稻亚区

本亚区包括赣江及抚河中下游和袁锦河谷大部分县（市）区，包括丰城市、高安市、樟树市、分宜县、新余市区、上高县、东乡县、余江县、南城县、崇仁县、金溪县、上栗县、新余市和宜春市郊区、临川市郊区。该亚区水稻全年播种面积81.0万hm^2，双季稻的面积占95.7%。水稻平均产量为6 513.0kg/hm^2，其中早稻、中稻和晚稻的产量分别为6 175.5kg/hm^2、6 954.0kg/hm^{2}和6 790.5kg/hm^2。

4. 赣中河谷盆地双季稻区 本区位于赣江中游河谷盆地，包括新干县、峡江县、永丰县、吉水县、吉安县、泰和县、万安县和吉安市郊区。区内≥10℃的有效积温5 600～5 900℃，是江西省热量最多的地区之一。该区地势平缓，降雨充沛，是江西主要粮仓之一。全区耕作农田24.8万hm^2，其中水田23.7万hm^2。

区内水稻全年播种面积45.3万hm^2，其中早稻21.7万hm^2、中稻1.2万hm^2、晚稻22.4万hm^2，双季稻播种面积高达97.3%。水稻平均产量为5 940.0kg/hm^2，其中早稻、中稻和晚稻的产量分别为5 814.0kg/hm^2、6 322.5kg/hm^{2}和6 024.0kg/hm^2。

5. 赣西山地丘陵单双季稻混作区 本区位于湘赣边境南段，包括安福县、莲花县、永新县、宁冈县、遂川县、芦溪县、萍乡市郊区、崇义县、上犹县和井冈山市。罗霄山脉各支系穿插其间,山高谷深、山垄田、高排田较多。≥10℃的有效积温5 200～5 600℃,水稻易受早春低温寡照和秋季寒露风危害,故该区双季稻比例偏低。全区耕作农田14.5万hm²,其中水田13.4万hm²。

该区水稻全年播种面积21.0万hm²,其中早稻7.6万hm²、中稻5.5万hm²、晚稻7.9万hm²,双季稻播种面积占73.7%。水稻平均产量为6 325.5kg/hm²,其中早稻、中稻和晚稻的产量分别为5 832.0kg/hm²、7 089.0kg/hm²和6 265.5kg/hm²。

6.**赣中东部丘陵单双季稻混作区** 本区位于赣闽边境,包括宜黄县、黎川县、乐安县、宁都县、广昌县、南丰县、石城县、资溪县8个县。有武夷山、雪山耸峙境内,山岭逶迤。≥10℃的有效积温5 400～5 800℃,但个别山区积温偏低。全区耕作农田14.6万hm²,其中水田14.1万hm²。

该区水稻全年播种面积21.1万hm²,其中早稻7.5万hm²、中稻4.8万hm²、晚稻8.8万hm²,双季稻播种面积占77.3%。水稻平均产量为6 183.0kg/hm²,其中早稻、中稻和晚稻的产量分别为5 770.5kg/hm²、6 640.5kg/hm²和6 288.0kg/hm²。

7.**赣南丘陵双季稻区** 本区位于江西省南部,与福建、广东相连,包括赣县、大余县、兴国县、于都县、瑞金市、会昌县、信丰县、全南县、龙南县、安远县、寻乌县、定南县和赣州市郊区。区内河谷盆地与山垄梯田相间分布,各县(区)水稻产量水平差异较大,南康、信丰、全南、龙南等地产量水平较高,但寻乌县、定南县、兴国县等山区县土壤瘠薄,产量较低。区内热量资源丰富,≥10℃的有效积温5 600～6 200℃,但热量条件随海拔高度不同变化明显。全区耕作农田23.5万hm²,其中水田21.9万hm²。

该区水稻全年播种面积36.3万hm²,其中早稻16.7万hm²、中稻1.9万hm²、晚稻17.7万hm²,双季稻播种面积高达94.8%。水稻平均产量为5 524.5kg/hm²,其中早稻、中稻和晚稻的产量分别为5 407.5kg/hm²、5 566.5kg/hm²和5 631.0kg/hm²。

第三节 江西省水稻品种改良历程

据考古发现,早在8 000年前,生活在赣鄱大地的先民就开始驯化野生水稻,培育了人工栽培品种;5 000年前,鄱阳湖赣江流域已有稻作栽培。1934年3月6日江西省农业院成立,开始了现代水稻育种改良工作。1949年后,水稻育种改良经历了地方农家品种收集整理、高秆品种的系统选育和杂交育种、水稻全面矮化育种、杂种优势利用及理想株型与杂种优势利用相结合的超高产品种培育等发展阶段。育种方法上,经历了从系统选育发展到杂交育种,从单交到回交及多品种复合杂交,从系谱法选育常规品种到杂种一代优势利用,从三系法到两系法,从选择自然变异到辐照诱变、化学诱变和航天育种,从表型选择到分子标记辅助选择等发展过程;育种目标上,经历了从单纯追求高产,发展到高产、优质、多抗相结合,以及适应特殊季节和环境种植、加工专用型、保健功能型等的变化。从育种技术、目标的变化及阶段特点等综合分析,可将江西省现代水稻育种分为六个发展阶段。

1.**高秆地方农家品种利用阶段(1949年前)** 江西省悠久的稻作栽培历史,遗存了极为丰富的稻种资源。目前整理编目的有2 869份,包括籼、粳两个亚种,品种有粘稻和糯稻、水稻和旱稻等不同类型。经过漫长的人工和自然选择，形成了许多名、特、优、稀品种，如万年贡米、奉新红米、南城麻姑米、石城贡米、弋阳大禾谷等。其中万年贡米、弋阳大禾谷、奉新红米等特色品种仍有种植。1934年江西省农业院成立后，从34个县的农家品种中评选出236个地方良种供各县利用。利用农家品种经系统选育和有性杂交选育，培育了系列高秆改良品种，得到大面积生产应用。其中1934年从农家品种波阳早中选育的高秆早籼早中熟品种南特号，产量4 500kg/hm²以上，在南方稻区大面积种植。南特号不仅是20世纪40～50年代全国种植面积最大的品种，也成为水稻遗传改良最著名的骨干亲本之一，衍生出矮脚南特号、广场13、莲塘早、陆才号等品种，经直接利用或作为杂交亲本，推动了南方稻区现代水稻育种的发展。江西省农业院还从余江县地方品种兴黄早、上高县地方品种上高早以及赣县地方品种中，在单穗优选的基础上进行系统选育，培育成赣农5636、赣农3425和黄禾子等优良品种，均在生产上大面积应用。

2. 地方农家品种整理和系统选育阶段（1950—1959年） 1950年江西省农业院更名为江西省农业科学研究所，主持全省水稻育种工作。20世纪50年代全省共征集稻种资源7 000余份，在此基础上评选鉴定出南特号、赣农5636、赣农3425、黄禾子、抚州早、崇仁灿色早、刘阳早、赣县八十日、红脚早、湖南早、五十早、细谷粒、长粒籼、贵溪晚、南昌稻子、南城麻壳红、麻禾子、油粘子等地方高秆品种，在全省大面积推广应用。其中南特号经提纯复壮，继续成为南方稻区的主栽品种，仅1956年应用面积就达400万hm²，截至60年代末，南特号在长江中游及南方稻区累计种植2 667万hm²。油粘子是江西50年代最著名的优质晚籼品种，一般产量2 625kg/hm²，因大米含油率高、食味好，曾作为空军飞行员指定食用大米。

江西省农业院1947年利用赣农3425与南特号杂交，于1952年选育出江西省利用杂交育种技术培育的第一个新品种莲塘早，该品种全生育期100d左右，比南特号早熟10d，茎秆粗壮，耐肥抗倒伏，高抗黄矮病，中抗稻瘟病，一般产量3 000～3 750kg/hm²，比南特号略有减产，但因生育期短、抗性好，成为继南特号之后南方稻区年种植面积超过66.7万hm²的早熟早籼品种。莲塘早的育成，不仅为南方稻区双季稻的发展提供了种源，也因为其早熟性成为备荒的好品种。随后相继选育出南昌早1号、南昌早2号、南昌早3号、南昌早4号和莲塘早1号、莲塘早2号、莲塘早3号、莲塘早4号、晚粳8号、晚粳11等品种。

3. 矮化育种阶段（1960—1969年） 1956年广东省农民育种家从当地大面积种植品种南特号16中发现了矮秆变异株，选育出矮秆品种矮脚南特。1959年原华南农业科学研究所引进矮源矮仔粘与广场13杂交，育成著名矮秆品种广场矮，开创了我国矮化育种新纪元。1958年、1959年江西省从广东省相继引进矮脚南特、广场矮、珍珠矮、二九矮等品种作为矮源，全面开始矮化育种工作。1965—1968年，利用上述水稻矮源与大面积种植的地方品种莲塘早、油粘子等杂交，通过系谱法选育成功赣陆矮、赣四矮、南矮12、6044、7055、5450、5435、赣南晚8号、赣南晚13以及晚粳702、704、707等一批矮秆品种，成为江西省大面积推广的矮秆先锋品种。其中，6044从莲塘早/珍珠矮杂交后代选出，全生育期105～110d，株高85cm，分蘖力强，矮秆抗倒伏，早熟优质，一般产量5 250～6 000kg/hm²，70年代在南方稻区大面积推广，累计种植100万hm²以上。7055从组合珍珠矮/南京2号中选育，该品种全生育期105～110d，株高75cm，分蘖力强，耐密植，高产抗病，适应性广，一般产量6 000kg/hm²，区试产量比6044增产10%以上，1973—1974年全省29个单位区试，比二九青增产31.1%~45.6%，该品种在全国累计推广面积100万hm²。5450从油粘子/二九矮3号杂交组合中育成，全生育期110~120d，株高75cm，株型紧凑，剑叶直挺，成穗率高，抽穗成熟整齐，一般产量5 250kg/hm²左右，各地试验较同熟期对照增产17.7%~36.4%，是江西省育成的第一个大面积应用的晚籼矮秆品种，仅1974年种植面积就达15.4万hm²，直至20世纪80年代初仍有一定的种植规模。6044、7055和5450等高产早熟矮秆品种的育成，对长江中下游发展双季稻产生了巨大的推动作用。

4. 三系杂交稻育种创新阶段（1970—1979年） 20世纪70年代初期江西省萍乡市农业科学研究所首先育成水稻雄性不育系二九矮4号A和珍汕97A，为籼型杂交水稻实现三系配套及生产应用奠定了基础。珍汕97A后来成为世界上配组最多、应用面积最大、应用时间最长的不育系。1973育成杂交水稻汕优2号，在南方各稻作区广泛推广种植，成为世界稻作史上第一个种植面积超过667万hm²以上的杂交稻组合。在恢复系选育方面，1973年江西省萍乡市农业科学研究所和江西农业科学院报道了7101、7039、大谷矮、古85、古154等强优势恢复系，颜龙安院士总结出恢复基因主要分布在热带地方的品种资源中，而在温带地方的品种中分布比例较小，北纬30°以北地区的品种对野败恢复的比例很小。对恢复源分布规律的认识为后来野败恢复系的培育及杂种优势利用亲缘学说的提出奠定了基础。截至1975年，全国育成的强优势三系组合共18个，其中江西省独立或与外省合作育成的组合就有10个之多。70年代末，江西共产主义劳动大学利用化学杀雄法配组育成耐肥高产的杂交稻组合赣化2号（IR24/献党1号），1981年在江苏省赣榆县朱堵农业科学研究所作单季稻种植，最高产量达12 424.5kg/hm²，创造了20世纪我国水稻主产区最高单产纪录。在新质源培育方面，1973年江西省萍乡市农业科学研究所利用生产上的高产品种与各种野生稻杂交配制280个组合，最终培育出具有华南野生稻不育细胞质的新质源不育系华矮58A。同时，萍乡市农业科学研究所还发现了我国首例显性雄性核不育水稻资源，在高温条件下，该不育系具有转向可育的特性。

5. 杂交水稻育种与常规育种同步发展阶段（1980—1999年） 在此期间，水稻育种科学得到了全面发展。在杂交水稻育种方面，三系法杂交水稻培育出超大穗不育系献改A、新质源大粒不育系新露A、强优势优质不育系江农早2A等，恢复系选育出R2374、秀恢2号、R458、46-25等，配组选育出协优49、威优秀恢2号、江优1126等杂交早稻组合，以及协优2374、汕优248、红优63、献优63、江优63、新优63、江优594、协优46-25、协优2374、江优458、新优752等杂交晚稻组合；繁制种技术不断完善，制种产量不断提高，江西省萍乡市出现了专业化的制种村镇，承接全国大部分商业性南繁制种任务。在中华农业科教基金的资助下，江西省农业科学院颜龙安1999年主编出版了《杂交水稻繁制学》，全面系统论述和总结了我国杂交水稻制种技术理论和方法。两系法杂交水稻研究受到高度关注，1987年江西省成立两系杂交稻攻关协作组，在国家863计划及江西省科委的重点支持下，开展了两系法杂交稻研究攻关，培育出F131S、6442S等不育系，及安两优早25、田两优402等杂交组合。

在常规水稻育种方面，一系列高产优质抗病新品种推陈出新，代表性品种有20世纪80年代初期江西省推广面积最大的晚籼中熟种754（系统选育），中期推广面积最大的高产早籼稻73-07和晚籼M112（辐射育种），我国第一个通过花药培养选育的籼稻品种汕花369，广谱性抗稻瘟病早熟早籼品种M1460（辐射育种），出口优质大米品种江西丝苗（系统选育）和含油率高、食味好的晚籼品种R4015。90年代常规稻育种目标在兼顾高产的同时，将优质化列为重要目标，培育出的代表性品种有晚籼9194、赣优晚、江西香丝苗、赣香糯、晚籼923、早籼6225、85-02、9003等，其中赣优晚大米、晚籼9194、江西香丝苗和赣香糯大米分别获首届中国农业博览会金奖、银奖和铜奖，晚籼9194和晚籼923外观品质优、食味好，相继成为江西省推广种植面积最大的高档优质稻米标志性品种，早籼9003和85-02成为江西早籼品质改良的先锋品种。上述品种持续大面积应用，推动了江西省优质水稻生产。

6. 超高产水稻育种与超级稻品种发展阶段（2000— ）　在我国20世纪80年代中期培育出汕优63等高产杂交组合并大面积应用后，水稻产量的提升进入徘徊期。如何进一步提高水稻产量潜力，成为水稻育种家在20世纪90年代重点探索的课题，育种家提出适应不同区域不同熟期类型的高产理想株型、理想株型与杂种优势利用相结合、利用广亲和基因实现亚种间杂种优势利用等理论指导育种实践。1996年我国提出中国超级稻育种计划，将理想株型的塑造与籼粳亚种间杂种优势利用相结合作为主要技术路线；1997年袁隆平院士根据亚种间两系杂交稻65396的株型特点，提出了超级杂交稻的理想株叶模型，同期还提出了两系法亚种间杂交稻选育的八条技术策略。20世纪90年代的理论探索为后期的超级稻品种选育的突破奠定了理论基础。

江西省与全国同步开展超高产水稻育种技术的探索，早期育成的献优63、赣化2号等组合已展示出的巨大增产潜力。在全国没有超级稻认定之前，20世纪90年代后期江西选育的新优63、新优752、金优752、中优752、赣亚1号、安两优1218等中、晚稻杂交组合，其产量已达到超级稻认定水平。如2002年中优752和安两优1218在云南省永胜县产量分别为16 227kg/hm^2、15 249kg/hm^2，成为当年全国水稻测产的最高纪录；2003年安两优1218在江西省上高县大面积示范，产量达10 973kg/hm^2；赣亚1号曾在浙江省台州市玉环县大面积示范种植，产量达11 925kg/hm^2。

2005年开始，江西省承担农业部超级稻选育项目，针对江西种植双季稻的特点，主攻早、晚稻超级杂交稻品种选育，采用理想株型与杂种优势利用相结合的技术路线，在选育策略上，早稻主攻苗期耐寒早发，耐阴湿，高成穗率，适度多穗与大穗相结合，晚稻主攻后期耐寒持绿不早衰，耐肥，抗倒伏，大穗大粒与中等穗数相组合。截至2013年，江西选育出金优458、春光1号、淦鑫688、淦鑫203、新丰优22、五丰优T025、03优66、准两优608八个农业部认定的超级稻品种。

近十年来，除江西省农业科学院、江西农业大学及萍乡、赣州、宜春等地市农业科学研究所开展水稻育种外，江西本土种子企业也加强了水稻育种工作，建立了育种队伍和基地，逐步成为水稻育种的生力军。为提升育种水平，江西省农业科学院和江西农业大学等机构引进和培养了一批高学历的青年人才从事水稻遗传育种工作，分子育种与常规育种相结合已成为水稻遗传改良的基本策略。同时，加强了资源引进、利用和创新工作，通过分子标记辅助育种与加压选择，导入*Pi9*、*Pigm*、*Bph14*、*Bph15*等抗病抗虫基因，显著提高了江西水稻品种对稻瘟病和稻飞虱的抗性；加强了东乡野生稻耐寒、耐瘠及不育细胞质新质源等有利基因的挖掘利用；利用诱变技术培育出多个长穗颈三系不育系及组合；发现了短光敏水稻新种质，在短光敏不育系的选育和利用上也取得较好的进展。

第四节　江西省水稻育种展望

近10年来，江西省水稻生产持续增长，2006年稻谷总产突破1 800万t，2013年突破2 000万t，单位面积产量逐步提高，2013年平均产量首次突破6 000kg/hm²。然而，面对人口高峰期的逼近及新的经济建设目标，江西水稻生产及育种科研面临着诸多新问题和新挑战。一是工业化与城镇化的推进，导致耕地面积和耕地质量持续下降、土壤污染、农村劳动力短缺；二是全球气候的多变并逐步恶化，水稻生产面临的极端温度、洪涝、干旱及病虫害等自然灾害的胁迫加剧；三是生产资料及劳动力价格的上涨，造成种稻的比较效益不高，要求水稻生产组织化、专业化，技术轻简化、机械化，目标多元化、高效化；四是随着城镇居民生活水平日益提高，要求稻米品质不断改善，稻米产品多样化、功能化；五是高通量低成本的基因组测序技术、转基因技术、基因编辑技术等分子操作技术不断推陈出新，要求水稻育种从传统的表型选择逐步过渡到表型选择与全基因组选择及分子设计育种相结合；六是随着水稻亚种间杂种优势利用潜力的极限挖掘，产量的提升进入新的瓶颈期，取得新的突破有待于新的思路、新的种质和突破性的遗传操作技术。

面对新的挑战，江西水稻育种必须顺势而为，乘势而上。在育种目标上，江西水稻育种仍要以双季稻为根本，以提高单位面积日产量和种稻效益为重点，在高产稳产的基础上，加强特优质食用稻、加工专用稻、功能保健稻的研究。在选择目标上，早稻重点关注稻米整体品质的提升及加工专用品质特性的改良，加强芽期、苗期耐寒性、分蘖期耐低温阴湿、灌浆成熟期耐高温、分蘖早、成穗率高等特性的选择，常规早稻尤其要重视与直播相关的耐低温低氧生长、大穗抗倒等性状，杂交早稻要重视短生育期、早生快发等适应机插性状的选择。晚稻重点关注适应全程机械化栽培、孕穗开花期耐寒、后续持绿不早衰、广适性、优质等特性的改良，注重适度大穗与多蘖相结合。常规晚稻在维持较高产量的基础上，以品质提升为重点，主攻高档食用优质大米的开发。同时，加强优质高产晚粳品种的培育和引进，充分利用粳稻生殖生长期耐寒性好的优势，延长水稻种植季节，提高单位面积产量潜力。

在育种技术上，坚持传统育种技术与分子育种技术相结合，加强分子育种技术的运用及技术平台的建设。一是利用SNP、SSR等标记及连锁不平衡分析技术对江西省保存的近3 000份地方种质资源进行系统研究分析，挖掘高产、优质、抗逆等相关有利基因；二是系统深入研究东乡野生稻胞质不育遗传及恢复特性，并结合分子育种技术与传统育种技术，实现东野型新型胞质不育系的三系配套及推广应用；三是加强对 *Pi-9*、*Pi-gm*、*Pi-z*、*Bph14*、*Bph15*、*Bt*、*IPA1*、*DEP1*、*Gn1a*、*Wx-b*、*fgr* 等抗病虫、高产、优质基因的分子标记辅助育种利用，重点提高水稻新品种抗稻瘟病、稻曲病和稻飞虱的水平；四是完善育种基地和国家水稻工程实验室等的技术平台建设，除海南南繁育种基地外，加强省内各生态区产量鉴定、抗性鉴定基地建设和完善，同时与周边省加强技术交流和合作，参与区域共性育种目标的技术攻关工作。

在育种途径上，坚持常规稻改良与杂种优势利用、两系法与三系法、种内杂种优势与亚种间杂种优势利用等多种途径并举。探索籼粳亚种间杂种优势利用的分子育种途径，一是通过以优异亲本为背景构建亚种间高代回交群体，研究分析控制亚种间优势的有利区段，构建具有亚种间杂种优势的染色体片段置换系群体，研究置换片段的杂合效应及片段间的互作效应，通过对优势片段的分子聚合育种，探索充分利用籼粳亚种间杂种优势利用的育种途径。二是在继续发展籼型杂交稻的同时，研究探索在粳稻遗传背景下利用籼粳亚种间杂种优势的途径和方法，发展本土化的优质杂交粳稻，进一步提高产量潜力。发展短光敏杂交稻，开拓两系杂交稻利用的新途径。通过远缘杂交、转基因等技术开展高光效遗传育种资源的创制，研究具有C4途径光合代谢特性的新型高光效超级水稻。

在组织形式上，坚持公益性研究与商业化育种相结合，公益性科研院所重点加强资源研究、方法研究及资源创新工作，通过与企业组建战略联盟和共建研发中心，支持企业建立商业化育种能力，转化基础研究成果；商业化育种以企业为主体，培育适应市场需求的水稻新品种。目前，江西水稻种子企业与科研院所建立了密切的合作关系，同时也十分关注自身科研能力的建设。未来江西将形成科研院所与企业分工合作、以企业为主体、两者相互交融的商业化育种技术体系。

参考文献

黄常芝,1998.万年县稻作超万年——万年县洞人洞遗址稻作考古发现始末[J].南方文物,3:114-118.

江西省萍乡市农业科学研究所,1973.利用野败选育水稻"三系"的进展情况汇报[C] // 全国水稻科研生产现场经验交流会材料汇编.

黎世龄,熊国新,高一枝,2006.水稻短光敏雄性核不育性的发现与利用[J].杂交水稻,21 (1):10-13.

潘熙淦,1993.江西的水稻[M] // 熊振民,蔡洪法.中国水稻.北京:中国农业科学技术出版社:297-307.

潘熙淦,饶宪章,1990.江西东乡野生稻考察及特性鉴定报告[M] // 吴妙燊.野生稻资源研究论文选编.北京:中国科学技术出版社:11-16.

彭适凡,1985.江西先秦农业考古概述[J].农业考古,2:108-115.

潘熙淦,陈大洲,揭银泉,等,1986.一个新的水稻雄性不育细胞质源[M] // 袁隆平.杂交水稻国际学术研讨会论文集(中国).长沙:学术期刊出版社:24-26.

王海,2004.江西水稻育种研究与发展[M].南昌:江西科学技术出版社.

王晓玲,余传元,雷建国,等,2012."十一五"国审水稻新品种特征特性分析[J] 中国农学通报,28 (27):10-16.

余传元,2001.中国超级杂交水稻的选育理论及实践[J].江西农业学报,13 (1): 51-59.

余传元,万建民,翟虎渠,等,2005.利用CSSL群体研究水稻籼粳亚种间产量性状的杂种优势[J].科学通报,50 (1): 32-37.

余传元,1995.江西优质稻育种成就及发展方向[J].江西农业学报,7(2): 147-153.

颜龙安,张俊才,朱成,等,1989.水稻显性雄性核不育基因鉴定初报[J].作物学报,15 (2):174-181.

中国水稻研究所,1989.中国水稻种植区划[M].杭州:浙江科学技术出版社:69-72.

中国农业科学院,湖南省农业科学院,1991.中国杂交水稻的发展[M].北京:农业出版社.

第三章
品种介绍

ZHONGGUO SHUIDAO PINZHONGZHI · JIANGXI JUAN

第一节 常规稻

一、常规早籼稻

赣早籼1号（Ganzaoxian 1）

品种来源：江西省农业科学院水稻研究所利用珍珠矮/莲塘早杂交选育而成，原名：6044。1987年通过江西省农作物品种审定委员会审定，编号：赣审稻1987001。

形态特征和生物学特性：属籼型常规早熟早稻。全生育期105～110d，株高85.0cm，分蘖力较强，剑叶较挺直，宽度中等，有效穗数390万穗/hm²，穗长17.8cm，结实率87.4%，千粒重23.0g，颖尖白色。株型适中，成熟后易自然落粒。

品质特性：谷粒淡黄，椭圆，长度8mm，米色白，腹白心白小，壳薄，糙米率81.5%，米质好。

抗性：苗期抗寒性好，山区种植易感稻瘟病，安徽反映抗稻瘟病。

产量及适宜地区：一般产量5 340kg/hm²。1969年开始在省内及南方稻区10余省（市）推广，至1987年省内外累计推广面积达63万hm²。

赣早籼10号 （Ganzaoxian 10）

品种来源：江西省农业科学院水稻研究所利用竹莲矮/IR24//广辐早杂交选育而成，原名：早籼14。1990年通过江西省农作物品种审定委员会审定，编号：赣审稻1990004。

形态特征和生物学特性：属籼型常规早熟早稻。感温中等，全生育期110d，株高72.0cm，有效穗数420万穗/hm²，穗长23.5cm，结实率85.6%，颖尖白色，千粒重26.1g。

赣早籼11 （Ganzaoxian 11）

品种来源：江西省农业科学院水稻研究所利用汕花369经系统选育而成，原名：汕花369。1990年通过江西省农作物品种审定委员会审定，编号：赣审稻1990005。

形态特征和生物学特性：属籼型常规早熟早稻。全生育期106d，株高81.0cm，株叶形态好，分蘖力较强，穗长16.6cm，每穗粒数88.9粒，结实率67.1%，千粒重25.4g，后期转色好。

品质特性：糙米率78.7%，精米率70.4%，整精米率44.5%，糙米粒长5.5mm，糙米长宽比2.1，直链淀粉含量28.6%，碱消值4级，胶稠度29mm，蛋白质含量7.7%。

抗性：中抗稻瘟病，中感白叶枯病。

产量及适宜地区：一般产量5 250～6 000kg/hm^2，适宜在江西及南方稻区种植。

赣早籼12（Ganzaoxian 12）

品种来源：江西省滨湖地区农业科学研究所利用温革/广陆矮4号杂交选育而成。原名：温广青。属籼型常规中熟早稻。1990年通过江西省农作物品种审定委员会审定，编号：赣审稻1990006。

赣早籼13（Ganzaoxian 13）

品种来源：江西省农垦学校用一季稻1269经系统选育而成。原名：垦校7号。属籼型常规中熟早稻。1990年通过江西省农作物品种审定委员会审定，编号：赣审稻1990007。

赣早籼14（Ganzaoxian 14）

品种来源：江西吉安地区农作物良种场从赣早籼9号系统选育而成；原名：赣星早2号。1990年通过江西省农作物品种审定委员会审定，编号：赣审稻1990008。

形态特征和生物学特性：属籼型常规中熟早稻。全生育期117d，株高62.0cm，苗期株型适中，前期生长较稳，叶片窄且扭卷状，角度小，较阔叶型品种封行慢，孕穗后生长较快，抽穗整齐，稳健清秀，后期转色好，有效穗数450万穗/hm²，成穗率70.0%，每穗实粒67.0粒，结实率90.0%，千粒重25.5g。

品质特性：整精米率63.5%，直链淀粉含量25.1%，蛋白质含量9.6%。

抗性：抗稻瘟病，感白叶枯病。

产量及适宜区域：一般产量6 800kg/hm²，适宜在长江中下游及南方双季稻种植。

赣早籼15（Ganzaoxian 15）

品种来源：江西省农业科学院水稻所利用IR36/广陆矮4号//M79006选育而成；原名：M1460。1990年通过江西省农作物品种审定委员会审定，编号：赣审稻1990009。

形态特征和生物学特性：属籼型常规早熟早稻。全生育期102～105d，株高87.0cm，有效穗数270万穗/hm²，穗长18.5cm，结实率86.9%，千粒重26.0g，后期转色好。

赣早籼16（Ganzaoxian 16）

品种来源：江西省宜春地区农业科学研究所利用桂朝13/湘矮早9号选育而成；原名：赣秀早1号。属籼型常规中熟早稻。1991年通过江西省农作物品种审定委员会审定，编号：赣审稻1991003。

赣早籼17（Ganzaoxian 17）

品种来源：江西省赣州地区良种场利用红410经系统选育而成，原名：红410选。属籼型常规中熟早稻。1991年通过江西省农作物品种审定委员会审定，编号：赣审稻1991004。

赣早籼18（Ganzaoxian 18）

品种来源：江西省农业科学院水稻研究所利用威20A/早熟金南特//6185杂交选育而成。原名：比-8。属籼型常规中熟早稻。1991年通过江西省农作物品种审定委员会审定，编号：赣审稻1991005。

赣早籼19（Ganzaoxian 19）

品种来源：江西省宜丰县农业局利用广选早/芦莘//珍汕97杂交选育而成。原名：089。属籼型常规中熟早稻。1991年通过江西省农作物品种审定委员会审定，编号：赣审稻1991006。

赣早籼2号 （Ganzaoxian 2）

品种来源：江西省农业科学院水稻研究所利用珍珠矮/南京2号杂交选育而成，原名：7055。1987年通过江西省农作物品种审定委员会认定，1990年补发通知定名为赣早籼2号，编号：赣审稻1987002。

形态特征和生物学特性：属籼型常规早熟早稻。全生育期102～110d，株高75.0cm，株型紧凑，叶片长宽中且挺举，叶色淡青，分蘖力强，有效穗数405万穗/hm²。每穗粒数70.0粒，结实率80.0%，千粒重22.5g。

品质特性：糙米率76.5%，蛋白质含量9.2%，直链淀粉含量65.7%，脂肪含量2.5%。

抗性：较抗稻瘟病、纹枯病。

产量及适宜地区：一般产量6 150kg/hm²。适应性广，在省内及南方稻区，无论是山区、丘陵还是平原均适宜种植。1983年以来累计推广超过210万hm²。

赣早籼20（Ganzaoxian 20）

品种来源：江西省农业科学院水稻研究所利用千重浪/71-133//广陆矮4号选育而成。原名：6001。1991年通过江西省农作物品种审定委员会审定，编号：赣审稻1991007。

形态特征和生物学特性：属籼型常规中熟早稻。全生育期110d，株高85.0cm，株型紧散适中，长势旺盛，叶征较厚、挺直，色泽浓绿，分蘖力中上，着粒密，每穗粒数85.0粒，结实率80.0%，粒型椭圆，有顶芒，千粒重25.0g，后期转色好。

品质特性：糙米率79.5%，精米率68.8%，整精米率49.9%，糙米粒长5.3mm，糙米长宽比2.0，直链淀粉含量26.1%，碱消值4级，胶稠度27.0mm，蛋白质含量9.8%。

赣早籼21（Ganzaoxian 21）

品种来源：江西省农业科学院作物研究所利用是广陆矮四号/红410杂交选育而成。原名：7004。1991年通过江西省农作物品种审定委员会审定，编号：赣审稻1991008。

形态特征和生物学特性：属籼型常规中熟早稻。感温中等，全生育期110d，株高87.7cm，有效穗数420万穗/hm²，穗长21.0cm，结实率81.6%，千粒重27.3g，株型较紧凑，叶片较窄而直立，色泽绿，茎秆坚韧，耐肥，抗倒伏，分蘖力强，成穗率高。

品质特性：糙米率80.6%，米质中上，蛋白质含量9.0%。

抗性：中抗白叶枯病，轻感稻瘟病。高感稻飞虱。

产量及适宜地区：经1979—1980年的多点试验及1981—1983年南方稻区15个省（直辖市、自治区）的区域试验表现良好，均比对照广陆矮4号显著增产。一般产量6 000kg/hm²，最高可达7 500kg/hm²。适宜在长江流域及南方稻区种植。

赣早籼22（Ganzaoxian 22）

品种来源：江西省抚州地区农业科学研究所利用71-133/IR24选育而成。原名：74-133。属籼型常规中熟早稻。1991年通过江西省农作物品种审定委员会审定，编号：赣审稻1991009。

赣早籼23（Ganzaoxian 23）

　　品种来源：江西省抚州地区农业科学研究所利用杂种谷选2/不落籼选育而成。原名：79-10。1991年通过江西省农作物品种审定委员会审定，编号：赣审稻1991010。

　　形态特征和生物学特性：属籼型常规中熟早稻。感温性中等，全生育期112.0d，株高87.0cm，有效穗数510万穗/hm²，穗长20.3cm，结实率69.8%，千粒重21.2g。

赣早籼24 （Ganzaoxian 24）

品种来源：江西省农业科学院水稻研究所利用千重浪/71-133//广陆矮4号/红梅早选育而成。原名：6188。1991年通过江西省农作物品种审定委员会审定，编号：赣审稻1991011。

形态特征和生物学特性：属籼型常规中熟早稻。全生育期116d，株高88.0cm，茎秆粗壮，根系发达，结实率85.3%，千粒重26.3g，熟期转色好。

品质特性：糙米率79.4%，精米率69.7%，整精米率53.2%，糙米粒长6mm，糙米长宽比2.2，糊化温度中等，碱消值5级，胶稠度30mm，蛋白质含量7.1%。

抗性：抗逆性强。

赣早籼25（Ganzaoxian 25）

品种来源：江西省宜春地区农业科学研究所利用赣早籼9号/赣早籼4号选育而成，原名：7229。1992年通过江西省农作物品种审定委员会审定，编号：赣审稻1992001。

形态特征和生物学特性：属籼型常规中熟早稻。全生育期117d，比对照泸红早1号早熟2d，株高83.3cm，分蘖力较强，有效穗数348万穗/hm^2，穗长18cm，每穗粒数85.3粒，结实率87.9%，千粒重25.1g。

品质特性：糙米率80.3%，米质中等。

抗性：中抗稻瘟病、高感白叶枯病。

产量及适宜地区：1990—1992年参加江西省区试，平均产量6 521kg/hm^2，比CK泸红早1号增产5.6%。适宜在江西省各地种植。

栽培技术要点：合理密植，插足基本苗，早施追肥促早发，及时防虫防病。

赣早籼26 (Ganzaoxian 26)

品种来源：萍乡市芦溪区农牧渔业局钱怀璞利用赣早籼7号/优麦早//HA79317-7选育而成。原名：85-02。1992年通过江西省农作物品种审定委员会审定，编号：赣审稻1992002。

形态特征和生物学特性：属籼型常规中熟早稻。感温性中等；全生育期108d，株高95.0cm，千粒重23.8g，结实率70.3%，穗长23.7cm。株型适中，抽穗整齐，熟期转色好，有效穗数375万穗/hm²，每穗粒数102.0粒，颖尖白色，千粒重25.0g。

品质特性：整精米率58.0%，糙米长宽比3，垩白粒率31.0%，垩白度5.6%，胶稠度64mm，直链淀粉含量22.0%。

抗性：中抗稻瘟病，高感稻飞虱。

产量及适宜地区：一般产量7 100kg/hm²。适宜在江西及周边省份双季稻区作早稻种植。

赣早籼27（Ganzaoxian 27）

品种来源：江西省农业科学院水稻研究利用竹选4号/74-5002选育而成。原名：D5035。1992年通过江西省农作物品种审定委员会审定，编号：赣审稻1992003。

形态特征和生物学特性：属籼型常规早熟早稻。全生育期108d，株高82.0cm，基部节间短，叶鞘紧包着茎，茎秆坚韧，富有弹性，不易倒伏，叶片挺直，有效穗数360万穗/hm²，穗长21.3cm，结实率88.0%，千粒重24.1g。

品质特性：糙米率79.9%，精米率72.5%，整精米率50.3%，糙米粒长6.3mm，糙米宽2.5mm，糙米长宽比2.5，垩白度13.7%，透明度1级，碱消值6级，胶稠度57mm，直链淀粉含量22.6%，蛋白质含量8.1%。

抗性：具有抗病及耐寒性能强的特点。

赣早籼28（Ganzaoxian 28）

品种来源：江西省赣州地区农业科学研究所利用浙丽1号/湘早籼3号杂交选育而成。原名：丽湘早5号。1992年通过江西农作物品种审定委员会审定，编号：赣审稻1992004。

形态特征和生物学特性：属籼型常规早熟早稻。全生育期为106d，株高82.0cm，株型紧凑，有效穗数200万穗/hm²，成穗率85.0%，每穗粒数95.0粒，结实率90.0%，千粒重28.5g。

品质特性：精米率70.5%，米质中等，适口性好。

抗性：该品种在全国联合田间抗性鉴定表现为抗白背飞虱和稻飞虱，是一个抗白背飞虱并兼抗稻瘟病的水稻品种。

产量及适宜地区：一般产量6 000kg/hm²。适宜在江西及湖南、福建、广西等地推广种植。

赣早籼29（Ganzaoxian 29）

品种来源：江西省萍乡市芦溪区农业科学研究所利用80晚18/特矮丛生稻选育而成。原名：85-10。1993年通过江西省农作物品种审定委员会审定，编号：赣审稻1993001。

形态特征和生物学特性：属籼型常规早熟早稻。感温性强，全生育期106d，株高66.0cm，千粒重23.0g，结实率97.5%，有效穗数330万穗/hm^2，穗长25.3cm，颖尖白色。

赣早籼3号 (Ganzaoxian 3)

品种来源：江西省上饶地区良种场利用红梅353经系统选育而成；原名：9饶农8号。属籼型常规中熟早稻。1987年通过江西省农作物品种审定委员会审定，1990年补发通知定名为赣早籼3号，编号：赣审稻1987003。

赣早籼30（Ganzaoxian 30）

品种来源：江西省萍乡市科委开发中心利用国际油粘/HA79317-7选育而成。原名：89-01。1993年通过江西省农作物品种审定委员会审定，编号：赣审稻1993002。

形态特征和生物学特性：属籼型常规中熟早稻。属感温中等，株高92.0cm，千粒重27.2g，结实率86.9%，有效穗数330万穗/hm²，穗长19.2cm，颖尖秆黄色。

赣早籼31（Ganzaoxian 31）

品种来源：江西省农业科学院水稻研究所利用杂交组合（汕A/36恢//IR24）F1经离体培养选育而成。原名：P4。1993年通过江西省农作物品种审定委员会审定，编号：赣审稻1993003。

形态特征和生物学特性：属籼型常规中熟早稻。全生育期112d，株高80.0cm，株型紧凑，叶片挺直，分蘖力较强，有效穗数300万穗/hm²，穗长19.5cm，结实率83.5%，千粒重25.9g。后期转色好。

品质特性：糙米率79.9%，精米率72.0%，整精米率65.7%，糙米粒长5.8mm，糙米长宽比2.1，垩白粒率100%，垩白度19.8%，透明度4级，碱消值5.4级，胶稠度35mm，直链淀粉含量25.1%，蛋白质含量9.8%。

抗性：中抗稻瘟病，苗期耐寒性强，耐涝。

赣早籼32（Ganzaoxian 32）

品种来源：江西省吉安地区农业科学研究所选育而成。原名：早籼443。1994年通过江西省农作物品种审定委员会审定，编号：赣审稻1994002。

形态特征和生物学特性：属籼型常规中熟早稻，是较好的饲料型早稻品种。全生育期110d。株高80.0cm，适应性强，田间生长整齐，株型紧凑，分蘖力强，叶色深绿，茎秆粗壮，剑叶宽厚直立，后期叶片转色慢。穗长19.2cm，每穗粒数85.0粒，结实率82.2%，千粒重31.0g。

品质特性：糙米率82.0%，糙米米粒长6.3mm，糙米长宽比为2.5，胶稠度71mm，直链淀粉含量22.6%，糙米蛋白质含量10.0%。

抗性：中抗苗瘟、叶瘟，高抗穗颈瘟；耐肥，抗倒伏。

栽培技术要点：适时播种，培育壮秧，该品种播种期宜在3月25日，4月26日插秧。秧田用种量120～150g/m²，湿润育秧，秧龄不超过30d，旱育秧秧龄不超过20d。

赣早籼33 （Ganzaoxian 33）

品种来源：江西省吉安地区农业科学研究所采用杂交选育的赣吉3号（7055 ／ IR54F6）干种谷经7.74c/kg ^{60}Co γ 射线辐照选育而成。原名：赣吉辐3号。1994年通过江西省农作物品种审定委员会审定，编号：赣审稻1994003。

形态特征和生物学特性：属籼型常规早熟早稻。全生育期108d，株高72.0cm，后期转色好。穗长17.8cm，有效穗数366万穗/hm^2，每穗粒数76.2粒，结实率75.2%，千粒重24.7g。

品质特性：糙米率79.5%。

抗性：轻感稻瘟病。

产量及适宜地区：一般产量6 000kg/hm^2。江西省各地均可种植，较宜地区为吉安、抚州、余江等地。

栽培技术要点：合理密植，培育壮秧，施足基肥，早施追肥，合理搭配氮、磷、钾肥，注意防治病虫害，喷施三环唑防稻瘟病。

赣早籼34 （Ganzaoxian 34）

品种来源：江西省农业科学院水稻研究所利用赣早籼21/7081杂交选育而成。原名：6225。1994年通过江西省农作物品种审定委员会审定，编号：赣审稻1994004。

形态特征和生物学特性：属籼型常规中熟早稻。全生育期109d。株高80.0cm，茎秆坚韧，根系发达，叶片挺直，叶下禾。叶色淡绿，叶鞘紧包，秆韧富有弹性，不易倒伏，穗长17.5cm，每穗粒数72.7粒，结实率64.1%，千粒重25.0g，有效穗数450万穗/hm²。

抗性：抗稻瘟病；耐肥，抗倒伏。

品质特性：糙米率80.1%，精米粒率71.5%，整精米率39.6%，糙米粒长6.5mm，糙米长宽比3.8，垩白度3.8%，透明度2级，直链淀粉含量25.9%，蛋白质含量9.8%。

产量及适宜地区：一般产量6 000kg/hm²，适宜在江西作早稻种植。

赣早籼35（Ganzaoxian 35）

品种来源：江西省上饶地区农业科学研究所利用51810/水24杂交选育而成。原名：26-44。1994年通过江西省农作物品种审定委员会审定，编号：赣审稻1994005。

形态特征和生物学特性：属籼型常规中熟早稻。全生育期112d，比对照金优402迟熟0.7d。株高81.7cm，株型较紧凑，剑叶宽短，叶较披，后期转色好。有效穗数302万穗/hm²，每穗粒数102.6粒，实粒数87.8粒，结实率85.6%，千粒重23.2g。

品质特性：糙米率79.5%，精米率64.7%，整精米率47.2%，垩白粒率30%，垩白度4.5%，直链淀粉含量24.1%，胶稠度32mm，糙米粒长6.4mm，糙米长宽比3.0。米质达部颁二级优质米标准3级。

抗性：稻瘟病抗性自然诱发鉴定：苗瘟3级，叶瘟3级，穗瘟5级。

产量及适宜地区：2003—2004年参加江西省水稻区试，2003年平均产量6 800kg/hm²，比对照赣早籼53号增产2.4%；2004年平均产量7 500kg/hm²，比对照金优402减产7.8%，极显著。适宜在江西稻瘟病轻发区种植。

赣早籼36（Ganzaoxian 36）

品种来源：江西省萍乡市农业科学研究所利用赣早籼23变异株经系统选育而成。原名：85-067。1994年通过江西省农作物品种审定委员会审定，编号：赣审稻1994006。

形态特征和生物学特性：属籼型常规中熟早稻。全生育期112d。株高81cm，株型较紧凑，剑叶宽短，叶较披，分蘖力较强，有效穗中等，结实率较高，后期转色好。单株有效穗10.5穗，每穗粒数102.6粒，结实率85.6%，千粒重23.2g。

抗性：稻瘟病抗性自然诱发鉴定：苗瘟3级，时瘟3级，穗瘟5级。

产量及适宜地区：2003—2004年参加江西省水稻区试，2003年平均产量6 880kg/hm²，比对照赣早籼53号增产2.3%；2004年平均产量6 750kg/hm²，比对照金优402减产7.8%。适宜在江西省稻瘟病轻发区种植。

栽培技术要点：3月25日前后播种，大田用种量67.5～75kg/hm²，秧田播种量525～600kg/hm²，秧龄28d，栽插规格为13.2cm×23.1cm，每穴栽4～5粒谷苗，基本苗150万穗/hm²。加强稻瘟病等病虫害防治。

赣早籼37（Ganzaoxian 37）

品种来源：江西省农业科学院水稻研究所利用秋4010/赣早籼15选育而成，原名：9003。1995年通过江西省农作物品种审定委员会审定，编号：赣审稻1995001。

形态特征和生物学特性：属籼型常规早熟早稻。全生育期105d左右，株高80.0cm，有效穗数390万穗/hm²，穗长19.7cm，每穗粒数62.2粒，千粒重24.2g，结实率87.7%。

品质特性：整精米率53.0%，糙米长宽比3.7，垩白粒率24.0%，胶稠度25mm，米质中优。

抗性：对苗瘟抗性为1级，叶瘟为2级，穗颈瘟5级。经抗稻瘟病谱鉴定13个生理小种，高抗至中抗的占69.7%，纹枯病轻。

产量及适宜地区：1993—1994年参加江西省区试，两年平均产量4 920kg/hm²，比对照浙辐802增产14.78%。适宜在江西全省各地种植。

赣早籼38（Ganzaoxian 38）

　　品种来源：江西省农业科学院水稻所利用中28/红突5号选育而成。原名：90-55。1995年通过江西省农作物品种审定委员会审定，编号：赣审稻1995003。

　　形态特征和生物学特性：属籼型常规中熟早稻。全生育期114d，株高83.6cm，分蘖力较强，千粒重22.8g，米质中优。

　　抗性：纹枯病无到轻，白叶枯病无；苗瘟4级，叶瘟2级，穗颈瘟5级。

　　产量及适宜地区：1992—1993年参加江西省区试，1992年平均产量5 625kg/hm²，比对照竹系26增产16.3%；1993年平均产量4 659kg/hm²，比对照赣早籼26增产0.9%。适宜在江西全省各地推广种植。

赣早籼39（Ganzaoxian 39）

品种来源：江西省吉安地区良种场利用优早1号与赣早籼14杂交选育而成。原名：赣星早3号。1996年通过江西省农作物品种审定委员会审定，编号：赣审稻1996001。

形态特征和生物学特性：属籼型常规早熟早稻。全生育期108d，株高71.0cm，有效穗数330万穗/hm²，成穗率73.5%，穗长17.7cm，每穗粒数75.6粒，结实率75.2%，千粒重22.8g。

品质特性：糙米率80.0%，米质中优。

抗性：田间自然诱发鉴定：苗瘟3级，叶瘟4级，穗颈瘟0级。

产量及适宜地区：1994—1995年参加江西省区试，1994年平均产量5 451kg/hm²，比对照浙辐802增产13.6%。1995年平均产量5 188kg/hm²，比对照赣早籼37增产11.7%。适宜在江西宜春、南昌、上饶、吉安等地种植。

赣早籼4号（Ganzaoxian 4）

品种来源：江西省宜春地区农业科学研究所利用龙菲313的系选品系菲改12/陆广矮4号杂交选育而成，原名：秀江早9号。1987年通过江西省农作物品种审定委员会审定，1990年补发通知定名为赣早籼4号，编号：赣审稻1987004。

形态特征和生物学特性：属籼型常规中熟早稻。感温性中等，全生育期115d，株高80.7cm，穗长19.8cm，结实率74.7%，千粒重23.1g，有效穗数330万穗/hm²，颖尖秆黄色。

产量及适宜地区：一般产量6 000kg/hm²。适宜在江西省内及南方稻区种植，1983年以来累计推广面积超过156万hm²。

赣早籼40 (Ganzaoxian 40)

品种来源：江西省农业科学院水稻研究所利用85-140/珍龙13选育而成。原名：早籼5143。1996年通过江西省农作物品种审定委员会审定，编号：赣审稻1996002。

形态特征和生物学特性：属籼型常规早熟早稻。全生育期106d，株高82.0cm，有效穗数270万穗/hm²，穗长18.1cm，每穗粒数71.0粒，结实率79.7%，千粒重25.5g。

品质特性：糙米率80.5%，精米率69.2%，整精米率33.2%，糙米米粒长6.9mm，糙米长宽比3.3，碱消值4.5级，胶稠度27mm，直链淀粉含量25.8%。

抗性：田间纹枯病轻，苗瘟3级，叶瘟4级。

产量及适宜地区：1994—1995年参加江西省区试，两年平均产量5 316kg/hm²，分别比对照浙辐802增产16.5%和比赣早籼37增产3.6%。适宜在江西省各地种植。

赣早籼41（Ganzaoxian 41）

品种来源：江西省农业科学院原子能研究所利用M1459/湘早籼3号选育而成。原名：M90503。1996年通过江西省农作物品种审定委员会审定，编号：赣审稻1996003。

形态特征和生物学特性：属籼型常规中熟早稻。全生育期111d，株高80.8cm，有效穗数390万穗/hm^2，穗长18.0cm，每穗粒数65.6粒，结实率75.8%，千粒重24.4g。

品质特性：糙米率80.2%，米质优。

抗性：田间抗性好，经田间自然诱发鉴定：苗瘟2级，叶瘟3级，穗颈瘟0级。

产量及适宜地区：1994—1995年参加江西省区试，两年平均产量5 220kg/hm^2，比对照赣早籼26增产1.4%。适宜在江西上饶、南昌、宜春等地种植。

赣早籼42（Ganzaoxian 42）

品种来源：江西省赣州地区农业科学研究所利用赣早籼28/国际占5号杂交选育而成。原名：93-3。1997年通过江西省农作物品种审定委员会审定，编号：赣审稻1997001。

形态特征和生物学特性：属籼型常规中熟早稻。株高82.5cm，有效穗数405万穗/hm²。穗长16.0cm，每穗实粒89.0粒，结实率90.0%左右，千粒重28.0g。

品质特性：糙米率81.7%，精米率72.0%，整精米率44.8%，糙米粒长6.6mm，糙米长宽比2.8。直链淀粉含量25.3%，碱消值4级，胶稠度37mm。米质达部颁二级优质米标准。

抗性：在全国自然抗性圃井冈山病圃鉴定中表现抗稻瘟病，苗瘟3级、叶瘟2级、穗瘟0级。1993—1996年在稻飞虱自然观察田和江西省早稻品种对白背飞虱田间抗性鉴定结果，对白背飞虱抗性强，是一个抗白背飞虱和稻瘟病及抗旱耐涝的品种。

栽培技术要点：赣南春分前后播种，秧龄30d，栽插规格20cm×17cm，每穴插4～5苗，施足基肥，插秧后15～20d，氮、磷、钾搭配追肥为好，适当多施钾肥和硅肥增产更显著。注意防治纹枯病、稻纵卷叶螟和螟虫等病虫害。

赣早籼43（Ganzaoxian 43）

品种来源：江西省农垦学校利用南特占//美国籼稻/意大利B复交经系谱法选育而成。原名：91-136。1997年通过江西省农作物品种审定委员会审定，编号：赣审稻1997002。

形态特征和生物学特性：属籼型常规中熟早稻。全生育期110d。株高82.0cm，有效穗数390万穗/hm²，穗长19.0cm，每穗实粒数63.0粒，结实率75.0%，千粒重25.0g。

品质特性：糙米率82.5%，糙米长宽比2.8。

抗性：稻瘟病区自然诱发鉴定：苗瘟2级，叶瘟3级，穗颈瘟0级。

产量及适宜地区：1995—1996年参加江西省区试，平均产量5728.5kg/hm²，比对照赣早籼37增产7.3%。

赣早籼44（Ganzaoxian 44）

品种来源：江西省南城县农业科学研究所利用四丰/竹科2号//78130选育而成。原名：南早191。1997年通过江西省农作物品种审定委员会审定，编号：赣审稻1997003。

形态特征和生物学特性：属籼型常规中熟早稻。感温性中等，全生育期105d。株高82.3cm，千粒重25.6g，结实率86.8%，有效穗数370万穗/hm²，穗长20.8cm，颖尖秆黄色。

抗性：高感稻飞虱。

产量及适宜地区：一般产量6 000kg/hm²。适宜在江西各地种植，1983年以来累计推广超过7万hm²。

赣早籼45（Ganzaoxian 45）

品种来源：江西省农业科学院利用90-5选育而成。原名：早珍珠。1998年通过江西省农作物品种审定委员会审定，编号：赣审稻1998001。

形态特征和生物学特性：属籼型常规早熟早稻。感温性较强，全生育期107d。株高67.0cm，千粒重23.8g，结实率85.8%，有效穗数240万穗/hm²，穗长22.6cm，

品质特性：糙米率79.6%，精米率72.1%，整精米率52.8%，糙米粒长5mm，糙米长宽比1.9，垩白粒率79.0%，垩白度24.9%，透明度3级，直链淀粉含量24.7%，碱消值6.7级，胶稠度30mm，蛋白质含量12.3%。

抗性：田间自然诱发鉴定：叶瘟2级，穗瘟0级。

产量及适宜地区：1996年江西省区试平均产量4 270kg/hm²，比对照赣早籼27减产22.7%，大田生产一般产量5 250kg/hm²。适宜在江西全省各地推广种植，1983年以来累计推广超过250万hm²。

赣早籼46 (Ganzaoxian 46)

品种来源：江西省上饶地区农业科学研究所利用赣早籼7号/IR58选育而成。原名：89-7。1999年通过江西省农作物品种审定委员会审定，编号：赣审稻1999001。

形态特征和生物学特性：属籼型常规中熟早稻。全生育期110d。株高85.0cm，株型松散适中，叶片较挺，分蘖力中等，茎秆粗壮，穗长19.0cm，每穗粒数105.0粒，结实率80.0%，千粒重23.5g，谷粒长椭圆形，颖尖秆黄色。

品质特性：糙米率82.0%，精米率72.5%，整精米率可达50.0%以上。

抗性：抗病性强。对稻瘟病有较强的抗性，对纹枯病也有较强的耐病性。

栽培技术要点：秧苗耐寒性较强。江西省旱床育秧和抛秧盘育秧3月中旬播种，湿润育秧3月底播种。在选好种和对种子消毒的前提下，首先要控制好播种量，做到稀播匀播。播种量旱床育秧2 400kg/hm²，湿润育秧播750kg，抛秧盘育秧每孔播3～4粒谷。在秧田施足基肥的同时，秧苗要及时施断奶肥、壮苗肥和送嫁肥。合理密植，该品种分蘖力中等，要确保基本苗150万苗/hm²。手栽株行距16.5cm×20.0cm，每穴插5苗；抛秧33万～37.5万穴/hm²。薄水栽插，浅水返青，深水施除草剂，湿润分蘖，分蘖高峰前晒田1～2次。注重施基肥、早施追肥，氮、磷、钾配合施用。及时防治好钻心虫、卷叶虫、稻飞虱、纹枯病等病虫害。

赣早籼47（Ganzaoxian 47）

品种来源：江西省抚州市农业科学研究所、中国科学院遗传研究所、江西省抚州市种子公司利用早籼迟熟品种86-70系选干种子，经返回式卫星搭载获得的突变体选育而成。原名：V5025。2000年通过江西省农作物品种审定委员会审定，编号：赣审稻2000001。

形态特征和生物学特性：属籼型常规早熟早稻。全生育期108d。株高85.0cm，有效穗数300万～360万穗/hm^2。每穗粒数96.3粒，结实率76.3%，千粒重25.9g。

品质特性：糙米率81.1%、精米率73.3%、糙米粒长6.7mm、碱消值6.0级等达优质米一级标准；糙米长宽比2.6、胶稠度58、直链淀粉含量22.7%等达二级优质米标准；透明度3级、蛋白质含量8.0%等接近二级优质米标准。

产量及适宜地区：一般产量6 000kg/hm^2，最高6 750kg/hm^2。适宜在江西省各地种植。

赣早籼48（Ganzaoxian 48）

品种来源：江西省芦溪县农业局及芦溪县农业科学研究所利用赣早籼7号/逢双香选育而成。原名：92-06。2000年通过江西省农作物品种审定委员会审定，编号：赣审稻2000002。

形态特征和生物学特性：属籼型常规中熟早稻。感温性较强，全生育期112d。株高86.0cm，千粒重26.1g，结实率88.8%，有效穗数300万穗/hm^2，穗长24.5cm，颖尖秆黄色。

产量及适宜地区：一般产量6 000kg/hm^2，适宜在江西省各地推广种植。1983年以来累计推广超过480万hm^2。

赣早籼49 (Ganzaoxian 49)

品种来源：江西省农业科学院水稻研究所利用萍显核不育/CPSLO17//培迪杂交选育而成，原名：1504。2002年通过江西省农作物品种审定委员会审定，编号：赣审稻2002001。

形态特征和生物学特性：属籼型常规早熟早稻。全生育期105d。株高80.3cm，穗长18.9cm，株型适中，茎秆较细，千粒重26.9g，结实率89.2%，有效穗数240万穗/hm²。

品质特性：糙米率80.4%，精米率71.0%，整精米率26.5%，糙米粒长6.7mm，糙米长宽比3.2，垩白粒率4.0%，垩白度0.5%，透明度2级，碱消值7.0级，胶稠度74mm，直链淀粉含量14.4%，蛋白质含量10.6%。

抗性：苗瘟和叶瘟为0级，穗瘟3级，轻感纹枯病。

赣早籼5号（Ganzaoxian 5）

品种来源：江西省九江地区农业科学研究所利用南特号/四川大谷//矮脚南特杂交选育而成，原名：九农早3号。属籼型常规中熟早稻。1987年通过江西省农作物品种审定委员会审定，1990年补发通知定名为赣早籼5号，编号：赣审稻1987005。

赣早籼50（Ganzaoxian 50）

品种来源：江西农业大学农学院选育，2002年通过江西省农作物品种审定委员会审定，原名：农大290。编号：赣审稻2002002。

形态特征和生物学特性：属籼型常规中熟早稻。全生育期110d。株高90.0cm，株型适中，叶片挺直，根系发达，茎秆粗壮，穗大粒多，分蘖力中等。叶片功能期长，根系不早衰，苗期抗寒性和后期耐热性都很强，成熟转色好。

品质特性：谷粒卵圆，出米率高，有腹白，碱消值中等，胶稠度中等，直链淀粉含量较高。

抗性：抗稻瘟病抗性鉴定结果：苗瘟0级、叶瘟3级、穗颈瘟0级；耐肥，抗倒伏。

赣早籼51（Ganzaoxian 51）

品种来源：江西农业大学农学院利用中86-44/中优早3号杂交F_1经7.74c/kg Co^{60}γ射线辐射选育而成。原名：农大295。2002年通过江西省农作物品种审定委员会审定，编号：赣审稻2002003。

形态特征和生物学特性：属籼型常规中熟早稻。全生育期110d。株高74.6cm，株型较紧凑，分蘖力较弱，有效穗数345万穗/hm^2，每穗粒数96.2粒，结实率79.0%，千粒重21.4g。

品质特性：糙米率77.7%，整精米率47.0%，糙米粒长6.2mm，糙米长宽比3.1，垩白粒率30.0%，垩白度13.5%，直链淀粉含量12.8%，胶稠度72mm。

抗性：稻瘟病抗性，苗瘟0级，叶瘟3级，穗瘟0级，接种鉴定4级。

产量及适宜地区：2000—2001年参加江西省水稻区试，2000年平均产量6 240kg/hm^2，比对照赣早籼40增产0.8%；2001年平均产量5 235kg/hm^2，比对照赣早籼40减产7.7%。适宜在江西全省各地种植。

赣早籼52（Ganzaoxian 52）

品种来源：江西农业大学农学院利用浙9248/遗传工程稻选育而成。原名：F99-06。2002年通过江西省农作物品种审定委员会审定，编号：赣审稻2002004。

形态特征和生物学特性：属籼型常规早熟早稻。全生育期108d，株高75.5cm，株型适中，有效穗数342万穗/hm²，每穗粒数90.1粒，结实率83.8%，千粒重25.2g。

品质特性：糙米率80.2%，整精米率48.6%，糙米粒长6.7mm，糙米长宽比3.2，垩白粒率30.0%，垩白度2.1%，直链淀粉含量13.8%，胶稠度67mm。

抗性：稻瘟病抗性，苗瘟0级，叶瘟2级，穗颈瘟0级，接种鉴定2级。

产量及适宜地区：2000—2001年参加江西省水稻区试，2000年平均产量6 432.0kg/hm²，2001年平均产量6 345.0kg/hm²。适宜在江西全省种植。

栽培技术要点：适时播种，本田用种量90kg/hm²，秧田播种量750kg/hm²，秧龄25～30d，施足基肥，早施分蘖肥，巧施穗肥，注意防治病虫害。

赣早籼53 (Ganzaoxian 53)

品种来源：江西省农业科学院原子能应用研究所利用M90503/26-44选育而成。原名：M98212。2003年江西省农作物品种审定委员会审定，编号：赣审稻2003001。

形态特征和生物学特性：属籼型常规中熟早稻。全生育期111d。株高87.8cm，株型松散适中，抽穗整齐，后期转色好。有效穗数345万穗/hm²，每穗粒数76.8粒，结实率82.3%，千粒重23.1g。

品质特性：糙米率80.5%，整精米率48.8%，糙米粒长6.6mm，糙米长宽比3.1，垩白粒率25.0%，垩白度5.0%，直链淀粉含量24.5%，胶稠度90mm。

抗性：病区自然诱发鉴定稻瘟病抗性：苗瘟4级，叶瘟3级，穗颈瘟5级。

产量及适宜地区：2001—2002年参加江西省水稻区试，2001年平均产量6 105kg/hm²，比对照赣早籼40增产7.7%；2002年平均产量6 405kg/hm²，比对照赣早籼40增产1.8%。1983年以来累计推广超过74万hm²。适宜在赣中北地区种植。

赣早籼54 (Ganzaoxian 54)

品种来源：江西农业大学农学院利用望稻1号/浙9248选育而成。原名：0341。2003年通过江西省农作物品种审定委员会审定，编号：赣审稻2003002。

形态特征和生物学特性：属籼型常规中熟早稻。全生育期111d。株高87.1cm，株型紧凑，叶片挺直，分蘖力强。有效穗数363万穗/hm²，每穗粒数77.3粒，结实率79.57%，千粒重25.5g。

品质特性：糙米率80.2%，整精米率42.7%，糙米粒长6.8mm，糙米长宽比3.2，垩白粒率59.0%，垩白度6.2%，直链淀粉含量14.7%，胶稠度96mm。

抗性：病区自然诱发鉴定稻瘟病抗性：苗瘟0级，叶瘟3级，穗颈瘟7级。

产量及适宜地区：2001—2002年参加江西省水稻区试，2001年平均产量6 030kg/hm²，比对照赣早籼40增产6.4%；2002年平均产量6 060kg/hm²，比对照赣早籼40减产3.6%。适宜在赣中北稻瘟病轻发地区种植。

栽培技术要点：重点防治稻瘟病。

赣早籼55 (Ganzaoxian 55)

品种来源：萍乡市农业科学研究所利用湘早籼15选与赣早籼36杂交选育而成。原名：赛晚早籼1号；96-18。2003年通过江西省农作物品种审定委员会审定，编号：赣审稻2003003。

形态特征和生物学特性：属籼型常规中熟早稻。全生育期114d。株高86.0cm，株型紧凑，茎秆粗壮，剑叶短挺、色淡，后期转色好。有效穗数332万穗/hm^2，每穗粒数93.6粒，结实率84.1%，千粒重22.9g。

品质特性：糙米率79.2%，整精米率37.4%，糙米粒长6.3mm，糙米长宽比3.0，垩白粒率24.0%，垩白度7.1%，直链淀粉含量13.1%，胶稠度96mm。

抗性：稻瘟病自然诱发鉴定：苗瘟0级，叶瘟0级，穗颈瘟0级。

产量及适宜地区：2001—2002年参加江西省水稻区试，2001年平均产量7 740kg/hm^2，比对照浙733减产1.7%；2002年平均产量6 480kg/hm^2，比对照浙733减产6.2%。适宜在赣西北地区种植。

栽培技术要点：3月下旬播种，水育秧、旱床育秧叶龄4.5～5.0叶、抛秧叶龄为二叶一心至三叶一心。行株距13.3cm×23.3cm或13.3cm×20cm，每穴4～5苗，抛秧基本苗150万～180万穗/hm^2。施足基肥，轻施分蘖肥，稳施穗肥，氮、磷、钾比例为2：1：0.6。水分管理以薄露灌溉为主，做到浅水成活，干湿交替分蘖，够苗后重晒田，浅水孕穗灌浆。该品种较易落粒，应及时收割。注意防治病虫害。

赣早籼56（Ganzaoxian 56）

品种来源：江西农业大学农学院利用中优早3号/浙9248选育而成。原名：农大228。2004年通过江西省农作物品种审定委员会审定，编号：赣审稻2004001。

形态特征和生物学特性：属籼型常规中熟早稻。全生育期110d。株高95.0cm，根系发达，株型松散适中，茎秆粗壮、坚韧抗倒伏，叶片挺直，抽穗整齐，后期青秆黄熟，转色好。穗长18.0cm，有效穗数180万穗/hm²。每穗粒数130.0粒，结实率78.0%。谷壳薄，颖壳金黄色，稃尖无芒，籽粒饱满，千粒重20.0g，脱粒性适中。

品质特性：经农业部稻米及制品质量监督检测中心测定，糙米率79.8%，精米率73.1%，整精米率59.8%，糙米粒长6.5mm，糙米长宽比3.1，垩白米率4%，垩白度0.7%，透明度2级，直链淀粉含量23.1%，胶稠度76mm，碱消值7.0级，蛋白质含量9.1%。糙米率、透明度、直链淀粉含量达部颁二级优质米标准，其他各项指标达部颁一级优质米标准。根据国家标准《优质稻谷》（GB/T 17897—1999）的要求，除直链淀粉含量略高，在3级标准范围，其他各项指标均达1级标准。

抗性：江西省区试中鉴定抗稻瘟病抗性：苗瘟0级、叶瘟0级、穗瘟0级。纹枯病轻。苗期抗寒性强。开花期和灌浆期耐热性强。

产量及适宜地区：2002—2003年参加江西省早籼区域试验，2002年平均产量6 231kg/hm²，比对照赣早籼40减产0.9%，差异不显著；2003年平均产量6 696kg/hm²，比对照赣早籼53增产0.2%，差异不显著。

赣早籼57 (Ganzaoxian 57)

品种来源：江西省广丰县农业技术推广站利用赣早籼26变异单株，经系统选育而成。原名：95-4。2004年通过江西省农作物品种审定委员会审定，编号：赣审稻2004002。

形态特征和生物学特性：属籼型常规早熟早稻。全生育期为108d。株高91.5cm，剑叶短而宽，成穗率中等，有效穗数310万穗/hm^2，每穗粒数119.4粒，结实率86.8%，千粒重23.8g。

抗性：2003年江西省区试稻瘟病诱发鉴定结果：苗瘟0级、叶瘟2级、穗颈瘟0级。

赣早籼58（Ganzaoxian 58）

品种来源：江西省农业科学院原子能应用研究所利用931-1（Y4/七十早//湘早籼1号）/密野1号选育而成。原名：M99257。2004年通过江西省农作物品种审定委员会审定，编号：赣审稻2004003。

形态特征和生物学特性：属籼型常规中熟早稻。全生育期112d。株高86.8cm，株型较紧凑，叶片中等，叶色浓绿，剑叶短宽上举，抽穗整齐。有效穗数324万穗/hm²，每穗粒数122.4粒，结实率73.6%，千粒重25.1g。

品质特性：糙米率82.3%，整精米率46.2%，垩白粒率100%，垩白度29.0%，直链淀粉含量24.6%，胶稠度50mm，糙米粒长6.2mm，糙米长宽比2.4。

抗性：稻瘟病自然诱发鉴定结果：苗瘟0级、叶瘟0级、穗瘟0级。

产量及适宜地区：2002—2003年参加江西省水稻区试，2002年平均产量6 690kg/hm²，比对照浙733减产3.1%；2003年平均产量6 597kg/hm²，比对照浙733增产0.1%。适宜在江西省各地种植。

栽培技术要点：3月下旬播种，4月下旬移栽，秧龄28～30d。秧田播种量900kg/hm²，大田用种量90kg/hm²。栽插规格20cm×13cm，每穴6～7根苗。施足基肥、早施追肥，促早生快发，氮、磷、钾配合施用。适时晒田，后期干干湿湿，不要过早断水。注意病虫害防治。

赣早籼59（Ganzaoxian 59）

品种来源：萍乡市农业科学研究所和海南神农大丰种业科技股份有限公司利用赣早籼55变异株系统选育而成。原名：早籼152。2005年通过江西省农作物品种审定委员会审定，编号：赣审稻2005015。

形态特征和生物学特性：属籼型常规中熟早稻。全生育期112d。株高81.7cm，株型较紧凑，剑叶宽短，叶较披。有效穗数321万穗/hm^2，每穗粒数102.6粒，结实率85.6%，千粒重23.2g。

品质特性：糙米率79.5%，精米率64.7%，整精米率47.2%，垩白粒率30.0%，垩白度4.5%，直链淀粉含量24.1%，胶稠度32mm，糙米粒长6.4mm，糙米长宽比3.0。米质达部颁三级优质米标准。

抗性：稻瘟病自然诱发鉴定结果：苗瘟3级、叶瘟3级、穗瘟5级。

产量及适宜地区：2003—2004年参加江西省水稻区试，2003年平均产量6 838kg/hm^2，比对照赣早籼53增产2.4%；2004年平均产量6 750kg/hm^2，比对照金优402减产7.8%，达极显著水平。适宜在江西省稻瘟病轻发区种植。

栽培技术要点：3月25日前后播种，大田用种量75kg/hm^2，秧龄26～30d，栽插规格13.2cm×19.8cm或13.2cm×23.1cm，每穴栽插4～5苗，栽插基本苗150万/hm^2。施入猪粪或其他有机肥30t/hm^2，碳酸氢铵450kg/hm^2，返青后，结合耘禾施复合肥150kg/hm^2，分蘖期施复合肥150kg/hm^2。水分管理以薄露灌溉为主，做到浅水成活，干湿交替分蘖，够苗后重晒控苗，浅水孕穗灌浆。加强稻瘟病等病虫害防治。

赣早籼6号 （Ganzaoxian 6）

　　品种来源：江西省广昌县农业科学研究所利用龙革113经系统选育而成，原名：赣南早23。属籼型常规中熟早稻。1987年通过江西省农作物品种审定委员会审定，1990年补发通知定名为赣早籼6号，编号：赣审稻1987006。

赣早籼7号（Ganzaoxian 7）

品种来源：萍乡市芦溪区农业科学研究所利用红梅早/7055杂交选育而成，原名：73-07。1987年通过江西省农作物品种审定委员会审定；1990年补发通知定名为赣早籼7号，编号：赣审稻1987007。1990年通过国家农作物品种审定委员会审定，编号：GS01005—1989。

形态特征和生物学特性：属籼型常规早熟早稻。感温中等，密植条件下无早熟性，全生育期110d。株高80.3cm，有效穗数240万穗/hm^2，穗长21.3cm，结实率80.3%，颖尖秆黄色，千粒重24.3g。

赣早籼8号 （Ganzaoxian 8）

品种来源：江西省南昌市农业科学研究所利用7055进行辐射后经系统选育而成，原名：辐射7055。属籼型常规中熟早稻。1987年通过江西省农作物品种审定委员会审定，1990年补发通知定名为赣早籼8号，编号：赣审稻1987008。

赣早籼9号 （Ganzaoxian 9）

品种来源：江西省吉安地区良种场利用7055/红410杂交选育而成，原名：赣星早1号。属籼型常规中熟早稻。1990年通过江西省农作物品种审定委员会审定，编号：赣审稻1990003。

二、常规晚籼稻

赣晚籼1号（Ganwanxian 1）

品种来源：江西省赣州地区农业科学研究所利用赣南晚8号选育而成。原名：赣南晚13。1987年通过江西省农作物品种审定委员会审定，1990年补发通知定名为赣晚籼1号，编号：赣审稻1987009。

形态特征和生物学特性：属籼型常规迟熟晚稻。感温性较强，株高128.0cm，千粒重23.5g，结实率80.0%，有效穗数360万穗/hm²，穗长20.9cm。

赣晚籼10号（Ganwanxian 10）

品种来源：江西省宜春地区农业科学研究所利用广秋矮4309-2/油占子选育而成。原名：秀江晚3号。1990年通过江西省农作物品种审定委员会审定，编号：赣审稻1990014。

形态特征和生物学特性：属籼型常规迟熟晚稻。感温性中等，株高131.0cm，千粒重21.9g，结实率85.9%，有效穗数270万穗/hm²，穗长20.2cm。1983年以来累计推广超过100万hm²。

赣晚籼11 （Ganwanxian 11）

品种来源：江西省余江县农业科学研究所利用IR24/溪选4号选育而成。原名：溪二28。1990年通过江西省农作物品种审定委员会审定，编号：赣审稻1990015。

形态特征和生物学特性：属籼型常规中熟晚稻。全生育期128d。株高97.7cm，株型适中，茎秆较粗，叶色青，剑叶挺直，抽穗整齐，有效穗数363万穗/hm²，每穗粒数81.3粒，结实率77.7%，千粒重27.1g，谷粒长型，米质中上。

抗性：有一定抗寒、抗虫能力；易感稻曲病和白叶枯病，重感稻瘟。

产量及适宜地区：一般产量6 000 ~ 6 750kg/hm²。适宜在江西省稻瘟病发病较轻的地区种植。

赣晚籼12 （Ganwanxian 12）

品种来源：江西省余江县农业科学研究所利用汕花2号经系谱选育而成。原名：晚籼4434。1990年通过江西省农作物品种审定委员会审定，编号：赣审稻1990016。

形态特征和生物学特性：属籼型常规中熟晚稻。全生育期130d。株高100.0cm，茎秆坚韧肥不倒伏，株型紧凑，叶窄直立，叶色浓绿。

品质特性：糙米率80.5%，精米率70.7%，糙米长宽比2.2，直链淀粉含量29.0%，胶稠度57mm，碱消值5.2级，蛋白质含量10.0%。

抗性：对稻瘟病具有广谱抗性。

赣晚籼13（Ganwanxian 13）

    品种来源：江西省余江县农业科学研究所利用IR24/温广青选育而成。原名：温二23。1990年通过江西省农作物品种审定委员会审定，编号：赣审稻1990017。

    形态特征和生物学特性：属籼型常规中熟晚稻。感温性较强，株高105.0cm。穗长21.3cm。结实率86.0%，有效穗数300万穗/hm²，千粒重23.4g。

赣晚籼14（Ganwanxian 14）

品种来源：江西省农业科学院水稻研究所利用高产品种红410与优质品种8073采用杂交和诱变相结合的方法选育而成。原名：R4015。1990年通过江西省农作物品种审定委员会审定，编号：赣审稻1990018。

形态特征和生物学特性：属籼型常规迟熟晚稻。全生育期130～135d。株高125.0cm。穗长23.4cm，结实率89.0%，有效穗数240万穗/hm²，千粒重21.2g。

赣晚籼15 (Ganwanxian 15)

品种来源：江西省赣州地区农业科学研究所选育而成。原名：晚籼208。1990年通过江西省农作物品种审定委员会审定，编号：赣审稻1990019。

形态特征和生物学特性：属籼型常规迟熟晚稻。生育期136d，比M112早熟6d。株高83.2cm，穗长20.2cm，每穗粒数71.4粒，实粒数57.5粒，结实率80.5%，千粒重29.9g，属大粒型。

品质特性：米粒细长，外观米质中等，直链淀粉含量27.4%。

抗性：经多年多点人工接种和自然鉴定，抗白叶枯病。田间表现有一定的褐稻飞虱田间抗性，当1985年稻飞虱严重发生时，稻丛中飞虱数量却不多，未使用药剂防治也未造成危害。

栽培技术要点：6月13日播种，7月23日插秧，产量达7 169kg/hm²，居中迟熟组第一位。6月16日播种，7月28日插秧的产量6 128kg/hm²。适宜在6月13～16日播种，7月28日之前插完秧，栽插规格20cm×16.7cm，每穴一般插4～6苗。

赣晚籼16 （Ganwanxian 16）

品种来源：江西省吉安地区农业科学研究所利用团黄占/桂朝2号选育而成。原名：赣吉1号。1990年通过江西省农作物品种审定委员会审定，编号：赣审稻1990020。

形态特征和生物学特性：属籼型常规中熟晚稻。株高110.0cm。穗长23.8cm，结实率76.1%，有效穗数480万穗/hm²，千粒重25.0g。

赣晚籼17（Ganwanxian 17）

品种来源： 江西农业大学农学系选育而成。原名：0021。1991年通过江西省农作物品种审定委员会审定，编号：赣审稻1991012。

赣晚籼18（Ganwanxian 18）

品种来源： 江西省上饶地区农业科学研究所利用广秋15/农垦8号选育而成。原名：B228。属籼型常规中熟晚稻。1991年通过江西省农作物品种审定委员会审定，编号：赣审稻1991013。

赣晚籼19（Ganwanxian 19）

品种来源：江西省农业科学院水稻研究所利用黑石头///矮秆糯/IR2061//芦苇稻选育而成。原名：9194。1992年通过江西省农作物品种审定委员会审定，编号：赣审稻1992006。

形态特征和生物学特性：属籼型常规中熟晚稻。全生育期130d。株高102.0cm，株叶形态适中，叶片窄直深绿，分蘖力强，长穗形，穗长24.6cm，成穗率74.9%，结实率83.8%，有效穗数360万穗/hm²，千粒重25.3g。1983年以来累计推广超过210万hm²。

品质特性：糙米率79.8%，精米率73.1%，整精米率55.3%，糙米粒长7.1mm，糙米长宽比3.6，垩白粒率8%，透明度1级，直链淀粉含量21.3%，胶稠度76mm，碱消值7级，蛋白质含量8.2%。

赣晚籼2号（Ganwanxian 2）

品种来源：江西省农业科学研究所1964年利用油粘子选育而成。原名：5450。1987年通过江西省农作物品种审定委员会审定，1990年补发通知定名为赣晚籼2号，编号：赣审稻1987010。

形态特征和生物学特性：属籼型常规早熟晚稻。适应性广、品质好，对短日照反应敏感，一般在寒露风到来之前能安全齐穗，既有早熟、优质、适应性较强的优点，又有二九矮3号的矮秆、分蘖力强、丰产性好的特性，江西省矮化育种中选育出的第一个大面积推广应用、优秀的晚稻矮秆品种。全生育期110～120d。株高75.0cm，株型紧凑，剑叶挺举，分蘖力较强，抽穗成熟整齐，从始穗到齐穗需5～7d，有效穗多，每穗粒数70.0粒，千粒重21.5g。

品质特性：谷粒细长，米质中上，蛋白质含量9.0%，脂肪含量2.6%，糙米率76.8%。

抗性：对稻瘟病、白叶枯病抵抗力较差。

赣晚籼20 （Ganwanxian 20）

品种来源：江西省农业科学院水稻研究所利用汕优2号/双抗3号选育而成。原名：50010。1992年通过江西省农作物品种审定委员会审定，编号：赣审稻1992007。

形态特征和生物学特性：属籼型常规中熟晚稻。全生育期132d，株高86.6cm，株叶形态好，叶片挺直，剑叶向内稍卷曲，千粒重24.2g，结实率85.6%，有效穗数510万穗/hm²，穗长20.1cm。

品质特性：糙米率80.5%，精米率72.4%，整精米率66.2%，糙米粒长6.9mm，糙米长宽比3.3，碱消值6级，直链淀粉含量19.5%，胶稠度71mm，蛋白质含量8.3%。

抗性：对稻瘟病为中抗，对白叶枯病为抗，对纹枯病为高抗。

赣晚籼21（Ganwanxian 21）

品种来源：江西省抚州地区农业科学研究所利用汕优2号选育而成。原名：2181。1994通过江西省农作物品种审定委员会审定，编号：赣审稻1994008。

形态特征和生物学特性：属籼型常规中熟晚稻。全生育期127～130d，较对照M112短4d。在赣东地区6月18日播种，7月18～25日移栽，9月中旬可安全齐穗。株高90.0cm，株型紧凑，叶色较浓，叶片短窄。穗长21.4cm，每穗粒数123.2粒，每穗粒数90.0粒，结实率78.0%，千粒重21.6g。

品质特性：糙米率81.9%，精米率为76.3%，整精米率为66.8%，糙米粒长5.7mm，糙米宽为2.1mm，糙米长宽比2.71，垩白粒率6%，垩白度2.2%，米质半透明。

抗性：对水稻白叶枯病抗性较好，稻瘟性抗性较弱，在低温多雨湿秋年份要注意防治穗颈瘟。

赣晚籼22 (Ganwanxian 22)

品种来源：江西省农业科学院水稻研究所利用IR841/84-06选育而成。原名：SR4004，江西香丝苗。1994年通过江西省农作物品种审定委员会审定，编号：赣审稻1994009。

形态特征和生物学特性：属籼型常规中熟晚稻。全生育期130d。株高92.1cm，千粒重25.1g，结实率72.6%，有效穗数360万穗/hm²，穗长25.2cm。

品质特性：糙米率79.6%，精米率70.1%，整精米率60.1%，糙米长6.9mm，糙米长宽比3.3，垩白粒率24.0%，透明度1.9级，直链淀粉含量20.1%，胶稠度83mm，碱消值4.2级，蛋白质含量6.5%。

赣晚籼23 （Ganwanxian 23）

品种来源：江西省农业科学院水稻所利用IR841-M79215选育而成。原名：赣优晚；SG89320。1994年通过江西省农作物品种审定委员会审定，编号：赣审稻1994010。

形态特征和生物学特性：属籼型常规迟熟晚稻。全生育期138d。株高106.0cm，株型较紧，分蘖力中等，后期转色好。千粒重22.9g，结实率71.8%，有效穗数420万穗/hm²，穗长22.4cm。

品质特性：糙米率81.2%，精米率72.3%，整精米率60.3%，糙米粒长6.7mm，糙米长宽比3.3，垩白粒率0，垩白度0，透明度2级，碱消值6.9级，胶稠度90mm，直链淀粉含量15.0%，蛋白质含量7.0%。

赣晚籼24 (Ganwanxian 24)

品种来源：江西省余江县农业科学研究所利用赣晚籼11与IR39杂交选育而成。原名：7-24。1996年通过江西省农作物品种审定委员会审定，编号：赣审稻1996007。

形态特征和生物学特性：属籼型常规中熟晚稻。全生育期123d。株高95.0cm，株型较紧凑，分蘖力较强。剑叶细长而挺，成穗率66.2%，有效穗数378万穗/hm²，穗长21.6cm，每穗粒数73.9粒，结实率79.5%，千粒重25.0g。

品质特性：糙米率82.8%，精米率75.0%，整精米率59.2%，糙米粒长6.6mm，糙米粒宽2.5mm，糙米长宽比3.2，垩白粒率18.0%，垩白度2级，米粒外观透明。胶稠度80mm，碱消值4.3级，直链淀粉含量21.8%，糙米蛋白质含量11.6%，食味好。

抗性：纹枯病轻到中，稻瘟病无到轻，苗瘟2级，叶瘟4级，高感白叶枯病。

产量及适宜地区：1991—1992年参加江西省区试，两年平均产量6 064kg/hm²，比对照赣晚籼5号增产9.6%。适宜在江西省各地种植。

赣晚籼25（Ganwanxian 25）

品种来源：江西省新干县种子站利用外七选育而成。原名：86-91。1996年通过江西省农作物品种审定委员会审定，编号：赣审稻1996008。

形态特征和生物学特性：属籼型常规中熟晚稻。感温中等，株高88.0cm，千粒重23.9g，结实率52.8%，有效穗数510万穗/hm²，穗长22.2cm。

赣晚籼26（Ganwanxian 26）

品种来源：江西省上饶地区农业科学研究所从赣晚籼18变异株选育而成。原名：28-43。1996年通过江西省农作物品种审定委员会审定，编号：赣审稻1996009。

形态特征和生物学特性：属籼型常规中熟晚稻。全生育期132d，株高87.3cm，分蘖力较强，有效穗数360万穗/hm^2，每穗粒数111.9粒，结实率82.3%，千粒重22.8g。

品质特性：糙米率79.8%，精米率75.6%，整精米率61.9%，直链淀粉含量20.9%。

抗性：较耐寒，抗苗瘟、叶瘟，轻感穗颈瘟。

产量及适宜地区：1993—1994年参加江西省区试，两年平均产量5 046kg/hm^2，比对照赣晚籼5号增产4.6%。适宜在江西南昌、吉安、上饶等地种植。

赣晚籼27（Ganwanxian 27）

品种来源：江西省杂交水稻工程中心利用H0928///GIIA//8504/02428复交经花药培养选育而成。原名：LP1。1997年通过江西省农作物品种审定委员会审定，编号：赣审稻1997008。

形态特征和生物学特性：属籼型常规中熟晚稻。全生育期130d。株高90.0cm，每穗粒数131.5粒，结实率80.0%以上，千粒重26.5g。

品质特性：据农业部稻米检测中心测定，十项品质指标中有五项达部颁一级优质米标准，三项达部颁二级优质米标准。

抗性：经稻瘟病区自然诱发鉴定：苗瘟2级、叶瘟4级、穗颈瘟0级。

产量及适宜地区：1995—1996年参加江西省常规双季晚稻区域试验，连续两年产量均居全试验第一位。1995年较对照赣晚籼5号增产1.1%～20.8%，1996年比对照赣晚籼21增产2.67%～10.61%。大面积生产一般产量6 750～7 500kg/hm²。

栽培技术要点：适时播种，稀播壮秧：作双季晚稻6月15日播种，秧田播种量375kg/hm²，培育分蘖壮秧。适当密植，以苗保穗：栽插密度13.2cm×19.8cm，每穴8根秧；栽插密度16.5cm×19.8cm，每穴9根秧。施足基肥，早施追肥，增施磷、钾肥，一般中等肥田施600kg/hm²枯饼作基肥，375kg/hm² BB肥作面肥，返青追施尿素150kg/hm²、氯化钾105kg/hm²。够苗晒田，保证有效穗数390万穗/hm²，同时注意防病虫害。

赣晚籼28（Ganwanxian 28）

品种来源：江西省景德镇市农业科学研究所利用BASMATI/农原85-1选育而成。原名：景农5号。属籼型常规中熟晚稻。1998年通过江西省农作物品种审定委员会审定，编号：赣审稻1998005。

赣晚籼29（Ganwanxian 29）

品种来源：鹰潭市农业科学研究所利用粳籼89/外6杂交选育而成。原名：鹰优晚1号。1999年通过江西省农作物品种审会委员会审定，编号：赣审稻1999005。

形态特征和生物学特性：属籼型常规中熟晚稻。全生育期133d。株高86.7cm，株型适中，茎秆坚韧，叶片较挺。有效穗数309万穗/hm²，每穗粒数101.0粒，结实率72.0%，千粒重21.8g。

品质特性：糙米率77.1%，精米率67.8%，糙米粒长6.6mm，糙米长宽比3.1，垩白粒率1.5%，垩白度0.4%，碱消值4级，胶稠度29.0mm，直链淀粉含量21.7%。

抗性：病区自然诱发鉴定：苗瘟5级，叶瘟3级，穗颈瘟5级。

产量及适宜地区：1997—1998年参加江西省区试，1997年平均产量5 626.5kg/hm²，比对照赣晚籼21增产1.0%；1998年平均产量6 811.5kg/hm²，比对照汕优46减产6.9%，达显著水平。适宜在江西省各地种植。

栽培技术要点：6月15日前播种，秧田播种量450kg/hm²，大田用种30kg/hm²，秧龄33～42d，基本苗130万/hm²，分蘖盛期晒田控蘖，后期湿润灌溉。施足基肥，早施追肥，注意种子消毒及病虫害综合防治。

赣晚籼3号（Ganwanxian 3）

品种来源：江西省宜春地区农业科学研究所利用农垦57选育而成。原名：秀江晚1号。1987年通过江西省农作物品种审定委员会审定，1990年补发通知定名为赣晚籼3号，编号：赣审稻1987011。

赣晚籼30（Ganwanxian 30）

品种来源：江西省农业科学院水稻研究所利用连选籼///莲塘早/IR36//外3复交经系谱法选育而成。原名：赣晚籼923。2000年通过江西省农作物品种审定委员会审定，编号：赣审稻2000003。2001年通过湖南省株洲市农作物品种审定委员会审定。

形态特征和生物学特性：属籼型常规迟熟晚稻。全生育期，作一季稻栽培140～164d，作二晚栽培133d，感温不感光。秧龄弹性大，适应性强，较耐水淹，后期活秆黄熟转色好，落粒性中等，种子有休眠性，成熟时遇连绵阴雨穗不易发芽，有利于稻谷不变质。株高98.0cm，有效穗数330万穗/hm²，穗长23.0cm，每穗粒数87.9～115.0粒，结实率80.3%，千粒重26.3g。

品质特性：糙米率78.6%，精米率72.8%，整精米率69.5%，糙米长7.6mm，糙米长宽比3.4，垩白粒率4.0%，垩白度0.4%，透明度1级，碱消值7级，胶稠度54mm，直链淀粉含量14.9%，蛋白质含量8.5%。米饭洁白完整有光泽，纵向伸长不开裂，粘连不结块，带韧性耐咀嚼，软滑可口，冷不回生，可与泰国优质米媲美。在陕西省汉中市优质稻米品尝会上，其口感等名列第一。

抗性：穗颈瘟感染0级，中国水稻所接种鉴定叶瘟1级、白叶枯病2.71级。

赣晚籼31（Ganwanxian 31）

品种来源：江西农业大学农学院从粤香黏变异株系选育而成。原名：农大99-08。2002年通过江西省农作物品种审定委员会审定，编号：赣审稻2002012。

形态特征和生物学特性：属籼型常规中熟晚稻。全生育期125d。株高85.0cm。株型适中，茎秆弹性好，叶片厚直，剑叶稍长，分蘖力较强，抽穗不整齐。有效穗数339万穗/hm²，每穗粒数85.2粒，结实率75.4%，千粒重27.4g。

品质特性：谷粒有茉莉香，糙米率79.9%，精米率70.9%，整精米率62.6%，糙米粒长7.2mm，糙米长宽比3.3，垩白粒率10.0%，透明度2级，碱消值4.0级，胶稠度90mm，蛋白质含量9.7%。

抗性：苗瘟0级。

赣晚籼32（Ganwanxian 32）

品种来源：江西省农业科学院水稻研究所利用优质香稻品系SR7019/株系F9007杂交经系谱法选育而成。原名：99观40。2003年通过江西省农作物品种审定委员会审定，编号：赣审稻2003011。

形态特征和生物学特性：属籼型常规中熟晚稻。株高108.8cm，株型紧凑，有效穗数279万穗/hm²，每穗粒数111.6粒，结实率79.9%，千粒重26.3g。香稻品种，具有泰国香稻茉莉花白105的血缘。

品质特性：糙米率80.6%，整精米率55.2%，糙米粒长7.0mm，糙米长宽比3.5，垩白粒率9.0%，垩白度0.9%，直链淀粉含量17.0%，胶稠度91mm，米质达国标二级优质米标准。

抗性：病区自然诱发鉴定稻瘟病抗性：苗瘟0级，叶瘟4级，穗颈瘟7级。

产量及适宜地区：2001—2002年参加江西省水稻区试，2001年平均产量7 238kg/hm²，比对照赣晚籼19增产1.8%；2002年平均产量6 015kg/hm²，比对照赣晚籼19增产16.2%。1983年以来累计推广超过20万hm²。适宜在赣中南稻瘟病轻发区种植。

赣晚籼33（Ganwanxian 33）

品种来源：江西省抚州市农业科学研究所、中国科学院遗传与发育生物学研究所和抚州市种子公司利用GER-3干种子，通过航天卫星搭载选育而成。原名：V205198。2003年通过江西省农作物品种审定委员会审定，编号：赣审稻2003012。

形态特征和生物学特性：属籼型常规中熟晚稻。全生育期132d，比对照赣晚籼19迟熟2.6d。株高92.3cm，株型适中，分蘖力强，有效穗数330万穗/hm²，每穗粒数98.2粒，结实率82.3%，千粒重19.9g。

品质特性：糙米率78.1%，整精米率61.7%，种皮深红色，糙米粒长6.2mm，糙米长宽比3.2，垩白粒率11.0%，垩白度1.1%，直链淀粉含量17.1%，胶稠度61mm，米质达国标二级优质米标准。

抗性：病区自然诱发鉴定稻瘟病抗性：苗瘟3级，叶瘟4级，穗颈瘟0级。

产量及适宜地区：2001—2002年参加江西省水稻区试，2001年平均产量5 159kg/hm²，比对照赣晚籼19减产8.3%；2002年平均产量5 144kg/hm²，比对照赣晚籼19减产0.6%。适宜在赣中南地区种植。

栽培技术要点：6月15日播种，秧田播种量450kg/hm²，大田用种量45kg/hm²，行株距13cm×20cm，每穴4苗。施足基肥为主，追施化肥为辅，增施磷、钾肥，后期不施氮肥。前期薄露灌溉，中期够苗晒田，后期湿润壮籽。防治病虫害。其米色是在黄熟后渐转为红色的，待籽粒充分成熟后，推迟3～5d收割，有利于转为红色。

赣晚籼34 (Ganwanxian 34)

品种来源：江西省农业科学院水稻研究所利用HK3045/50010选育而成。原名：30072。2003年通过江西省农作物品种审定委员会审定，编号：赣审稻2003026。

形态特征和生物学特性：属籼型常规早熟晚稻。全生育期124d，比对照赣晚籼19早熟3.6d。株高100.1cm，株型适中，茎秆粗壮。有效穗数288万穗/hm^2，每穗粒数98.2粒，结实率70.8%，千粒重26.7g。

品质特性：糙米率86.2%，整精米率64.0%，糙米粒长7.4mm，糙米长宽比3.7，垩白粒率14.0%，垩白度1.5%，直链淀粉含量16.3%，胶稠度88mm，米质达国标二级优质米标准。

抗性：稻瘟病抗性：苗瘟3级，叶瘟6级，穗颈瘟5级。

产量及适宜地区：2000和2002年参加江西省水稻区试，2000年平均产量5 195kg/hm^2，比对照赣晚籼19减产13.3%；2002年平均产量5 027kg/hm^2，比对照赣晚籼19减产2.9%。适宜在江西省各地种植。

栽培技术要点：6月20日播种，秧田播种量300kg/hm^2，大田用种量37.5kg/hm^2。秧龄30d，叶龄三叶一心，每穴栽插7苗（含分蘖苗），插足基本苗180万/hm^2。施肥方式采用前重、中控、后补，纯氮187.5kg/hm^2，氮、磷、钾比例为1：0.6：1.2。深水返青，薄露灌溉，成熟时保持田间湿润提高稻米品质。注意防治病虫害。

赣晚籼35（Ganwanxian 35）

品种来源：江西农业大学农学院利用粤香占/香籼402选育而成。原名：香籼160。2004年通过江西省农作物品种审定委员会审定，编号：赣审稻2004005。

形态特征和生物学特性：属籼型常规早熟晚稻。全生育期120d，比对照赣晚籼32早熟2.1d。株高109.1cm，株叶形态好，穗大粒多，叶色深绿，叶片挺直，剑叶宽挺，后期转色好。有效穗数333万穗/hm²，每穗粒数134.9粒，结实率65.7%，千粒重22.2g。

品质特性：出糙率79.2%，整精米率61.7%，垩白粒率7.0%，垩白度0.7%，直链淀粉含量23.7%，胶稠度52mm，糙米粒长7.0mm，糙米长宽比3.5，有香味，米质达部颁三级优质米标准。

抗性：稻瘟病抗性自然诱发鉴定：苗瘟3级，叶瘟3级，穗瘟0级。

产量及适宜地区：2002—2003年参加江西省水稻区试，2002年平均产量5 069kg/hm²，比对照赣晚籼19减产2.1%；2003年平均产量6 176kg/hm²，比对照赣晚籼32减产2.0%。适宜在江西省各地推广种植。

栽培技术要点：6月18～22日播种，秧田播种量375kg/hm²，大田用种量45kg/hm²。栽插规格13cm×20cm或16.5cm×20cm。施纯氮180kg/hm²、纯磷82.5kg/hm²、纯钾120kg/hm²。浅水插秧，浅水返青，活蔸露田促根，遮泥水分蘖，够苗晒田，保蘖促花肥结合复水施用，薄水抽穗，干湿壮籽，割前7～10d断水。注意防治病虫害。

赣晚籼36 （Ganwanxian 36）

品种来源：江西省上饶市农业科学研究所、上饶师范学院生命科学系利用高粱糯自然籼粳杂交后代经系谱法选育而成。原名：99-15。 2004年通过江西省农作物品种审定委员会审定，编号：赣审稻2004006。

形态特征和生物学特性：属籼型常规中熟晚稻。全生育期131d，比对照赣晚籼19迟熟1.5d。株高101.6cm，株型适中，叶色浓绿，剑叶挺直。有效穗数254万穗/hm^2，每穗粒数143.8粒，结实率75.0%，千粒重24.7g。

稻米品质：糙米率80.8%，整精米率58.5%，垩白粒率10.0%，垩白度0.5%，直链淀粉含量17.2%，胶稠度80mm，糙米粒长7.2mm，糙米长宽比3.4，米质达国标一级优质米标准。

抗性：稻瘟病抗性自然诱发鉴定：苗瘟6级，叶瘟4级，穗瘟5级。

产量及适宜地区：2001—2002年参加江西省水稻区试，2001年平均产量7 199kg/hm^2，比对照赣晚籼19增产1.2%；2002年平均产量5 982kg/hm^2，比对照赣晚籼19增产15.6%，达极显著水平。适宜在江西省中南部稻瘟病轻发地区种植。

栽培技术要点：6月上中旬播种，秧田播种量300kg/hm^2，大田用种量45kg/hm^2。7月20日前后移栽，秧龄30～35d，栽插规格20cm×20cm，每穴插6根苗。要适当提高施肥水平，并注重多施基肥及促蘖肥。施纯氮155kg/hm^2，氮、磷、钾比例为1：0.4：0.6。水肥管理以浅水插秧返青、湿润分蘖，苗数达270万/hm^{2}时晒田，浅水抽穗，后期干湿交替。防治好钻心虫、稻纵卷叶螟、稻飞虱及稻瘟病、稻曲病等病虫害。

赣晚籼37（Ganwanxian 37）

品种来源： 江西省农业科学院水稻研究所利用赣晚籼30自然杂交选育而成。原名：926。2005年通过江西省农作物品种审定委员会审定，编号：赣审稻2005054。

形态特征和生物学特性： 属籼型常规迟熟晚稻。全生育期127d。株高137.4cm，株型适中，植株整齐，有效穗较多，穗型长，着粒稀。有效穗数261万穗/hm²，每穗粒数137.8粒，结实率79.9%，千粒重27.4g。

品质特性： 糙米率78.3%，精米率68.1%，整精米率62.6%，垩白粒率14.0%，垩白度2.1%，直链淀粉含量15.0%，胶稠度76mm，糙米粒长7.6mm，糙米长宽比3.4。米质达国标三级优质米标准。

抗性： 稻瘟病抗性自然诱发鉴定：苗瘟0级，叶瘟4级，穗瘟9级。

产量及适宜地区： 2003—2004年参加江西省水稻区试，2003年平均产量6 938kg/hm²，比对照汕优63减产10.0%；2004年平均产量7 588kg/hm²，比对照汕优63减产2.9%。适宜在江西省平原地区的稻瘟病轻发区种植。

赣晚籼38（Ganwanxian 38）

品种来源：江西省农业科学院水稻研究所、江西省邓家埠水稻原种场农业科学研究所利用泰国引进的优质常规稻品种选育而成。2008年通过江西省农作物品种审定委员会审定，编号：赣审稻2008002。

形态特征和生物特性：属籼型常规迟熟一季稻。全生育期160～165d。株高125.0cm，株型较紧凑，茎秆粗壮，剑叶微卷，着粒较密。有效穗数225万穗/hm²，每穗粒数167.0粒，结实率82.4%，千粒重28.0g。

品质特性：糙米率78.2%，精米率68.7%，整精米率49.1%，垩白粒率5.5%，垩白度0.99%，直链淀粉含量17.7%，胶稠度62.5mm，糙米粒长6.4mm，糙米长宽比2.82。

产量及适宜地区：一般产量7 188kg/hm²。适宜江西全省稻瘟病轻发区种植。

栽培技术要点：4月下旬至5月上旬播种，秧田播种量225kg/hm²，大田用种量22.5kg/hm²。秧龄25～30d。栽插规格19.8cm×23.1cm或19.8cm×26.4cm，每穴插2苗。施钙镁磷肥450kg/hm²作基肥，移栽后5～7d追施尿素225kg/hm²、氯化钾300kg/hm²，氮、磷、钾比例为1.0：0.5：1.5。浅水插秧，灌水护苗，浅水分蘖，够苗晒田，收割前7d断水。注意防治稻瘟病、纹枯病、二化螟、稻飞虱等病虫害。

赣晚籼39（Ganwanxian 39）

品种来源：江西省农业科学院水稻研究所利用赣晚籼30辐射后代早熟变异株/中鉴98-19系选而成。原名：莲香早。2009年通过江西省农作物品种审定委员会审定，编号：赣审稻2009009。

形态特征和生物学特性：属籼型常规晚稻。全生育期109d，比对照金优207早熟1.2d。株高95.0cm，有效穗数333万穗/hm^2，每穗粒数99.4粒，实粒数82.5粒，结实率83.0%，千粒重21.3g。

品质特性：出糙率76.6%，精米率66.4%，整精米率63.6%，糙米粒长6.9mm，糙米长宽比3.6，垩白粒率2.0%，垩白度0.1%，直链淀粉含量21.4%，胶稠度60mm。米质达国标二级优质米标准，食味好。

抗性：稻瘟病抗性自然诱发鉴定：穗颈瘟为9级，高感稻瘟病。

产量及适宜地区：2007—2008年参加江西省水稻区试，2007年平均产量5 235kg/hm^2，2008年平均产量7 560kg/hm^2。两年平均产量5 498kg/hm^2，比对照金优207减产15.5%。适宜在江西省稻瘟病轻发区种植。

赣晚籼4号（Ganwanxian 4）

品种来源：江西省抚州地区农业科学研究所利用鸭仔矮选育而成。原名：754。1987年通过江西省农作物品种审定委员会审定，编号：赣审稻1987012。

形态特征和生物学特性：属籼型常规中熟晚稻。感温性中等，株高110.0cm，千粒重23.9g，结实率67.0%，有效穗数390万穗/hm²，穗长22.2cm。1983年以来累计推广超过110万hm²。

赣晚籼5号 （Ganwanxian 5）

品种来源：江西省农业科学院水稻研究所用^{60}Coγ射线辐射5450/矮种水田谷经系统选育而成。原名：M112。1987年通过江西省农作物品种审定委员会审定，编号：赣审稻1987013。

形态特征和生物学特性：属籼型常规中熟晚稻。感温性中等，株高106cm，千粒重23.8g，结实率91.4%，有效穗数360万穗/hm²，穗长23.0cm。

品质特性：糙米率79.9%，精米率70.9%，整精米率65.6%，糙米粒长6.4mm，糙米长宽比2.8，垩白小，直链淀粉含量23.8%，胶稠度27mm，碱消值6级，蛋白质含量9.0%。

抗性：中抗稻瘟病，耐寒性强。

适宜地区：适宜在江西省各地种植，1983年以来累计推广5 000hm²。

赣晚籼6号（Ganwanxian 6）

品种来源：江西省南昌县八一公社农业科学研究所利用5435/7055选育而成。原名：八一晚。1987年通过江西省农作物品种审定委员会审定，编号：赣审稻1987014。

形态特征和生物学特性：属籼型常规晚熟晚稻。感温性中等，株高118cm，千粒重21.2g，结实率68.2%，有效穗数450万穗/hm²，穗长21.7cm。1983年以来累计推广超过240万hm²。

赣晚籼7号（Ganwanxian 7）

品种来源：江西省上饶地区农业科学研究所利用华西6号选育而成。原名：信江晚1号。1987年通过江西省农作物品种审定委员会审定，编号：赣审稻1987015。

形态特征和生物学特性：属籼型常规中熟晚稻。感温性中等，株高105cm，千粒重22.6g，结实率75.9%，有效穗数390万穗/hm²，穗长22.8cm。

赣晚籼8号 （Ganwanxian 8）

　　品种来源：江西省上饶地区良种场利用汕优2号选育而成。原名：汕二59。1987年通过江西省农作物品种审定委员会审定，编号：赣审稻1987016。

　　形态特征和生物学特性：属籼型常规中熟晚稻。感温性中等，株高111.0cm，千粒重21.3g，结实率73.8%，有效穗数390万穗/hm²，穗长21.9cm。1983年以来累计推广超过660万hm²。

赣晚籼9号（Ganwanxian 9）

　　品种来源：江西农业大学利用赣晚籼3号/油占子选育而成。原名：6-38。1987年通过江西省农作物品种审定委员会审定，编号：赣审稻1987017。

　　形态特征和生物学特性：属籼型常规中熟晚稻。感温性中等，株高104.0cm，千粒重21.2g，结实率80.3%，有效穗数330万穗/hm²，穗长23.1cm。1983年以来累计推广超过7万hm²。

三、常规地方品种

M98213 （M98213）

品种来源：江西省地方品种。

形态特征和生物学特性：属籼型常规早熟早稻。株高83.0cm，千粒重25.2g，结实率80.1%，有效穗数270万穗/hm²，穗长21.4cm。

My82166（My82166）

品种来源：江西省地方籼型常规品种。

形态特征和生物学特性：属籼型常规早熟晚稻。株高92.0cm，千粒重23.3g，结实率76.4%，有效穗数420万穗/hm²，穗长23.5cm。

SG98786 （SG98786）

品种来源：江西省地方籼型常规品种。

形态特征和生物学特性：属籼型常规迟熟晚稻，株高126.0cm，千粒重26.1g，结实率73.6%，有效穗数360万穗/hm²，穗长24.2cm。

矮化奉新红米（Aihuafengxinhongmi）

品种来源：江西省地方品种。

形态特征和生物学特性：属籼型常规迟熟晚稻。株高110.0cm，千粒重24.2g，结实率88.5%，有效穗数330万穗/hm²，穗长21.1cm。

不脱籼（Butuoxian）

品种来源：江西省地方品种。

形态特征和生物学特性：属籼型常规早熟早稻。株高60.0cm，千粒重26.8g，结实率88.4%，有效穗数330万穗/hm²，穗长20.5cm。

东野1号 （Dongye 1）

品种来源：江西省农业科学院水稻研究所利用东乡野生稻/0298（02428/029）杂交、回交选育而成。原名：4913-1。2003年通过江西省农作物品种审定委员会审定，编号：赣审稻2003027。

形态特征和生物学特性：属籼型常规晚粳稻。具有较强的耐冷性。晚稻种植全生育期132d，中稻种植全生育期140d。株高110～125cm。株型松散适中，茎秆粗壮、坚韧有弹性，叶色深绿，叶角小，后期转色好。有效穗数330万穗/hm²，每穗粒数133.0粒，结实率80.4%，千粒重25.9g。

品质特性：糙米率82.0%，整精米率73.8%，糙米粒长5.0mm，糙米长宽比1.7，直链淀粉含量15.5%，胶稠度74mm。

抗性：田间表现对稻瘟病有一定抗性。

产量及适宜地区：一般产量6 750kg/hm²。江西全省均可种植；作再生越冬稻宜在劳力少的地区种植。

二九陆1号 （Erjiulu 1）

品种来源：江西省地方品种。

形态特征和生物学特性：属籼型常规早熟早稻。株高67.0cm，千粒重25.6g，结实率91.8%，有效穗数350万穗/hm²，穗长19.6cm。

二九青1号 （Erjiuqing 1）

品种来源：江西省地方品种。

形态特征和生物学特性：属籼型常规早熟早稻。株高53.0cm，千粒重19.5g，结实率82.2%，有效穗数330万穗/hm²，穗长18.4cm。

丰园香稻 （Fengyuanxiangdao）

品种来源：国家水稻改良中心（江西省农业科学院水稻研究所）以泰国KDML105为亲本选育而成。

形态特征和生物学特性：属籼型常规中熟晚稻。株高125.0cm，主茎叶片数17叶，株型松紧适中，茎秆粗壮，抗倒伏性好，抽穗整齐，有效穗数270万穗/hm²，穗长24.0cm，每穗粒数130.0粒，结实率80.0%，千粒重27.0g。

品质特性：稻谷、稻米和蒸煮均具有浓郁的爆米花香味，米饭油亮有光泽，冷饭不回生。糙米率82.6%，精米率75.7%，整精米率60.6%。糙米长7.6mm，糙米长宽比3.7，垩白粒率6.0%，垩白度0.3%，透明度1级，胶稠度62mm，碱消值6.2级，直链淀粉含量18.1%，米质达国家一级优质米标准。

抗性：轻感稻瘟病，中抗稻曲病、白叶枯病，纹枯病轻。

产量及适宜地区：一般产量6 000kg/hm²。适宜在江西省各地种植。

栽培要点：①丰园香稻根系发达，耐肥，抗倒伏，应选择耕层深厚、有机质含量丰富的地块栽培。②6月上、中旬播种，播前用强氯精浸种消毒，大田用种量45kg/hm²，秧田播种量为450kg/hm²，秧龄控制在30d，一叶一心期喷施300毫克/千克多效唑，培育带蘖壮秧。③一般密度为19.8cm×23.1cm，每穴插5～6苗。④重施底肥，早施追肥，补施穗肥，喷施叶面肥。一般用三元复合肥450kg/hm²作底肥，插后一周追施尿素、氯化钾各150kg/hm²，幼穗二期看苗酌施穗肥。⑤插后15d，总茎蘖数达300万/hm²时排水晒田控蘖促根，后期则干干湿湿，做到以水活根，以根保叶，提高结实率和千粒重，一般于收获前一周断水。⑥应根据病虫测报情况，及时用药防治；移栽前2～3d，应施一次送嫁药，破口期应施一次保穗药，注意纹枯病的防治。不得施用甲胺磷、水胺硫磷、甲基1605、呋喃丹、氧化乐果等剧毒高残留农药。⑦该品种后期功能叶较多，不早衰，抗倒伏能力强，应尽可能延长后熟期，实现籽粒饱满，成熟充分，夺取高产。

凤晚糯1号 （Fengwannuo 1）

品种来源：江西省地方品种。

形态特征和生物学特性：属籼型常规迟熟晚稻。株高115.0cm，千粒重20.9g，结实率80.5%，有效穗数390万穗/hm^2，穗长25.5cm。

赣化诱1号 （Ganhuayou 1）

品种来源：江西省赣州地区农业科学研究所利用化学诱变剂处理桂朝2号选育而成。1987年12月通过赣州地区科委技术鉴定。

形态特征和生物学特性：属籼型常规早熟晚稻。株高适中，株型紧凑，叶窄且挺，分蘖力较强，穗型适中，抽穗整齐，灌浆速度快，每穗粒数88.2粒，结实率89.1%，千粒重25.4g。米质中等，在赣南作早稻全生育期118d，作二晚种植，抗寒露风，全生育期98～100d。

抗性：抗性强，经抗病鉴定对稻瘟病具广谱抗性，病区自然诱发鉴定中抗以上，大面积种植还表现抗稻曲病，白叶枯病。

产量及适宜地区：1983—1984年参加地区区试，居参试品种的第一、二位，平均产量6 525～6 863kg/hm²。大面积生产示范一般产量7 082～7 385kg/hm²。

栽培技术要点：作早稻要适时早播，稀播壮秧，秧龄30d为宜，育成三叉秧，作二晚栽培，秧龄应控制20d左右。

赣良早3号 （Ganliangzao 3）

品种来源：江西省赣州地区良种场利用红410培育而成。

形态特征和生物学特性：属籼型常规早熟早稻。株高70.0cm，千粒重22.0g，结实率85.1%，有效穗数330万穗/hm^2，穗长20.5cm。

赣南晚1号（Gannanwan 1）

品种来源：赣南地方品种。

形态特征和生物学特性：属籼型常规中熟晚稻。株高102.0cm，千粒重22.0g，结实率62.7%，有效穗数270万穗/hm²，穗长19.9cm。

赣南晚7号（Gannanwan 7）

品种来源：江西省赣州地区农业科学研究所利用矮种22/广二矮5号选育而成。

形态特征和生物学特性：属籼型常规迟熟晚稻。株高110.0cm，千粒重23.5g，结实率92.2%，有效穗数330万穗/hm²，穗长20.9cm。

赣南早23（Gannanzao 23）

　　品种来源：江西省广昌县农业科学研究所利用小麦胚乳作砧木，龙革113胚做接穗培育而成。1987年通过江西省农作物品种审定委员会审定，编号：赣审稻1987006。

　　形态特征和生物学特性：属籼型常规早熟早稻。感温性中等，颖尖秆黄色，圆粒，株型好，株高64.3cm。

赣南早3号（Gannanzao 3）

品种来源：江西省地方品种。

形态特征和生物学特性：属籼型常规早熟早稻。千粒重29.9g，结实率78.6%，有效穗数330万穗/hm²，穗长24.3cm。

赣农3425（Gannong 3425）

品种来源：江西省农业科学院用上高早选育而成。

形态特征和生物学特性：属籼型常规早熟早稻。株高105cm。

赣农晚粳2号（Gannongwanjing 2）

品种来源：江西省地方品种。

形态特征和生物学特性：属籼型常规早熟早稻。感温性中等，颖尖紫色，穗头略退化，株高80.0cm，穗长21.3cm，结实率50.3%，有效穗数360万穗/hm²，千粒重22.7g。

赣农早（Gannongzao）

品种来源：江西省地方品种。

形态特征和生物学特性：属籼型常规早熟早稻。感温性中等，颖尖秆黄色，株高114.0cm，株型披散，叶片超披软，穗长而稀疏，穗长22.1cm，结实率86.9%，有效穗数450万穗/hm²，千粒重23.7g。

赣饶76（Ganrao 76）

品种来源：江西省地方品种。

形态特征和生物学特性：属籼型常规迟熟晚稻。株高113cm，穗长25.6cm，结实率74.6%，有效穗数450万穗/hm²，千粒重23.7g。1983年以来累计推广超过2.27万hm²。

赣晚糯5号（Ganwannuo 5）

　　品种来源：江西省农业科学院水稻所利用MY82166/马坝香糯选育而成。原名：香糯607，赣香糯。1994年通过江西省农作物品种审定委员会审定，编号：赣审稻1994011。
　　形态特征和生物学特性：属籼型常规中熟晚糯稻。株高112cm，穗长26cm，结实率66.6%，有效穗数420万穗/hm²，千粒重20.6g。

赣引17（Ganyin 17）

品种来源：江西省农业科学院水稻研究所引进的泰国品种。

形态特征和生物学特性：属籼型常规迟熟晚稻。株高115cm，穗长26.4cm，结实率75.2%，有效穗数450万穗/hm²，千粒重21.7g。

赣优晚8号 （Ganyouwan 8）

品种来源：江西省地方品种。

形态特征和生物学特性：属籼型常规迟熟晚稻。株高115cm，穗长25.2cm，结实率88.1%，有效穗数510万穗/hm²，千粒重22.1g。

高粱稻（Gaoliangdao）

品种来源：江西省地方品种。

形态特征和生物学特性：属籼型常规早熟早稻。感温性中等，该品种颖尖秆黄色，穗大、粒多，株高92.0cm。

红足早3号 （Hongzuzao 3）

品种来源：江西省地方品种。

形态特征和生物学特性：属籼型常规迟熟早稻。感温性中等，颖尖白色，株型披散，株高121.0cm，穗长17.7cm，结实率84.0%，有效穗数360万穗/hm²，千粒重24.3g。

洪早籼1号（Hongzaoxian 1）

品种来源：江西省地方品种。

形态特征和生物学特性：属籼型常规早熟早稻。株高69.7cm。穗长24.6cm，结实率65.3%，有效穗数180万穗/hm²，千粒重24.2g。

江西丝苗 （Jiangxisimiao）

品种来源：江西省邓家埠良种场利用双竹占选育而成。

形态特征和生物学特性：属籼型常规中熟晚稻。株高103.0cm，穗长21.5cm，结实率70.7%，有效穗数480万穗/hm²，千粒重25.8g。

江早361（Jiangzao 361）

品种来源：南昌市农业科学院粮油作物研究所、江西科为农作物研究所利用嘉早311/Z6340杂交选育而成。2014年通过江西省农作物品种审定委员会审定，编号：赣审稻2014026。

形态特征和生物学特性：属籼型常规中熟早稻。全生育期110d。株高82.7cm，株型适中，剑叶宽挺，叶色浓绿，茎秆粗壮，稃尖紫色，着粒密，熟期转色好。有效穗数288万穗/hm²，穗长17.3cm，每穗粒数127.0粒，结实率88.0%，千粒重26.0g。

品质特性：糙米率79.9%，精米率67.6%，整精米率60.3%，糙米粒长5.5mm，糙米长宽比2.0，垩白粒率98.0%，垩白度19.3%，直链淀粉含量23.8%，胶稠度32mm。

抗性：稻瘟病抗性自然诱发鉴定：穗颈瘟为9级，高感稻瘟病。

产量及适宜地区：2013—2014年参加江西省水稻区试，2013年平均产量8 134kg/hm²，比对照中早35增产4.5%；2014年平均产量7 510kg/hm²，比对照中早35增产4.2%。两年平均产量7 822kg/hm²，比中早35增产4.4%。适宜在江西省稻瘟病轻发区种植。

栽培技术要点：软盘抛秧于3月20～25日播种，湿润育秧于3月底至4月初播种，大田用种量75kg/hm²。软盘抛秧3.1～4.1叶抛栽，移栽秧龄23～27d。栽插规格为16.5cm×19.8cm。每穴插6苗或抛栽33～35穴/m²。施足基肥，早施追肥，施纯氮160kg/hm²，氮、磷、钾比例为1.0∶0.5∶1.0。无水抛秧，浅水分蘖，够苗晒田，有水抽穗，干湿壮籽，后期不要断水过早。根据当地农业部门病虫预报，重点施药防治稻瘟病等病虫害。

井冈旱稻1号（Jingganghandao 1）

品种来源：江西省农业科学院水稻研究所利用巴西陆稻（IAPAR9）辐射诱变选育而成。原名：1587。2004年通过国家农作物品种审定委员会审定，编号：国审稻2004054。

形态特征和生物学特性：属籼型常规早熟晚旱稻。在长江中下游中稻区旱作种植，全生育期平均95d，比对照巴西陆稻早熟14.1d。株高92.9cm，植株紧凑，株型好，剑叶挺，难落粒。有效穗数330万穗/hm²，穗长21.8cm，每穗粒数128.4粒，结实率77.8%，千粒重24.3g。

品质特性：整精米率58.0%，糙米长宽比3.3，垩白粒率20.0%，垩白度1.7%，胶稠度76.5mm，直链淀粉含量15.2%。

抗性：抗旱性5级，稻瘟病9级，白叶枯病9级。

产量及适宜地区：2002年参加长江中下游旱稻区域试验，平均产量5 337kg/hm²，比对照巴西陆稻IAPAR9增产37.9%（极显著）；2003年续试，平均产量4 581kg/hm²，比对照巴西陆稻IAPAR9增产30.6%（极显著）。两年区域试验平均产量4 899kg/hm²，比对照巴西陆稻IAPAR9增产33.8%。适宜在江西及南方地区种植。

九云晚1号（Jiuyunwan 1）

品种来源：江西省奉新县山区农业科学研究所利用珍龙13/5450选育而成。

形态特征和生物学特性：属籼型常规中熟晚稻。株高101.0cm，穗长20.1cm，结实率84.2%，有效穗数300万穗/hm²，千粒重22.6g。

莲塘晚香（Liantangwanxiang）

品种来源：江西省农业科学院水稻研究所利用湘晚籼10号//江西香丝苗/野青占选育而成。

形态特征和生物学特性：属籼型常规中熟晚稻。株高95.0cm，穗长22.7cm，结实率75.0%，有效穗数360万穗/hm²，千粒重24.1g。

莲塘早 （Liantangzao）

品种来源：江西省农业科学院水稻研究所利用赣农3425/南特号选育而成。

形态特征和生物学特性：属籼型常规中熟早稻。叶片淡绿色，成熟穗出叶顶，光壳，株高100.0cm。穗长22.1cm，结实率86.0%，有效穗数330万穗/hm²，千粒重22.2g。

莲塘早1号 （Liantangzao 1）

品种来源：江西省地方品种。

形态特征和生物学特性：属籼型常规早熟早稻。株高96.7cm。

莲塘早4号 （Liantangzao 4）

品种来源：江西省农业科学院利用莲塘早选育而成。

形态特征和生物学特性：属籼型常规早熟早稻。感温性中等，颖尖紫色，株型披散，穗二次枝梗多，株高105.0cm。穗长20.5cm，结实率85.1%，有效穗数330万穗/hm²，千粒重22.0g。

密野1号 （Miye 1）

品种来源：江西省安义县农业局利用南洋密谷/东乡野生稻杂交选育而成。

形态特征和生物学特性：属籼型常规中熟晚稻。株高95.0cm，穗长22.1cm，结实率57.9%，有效穗数572万穗/hm²，千粒重21.4g。1983年以来累计推广7 000hm²。

南昌早2号（Nanchangzao 2）

品种来源：江西省地方品种。

形态特征和生物学特性：属籼型常规迟熟早稻。感温性中等，颖尖紫色，叶片披软，株高74cm，穗长20cm，结实率86.0%，单株有效穗6穗，千粒重24.3g。

南城麻姑米（Nanchengmagumi）

品种来源：江西省地方品种。

形态特征和生物学特性：该品种属籼型常规晚熟晚稻。株高147.0cm，穗长24.0cm，结实率93.4%，有效穗数420万穗/hm²，千粒重24.6g。

南特号（Nantehao）

品种来源：江西省农业科学院及江西省农业试验场利用鄱阳早变异株选育而成。

形态特征和生物学特性：属籼型常规中熟早稻。南特号是我国双季早稻品种中推广面积大、使用年限长、生产贡献显著的良种，也是新品种选育的重要亲源。适应性广，产量高，苗期耐寒性较差。全生育期105～115d，对温光反应不敏感。株高115.0cm，茎秆粗硬，根系发达，叶片较宽，叶色较深，紫鞘、紫叶缘、紫稃尖，分蘖力中等，较耐肥。穗长21.5cm，每穗粒数80.0粒，谷粒有顶芒，较易落粒，结实率85.5%，千粒重27.5g。

品质特性：谷粒长椭圆形，心腹白大。糙米率78.5%，蛋白质含量9.9%，赖氨酸含量0.5%，外观和食味品质中等。

抗性：高抗普矮病和黄矮病，中感稻瘟病，高感稻飞虱。

产量及适宜地区：1947年推广2.7万hm²。20世纪50年代经江西省邓家埠水稻原种场协作提纯复壮，在江西、福建、安徽、湖南、湖北、浙江、四川、广东、广西等省（自治区）进一步推广。随着双季稻面积的扩大，南特号在南方稻区广泛用作早稻种植，1956年推广多达400万hm²，1956—1962年累计推广面积2 670万hm²左右。

萍矮1号 (Ping'ai 1)

品种来源：江西省萍乡市农业科学研究所利用广秋矮4309-2选育而成。

形态特征和生物学特性：属籼型常规早熟早稻。颖尖秆黄色，感温性中等，株高94.0cm。穗长20.1cm，结实率68.2%，有效穗数360万穗/hm²，千粒重20.7g。

清香晚（Qingxiangwan）

品种来源：江西省地方品种。

形态特征和生物学特性：属籼型常规迟熟晚稻。株高110.0cm，穗长25.0cm，结实率50.5%，有效穗数420万穗/hm²，千粒重24.3g。

秋矮 (Qiu'ai)

品种来源：江西省宜春樟树农校利用跃进33/矮脚南特选育而成。

形态特征和生物学特性：属籼型常规中熟晚稻。株高100.0cm，穗长23.3cm，结实率84.1%，有效穗数210万穗/hm²，千粒重21.5g。

饶农7号（Raonong 7）

品种来源：江西省地方品种。

形态特征和生物学特性：属籼型常规早熟早稻。感温性中等，颖尖紫色，粒型小，株高72.3cm。

饶晚6号 （Raowan 6）

品种来源：江西省上饶地区农业科学研究所利用新广占选育而成。

形态特征和生物学特性：属籼型常规迟熟晚稻。株高120.0cm，穗长19.5cm，结实率79.2%，有效穗数300万穗/hm²，千粒重21.7g。

三先密 （Sanxianmi）

品种来源：江西省地方品种。

形态特征和生物学特性：属籼型常规中熟晚稻。株高105.0cm，穗长21.9cm，结实率74.9%，有效穗数450万穗/hm²，千粒重20.9g。

丝苗王（Simiaowang）

品种来源：江西省地方品种。

形态特征和生物学特性：属籼型常规中熟晚稻。穗长25.2cm，结实率69.8%，有效穗数570万穗/hm²，千粒重21.9g。

四十早红（Sishizaohong）

品种来源：江西省地方品种。

形态特征和生物学特性：属籼型常规早熟早稻。感温性中等，颖尖紫色，株高71.7cm，穗长18.9cm，结实率74.1%，有效穗数390万穗/hm²，千粒重21.6g。

晚70145 （Wan 70145）

品种来源：江西省地方品种。

形态特征和生物学特性：属籼型常规中熟晚稻。株高98.0cm，穗长19.4cm，结实率43.3%，有效穗数390万穗/hm²，千粒重19.2g。

晚糯53（Wannuo 53）

品种来源：江西省地方品种。

形态特征和生物学特性：属籼型常规中熟晚糯稻。株高95.0cm，穗长26.0cm，结实率80.6%，有效穗数300万穗/hm²，千粒重22.1g。

万年贡谷（Wanniangonggu）

品种来源：江西省地方品种。原名坞原早。起源于南北朝时期，产于裴梅镇荷桥村和梨树坞乡龙港村一带，是万年县传统名特产之一。

形态特征和生物学特性：属籼型常规晚熟晚稻。株高158.0cm，穗长27.2cm，结实率62.6%，有效穗数390万穗/hm²，千粒重22.9g。

伍农早3号 （Wunongzao 3）

品种来源：江西省地方品种。

形态特征和生物学特性：属籼型常规早熟早稻。感温性中等，颖尖秆黄色，株型好，穗大，粒大，株高89.3cm，穗长22.7cm，结实率88.8%，有效穗数240万穗/hm^2，千粒重21.2g。

香稻（Xiangdao）

品种来源：江西省地方品种。

形态特征和生物学特性：属籼型常规迟熟晚稻。株高125.0cm，千粒重20.1g，结实率80.0%，有效穗数540万穗/hm²，穗长23.2cm。

香优早（Xiangyouzao）

品种来源：江西省地方品种。

形态特征和生物学特性：属籼型常规早熟早稻。感温性中等，颖尖秆黄色，株型好，株高78.0cm，穗长23.2cm，结实率90.6%，有效穗数300万穗/hm²，千粒重24.0g。

星横糯（Xinghengnuo）

品种来源：江西省地方品种。

形态特征和生物学特性：属籼型常规晚熟晚稻。株高133cm。

秀5号 (Xiu 5)

品种来源：江西省地方品种。

形态特征和生物学特性：属籼型常规迟熟晚稻。株高83.0cm，穗长23.1cm，结实率72.4%，有效穗数600万穗/hm²，千粒重24.4g。

秀江早4号 （Xiujiangzao 4）

品种来源：江西省宜春地区农业科学研究所利用广选3号/脚永282选育而成。

形态特征和生物学特性：属籼型常规早熟早稻。感温性中等，颖尖秆黄色，株高72.3cm，穗长18.0cm，结实率85.8%，有效穗数420万穗/hm²，千粒重26.1g。

宜矮1号（Yi'ai 1）

品种来源： 江西省地方品种。

形态特征和生物学特性： 属籼型常规迟熟晚稻。株高113.0cm，穗长24.9cm，结实率84.8%，有效穗数330万穗/hm²，千粒重23.7g。

宜早2号（Yizao 2）

品种来源：江西省地方品种。

形态特征和生物学特性：属籼型常规早熟早稻。感温性中等，颖尖秆黄色，株型好，圆粒，粒型小，株高63.3cm，千粒重19.6g，结实率79.5%，有效穗数420万穗/hm²，穗长20.3cm。

弋阳大禾谷（Yiyangdahegu）

品种来源：江西省地方品种。原名玛谷，南方特有粳稻品种，是江西省弋阳县独有的制作年糕专用水稻品种。

形态特征和生物学特性：全生育期150d。株高130.0cm。以弋阳大禾谷加工的大禾米，直链淀粉含量在14%～16%，稳定介于籼米和普通粳米之间，胶稠度为中，蛋白质含量80.0%。糙米长宽比、碱消值、胶稠度、蛋白质含量、透明度、直链淀粉含量等达一级优质米标准，精米率、整精米率达二级优质米标准。适宜加工年糕、八宝饭。该米畅销沪、苏并远销日本、欧美等国家和地区。

优丰稻（Youfengdao）

品种来源：江西省地方品种。

形态特征和生物学特性：属籼型常规早熟早稻。感温性中等，株高71.0cm，株型好，颖尖秆黄色，分蘖少，穗大，穗长22.2cm，结实率55.4%，有效穗数270万穗/hm²，千粒重23.1g。

油粘子（Youzhanzi）

品种来源：江西省地方品种。

形态特征和生物学特性：属籼型常规中熟晚稻。株高108.0cm，穗长23.6cm，结实率76.0%，有效穗数600万穗/hm²，千粒重22.3g。

余农晚2号（Yu'nongwan 2）

品种来源：江西省地方品种。

形态特征和生物学特性：属籼型常规中熟晚稻。株高110.0cm，穗长23.7cm，结实率71.0%，有效穗数390万穗/hm²，千粒重23.4g。

余农早1号（Yu'nongzao 1）

品种来源：江西省地方品种。

形态特征和生物学特性：属籼型常规早熟早稻。感温性中等，颖尖紫色，着粒稀，二次枝梗多，株高69.7cm，穗长19.2cm，结实率78.0%，有效穗数330万穗/hm²，千粒重24.3g。

早熟广六 （Zaoshuguangliu）

品种来源：江西省地方品种。

形态特征和生物学特性：属籼型常规早熟早稻。感温性中等，颖尖紫色，株型好，株高66.0cm，穗长20.6cm，结实率86.9%，有效穗数270万穗/hm²，千粒重21.3g。

四、常规籼型恢复系系列

113-461 （113-461）

品种来源：江西地方籼型常规水稻。

形态特征和生物学特性：属籼型常规中熟晚稻。全生育期95d，株高85.0cm，穗长20.6cm，结实率74.3%，有效穗数450万穗/hm²，千粒重26.6g。

C1429 (C1429)

品种来源：宜春市农业科学研究所利用美国长粒优质稻Lemont与明恢63杂交选育而成。

形态特征和生物学特性：属籼型常规早熟晚稻。株高83.0cm，有效穗数270万穗/hm²，穗长23.1cm，千粒重20.1g，结实率67.2%。

F6-7-4 （F6-7-4）

品种来源：江西省农业科学院水稻研究所利用10-35//桂33/明恢63选育而成。

形态特征和生物学特性：属籼型常规中熟晚稻。全生育期100d，株高100.0cm，穗长23.4cm，结实率64.5%，有效穗数360万穗/hm²，千粒重19.7g。

R101 (R101)

品种来源：江西省农业科学院水稻研究所利用胜优2号/科恢752选育而成的晚稻恢复系。

形态特征和生物学特性：属籼型常规中熟晚稻。全生育期102d，株高110.0cm，穗长21.0cm，结实率87.3%，有效穗数300万穗/hm²，千粒重24.8g。

抗性：中感稻飞虱。

R102 (R102)

品种来源：萍乡市农业科学研究所利用二六窄早//708/迁矮18选育而成。

形态特征和生物学特性：属籼型常规早熟晚稻。全生育期95d，株高90.0cm，有效穗数390万穗/hm²，穗长21.4cm，千粒重18.9g，结实率79.3%。

抗性：高感稻飞虱。

R121 （R121）

品种来源：江西省籼型常规恢复系。

形态特征和生物学特性：江西大众种业有限公司利用新丰A/R121配制出新丰优121籼型三系杂交水稻。

抗性：高感稻飞虱。适宜在江西省稻瘟病轻发区种植。

R458 （R458）

品种来源：江西省杂交水稻技术工程研究中心利用 IR58/桂朝 13 选育而成。

形态特征和生物学特性：属籼型常规早熟早稻。感温性中等，颖尖秆黄色，全生育期 100d，株高 69.0cm，有效穗数 330 万穗/hm²，穗长 18.9cm，结实率 76.1%，千粒重 26.3g。

R66 （R66）

品种来源：江西省农业科学院水稻研究所利用03A/早恢66培植出03优66籼型三系杂交水稻，即早恢66。

形态特征和生物学特性：属籼型常规中熟早稻。株高87.0cm，穗长24.0cm，结实率74.2%，有效穗数540万穗/hm²，千粒重23.9g。中感稻飞虱。适宜在江西省稻瘟病轻发区种植。

R66-13 （R66-13）

品种来源：江西省种子公司利用R66选育而成。

形态特征和生物学特性：属籼型常规中熟晚稻。感温性中等，株高86.0cm，穗长23.2cm，有效穗数270万穗/hm²，结实率79.0%，千粒重22.5g。

抗性：感稻飞虱。

R98049 （R98049）

品种来源：江西省籼型常规恢复系。

形态特征和生物学特性：属籼型常规早熟晚稻。全生育期90d，株高100.0cm，有效穗数660万穗/hm²，穗长20.3cm，结实率67.9%，千粒重27.4g。

恢2374（Hui 2374）

品种来源：江西省选育的籼型常规恢复系。

形态特征和生物学特性：属籼型常规中熟晚稻。感温性中等，株高102.0cm，有效穗数420万穗/hm²，穗长22.6cm，结实率73.7%，千粒重22.5g。

抗性：感稻飞虱。

萍恢2028（Pinghui 2028）

品种来源：江西省萍乡籼型常规恢复系。

形态特征和生物学特性：属籼型常规中熟晚稻。感温性中等，株高101.0cm，有效穗数360万穗/hm²，穗长23.1cm，结实率53.7%，千粒重22.6g。

抗性：高感稻飞虱。

先恢1号（Xianhui 1）

品种来源：江西省种子公司利用测64-7选育而成。

形态特征和生物学特性：属籼型常规中熟晚稻。株高93.0cm，有效穗数330万穗/hm²，穗长21.6cm，结实率68.9%，千粒重24.5g。

先恢962（Xianhui 962）

品种来源：抚州市农业科学研究所利用明恢63/测64-7//桂99/6185选育而成。

形态特征和生物学特性：属籼型常规中熟晚稻。感温性中等，株高110.0cm，有效穗数390万穗/hm²，穗长24.0cm，结实率66.8%，千粒重25.3g。

抗性：感稻飞虱。

早恢006 （Zaohui 006）

品种来源：江西省地方品种。

形态特征和生物学特性：属籼型常规早熟早稻。感温性中等，颖尖紫色，株型好，穗大，全生育期98d，株高75.0cm，穗长23.4cm，结实率62.5%，有效穗数360万穗/hm²，千粒重22.0g。

早恢382（Zaohui 382）

品种来源：江西省选育的籼型常规水稻。

形态特征和生物学特性：属籼型常规中熟晚稻。感温性中等，株高103.0cm，有效穗数330万穗/hm²，穗长25.1cm，结实率69.2%，千粒重23.8g。

抗性：高感稻飞虱。

五、常规籼型保持系系列

03B（03B）

品种来源：江西省农业科学院水稻研究所以丰A为母本，赣早籼49为父本杂交，再经6代回交转育而成。2006年通过江西省农作物品种审定委员会审定，编号：赣审稻2006052。

形态特征和生物学特性：属籼型常规早熟早稻。制种播始历期春播59～62d、夏播50～51d、秋播47d。主茎叶片数9～11叶，株高57cm，株型松散适中，茎秆较细，叶片较挺，剑叶角度适中。分蘖力强，穗长19.0cm，每穗粒数88.0粒，千粒重23.0g。种子饱满，长粒形，呈金黄色，谷壳较薄，柱头外露呈黑点。柱头外露率80.0%以上，双边外露率45%～60%，自然异交率为77.9%。花粉镜检典败率99.2%，圆败率0.78%，染败率0.02%，不育株率和不育度均为100%。

品质特性：糙米率81.8%，精米率74.4%，整精米率70.0%，垩白粒率6.0%，垩白度1.2%，直链淀粉含量13.6%，胶稠度58mm，糙米粒长6.0mm，糙米长宽比3.1。

抗性：中感稻飞虱。

99B（99B）

品种来源：江西省农业科学院水稻研究所利用赣早籼49号/IR58025B杂交F$_2$为父本，与江农早4号A杂交，通过12代回交转育而成。2006年通过江西省农作物品种审定委员会审定，编号：赣审稻2006053。

形态特征和生物学特性：制种播始历期春播64～69d、夏播51～54d、秋播52d。主茎叶片数9～12叶，株高60.0cm，株型松散适中，叶片较挺，剑叶角度适中。有效穗270万穗/hm^2，穗长20.0cm，每穗粒数106.0粒，千粒重25.0g。种子饱满，长粒形，呈金黄色。谷壳较薄，颖尖秆黄色，柱头外露呈黑点。柱头外露率50%～90%，双边外露率30%～70%，自然异交率可达70%以上。花粉镜检典败率88.1%，圆败率11.7%，染败率0.2%，不育株率和不育度均为100%。

品质特性：糙米率83.6%，精米率76.0%，整精米率59.5%，垩白粒率4.0%，垩白度0.5%，直链淀粉含量12.1%，胶稠度78mm，糙米粒长7.0mm，糙米长宽比3.6。

抗性：感稻飞虱。

D38S（D38S）

品种来源：江西省宜春学院利用B3/红粳选育而成。2003年10月8日通过江西省科技厅组织的技术鉴定。

形态特征和生物学特性：属籼型两系短光敏不育系，育性表现特点与农垦58S相反。在适宜水稻生长的季节中，育性随光温条件表现为不育→可育→不育的育性变化规律，具有短光条件下不育、长光条件下可育的特点。在江西宜春3月底至7月初播，制种播始历期77～109d。株高97～108cm，主茎叶片数14～16叶；叶片深绿色，挺直，内卷；柱头紫色，可育期穗颈与剑叶叶枕基本齐平，穗长25.0cm，每穗粒数170.0粒，千粒重24.5g，谷粒个别有短芒，糙米粒长10.3mm，糙米粒宽2.8mm，糙米长宽比3.7，颖尖茶褐色，内外颖秆黄色。

品质特性：米粒外观优，垩白极少。

抗性：田间抗稻瘟病。

育性表现：2002年在宜春自然光温条件下春播，7月18日至8月24日始穗，花粉染色率为30%～60%，结实率为54.5%；9月6日镜检再生穗花粉染色率仅为0～5%。越冬株2003年5月下旬以前完全不育，6月初花粉染色率约20%（同期可育品种花粉染色率约60%）。2003年分期播种，7月9日起抽穗。不育性临界光长：短光敏雄性不育水稻在其育性光敏感期内，一定温度范围内短光照下不育、长光照下可育，诱导不育所需的最长光长为不育临界光长，当光长时间短于临界光长时表达完全不育。在23～28℃的光敏温度范围内，短于13h的光照可诱导雄性不育，完全不结实，不育临界光长为13h；长于13.5h的光照可诱导恢复雄性可育。在极端高温条件下，给予相对更短的短光照处理仍可使D38S趋于不育。2003年10月专家现场鉴定，在1 026株群体中，随机抽取单株进行花粉育性镜检，其不育株率为100%，不育度为100%，花粉败育类型以典败为主。

赣香B（Ganxiang B）

品种来源：江西省农业科学院水稻研究所利用金23A/（1504/IR58 025B//金23B///1504/IR58025B//江农早2号B/新露B）回交选育而成。2009年通过江西省农作物品种审定委员会审定，编号：赣审稻2009031。

形态特征和生物学特性：属籼型常规中熟一季稻。制种播始历期：春播77d、秋播65d。主茎叶片数12叶，株高76.0cm，茎秆粗壮，叶片挺直。有效穗数360万穗/hm²，穗长22.0cm，每穗粒数150.0粒，千粒重28.5g。稃尖紫红色、无芒，柱头呈紫黑色。柱头外露率60.0%～66.0%。花粉镜检典败率99.1%，圆败率0.6%，染败率0.3%，不育度为100%，育性稳定。

品质特性：糙米率80.6%，整精米率72.5%，垩白粒率54.0%，垩白度8.5%，直链淀粉含量24.2%，胶稠度38mm，糙米长宽比3.0。

江农早4号B (Jiangnongzao 4 B)

　　品种来源：江西省农业科学院水稻研究所利用江农早2号A/江农早2号B变异株连续多代成对回交选育的籼型三系不育系的保持系。原名：G4B。2010年通过江西省农作物品种审定委员会审定，编号：赣审稻2010033。

　　形态特征和生物学特性：属籼型常规中熟早稻。感温性中等，有效穗数240万穗/hm²，穗长23.8cm，结实率54.7%，千粒重26.1g。

　　抗性：感稻飞虱。

萍 II B (Ping II B)

品种来源：江西省萍乡市农业科学研究所选育而成的籼型不育系的保持系。

形态特征和生物学特性：属籼型常规早熟早稻。感温性中等，株高78.0cm，有效穗数480万穗/hm²，穗长17.1cm，结实率54.4%，千粒重24.6g。

抗性：高感稻飞虱。

萍乡显性核不育（Pingxiangxianxinghebuyu）

品种来源：江西省地方籼型常规品种。

形态特征和生物学特性：属籼型常规迟熟晚稻。感温性中等，有效穗数450万穗/hm²，穗长25.0cm，结实率51.0%，千粒重20.9g。

抗性：感稻飞虱。

协青早B（Xieqingzao B）

品种来源：江西省农业科学院水稻所利用军协/温选青//秋塘早5号选育而成。

形态特征和生物学特性：属籼型常规早熟早稻。感温性中等，株高86.0cm，有效穗数390万穗/hm²，穗长19.2cm，结实率71.9%，千粒重23.1g。

抗性：高感稻飞虱。

新露B（Xinlu B）

品种来源：萍乡市农业科学研究所利用V20B/二六窄早选育的籼型不育系的保持系。

形态特征和生物学特性：属籼型常规早熟早稻。感温性中等，株高85.0cm，有效穗数420万穗/hm²，穗长24.4cm，结实率68.9%，千粒重30.9g。

抗性：高感稻飞虱。

第二节 杂 交 稻

一、籼型三系杂交稻

03优66 (03 you 66)

品种来源：江西省农业科学院水稻研究所利用03A/早恢66杂交选配而成。2007年通过江西省农作物品种审定委员会审定，编号：赣审稻2007025。

形态特征和生物学特性：属籼型三系杂交早熟早稻。全生育期109d，比对照浙733迟熟0.4d。株高84.9cm，有效穗数375万穗/hm²，每穗粒数84.2粒，结实率82.7%，千粒重26.5g。

品质特性：糙米率80.6%，精米率69.3%，整精米率45.4%，垩白粒率92.0%，垩白度13.8%，直链淀粉含量18.0%，胶稠度70mm，糙米粒长7.4mm，糙米长宽比3.2。

抗性：稻瘟病抗性自然诱发鉴定：穗颈瘟为9级，高感稻瘟病。

产量及适宜地区：2006—2007年参加江西省水稻区试，2006年平均产量6 938kg/hm²，比对照浙733增产6.4%；2007年平均产量7 196kg/hm²，比对照浙733增产3.1%。两年平均产量7 067kg/hm²，比对照浙733增产4.5%。适宜在江西全省稻瘟病轻发区种植。

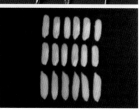

栽培技术要点：3月中下旬播种。秧田播种量300kg/hm²，大田用种量30.0kg/hm²。秧龄25～30d。栽插规格16.5cm×16.5cm，每穴插2～3苗，基本苗150万苗/hm²。移栽前施钙镁磷肥450kg/hm²作基肥，栽后7d，施尿素225kg/hm²、氯化钾300kg/hm²。晒田复水时施氯化钾150kg。氮、磷、钾比例为1.0：0.5：1.5。有水插秧，深水护苗，浅水分蘖，干湿交替，收割前7d断水。注意稻瘟病、纹枯病、稻飞虱等病虫害的防治。

69优02 (69 you 02)

品种来源：江西金山种业有限公司利用69A/R02（R402/R61）杂交选配而成。2014年通过江西省农作物品种审定委员会审定，编号：赣审稻2014006。

形态特征和生物学特性：属籼型三系杂交早熟晚稻。全生育期112d，比对照荣优463早熟0.2d。株高87.9cm，株型适中，长势繁茂，分蘖力强，秆尖紫色，熟期转色好。有效穗数339万穗/hm²，每穗粒数104.5粒，结实率87.0%，千粒重27.3g。

品质特性：糙米率79.6%，精米率69.3%，整精米率54.0%，糙米粒长7.1mm，糙米长宽比3.1，垩白粒率52.0%，垩白度6.2%，直链淀粉含量18.9%，胶稠度58mm。

抗性：稻瘟病抗性自然诱发鉴定：穗颈瘟为9级，高感稻瘟病。

产量及适宜地区：2012—2013年参加江西省水稻区试，2012年平均产量7 412kg/hm²，比对照荣优463增产2.1%；2013年平均产量7 967kg/hm²，比对照荣优463增产2.7%。两年平均产量7 689kg/hm²，比对照荣优463增产2.4%。适宜在江西省稻瘟病轻发区种植。

栽培技术要点：软盘育秧3月15～20日播种，湿润育秧3月25日播种，秧田播种量180kg/hm²，大田用种量30kg/hm²。软盘育秧于3.5叶左右抛栽，湿润育秧于4.5叶左右移栽。栽插规格16.5cm×19.8cm，每穴插2苗。施水稻专用复合肥750kg/hm²作基肥，移栽后5～7d结合施用除草剂追施90kg/hm²尿素促进分蘖，孕穗期追施氯化钾75kg/hm²，齐穗看苗补肥。浅水分蘖，够苗晒田，湿润灌浆，后期不要断水过早。根据当地农业部门病虫情报，及时防治稻瘟病、纹枯病、稻纵卷叶螟、二化螟、稻飞虱等病虫害。

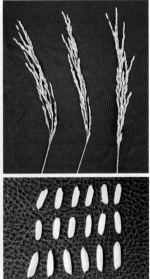

99优468 (99 you 468)

品种来源：江西省农业科学院水稻研究所利用99A/明恢468(明恢100/蜀恢1014)杂交选配而成。2010年通过江西省农作物品种审定委员会审定，编号：赣审稻2010008。

形态特征和生物学特性：属籼型三系杂交早熟晚稻。全生育期113d，比对照金优207长3.2d。株高101.5cm，株型适中，分蘖力较强，长势繁茂，稃尖紫色，穗大粒多，有两段灌浆现象，熟期转色好。有效穗数267万穗/hm²，每穗粒数143.3粒，结实率71.7%，千粒重26.4g。

品质特性：糙米率82.7%，精米率73.6%，整精米率70.6%，糙米粒长7.2mm，糙米长宽比3.6，垩白粒率42.0%，垩白度2.9%，直链淀粉含量11.0%，胶稠度88mm。

抗性：稻瘟病抗性自然诱发鉴定：穗颈瘟为9级，高感稻瘟病。

产量及适宜地区：2008—2009年参加江西省水稻区试，2008年平均产量6 872kg/hm²，比对照金优207增产3.3%；2009年平均产量7 094kg/hm²，比对照金优207增产5.7%。两年平均产量6 983kg/hm²，比金优207增产4.5%。适宜在江西省稻瘟病轻发区种植。

栽培技术要点：6月下旬播种，秧田播种量150kg/hm²，大田用种量22.5kg/hm²。秧龄25d以内。栽插规格19.8cm×19.8cm，每穴插2苗。施足基肥，及时追肥，施纯氮150kg/hm²，氮、磷、钾比例为1∶0.5∶1。寸水返青，浅水分蘖，够苗晒田，有水孕穗，干湿壮籽。重点防治稻瘟病、纹枯病、稻纵卷叶螟、稻飞虱等病虫害。

Ⅱ优1733（Ⅱyou 1733）

品种来源：袁隆平农业高科技股份有限公司江西种业分公司利用Ⅱ-32A/R1733杂交选配而成。2007年通过江西省农作物品种审定委员会审定，编号：赣审稻2007044。

形态特征和生物学特性：属籼型三系杂交中熟一季稻。全生育期127d，比对照Ⅱ优838迟熟1.2d。株高115.2cm，株型适中，叶色绿，长势繁茂，分蘖力较强，秆尖紫色，穗大粒多，熟期转色好。有效穗数241万穗/hm²，每穗粒数142.5粒，结实率79.8%，千粒重27.7g。

品质特性：糙米率81.2%，精米率72.2%，整精米率62.4%，垩白粒率89.0%，垩白度17.8%，直链淀粉含量19.0%，胶稠度52mm，糙米粒长6.3mm，糙米长宽比2.6。

抗性：稻瘟病抗性自然诱发鉴定：穗颈瘟为9级，高感稻瘟病。

产量及适宜地区：2005—2006年参加江西省水稻区试，2005年平均产量6 993kg/hm²，比对照Ⅱ优838减产2.3%；2006年平均产量7 211kg/hm²，比对照Ⅱ优838增产0.4%。适宜在江西省稻瘟病轻发区种植。

栽培技术要点：丘陵、山区4月下旬至5月下旬播种，平原、湖区5月下旬播种，秧田播种量300kg/hm²，大田用种量22.5kg/hm²。秧龄35～40d。栽插规格19.8cm×23.1cm，每穴插2苗，栽插基本苗120万苗/hm²。大田施肥以有机肥为主，重施基肥，早追肥，增施磷、钾肥。基肥占60%，追肥占30%，穗肥占10%。深水返青，浅水分蘖，浅水孕穗，后期干湿交替，不要过早断水。重点加强防治稻瘟病等病虫害。

Ⅱ优305 （Ⅱ you 305）

品种来源：袁隆平农业高科技股份有限公司江西种业分公司利用Ⅱ-32A/R305（辐恢838/明恢63）杂交选育而成。2005年通过江西省农作物品种审定委员会审定，编号：赣审稻2005085。

形态特征和生物学特性：属籼型三系杂交中熟一季稻。全生育期125d，比对照汕优63早熟0.7d。株高120.4cm，株型适中，植株整齐，长势繁茂，叶色浓绿，分蘖力偏弱，后期转色好。有效穗数240万穗/hm²，每穗粒数130.8粒，结实率82.4%，千粒重29.5g。

品质特性：糙米率80.4%，精米率68.8%，整精米率58.0%，垩白粒率46.0%，垩白度18.4%，直链淀粉含量22.0%，胶稠度45mm，糙米粒长6.5mm，糙米长宽比2.5。

抗性：稻瘟病抗性自然诱发鉴定，苗瘟0级，叶瘟3级，穗瘟9级。

产量及适宜地区：2003—2004年参加江西省水稻区试，2003年平均产量7 258kg/hm²，比对照汕优63减产1.6%；2004年平均产量7 401kg/hm²，比对照汕优63减产1.8%。适宜在江西全省稻瘟病轻发区种植。

栽培技术要点：4月下旬至5月中旬播种，秧田播种量300kg/hm²，大田用种量22.5kg/hm²。秧龄30d，栽插基本苗150万苗/hm²。大田施肥以有机肥为主，重施基肥，早追肥，增施磷钾肥，后期看苗适当补穗肥。一般基肥占60%，追肥占30%，穗肥占10%。水分管理上要求深水返青，浅水促蘖，中期浅水孕穗，后期干湿交替，不过早断水。注意防治稻瘟病及其他病虫害。

Ⅱ优7599（Ⅱ you 7599）

品种来源：江西省农业科学院水稻研究所利用Ⅱ-32A/JR7599选育而成。2008年通过江西省农作物品种审定委员会审定，编号：赣审稻2008011。

形态特征和生物学特性：属籼型三系中熟晚稻。全生育期125d，比对照汕优46迟熟2.4d。株高96.3cm，有效穗数255万穗/hm²，每穗粒数140.5粒，结实率77.0%，千粒重24.9g。

品质特性：糙米率79.3%，精米率67.2%，整精米率57.8%，垩白粒率23.0%，垩白度1.8%，直链淀粉含量20.6%，胶稠度51mm，糙米粒长6.1mm，糙米长宽比2.4。

抗性：稻瘟病抗性自然诱发鉴定：穗颈瘟为9级，高感稻瘟病。

产量及适宜地区：2006—2007年参加江西省水稻区试，2006年平均产量6 743kg/hm²，比对照汕优46减产0.9%；2007年平均产量6 731kg/hm²，比对照汕优46减产0.5%。两年平均产量6 737kg/hm²，比对照汕优46减产0.7%。适宜在赣中南稻瘟病轻发区种植。

栽培技术要点：6月中旬播种，大田用种量22.5kg/hm²。秧龄28～30d。栽插规格13.2cm×23.1cm或16.5cm×19.8cm，每穴插2苗，栽插基本苗120万苗/hm²。重施基肥，补施穗粒肥，施用尿素300kg/hm²、钙镁磷肥750kg/hm²、氯化钾225kg/hm²，前、中、后期施肥比例为7：1：2。浅水分蘖，够苗晒田，后期干湿交替，收割前7d断水。加强稻瘟病、稻纵卷叶螟、二化螟、三化螟等病虫害的防治。

II优908 （II you 908）

品种来源：袁隆平农业高科技股份有限公司江苏分公司利用 II -32A/R5908（盐恢559/镇恢084）杂交选配而成。2007年通过江西省农作物品种审定委员会审定，编号：赣审稻2007011。

形态特征和生物学特性：属籼型三系杂交中熟一季稻。全生育期128d，比对照 II 优838迟熟2.4d。株高116.8cm，株型适中，叶色绿，植株生长整齐，长势繁茂，秆尖紫色，穗大粒多，熟期转色好。有效穗数244万穗/hm^2，每穗粒数154.2粒，结实率78.9%，千粒重27.6g。

品质特性：糙米率79.9%，精米率71.8%，整精米率61.8%，垩白粒率82.0%，垩白度13.1%，直链淀粉含量18.9%，胶稠度62mm，糙米粒长6.7mm，糙米长宽比2.8。

抗性：稻瘟病抗性自然诱发鉴定：穗颈瘟为9级，高感稻瘟病。

产量及适宜地区：2005—2006年参加江西省水稻区试，2005年平均产量7 307kg/hm^2，比对照 II 优838增产2.1%；2006年平均产量7 349kg/hm^2，比对照 II 优838增产2.8%。适宜在江西省稻瘟病轻发区种植。

栽培技术要点：丘陵、山区4月中旬至5月中旬播种，平原、湖区5月下旬播种，秧田播种量300kg/hm^2，大田用种量18kg/hm^2。秧龄35d，栽插30万穴/hm^2，栽插基本苗150万苗/hm^2。大田施肥以有机肥为主，重施基肥，早追肥，增施磷、钾肥，基肥占60%，追肥占30%，穗肥占10%。深水返青，浅水分蘖、孕穗，后期干湿交替，不宜断水过早。重点加强防治稻瘟病等病虫害。

Ⅱ优淦1号（Ⅱ yougan 1）

品种来源：江西现代种业有限责任公司利用Ⅱ-32A/淦恢1号（广恢8号/R527）杂交选配而成。2009年通过江西省农作物品种审定委员会审定，编号：赣审稻2009002。

形态特征和生物学特性：属籼型三系杂交中熟一季稻。全生育期125d，比对照Ⅱ优838早熟0.8d。株高127.6cm，株型适中，长势繁茂，秆尖紫色。有效穗数240万穗/hm²，每穗粒数147.0粒，结实率77.3%，千粒重28.0g。

品质特性：糙米率79.1%，精米率68.2%，整精米率55.8%，糙米粒长6.6mm，糙米长宽比2.8，垩白粒率52.0%，垩白度6.7%，直链淀粉含量20.9%，胶稠度60mm。

抗性：稻瘟病抗性自然诱发鉴定：穗颈瘟为9级，高感稻瘟病。

产量及适宜地区：2007—2008年参加江西省水稻区试，2007年平均产量7 083kg/hm²，比对照Ⅱ优838增产0.7%；2008年平均产量8 216kg/hm²，比对照Ⅱ优838增产4.66%。两年平均产量7 650kg/hm²，比Ⅱ优838增产2.7%。适宜在江西省稻瘟病轻发区种植。

栽培技术要点：5月15日前播种，秧田播种量300kg/hm²。秧龄30d。栽插规格19.8cm×19.8cm或19.8cm×23.1cm，每穴插1~2苗，栽插基本苗120万苗/hm²。基肥与追肥施用比例为6∶4，施用纯氮150kg/hm²，氮、磷、钾比例为1∶0.5∶1。浅水插秧，深水返青，够苗晒田，孕穗薄水，深水扬花，干湿壮籽，收获前7d断水。注意防止倒伏。加强防治稻瘟病、纹枯病、稻飞虱、二化螟、稻瘿蚊等病虫害。

D优赣9号 (D yougan 9)

品种来源：江西省宜春地区农业科学研究所利用D汕A/秀恢2号测交配组而成。原名：D优秀2号。1992年通过江西省农作物品种审定委员会审定，编号：赣审稻1992005。

形态特征和生物学特性：属籼型三系杂交中熟早稻。作双季早稻栽培，主茎叶片数14片，全生育期119d，与威优49相近。作双晚栽培，主茎叶片12片，全生育期122d。株高91.5cm，株型松散适中，冠层叶片直立，分蘖力强。有效穗数345万穗/hm²，穗长20.0~24.3cm，每穗粒数127.0粒，结实率81.1%，千粒重27.5g。

品质特征：糙米率82.8%，精米率72.5%，整精米率54.8%，透明度3级，米粒适中，直链淀粉含量17.9%，碱消值4.3级，蛋白质含量9.2%，米饭食味好。1990年江西省"兴农"会上，被专家评为早杂组合第一名。

抗性：苗期耐寒性较强。对稻瘟病抗性较好，抗病力强。感白叶枯病5级，抗稻瘟病0级，稻瘟病区自然诱发鉴定为高抗。

产量及适宜地区：1988年本所早杂品比试验产量7 070kg/hm²，居16个参试组合之首，比对照73-07增产10.4%，达极显著水平。1989—1990年江西省早杂联合区试，平均产量为6 240kg/hm²和6 860kg/hm²，比对照威优49显著和极显著增产。1991年南方稻区区试，平均产量6 657kg/hm²，与对照威优49平产。1992年续试，平均产量为6 750kg/hm²，比对照增产1.0%。适宜在长江流域双季稻区作双季早稻和双季晚稻种植。

栽培技术要点：3月下旬播种，湿润尼龙保温育秧，适时早播、稀播、匀播，培育分蘖壮秧。大田用种量30.0~57.5kg/hm²，秧田播种量225~230kg/hm²，秧龄35d。作二晚栽培，7月上旬中播种，大田用种量30kg/hm²，秧龄20d。一般采用13.3cm×20cm或16.7cm×20cm规格密植，栽插30.0万~37.5万穴/hm²，每穴插3~4苗，插足基本苗120万~150万苗/hm²。施氮素18~25kg/hm²。施肥上，掌握前期促早发，中期保稳长，后期不贪青，防止成熟期前过早脱肥不利壮籽的原则，基追肥比例8：2或7：3为宜。追肥要求早而速，插后4~5d，秧苗活棵转青后，应施尿素135~187kg/hm²，促其早生快长，插后10d左右，用尿素30~45kg/hm²，匀苗促其平衡生长，插后20d以后不再追施速效氮肥，以防后期贪青，倒3叶生长过长。大田水分管理，要求深水返青，返青后浅水勤灌，以利增温促蘖，中期适时晒田控苗。田肥苗旺重晒，田瘦苗数不足的田块则露田不晒或轻晒。叶色褪淡后复水5~6cm，以利幼穗发育。后期保持干干湿湿，以利透气养根，灌浆壮籽，成熟前切忌断水过早，以免影响千粒重。

eK优10号（eK you 10）

品种来源：赣州市农业科学研究所利用K17eA/金谷恢10号杂交选配而成。2007年通过江西省农作物品种审定委员会审定，编号：赣审稻2007026。

形态特征和生物学特性：属籼型三系杂交中熟早稻。全生育期114d，比对照金优402迟熟2.7d。株高92.1cm，株型适中，叶色浓绿，长势繁茂，分蘖力强，秆尖紫色，穗粒数中，着粒稀，熟期转色好。有效穗数345万穗/hm²，每穗粒数91.5粒，结实率85.2%，千粒重29.0g。

品质特性：糙米率82.2%，精米率65.2%，整精米率33.8%，垩白粒率64.0%，垩白度6.4%，直链淀粉含量18.4%，胶稠度62mm，糙米粒长7.0mm，糙米长宽比3.0。

抗性：稻瘟病抗性自然诱发鉴定：穗颈瘟为5级，中感稻瘟病。

产量及适宜地区：2006—2007年参加江西省水稻区试，2006年平均产量7 229kg/hm²，比对照金优402增产5.8%；2007年平均产量7 432kg/hm²，比对照金优402增产7.5%。两年平均产量7 330kg/hm²，比对照金优402增产6.7%。适宜在赣中南稻瘟病轻发区种植。

栽培技术要点：3月中旬播种，大田用种量17.5kg/hm²。秧龄25d。栽插规格16.5cm×19.8cm，每穴插2苗，栽插基本苗120万苗/hm²。施肥以基肥为主、追肥为辅，施纯氮150kg/hm²，氮、磷、钾比例为1.0∶0.5∶1.0。浅水插秧，深水护苗，薄水分蘖，够苗晒田，中后期干干湿湿，不要断水过早。注意稻瘟病等病虫害防治。

eK优21 （eK you 21）

品种来源：赣州市农业科学研究所利用K17eA/金谷恢21选育而成。2008年通过江西省农作物品种审定委员会审定，编号：赣审稻2008014。

形态特征和生物学特性：属籼型三系杂交中熟晚稻。全生育期124d，比对照汕优46迟熟2.1d。株高97.4cm，株型适中，叶色绿，叶片挺直，分蘖力强，秆尖紫色，熟期转色好。有效穗数284万穗/hm^2，每穗总粒数111.2粒，结实率75.7%，千粒重29.1g。

品质特性：糙米率80.6%，精米率71.9%，整精米率64.4%，垩白粒率13.0%，垩白度0.9%，直链淀粉含量18.8%，胶稠度68mm，糙米粒长7.2mm，糙米长宽比3.1。米质达国标二级优质米标准。

抗性：稻瘟病抗性自然诱发鉴定：穗颈瘟为9级，高感稻瘟病。

产量及适宜地区：2006—2007年参加江西省水稻区试，2006年平均产量6 755kg/hm^2，比对照汕优46减产1.9%；2007年平均产量7 131kg/hm^2，比对照汕优46增产3.9%。两年平均产量6 944kg/hm^2，比对照汕优46增产1.0%。适宜在赣中南稻瘟病轻发区种植。

栽培技术要点：6月20日播种，秧田播种量300kg/hm^2，大田用种量15kg/hm^2。秧龄30d。栽插规格16.5cm×19.8cm，每穴插2苗。基肥为主，施纯氮150kg/hm^{2}左右，氮、磷、钾比例为1.0∶0.5∶1.0。浅水插秧，深水护苗，薄水分蘖，够苗晒田，后期以湿为主，不要断水过早。注意加强对稻瘟病、稻曲病等病虫害的防治。

eK优25（eK you 25）

　　品种来源：赣州市农业科学研究所利用K17eA/金谷恢25号(R402/G37)杂交选配而成。2009年3月通过江西省农作物品种审定委员会审定，编号：赣审稻2009012。

　　形态特征和生物学特性：属籼型三系杂交早熟晚稻。全生育期112d，比对照金优207迟熟1.8d。株高93.4cm，株型适中，剑叶长挺，穗层欠整齐，分蘖力强，长势繁茂，秆尖紫色，穗大粒多，熟期转色好。有效穗数309万穗/hm²，每穗粒数124.5粒，结实率77.5%，千粒重24.4g。

　　品质特性：糙米率81.4%，精米率75.8%，整精米率71.2%，糙米粒长6.4mm，糙米长宽比2.8，垩白粒率34.0%，垩白度3.6%，直链淀粉含量15.0%，胶稠度81mm。

　　抗性：稻瘟病抗性自然诱发鉴定：穗颈瘟为9级，高感稻瘟病。

　　产量及适宜地区：2007—2008年参加江西省水稻区试，2007年平均产量6 816kg/hm²，比对照金优207增产9.8%；2008年平均产量7 316kg/hm²，比对照金优207增产6.7%。两年平均产量7 067kg/hm²，比对照金优207增产8.2%。适宜在江西省稻瘟病轻发区种植。

　　栽培技术要点：6月25日播种，秧田播种量300kg/hm²，大田用种量15kg/hm²。秧龄不超过25d。栽插规格16.5cm×19.8cm，每穴插2苗。施肥以基肥为主，注意氮、磷、钾的配比。每公顷施纯氮150kg，氮、磷、钾比例为1∶0.5∶1。浅水插秧，深水护苗，薄水分蘖，够苗晒田，干干湿湿，以湿为主，后期不要断水过早。注意加强稻瘟病、稻曲病等病虫害的防治。

eK优4号 （eK you 4）

品种来源：赣州市农业科学研究所以K17eA/金谷恢4号杂交选配而成。2007年通过江西省农作物品种审定委员会审定，编号：赣审稻2007027。

形态特征和生物学特性：属籼型三系杂交中熟早稻。全生育期115d，比对照金优402迟熟3.2d。株高94.0cm，株型适中，叶色绿，剑叶挺直，植株生长整齐，长势繁茂，分蘖力强，秆尖紫色，穗粒数中，熟期转色好。有效穗330万穗/hm²，每穗粒数97.8粒，结实率85.0%，千粒重28.8g。

品质特性：糙米率81.3%，精米率66.8%，整精米率33.5%，垩白粒率80.0%，垩白度9.6%，直链淀粉含量18.2%，胶稠度76mm，糙米粒长7.2mm，糙米长宽比3.0。

抗性：稻瘟病抗性自然诱发鉴定：穗颈瘟为5级，中感稻瘟病。

产量及适宜地区：2006—2007年参加江西省水稻区试，2006年平均产量7 328kg/hm²，比对照金优402增产7.2%；2007年平均产量7 399.5kg/hm²，比对照金优402增产7.0%。两年平均产量7 364kg/hm²，比对照金优402增产7.1%。适宜在赣中南稻瘟病轻发区种植。

栽培技术要点：3月中旬播种，大田用种量15kg/hm²。秧龄25～30d。栽插规格16.5cm×19.8cm，每穴插2苗。施肥以基肥为主，追肥为辅，施纯氮150kg/hm²，氮、磷、钾比例为1.0：0.5：1.0。浅水插秧，深水护苗，薄水分蘖，够苗晒田，中后期干干湿湿，以湿为主，不要断水过早。注意稻瘟病等病虫害的防治。

eK优4480（eK you 4480）

品种来源：赣州市农业科学研究所利用K17eA/R4480杂交选配而成。2005年通过江西省农作物品种审定委员会审定，品种审定编号：赣审稻2005029；2005年通过广西农作物品种审定委员会审定，编号：桂审稻2005005。

形态特征和生物学特性：属籼型三系杂交早熟晚稻。全生育期112d，比对照金优207迟熟0.6d。株高103.3cm，株型紧凑，长势繁茂，叶色淡绿，叶片挺直，分蘖力强，成穗率高，穗粒数较多，后期落色好。有效穗数312万穗/hm²，每穗粒数124.7粒，结实率78.6%，千粒重24.3g。

品质特性：糙米率80.5%，精米率69.0%，整精米率48.6%，垩白粒率54.0%，垩白度8.1%、直链淀粉含量23.5%，胶稠度42mm，糙米粒长6.3mm，糙米长宽比2.7。

抗性：稻瘟病抗性自然诱发鉴定：苗瘟0级，叶瘟3级，穗瘟7级。

产量及适宜地区：2003—2004年参加江西省水稻区试，2003年平均产量6 794kg/hm²，比对照汕优64增产4.9%；2004年平均产量7 287kg/hm²，比对照金优207增产4.8%。适宜在江西省各地种植。

栽培技术要点：6月中旬播种，秧田播种量300kg/hm²，大田用种量15kg/hm²。秧龄18～25d，栽插规格19.8cm×16.5cm，每穴插2苗。基肥为主，追肥为辅，追肥要早，插后5～7d施追肥，施纯氮225kg/hm²，氮、磷、钾比例为1.0：0.5：1.0。浅水插秧，寸水护苗，浅水分蘖，湿润灌溉，干干湿湿，勿断水过早。重点防治稻瘟病、螟虫。

e优2号 （e you 2）

品种来源：江西省赣州市农业科学研究所利用K17eA/金谷2号（R402/G37）杂交选配而成。2005年通过江西省农作物品种审定委员会审定，编号：赣审稻2005068。

形态特征和生物学特性：属籼型三系杂交中熟早稻。全生育期111d，比对照金优402迟熟1.1d。株高83.8cm，株型适中，剑叶短窄、挺直，植株整齐，分蘖力强，熟期转色好。有效穗数372万穗/hm²，每穗粒数99.2粒，结实率77.2%，千粒重26.7g。

品质特性：糙米率81.6%，精米率69.4%，整精米率43.0%，垩白粒率85.0%，垩白度12.8%，直链淀粉含量18.3%，胶稠度52mm，糙米粒长7.1mm，糙米长宽比3.0。

抗性：稻瘟病抗性自然诱发鉴定，苗瘟0级，叶瘟3级，穗瘟5级。

产量及适宜地区：2004—2005年参加江西省水稻区试，2004年平均产量7 217kg/hm²，比对照金优402减产0.7%；2005年平均产量7 171kg/hm²，比对照金优402增产4.5%。适宜在江西省稻瘟病轻发区种植。

栽培技术要点：3月中旬播种，采用保温育秧技术，秧龄25～30d。合理密植，插足基本苗，栽插37万穴/hm²，每穴插2苗。合理施肥，施纯氮150kg/hm²左右，氮、磷、钾比例为1.0∶0.5∶1.0，以基肥为主。水浆管理，浅水插秧，深水护苗；薄水分蘖，够苗适度晒田，干干湿湿，以湿为主。注意防治稻瘟病等病虫害。

e优6号 （e you 6）

品种来源：江西省金谷种业有限公司利用K17eA/金谷恢6号杂交选配而成。原名：eK优6号，2006年通过江西省农作物品种审定委员会审定，编号：赣审稻2006059。

形态特征和生物学特性：属籼型三系杂交中熟早稻。全生育期115d，比对照金优402迟熟3.8d。株高91.3cm，株型适中，叶色绿，长势繁茂，整齐度好，分蘖力强，秆尖紫色，熟期转色好。有效穗数363万穗/hm²，每穗粒数95.3粒，结实率82.9%，千粒重28.7g。

品质特性：糙米率81.8%，精米率69.0%，整精米率16.5%，垩白粒率99%，垩白度33.7%，直链淀粉含量23.3%，胶稠度50mm，糙米粒长7.3mm，糙米长宽比2.9。

抗性：稻瘟病抗性自然诱发鉴定：穗颈瘟最高为5级，中感稻瘟病。

产量及适宜地区：2005—2006年参加江西省水稻区试，2005年平均产量7 424kg/hm²，比对照金优402增产2.6%；2006年平均产量6 998kg/hm²，比对照金优402增产5.4%。适宜在赣中南稻瘟病轻发区种植。

栽培技术要点：3月中旬播种，采用保温育秧技术。秧龄在30d，栽插规格16.5cm×19.8cm，每穴插2苗。注意氮、磷、钾配合施用，施纯氮150kg/hm²，氮、磷、钾比例为1：0.5：1。浅水插秧，寸水护苗，浅水分蘖，齐穗后干干湿湿以利壮籽，后期不宜断水过早。注意稻瘟病等病虫害的防治。

H优158 (H you 158)

品种来源：抚州市临川区绿江南农业新产品研究所以香H2A/R158选育而成。2009年通过江西省农作物品种审定委员会审定，编号：赣审稻2009013；2010年通过国家农作物品种审定委员会审定，编号：国审稻2010023。

形态特征和生物学特性：属籼型三系杂交早熟晚稻。全生育期平均111d，与对照金优207相当。株高97.5cm，株型紧凑。有效穗数354万穗/hm²，穗长23.4cm，每穗粒数114.9粒，结实率81.7%，千粒重26.0g。

品质特性：整精米率55.2%，糙米长宽比3.3，垩白粒率23.0%，垩白度4.8%，胶稠度53mm，直链淀粉含量21.9%，米质达国标三级优质米标准。

抗性：稻瘟病综合指数6.0级，穗瘟损失率最高级9级；白叶枯病9级；褐飞虱9级。高感稻瘟病、白叶枯病和褐飞虱。

产量及适宜地区：2008年参加长江中下游晚籼早熟组品种区域试验，平均产量7 752kg/hm²，比对照金优207增产6.0%；2009年续试，平均产量7 388kg/hm²，比对照金优207增产7.4%。两年区域试验平均产量7 571kg/hm²，比对照金优207增产6.7%，增产点比率91.9%。2009年生产试验平均产量6 953kg/hm²，比对照金优207增产7.5%。适宜在江西、湖南、湖北、浙江以及安徽长江以南的稻瘟病、白叶枯病轻发的双季稻区作晚稻种植。

栽培技术要点：①育秧。适时播种，大田用种量22.5kg/hm²，采用湿润育秧方法，施足基肥，稀播匀播，适施断奶肥和送嫁肥，防病治虫，培育壮秧。②移栽。秧龄控制在25d以内，适时移栽，采用宽行窄株方式，栽插约120万穴/hm²，每穴栽插2苗。③肥水管理。施肥以基肥为主，追肥前期多施，后期看苗施肥。中等肥力田块，一般施水稻专用复合肥600kg/hm²作基肥，第一次追肥在移栽后7d施尿素150kg/hm²、氯化钾105kg/hm²，孕穗期看苗适量施用尿素和钾肥。苗期浅水勤灌促分蘖，中期晒田控苗，壮苞抽穗期深水灌溉，后期以湿润为主，干干湿湿壮籽，后期防止脱水过早。④病虫害防治。注意及时防治稻瘟病、白叶枯病、二化螟、三化螟、稻纵卷叶螟、稻飞虱等病虫害。

K优66（K you 66）

品种来源：江西省赣州市农业科学研究所、江西省赣州市种子管理站利用K17A/R66配组育成。2002年通过江西省农作物品种审定委员会审定，编号：赣审稻2002009。

形态特征和生物学特性：属籼型三系杂交早稻。株高94.67cm，单株有效穗数12穗，每穗粒数88.7粒，结实率84.0%，千粒重28.47g。

品质特性：中质、适口性好。

抗性：稻瘟病抗性等级为2级。

产量及适宜地区：1999年参加江西省区域试验，平均产量6 307kg/hm²，比对照优Ⅰ402增产2.0%，名列参试组合第一位；2001年参加江西省生产试验，平均产量7 149kg/hm²，比对照优Ⅰ402增产8.0%，达显著差异，名列第一位。适宜在江西各地种植。

栽培技术要点：①适时播种。播种期3月中、下旬播种，秧龄30d。②合理密植。规格16.5cm×19.8cm或19.8cm×13.2cm，每穴插2苗。③施肥。以基肥为主，追肥要早，注意氮、磷、钾配备。④科学管好水肥。浅水灌溉，够苗晒田，齐穗后干干湿湿，不宜过早断水。⑤注意病虫害防治。

K优金谷1号 (K youjingu 1)

品种来源：赣州市农业科学研究所利用K17A/207选（先恢207系选）杂交选配而成。2003年通过江西省农作物品种审定委员会审定，编号：赣审稻2003014。

形态特征和生物学特性：属籼型三系杂交中熟晚稻。全生育期118d，比对照汕优晚3迟熟0.2d。株高93.4cm，株型适中，分蘖力中等，抽穗整齐，后期转色好。有效穗数300万穗/hm²，每穗粒数109.4粒，结实率79.2%，千粒重27.2g。

品质特性：糙米率77.8%，整精米率49.6%，糙米粒长6.6mm，糙米长宽比2.9，垩白粒率54.0%，垩白度5.4%，直链淀粉含量21.1%，胶稠度50mm。

抗性：病区自然诱发鉴定：苗瘟2级，叶瘟5级，穗瘟5级。

产量及适宜地区：2001年、2002年参加江西省水稻区试，2001年平均产量7 447kg/hm²，比对照汕优晚3增产2.8%；2002年平均产量4 311kg/hm²，比对照汕优晚3增产14.3%，极显著。适宜在江西全省种植。

栽培技术要点：6月20日播种，秧田播种量225kg/hm²，大田用种量17.5kg/hm²，秧龄20～25d，叶龄4～5叶移栽，移栽规格20cm×16.6cm，每穴插2苗。下足基肥，酌情补施穗肥，施纯氮用量225kg/hm²，氮、磷、钾比为1：0.5：1。水分管理做到寸水移栽，浅水灭草，薄水分蘖，中期适时适度搁好田。后期干干湿湿，以干为主，严防断水过早。重点抓好穗瘟、纹枯病、螟虫和稻飞虱的防治工作。

K优金谷3号 （K youjingu 3）

品种来源：赣州市农业科学研究所利用K17A/R432杂交选配而成。2003年通过江西省农作物品种审定委员会审定，编号：赣审稻2003015。

形态特征和生物学特性：属籼型三系杂交早熟晚稻。全生育期114d，比对照汕优晚3早熟3.3d。株高87.1cm，株型适中，茎秆粗细适中，分蘖力强，抽穗整齐，后期转色好。有效穗数369万穗/hm²，每穗粒数90.6粒，结实率80.2%，千粒重26.5g。

品质特性：糙米率79.5%，整精米率48.2%，糙米粒长6.7mm，糙米长宽比3.0，垩白粒率52.0%，垩白度10.4%，直链淀粉含量20.7%，胶稠度30mm。

抗性：稻瘟病自然诱发鉴定：苗瘟2级，叶瘟5级，穗瘟5级。

产量及适宜地区：2001—2002年参加江西省水稻区试，2001年平均产量7 413kg/hm²，比对照汕优晚3增产2.3%；2002年平均产量5 885kg/hm²，比对照汕优晚3增产6.3%。适宜在江西全省种植。

栽培技术要点：6月20日播种，秧田播种量每公顷225kg/hm²，大田用种量18kg/hm²。秧龄25d，叶龄4～5叶移栽，移栽规格20cm×16.6cm，每穴插2苗。下足基肥，酌情补施穗肥，施纯氮用量300kg/hm²，氮、磷、钾比例为1：0.5：1。水分管理做到浅水移栽，寸水灭草，薄水分蘖，中期适时适度搁好田，后期干干湿湿，以干为主，严防断水过早。重点抓好穗瘟、纹枯病、螟虫和稻飞虱的防治工作。

SP优 | 98 （SP you | 98）

品种来源：江西省农业科学院水稻研究所利用优 IA/SP40098 选育而成。2004 年通过江西省农作物品种审定委员会审定，编号：赣审稻2004024。

形态特征和生物学特性：属籼型三系杂交中熟晚稻。全生育期121d，比对照汕优46迟熟0.7d。株高99.1cm，长势一般，茎秆粗壮，剑叶挺直，叶色较淡，分蘖力中等，穗大粒多。有效穗数300万穗/hm²，每穗粒数120.4粒，结实率77.5%，千粒重26.9g。

品质特性：糙米率78.9%，整精米率39.9%，垩白粒率62.0%，垩白度6.2%，直链淀粉含量23.3%，胶稠度50mm，糙米粒长6.7mm，糙米长宽比2.8。

抗性：稻瘟病自然诱发鉴定：苗瘟3级，叶瘟3级，穗瘟0级。

产量及适宜地区：2002—2003年参加江西省水稻区试，2002年平均产量6 489kg/hm²，比对照汕优46增产1.9%；2003年平均产量6 629kg/hm²，比对照汕优46减产0.4%。适宜在江西省种植。

栽培技术要点：6月中旬播种，秧田播种量150kg/hm²，大田用种量22.5kg/hm²。合理密植，培育带蘖壮秧，秧龄30d移栽，栽插规格16.5cm×20cm。科学施肥，施纯氮195kg/hm²，氮、磷、钾比例为1：0.6：1.2。管水要求深水返青，浅水分蘖，够苗晒田，干湿交替，薄水抽穗，干干湿湿灌浆，收割前10d断水。综合防治病虫害。

T优463 (T you 463)

品种来源：袁隆平农业高科技股份有限公司江西分公司、湖南省衡阳市农业科学研究所利用T98A/T0463（T0974/R402）杂交选配而成。2005年通过江西省农作物品种审定委员会审定，审定编号：赣审稻2005081；2004年通过广西农作物品种审定委员会审定，编号：桂审稻2004005。

形态特征和生物学特性：属籼型三系杂交中熟早稻。全生育期114d，比CK长3.4d。株高97.9cm，株型较松散，长势繁茂，剑叶细长挺直，分蘖力较强，穗大粒多，后期转色好。有效穗数342万穗/hm²，每穗粒数111.8粒，结实率72.7%，千粒重26.1g。

品质特性：糙米率81.2%，精米率68.0%，整精米率42.3%，垩白粒率46.0%，垩白度6.9%，直链淀粉含量19.4%，胶稠度51mm，糙米粒长7.2mm，糙米长宽比3.1，透明度3级，碱消值5级。

抗性：稻瘟病抗性自然诱发鉴定：苗瘟0级，叶瘟0级，穗瘟5级。

产量及适宜地区：2003—2004年参加江西省水稻区试，2003年平均产量6 989kg/hm²，比对照金优402减产1.6%；2004年平均产量7 115kg/hm²，比对照金优402减产2.1%。适宜在赣中南稻瘟病轻发区种植。

栽培技术要点：3月15～20日播种，秧田用种量375kg/hm²，大田用种量30kg/hm²。秧龄30d，栽插规格16.5cm×19.8cm，每穴2苗。施纯氮150kg/hm²、纯磷90kg/hm²、纯钾90kg/hm²，氮、磷、钾比例为1.0：0.6：0.6。浅水分蘖，够苗晒田，孕穗抽穗期保持浅水，干湿壮籽，后期防断水过早，湿润养根。注意防治稻瘟病及其他病虫害。

T优5128 (T you 5128)

品种来源：江西金典种业有限公司利用T98A/R5128（蜀恢527/密阳46//明恢868）杂交选配而成。2010年通过江西省农作物品种审定委员会审定，编号：赣审稻2010005。

形态特征和生物学特性：属籼型三系杂交中熟一季稻。全生育期125d，比对照Ⅱ优838长1.0d。株高127.0cm，株型适中，叶片长披，长势繁茂，分蘖力较强，有两段灌浆现象，颖尖秆黄色，穗大粒多，熟期转色好。有效穗数288万穗/hm²，每穗粒数173.8粒，结实率79.5%，千粒重28.3g。

品质特性：糙米率79.2%，精米率68.0%，整精米率52.7%，糙米粒长7.1mm，糙米长宽比3.4，垩白粒率71.0%，垩白度10.6%，直链淀粉含量19.8%，胶稠度65mm。

抗性：稻瘟病抗性自然诱发鉴定：穗颈瘟为9级，高感稻瘟病。

产量及适宜地区：2008—2009年参加江西省水稻区试，2008年平均产量8 226kg/hm²，比对照Ⅱ优838增产6.0%；2009年平均产量8 195kg/hm²，比对照Ⅱ优838增产3.2%。两年平均产量8 211kg/hm²，比对照Ⅱ优838增产4.6%。适宜在江西省稻瘟病轻发区种植。

栽培技术要点：5月上中旬播种，秧田播种量300kg/hm²，大田用种量22.5kg/hm²。秧龄30d。栽插规格19.8cm×19.8cm，每穴插2苗。重施基肥，基肥占总肥量的70%，施纯氮180kg/hm²，氮、磷、钾比例为1.0∶0.6∶0.8。深水活棵，浅水分蘖，够苗晒田，后期干湿壮籽，湿润养根。根据当地农业部门病虫预报，及时防治稻瘟病、纹枯病、稻飞虱、稻纵卷叶螟、二化螟等病虫害。

T优615 (T you 615)

品种来源：袁隆平农业高科技股份有限公司江西种业分公司利用T98A/测615（测64-49/密阳46）杂交选配而成。2006年通过江西省农作物品种审定委员会审定，编号：赣审稻2006036。

形态特征和生物学特性：属籼型三系杂交中熟晚稻。全生育期115d，比对照金优207迟熟4.2d。株高104.6cm，株型较松散，生长整齐，叶色淡绿，叶片略披，分蘖力强，熟期转色较好。有效穗数327万穗/hm^2，每穗粒数133.6粒，结实率71.0%，千粒重24.1g。

品质特性：糙米率80.4%，精米率68.4%，整精米率57.9%，垩白粒率27.0%，垩白度4.0%，直链淀粉含量25.9%，胶稠度35mm，糙米粒长7.4mm，糙米长宽比3.4。

抗性：稻瘟病抗性自然诱发鉴定：苗瘟3级，叶瘟4级，穗瘟7级。

产量及适宜地区：2004—2005年参加江西省水稻区试，2004年平均产量6 402kg/hm^2，比对照金优207增产1.6%；2005年平均产量6 426kg/hm^2，比对照金优207增产0.3%。适宜在江西省稻瘟病轻发区种植。

栽培技术要点：6月下旬播种，秧田播种量250kg/hm^2，大田用种量22.5kg/hm^2。秧龄25d，栽插30万穴/hm^2，每穴插2苗。以基肥为主，早施追肥，中后期控制氮肥施用，增施磷、钾肥，基肥占60%～70%，追肥占30%。深水返青，浅水分蘖，适时搁田控苗，后期干湿壮籽，湿润养根。注意防治稻瘟病等病虫害。

T优832 (T you 832)

品种来源：周满兰利用T98A/R832（R66/R432）杂交选配而成。2009年通过江西省农作物品种审定委员会审定，品种编号：赣审稻2009019。

形态特征和生物学特性：属籼型三系杂交早熟晚稻。全生育期111d，与对照金优207生育期相同。株高96.4cm，株型适中，整齐度好，叶片较长，分蘖力较强，长势繁茂，颖尖秆黄色，穗大粒多。有效穗数330万穗/hm²，每穗粒数112.0粒，结实率77.9%，千粒重24.1g。

品质特性：糙米率81.3%，精米率74.4%，整精米率67.8%，糙米粒长7.2mm，糙米长宽比3.2，垩白粒率28.0%，垩白度4.0%，直链淀粉含量18.0%，胶稠度76mm。米质达国标三级优质米标准。

抗性：稻瘟病抗性自然诱发鉴定：穗颈瘟为9级，高感稻瘟病。

产量及适宜地区：2007—2008年参加江西省水稻区试，2007年平均产量6 369kg/hm²，比对照金优207增产2.6%；2008年平均产量6 866kg/hm²，比对照金优207增产0.1%。两年平均产量6 617kg/hm²，比对照金优207增产1.3%。适宜在江西省稻瘟病轻发区种植。

栽培技术要点：6月下旬播种，秧田播种量180kg/hm²，大田用种量22.5kg/hm²。秧龄20～25d。栽插规格16.5cm×23.1cm，每穴插2苗，栽插基本苗150万苗/hm²。施肥以基肥为主，早施追肥，增施钾肥，施纯氮150.0kg/hm²、纯磷75.0kg/hm²、纯钾120.0kg/hm²。寸水返青，浅水分蘖，够苗晒田，浅水孕穗，灌浆期干湿交替，后期不要断水过早。重点防止倒伏。综合防治稻瘟病、纹枯病等病虫害。

T优968 (T you 968)

品种来源：江西省农业科学院水稻研究所、袁隆平农业高科技股份有限公司江西分公司利用T98A/R968（明恢63变异株系选）杂交选配而成。2005年通过江西省农作物品种审定委员会审定，审定编号：赣审稻2005034。

形态特征和生物学特性：属籼型三系杂交早熟晚稻。全生育期110d，比对照金优207早熟1.3d。株高100.2cm，株型适中，植株整齐，长势繁茂，剑叶挺直，分蘖力强，后期转色好。有效穗数330万穗/hm²，每穗粒数109.5粒，结实率78.1%，千粒重25.5g。

品质特性：糙米率81.0%，精米率68.2%，整精米率55.7%，垩白粒率28.0%，垩白度4.2%，直链淀粉含量21.5%，胶稠度51mm，糙米粒长7.3mm，糙米长宽比3.3。

抗性：稻瘟病抗性自然诱发鉴定：苗瘟3级，叶瘟4级，穗瘟0级。米质达国标三级优质米标准。

产量及适宜地区：2003—2004年参加江西省水稻区试，2003年平均产量6 236kg/hm²，比对照汕优64减产2.9%；2004年平均产量7 395kg/hm²，比对照金优207增产3.2%。适宜在江西省各地种植。

栽培技术要点：6月下旬播种，秧龄20～25d，栽插规格19.8cm×16.5cm，每穴2苗。重施基肥，早施追肥。适时晒田，后期采用干湿交替提高结实率和千粒重。注意防治病虫害。

炳优华占 （Bingyouhuazhan）

品种来源：江西先农种业有限公司、中国水稻研究所、湖南杂交水稻研究中心利用炳1A/华占（SC2-S6测恢系选）杂交选配而成。2014年通过江西省农作物品种审定委员会审定，编号：赣审稻2014021。

形态特征和生物学特性：属籼型三系杂交中熟晚稻。全生育期122d，比对照天优998早熟1.6d。株高94.2cm，株型适中，叶片挺直，叶色浓绿，长势繁茂，分蘖力强，秆尖紫色，熟期转色好。有效穗数357万穗/hm²，每穗粒数139.4粒，结实率84.1%，千粒重22.6g。

品质特性：糙米率81.5%，精米率74.6%，整精米率72.1%，糙米粒长6.4mm，糙米长宽比3.0，垩白粒率17.0%，垩白度1.9%，直链淀粉含量15.0%，胶稠度88mm。米质达国标三级优质米标准。

抗性：稻瘟病抗性自然诱发鉴定：穗颈瘟为9级，高感稻瘟病。

产量及适宜地区：2012—2013年参加江西省水稻区试，2012年平均产量8 795kg/hm²，比对照天优998增产7.9%，显著；2013年平均产量8 475kg/hm²，比对照天优998增产4.9%，显著。两年平均产量8 634kg/hm²，比对照天优998增产6.4%。适宜在江西省稻瘟病轻发区种植。

栽培技术要点：6月18日播种，大田用种量15kg/hm²。秧龄30d以内。栽插规格16.5cm×19.8cm，每穴插3苗。施用45%复合肥450kg/hm²、尿素75kg/hm²作基肥，移栽后5～7d结合施用除草剂追施尿素150kg/hm²、氯化钾75kg/hm²，后期看苗补肥。深水活穴，浅水分蘖，够苗晒田，干湿交替壮籽，后期不要断水过早。根据当地农业部门病虫预报，及时防治稻瘟病、纹枯病、二化螟、稻纵卷叶螟、稻飞虱等病虫害。

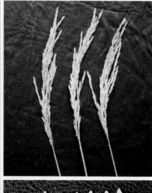

博优141 (Boyou 141)

品种来源：萍乡市农业科学研究所、海南神农大丰种业公司利用不育系博A/141（明恢63/248）杂交选配而成。2003年通过江西省农作物品种审定委员会审定，编号：赣审稻2003008。

形态特征和生物学特性：属籼型三系杂交迟熟中稻。全生育期134d，比对照汕优63迟熟6.8d。株高117.3cm。株叶形态好，叶片窄厚，剑叶挺直。有效穗数225万穗/hm^2，每穗粒数158.2粒，结实率85.7%，千粒重25.6g。

品质特性：糙米率79.0%，整精米率47.5%，糙米粒长6.0mm，糙米长宽比2.5，垩白粒率74%，垩白度14.8%，直链淀粉含量18.9%，胶稠度30mm。

抗性：病区自然诱发鉴定：苗瘟0级，叶瘟0级，穗瘟0级。

产量及适宜地区：2001—2002年参加江西省水稻区试，2001年平均产量6 978kg/hm^2，比对照博优752增产0.3%；2002年平均产量7 353kg/hm^2，比对照汕优63减产0.2%。适宜在江西全省作一季晚稻种植。

栽培技术要点：4月底至5月中旬播种，播种量180kg/hm^2，秧龄30d左右，叶龄5～6叶，大田用种量15kg/hm^2，栽插规格20cm×26.6cm，每穴1～2苗。重施基肥，移栽后7～10d施追肥，分蘖盛期和抽穗前5～10d各补施一次肥。施复合肥375kg/hm^2、尿素225kg/hm^2、钾肥225kg/hm^2。水分管理以湿润为主，浅水分蘖，有水抽穗，干湿灌浆。注意防治病虫害。

博优752 (Boyou 752)

品种来源：江西省农业科学院水稻研究所利用博A/R752配组而成。原名：博优赣28。1999年通过江西省农作物品种审定委员会审定，编号：赣审稻1999007；2001年通过广西壮族自治区农作物品种审定委员会审定，编号：桂审稻2001025。

形态特征和生物学特性：属籼型三系杂交中熟晚稻。株高107.0cm，株型紧凑，剑叶长、直、略内卷，受光姿态好，根系发达，耐肥，抗倒伏性强，需肥量大，抽穗整齐，后期熟色好，有效穗数270万穗/hm²，穗长24.5cm，每穗粒数155.0粒，结实率85.0%以上，千粒重25.0g。

品质特性：糙米率79.6%，精米率73.2%，整精米率58.8%，糙米长宽比2.5，垩白粒率78.0%，垩白度9.8%，透明度3级，碱消值4.9级，胶稠度40mm，直链淀粉含量19.4%，蛋白质含量9.9%。

产量及适宜地区：1999—2000年晚稻参加引种单位的品种比较试验，平均产量分别为8 874kg/hm²和9 360kg/hm²，比对照博优桂99分别增产14.8%和24.97%，均居第一位。适宜在江西及桂南稻作区土壤肥力中等以上的稻田作晚稻推广种植。

栽培技术要点：该组合耐肥，抗倒伏，栽培时注意增施肥料，以充分发挥品种的增产潜力。其他参照博优桂99等感光组合进行。

昌优1号 （Changyou 1）

品种来源：江西农业大学农学院利用优Ⅰ A/R120（桂99/083//明恢63）杂交选配而成。原名：优Ⅰ120。2005年通过江西省农作物审定委员会审定，编号：赣审稻2005017。

形态特征和生物学特性：属籼型三系杂交中熟晚稻。全生育期122d，比对照汕优46迟熟2.4d。株高108.5cm，株叶形态好，茎秆粗壮，剑叶长窄，分蘖力中等，有效穗少，穗粒数较多，后期转色好。有效穗数258万穗/hm^2，每穗粒数136.1粒，实粒数110.9粒，结实率81.5%，千粒重26.2g。

品质特性：糙米率80.2%，精米率69.0%，整精米49.6%，垩白粒率62.0%，垩白度9.3%，直链淀粉含量21.3%，胶稠度50mm，糙米粒长6.5mm，糙米长宽比2.7。

抗性：稻瘟病自然诱发鉴定：苗瘟3级，叶瘟3级，穗瘟5级。

产量及适宜地区：2003—2004年参加江西省水稻区试，2003年平均产量6 627kg/hm^2，比对照汕优46减产2.5%；2004年平均产量6 918kg/hm^2，比对照汕优46减产9.8%。适宜在赣中南稻瘟病轻发区种植。

栽培技术要点：6月中旬播种，秧田播种量150kg/hm^2，大田播种量15kg/hm^2。合理密植，栽插规格13.2cm×23.1cm或16.5cm×19.8cm，栽插30万穴/hm^2，每穴2苗。秧田每公顷施猪牛栏粪15t、钙镁磷肥750kg、氯化钾150kg；大田施纯氮2 700kg/hm^2、纯磷1 125kg/hm^2、纯钾1 800kg/hm^2。浅水插秧，浅水返青，活蔸后露田促根，遮泥水分蘖，够苗晒田，促蘖促花肥结合复水施用，晒田反复2～3次，薄水抽穗，干湿壮籽，割前7～10d开沟断水。注意防治病虫害。

昌优10号 （Changyou 10）

品种来源：江西农业大学农学院利用五丰A/昌恢121（粤香占/香籼402）杂交选配而成。2006年通过江西省农作物品种审定委员会审定，编号：赣审稻2006031。

形态特征和生物学特性：属籼型三系杂交中熟晚稻。全生育期123d，比对照汕优46迟熟0.7d。株高102.1cm，株型适中，生长整齐，叶色绿，叶片宽挺，长势繁茂，分蘖力较强，穗粒数多，熟期转色较好。有效穗数273万穗/hm²，每穗粒数144.7粒，结实率80.0%，千粒重24.2g。

品质特性：糙米率80.3%，精米率69.1%，整精米率59.7%，垩白粒率46.0%，垩白度4.6%，直链淀粉含量21.8%，胶稠度50mm，糙米粒长6.5mm，糙米长宽比2.8。

抗性：稻瘟病抗性自然诱发鉴定：苗瘟3级，叶瘟3级，穗瘟5级。

产量及适宜地区：2004—2005年参加江西省水稻区试，2004年平均产量7 688kg/hm²，比对照汕优46减产1.2%；2005年平均产量6 687kg/hm²，比对照汕优46减产0.1%。适宜在江西省稻瘟病轻发区种植。

栽培技术要点：6月20日播种，秧田播种量150kg/hm²，大田播种量15kg/hm²。栽插规格13.2cm×23.1cm或16.5cm×19.8cm，每穴2苗，栽插基本苗180万苗/hm²。施纯氮180kg/hm²。基肥用鲜稻草3 000kg/hm²还田、钙镁磷肥450kg/hm²。栽后6～7d追施尿素60kg/hm²、氯化钾120kg/hm²，后期看苗追肥。浅水插秧，浅水返青，活穴后露田促根，遮泥水分蘖，够苗晒田，薄水抽穗，干湿壮籽，割前7～10d开沟断水。注意防治稻瘟病、稻曲病及其他病虫害。

昌优2号 （Changyou 2）

品种来源：江西农业大学农学院利用中9A/R120杂交选配而成。原名：中优120。2004年通过江西省农作物品种审定委员会审定，编号：赣审稻2004015。

形态特征和生物学特性：属籼型三系杂交迟熟中稻。全生育期141d，比对照汕优63迟熟16.3d。株高128.4cm，株型紧凑，茎秆粗壮，长势繁茂，剑叶长披，抽穗整齐，分蘖力一般，穗大粒多，后期落色好，生育期偏长。有效穗数252万穗/hm^2，每穗粒数182.1粒，结实率79.1%，千粒重25.5g。

品质特性：糙米率79.1%，整精米率59.6%，垩白粒率38.0%，垩白度5.7%，直链淀粉含量21.3%，胶稠度61mm，糙米粒长6.6mm，糙米长宽比3.0。

抗性：稻瘟病抗性自然诱发鉴定：苗0瘟级，叶瘟3级，穗瘟0级；抗倒伏性强。

产量及适宜地区：2002—2003年参加江西省水稻区试，2002年平均产量7 816kg/hm^2，比对照汕优63增产6.3%；2003年平均产量7 385kg/hm^2，比对照汕优63减产0.4%。适宜在江西省各地种植。

栽培技术要点：5月上中旬播种，秧田播种量150kg/hm^2，大田用种量15kg/hm^2。栽插规格13cm×23cm或16.5cm×20cm，栽插30万穴/hm^2。施纯氮180kg/hm^2、纯磷90kg/hm^2、纯钾120kg/hm^2。水分管理要求浅水插秧，浅水返青，活蔸露田促根，遮泥水分蘖，够苗晒田，保蘖促花肥结合复水施用，晒田反复2～3次，薄水抽穗，干湿壮籽，割前7～10d断水。注意防治病虫害。

昌优4号（Changyou 4）

品种来源：江西农业大学农学院利用博A/R120杂交选配而成。原名：博优120。2004年通过江西省农作物品种审定委员会审定，编号：赣审稻2004014。

形态特征和生物学特性：属籼型三系杂交中熟中稻。全生育期129d，比对照汕优63迟熟5d。株高127.1cm，株叶形态好，长势繁茂，茎秆粗壮，叶片挺直，抽穗整齐，分蘖力强，穗大粒多，后期转色好。单株有效穗8.5穗，每穗粒数178.8粒，结实率77.3%，千粒重22.5g。

品质特性：糙米率77.8%，整精米率43.1%，垩白粒率67%，垩白度10.1%，直链淀粉含量19.0%，胶稠度65mm，糙米粒长6.2mm，糙米长宽比2.8。

抗性：稻瘟病自然诱发鉴定：苗瘟3级，叶瘟0级，穗瘟0级。

产量及适宜地区：2002—2003年参加江西省水稻区试，2002年平均产量7 293kg/hm²，比对照汕优63减产1.0%；2003年平均产量7 410kg/hm²，比对照汕优63减产0.1%。适宜在江西省各地种植。

栽培技术要点：5月中旬播种，秧田播种量150kg/hm²，大田用种量15kg/hm²。栽插规格13cm×23cm或16.5cm×20cm，栽插30万穴/hm²。施纯氮180kg/hm²、纯磷90kg/hm²、纯钾135kg/hm²。水分管理要求浅水插秧，浅水返青，活蔸露田促根，遮泥水分蘖，够苗晒田，保蘖促花肥结合复水施用，晒田反复2～3次，薄水抽穗，干湿壮籽，割前7～10d断水。注意防治病虫害。

常优赣11（Changyougan 11）

品种来源：江西省吉安县种子公司利用常菲22A/测48-2配组而成。原名：常优48-2。属籼型三系杂交水稻。1993年通过江西省农作物品种审定委员会审定，编号：赣审稻1993005。

池优65 (Chiyou 65)

品种来源：江西省农业科学院水稻研究所利用白丰A/NHR65（ZF65经γ射线辐照）杂交选配而成。2006年通过江西省农作物品种审定委员会审定，编号：赣审稻2006007。

形态特征和生物学特性：属籼型三系杂交中熟一季稻。全生育期129d，比对照汕优63迟熟0.6d。株高121.6cm，株型适中，叶色淡绿，叶片披垂，长势繁茂，分蘖力一般，成穗率高，有效穗一般，穗大粒多，熟期转色较好。有效穗数198万穗/hm²，每穗总粒数178.2粒，结实率77.1%，千粒重27.4g。

品质特性：糙米率79.2%，精米率69.1%，整精米率56.9%，垩白粒率30.0%，垩白度4.5%，直链淀粉含量22.6%，胶稠度50mm，糙米粒长6.6mm，糙米长宽比2.8。米质达国标三级优质米标准。

抗性：稻瘟病抗性自然诱发鉴定：苗瘟0级，叶瘟9级，穗瘟9级。

产量及适宜地区：2004—2005年参加江西省水稻区试，2004年平均产量7 197kg/hm²，比对照汕优63减产7.0%；2005年平均产量7 213kg/hm²，比对照汕优63增产1.6%。适宜在江西省稻瘟病轻发区种植。

栽培技术要点：5月中旬播种，秧龄30d。栽插规格16.5cm×26.4cm或13.2cm×29.7cm，栽插基本苗120万/hm²。基肥和分蘖肥占80%以上，种肥早施促早发，适当施用穗粒肥。氮、磷、钾比例为1.0∶0.5∶0.8。浅水勤灌，后期干干湿湿。重点防治稻瘟病等病虫害。

川香231（Chuanxiang 231）

品种来源：江西金典种业有限公司利用川香29A/R231(蜀恢527/密阳46//R838)杂交选配而成。2010年通过江西省农作物品种审定委员会审定，编号：赣审稻2010004。

形态特征和生物学特性：属籼型三系杂交中熟一季稻。全生育期127d，比对照Ⅱ优838长3.1d。株高125.7cm，株型适中，剑叶长、略披，分蘖力一般，稃尖紫色。穗粒数多，着粒密。有效穗数213万穗/hm²，每穗粒数167.4粒，结实率76.0%，千粒重31.1g。

品质特性：糙米率80.2%，精米率69.4%，整精米率52.8%，糙米粒长7.0mm，糙米长宽比3.0，垩白粒率77.0%，垩白度9.2%，直链淀粉含量19.5%，胶稠度65mm。

抗性：稻瘟病抗性自然诱发鉴定：穗颈瘟为9级，高感稻瘟病。

产量及适宜地区：2008—2009年参加江西省水稻区试，2008年平均产量7 937kg/hm²，比对照Ⅱ优838增产2.3%；2009年平均产量8 205kg/hm²，比对照Ⅱ优838增产3.3%。两年平均产量8 070kg/hm²，比对照Ⅱ优838增产2.8%。适宜在江西除湖区以外的稻瘟病轻发区种植。

栽培技术要点：5月上中旬播种，秧田播种量300kg/hm²，大田用种量22.5kg/hm²。秧龄30d。栽插规格19.8cm×19.8cm，每穴插2苗。重施基肥，基肥占总肥量的70%，施纯氮180kg/hm²，氮、磷、钾比例为1∶0.6∶0.8。深水活棵，浅水分蘖，够苗晒田，后期干湿壮籽，湿润养根。注意防止倒伏。根据当地农业部门病虫预报，及时防治稻瘟病、纹枯病、稻飞虱、稻纵卷叶螟、二化螟等病虫害。

春光1号 （Chunguang 1）

品种来源：江西省农业科学院水稻研究所利用G4A/春恢350（圭630/秀恢2号选育）杂交选配而成。2006年通过江西省农作物品种审定委员会审定，编号：赣审稻2006055。

形态特征和生物学特性：属籼型三系杂交早熟早熟。全生育期108d，比对照浙733迟熟1.5d。株高82.3cm，株型适中，叶色绿，长势繁茂，整齐度强，分蘖力强，成穗率高，稃尖紫色，熟期转色好。有效穗数336万穗/hm²，每穗粒数102.8粒，结实率83.1%，千粒重25.8g。

品质特性：糙米率81.3%，精米率69.4%，整精米率41.5%，垩白粒率72.0%，垩白度5.8%，直链淀粉含量19.2%，胶稠度65mm，糙米粒长6.9mm，糙米长宽比3.1。

抗性：稻瘟病抗性自然诱发鉴定，穗颈瘟最高为9级，高感稻瘟病。

产量及适宜地区：2005—2006年参加江西省水稻区试，2005年平均产量7 564kg/hm²，比对照浙733增产9.4%，增产显著；2006年平均产量6 947kg/hm²，比对照浙733增产7.9%，增产极显著。适宜在江西省平原地区的稻瘟病轻发区种植。

栽培技术要点：3月下旬播种，秧龄30d左右，栽插规格13.2cm×19.8cm，每穴栽插2～3苗，栽插基本苗150万苗/hm²。重施基肥，补施穗粒肥，施尿素300kg/hm²、钙镁磷肥450kg/hm²、氯化钾300kg/hm²，前、中、后期施肥比例为6：2.5：1.5。寸水返青，薄水分蘖，够苗晒田、浅水扬花，后期干湿交替壮籽。重点加强防治稻瘟病、稻纵卷叶螟、二化螟、三化螟等病虫害。

德农88 (Denong 88)

品种来源：德农正成种业有限公司江西分公司利用优IA/T0463（T0974/R402）杂交选配而成。原名：优I463。2005年通过江西省农作物品种审定委员会审定，编号：赣审稻2005073。

形态特征和生物学特性：属籼型三系杂交中熟早稻。全生育期112d，比对照金优402迟熟2.0d。株高89.3cm，株型适中，生长旺盛，叶片挺直，叶色淡绿，分蘖力强，熟期转色好。有效穗数330万穗/hm²，每穗粒数107.5粒，结实率83.2%，千粒重26.4g。

品质特性：糙米率81.5%，精米率69.2%，整精米率45.0%，垩白粒率82%，垩白度12.3%，直链淀粉含量18.9%，胶稠度60mm，糙米粒长6.6mm，糙米长宽比2.6。

抗性：稻瘟病抗性自然诱发鉴定：苗瘟3级，叶瘟3级，穗瘟5级。

产量及适宜地区：2004—2005年参加江西省水稻区试，2004年平均产量7 190kg/hm²，比对照金优402减产1.0%；2005年平均产量7 243kg/hm²，比对照金优402增产5.5%。适宜在赣中南稻瘟病轻发区种植。

栽培技术要点：3月20日播种，秧龄20～25d以内，秧田播种量225kg/hm²，大田用种30kg/hm²，农膜覆盖育秧。合理密植，大田栽插规格，株行距19.8cm×16.5cm，每穴插2苗。加强肥水管理，基肥为主，占55%；追肥为辅，占40%，且要早；中后期看苗巧施穗粒肥，占5%，一般施纯氮165kg/hm²，氮、磷、钾比例为1.1：0.5：0.8，中后期切忌氮肥施用过多。注意浅水插秧，寸抽返青，薄水分蘖，苗够晒田，控制无效分蘖，复水后浅水灌溉，有水孕穗，干湿壮籽，乳熟前不断水，切忌断水过早。应重点防好纹枯病、稻纵卷叶螟。

德香早4号 （Dexiangzao 4）

　　品种来源：德农正成种业江西分公司利用D香A（金23A//金23B/泰国香稻）与T0974配组育成。2005年通过江西省农作物品种审定委员会审定，编号：赣审稻2005074。

　　形态特征和生物学特性：属籼型三系杂交早熟早稻。全生育期108d，比对照浙733迟熟0.3d。株高84.5cm，株型适中，群体整齐，叶色淡绿，剑叶长挺，分蘖力强，熟期转色好。有效穗数381万穗/hm²，每穗粒数106.8粒，结实率73.8%，千粒重26.0g。

　　品质特性：糙米率80.8%，精米率72.8%，整精米率59.4%，垩白粒率31.5%，垩白度7.8%，直链淀粉含量20.2%，胶稠度70mm，糙米粒长7.3mm，糙米长宽比3.17。

　　抗性：稻瘟病抗性自然诱发鉴定：苗瘟0级，叶瘟5级，穗瘟5级。

　　产量及适宜地区：2004—2005年参加江西省水稻区试，2004年平均产量6 862kg/hm²，比对照浙733减产2.3%；2005年平均产量7 444kg/hm²，比对照浙733增产2.5%。适宜在江西省稻瘟病轻发区种植。

　　栽培技术要点：3月20日播种，秧龄20～25d以内，秧田播种量300kg/hm²，大田用种30kg/hm²。大田栽插规格，株行距16.5cm×19.8cm，每穴插2～3苗，栽插基本苗150万苗/hm²。加强肥水管理，施肥方式，基肥为主，占55%；追肥为辅，占40%，且要早；中后期看苗巧施穗粒肥，占5%，一般施纯氮165kg/hm²，氮、磷、钾比例为1∶0.5∶0.8，中后期切忌氮肥施用过多。注意浅水插秧，寸抽返青，薄水分蘖，苗够晒田，复水后浅水灌溉，有水孕穗，干湿壮籽，乳熟前不断水，切忌断水过早。应重点防好纹枯病、稻纵卷叶螟、二化螟、稻飞虱、稻瘟病等病虫害。

德优1254 (Deyou 1254)

品种来源：德农正成种业有限公司江西分公司利用德5A/R1254选育而成。2008年通过江西省农作物品种审定委员会审定，编号：赣审稻2008031。

形态特征和生物学特性：属籼型三系杂交中熟晚稻。全生育期114d，比对照金优207迟熟3.5d。株高100.0cm，株型紧凑，整齐度好，叶色浓绿，叶片挺直，分蘖力较弱，长势繁茂，穗大粒多，熟期转色好。有效穗数255万穗/hm²，每穗粒数149.7粒，结实率73.4%，千粒重24.5g。

品质特性：糙米率80.2%，精米率71.1%，整精米率57.2%，垩白粒率9.0%，垩白度0.6%，直链淀粉含量18.7%，胶稠度72mm，糙米粒长7.2mm，糙米长宽比3.4。米质达国标一级优质米标准。

抗性：稻瘟病抗性自然诱发鉴定：穗颈瘟为9级，高感稻瘟病。

产量及适宜地区：2006—2007年参加江西省水稻区试，2006年平均产量6 260kg/hm²，比对照金优207增产2.7%；2007年平均产量6 539kg/hm²，比对照金优207增产5.3%。两年平均产量6 399kg/hm²，比对照金优207增产4.0%。适宜在江西省稻瘟病轻发区种植。

栽培技术要点：6月20～25日播种。秧龄25d。栽插规格19.8cm×19.8cm。施肥以基肥为主，追肥前期多施，后期看苗施肥。施水稻专用复合肥750kg/hm²作基肥，插秧后7d追施尿素75kg/hm²、氯化钾1 205kg/hm²。浅水勤灌促进分蘖，够苗晒田，抽穗期深水灌溉，后期以湿润为主，防止后期断水过早。重点防治稻瘟病、二化螟、三化螟、稻纵卷叶螟、稻飞虱等病虫害。

菲优137 (Feiyou 137)

品种来源：黎川县国峰种业有限责任公司利用菲改A/R137杂交选配而成。2008年通过江西省农作物品种审定委员会审定，编号：赣审稻2008023。

形态特征和生物学特性：属籼型三系杂交早熟晚稻。全生育期113d，比对照金优207迟熟3.7d。株高99.6cm，有效穗数288万穗/hm²，每穗粒数124.2粒，结实率71.4%，千粒重25.0g。

品质特性：糙米率80.1%，精米率74.0%，整精米率66.4%，垩白粒率13.0%，垩白度1.4%，直链淀粉含量22.8%，胶稠度62mm，糙米粒长7.5mm，糙米长宽比3.6。米质达国标二级优质米标准。

抗性：稻瘟病抗性自然诱发鉴定：穗颈瘟为9级，高感稻瘟病。

产量及适宜地区：2006—2007年参加江西省水稻区试，2006年平均产量6 300kg/hm²，比对照油优46减产7.4%；2007年平均产量6 291kg/hm²，比对照金优207增产2.1%。两年平均产量6 230kg/hm²。适宜在江西省稻瘟病轻发区种植。

栽培技术要点：6月下旬播种，秧田播种量225kg/hm²，大田用种量22.5kg/hm²。秧龄25d左右。栽插规格16.5cm×19.8cm，每穴插2苗。栽插基本苗150万苗/hm²。施肥以基肥为主，早施追肥，中后期控制氮肥施用，增施磷、钾肥，其中基肥占60%～70%，追肥占30%。浅水移栽，薄水分蘖，够苗晒田，后期干湿交替至成熟，不要断水过早。加强防治稻瘟病、纹枯病、二化螟等病虫害。

菲优463 (Feiyou 463)

品种来源：德农正成种业有限公司江西分公司利用菲改A/T0463杂交选配而成。2006年通过江西省农作物品种审定委员会审定，编号：赣审稻2006064。

形态特征和生物学特性：属籼型三系杂交中熟早稻。全生育期114d，比对照金优402迟熟2.3d。株高87.5cm，株型适中，叶色绿，长势一般，分蘖力较强，熟期转色好。有效穗数321万穗/hm²，每穗粒数101.0粒，结实率79.8%，千粒重28.4g。

品质特性：糙米率82.7%，精米率70.9%，整精米率35.4%，垩白粒率88%，垩白度13.2%，直链淀粉含量19.70%，胶稠度70mm，糙米粒长7.4mm，糙米长宽比3.1。

抗性：稻瘟病抗性自然诱发鉴定：穗颈瘟最高为7级，感稻瘟病。

产量及适宜地区：2005—2006年参加江西省水稻区试，2005年平均产量7 206kg/hm²，比对照金优402减产0.4%；2006年平均产量6 713kg/hm²，比对照金优402增产3.9%。适宜在赣中南稻瘟病轻发区种植。

栽培技术要点：3月20日播种，秧田播种量300kg/hm²，大田用种量30kg/hm²。秧龄25d，栽插规格16.5cm×19.8cm，每穴插2苗。施肥方式以基肥为主占55%，追肥为辅占40%，后期看苗巧施穗粒肥占5%，施纯氮165kg/hm²，氮、磷、钾比例为1.0∶0.5∶0.8，基肥沤田，追肥在栽后7～10d内分1～2次施完。浅水插秧，寸水返青，薄水分蘖，够苗晒田，有水孕穗，干湿壮籽，后期切忌断水过早。重点加强防治稻瘟病、纹枯病、稻纵卷叶螟、二化螟、稻飞虱等病虫害。

菲优98 (Feiyou 98)

品种来源：德农正成种业有限公司江西分公司以菲改A/R9833（T0463变异株）杂交选配而成。2006年通过江西省农作物品种审定委员会审定，编号：赣审稻2006065。

形态特征和生物学特性：属籼型三系杂交中熟早稻。全生育期112d，比对照金优402迟熟0.3d。株高88.0cm，株型紧凑，剑叶挺直，长势繁茂，抽穗整齐，分蘖力较强，颖尖秆黄色，穗大粒多，熟期转色好。有效穗数312万穗/hm^2，每穗粒数132.3粒，结实率77.9%，千粒重24.3g。

品质特性：糙米率82.5%，精米率71.6%，整精米率50.5%，垩白粒率76.0%，垩白度5.3%，直链淀粉含量19.5%，胶稠度73mm，糙米粒长6.9mm，糙米长宽比3.0。

抗性：稻瘟病抗性自然诱发鉴定：穗颈瘟最高为9级，高感稻瘟病。

产量及适宜地区：2005—2006年参加江西省水稻区试，2005年平均产量7 373kg/hm^2，比对照金优402增产1.9%；2006年平均产量6 729kg/hm^2，比对照金优402增产1.3%。适宜在江西省平原地区的稻瘟病轻发区种植。

丰华优1号（Fenghuayou 1）

品种来源：江西省农业科学院水稻研究所、浙江大学利用协青早A/NHR4（浙1500/ZF908）杂交选配而成。2005年通过江西省农作物品种审定委员会审定，编号：赣审稻2005087。

形态特征和生物学特性：属籼型三系杂交中熟晚稻。全生育期123d，比对照汕优46迟熟3.5d。株高106.2cm，株型紧凑，群体整齐，长势繁茂，茎秆粗壮，剑叶短窄挺，有效穗数282万穗/hm²，每穗粒数118.6粒，结实率79.8%，千粒重30.6g。

品质特性：糙米率79.3%，精米率67.0%，整精米率48.3%，垩白粒率90.0%，垩白度18.0%，直链淀粉含量25.5%，胶稠度40mm，糙米粒长7.2mm，糙米长宽比2.8。

抗性：稻瘟病抗性自然诱发鉴定：苗瘟4级，叶瘟3级，穗瘟7级。

产量及适宜地区：2003—2004年参加江西省水稻区试，2003年平均产量7 167kg/hm²，比对照汕优46增产7.7%；2004年平均产量7 889kg/hm²，比对照汕优46增产4.5%。适宜在赣中南稻瘟病轻发区种植。

栽培技术要点：6月中下旬播种，秧龄35d以内。栽插规格16.5cm×26.4cm或13.2cm×29.7cm，采用宽行窄株，以改变田间通风透光，增加边际效应。一般基肥和分蘖肥占80%以上，力争足肥早发，剑叶抽出前适施穗肥保大穗。氮、磷、钾比例为1∶0.5∶1。采用浅灌勤灌，干干湿湿，要求浅水插秧，深水返青，返青后浅水勤灌促分蘖，后期干湿交替防早衰。重点防治稻瘟病、螟虫、稻飞虱。

丰华优2号 （Fenghuayou 2）

品种来源：江西省农业科学院水稻研究所、浙江大学利用白丰A/NHR4（浙1500/ZF908）杂交选配而成。2005年通过江西省农作物品种审定委员会审定，编号：赣审稻2005082。

形态特征和生物学特性：属籼型三系杂交中熟一季稻。全生育期128d，比对照汕优63迟熟1.8d。株高123.9cm，株型适中，植株整齐，长势繁茂，叶色浓绿，穗大粒多，后期转色好。有效穗数228万穗/hm²，每穗粒数169.7粒，结实率74.4%，千粒重26.4g。

品质特性：糙米率81.2%，精米率68.3%，整精米率49.2%，垩白粒率65.0%，垩白度13.2%，直链淀粉含量27.5%，胶稠度50mm，糙米粒长6.2mm，糙米长宽比2.4。

抗性：稻瘟病抗性自然诱发鉴定：苗瘟2级，叶瘟3级，穗瘟9级。

产量及适宜地区：2003—2004年参加江西省水稻区试，2003年平均产量7 604kg/hm²，比对照汕优63增产2.5%；2004年平均产量8 009kg/hm²，比对照汕优63增产3.5%。适宜在江西省稻瘟病轻发区种植。

栽培技术要点：5月中旬播种，秧龄30d以内，栽插规格16.5cm×24.75cm或11.55cm×29.7cm，栽插足基本苗105万苗/hm²。基肥和分蘖肥占80%以上，种肥早施促早发，适当施用穗粒肥。氮、磷、钾比例为1∶0.5∶0.8。浅水勤灌促分蘖，剑叶抽出前适施穗肥保大穗，后期干干湿湿以防早衰。重点防治螟虫、稻瘟病、稻曲病等病虫害。

丰源优2297（Fengyuanyou 2297）

品种来源：袁隆平农业高科技股份有限公司江西种业分公司利用丰源A/R2297（湘恢299/R6135）杂交选配而成。2010年通过江西省农作物品种审定委员会审定，编号：赣审稻2010029。2014年通过湖南省农作物品种审定委员会审定，编号：湘审稻2014017。

形态特征和生物学特性：属籼型三系杂交早熟晚稻。全生育期114d，比对照金优207长4.7d。株高98.3cm，株型适中，叶色浓绿，剑叶短挺，分蘖力较强，长势一般，秆尖紫色，着粒密，熟期转色好。有效穗数258万穗/hm²，每穗粒数149.4粒，结实率74.5%，千粒重27.1g。

品质特性：糙米率82.2%，精米率73.6%，整精米率65.4%，糙米粒长7.0mm，糙米长宽比3.3，垩白粒率28.0%，垩白度1.7%，直链淀粉含量19.4%，胶稠度50mm。米质达国标三级优质米标准。

抗性：稻瘟病抗性自然诱发鉴定：穗颈瘟为9级，高感稻瘟病。

产量及适宜地区：2008—2009年参加江西省水稻区试，2008年平均产量6 965kg/hm²，比对照金优207增产4.6%；2009年平均产量7 307kg/hm²，比对照金优207增产8.8%。两年平均产量7 136kg/hm²，比对照金优207增产6.7%。适宜在江西省稻瘟病轻发区种植。

栽培技术要点：6月下旬播种，秧田播种量180kg/hm²，大田用种量22.5kg/hm²。秧龄25d。栽插规格16.5cm×19.8cm，每穴插2苗。施足基肥，栽后7d内追肥，适增磷、钾肥。施纯氮165kg/hm²、纯磷90kg/hm²、纯钾165kg/hm²。浅水插秧，深水返青，浅水分蘖，够苗晒田，有水孕穗，后期保持湿润，不要断水过早。综合防治稻瘟病等病虫害。

丰源优24 (Fengyuanyou 24)

品种来源：袁隆平农业高科技股份有限公司江西分公司利用丰源A/CA24（先恢207/明恢63）杂交选配而成。2010年通过江西省农作物品种审定委员会审定，编号：赣审稻2010030。

形态特征和生物学特性：属籼型三系杂交中熟晚稻。全生育期122d，比对照淦鑫688长0.2d。株高103.8cm，株型适中，叶色浓绿，剑叶长直，分蘖力强，田间长相清秀，秆尖紫色，熟期转色好。有效穗数291万穗/hm²，每穗粒数133.2粒，结实率77.6%，千粒重27.3g。

品质特性：糙米率81.6%，精米率72.4%，整精米率67.0%，糙米粒长6.6mm，糙米长宽比2.9，垩白粒率60.0%，垩白度5.4%，直链淀粉含量18.8%，胶稠度50mm。

抗性：稻瘟病抗性自然诱发鉴定：穗颈瘟为9级，高感稻瘟病。

产量及适宜地区：2008—2009年参加江西省水稻区试，2008年平均产量7 655kg/hm²，比对照淦鑫688增产6.0%，显著；2009年平均产量7 668kg/hm²，比对照淦鑫688增产5.0%，显著。两年平均产量7 661kg/hm²，比对照淦鑫688增产5.5%。适宜在江西省稻瘟病轻发区种植。

栽培技术要点：赣北6月10～15日播种，赣中南6月15～20日播种，秧田播种量180kg/hm²，大田用种量22.5kg/hm²。秧龄30d以内。栽插规格16.5cm×19.8cm，每穴插2苗，栽插基本苗120万苗/hm²。施纯氮195kg/hm²、纯磷90kg/hm²、纯钾150kg/hm²，其中基肥施用量占总用肥量的60%～70%，栽后7d内追肥，后期看苗追肥。浅水促蘖，够苗晒田，有水孕穗，后期保持湿润灌溉，不要断水过早。综合防治稻瘟病等病虫害。

丰源优航98 （Fengyuanyouhang 98）

品种来源：江西省农业科学院水稻研究所利用丰源A/航98选育而成。2009年通过江西省农作物品种审定委员会审定，编号：赣审稻2009010。

形态特征和生物学特性：属籼型三系杂交中熟晚稻。全生育期122d，比对照淦鑫688早熟0.9d。株高96.3cm，株型适中，植株生长整齐，剑叶长挺，分蘖力强，长势繁茂，秆尖紫色。有效穗数309万穗/hm²，每穗粒数111.1粒，结实率74.9%，千粒重29.1g。

品质特性：糙米率81.8%，精米率74.9%，整精米率68.4%，糙米粒长7.2mm，糙米长宽比3.1，垩白粒率12.0%，垩白度0.8%，直链淀粉含量19.7%，胶稠度64mm。米质达国标二级优质米标准。

抗性：稻瘟病抗性自然诱发鉴定：穗颈瘟为9级，高感稻瘟病。

产量及适宜地区：2006年、2008年参加江西省水稻区试，2006年平均产量6 753kg/hm²，比对照汕优46减产1.94%；2008年平均产量7 292kg/hm²，比对照淦鑫688减产0.28%。适宜在江西省稻瘟病轻发区种植。

栽培技术要点：6月中旬播种，秧田播种量150kg/hm²，大田用种量22.5kg/hm²。秧龄25～30d。栽插规格为16.5cm×19.8cm，每穴插2苗，插足基本苗120万苗/hm²。重施基肥，早施追肥，后期看苗补肥。施尿素300kg/hm²，氮、磷、钾比例为1：0.7：1.2。浅水插秧，深水护苗，薄水分蘖，够苗晒田，有水孕穗，后期干湿壮籽，不要断水过早。注意防止倒伏。加强稻瘟病、二化螟、稻纵卷叶螟、稻飞虱等病虫害防治。

福优715 （Fuyou 715）

品种来源：赣州市翔达农作物研究所、四川国豪种业股份有限公司利用福A/RK715选育而成。2011年通过江西省农作物品种审定委员会审定，编号：赣审稻2011002。

形态特征和生物学特性：属籼型三系杂交中熟一季稻。全生育期124d，比对照Ⅱ优838迟熟0.2d。株高115.7cm，株型适中，剑叶挺直，稃尖紫色，着粒密，熟期转色好。有效穗数264万穗/hm²，每穗粒数161.2粒，结实率80.3%，千粒重28.9g。

品质特性：糙米率82.2%，精米率71.6%，整精米率60.8%，粒长7.2mm，长宽比3.3，垩白粒率30.0%，垩白度3.9%，直链淀粉含量18.1%，胶稠度67mm。米质达国标三级优质米标准。

抗性：稻瘟病抗性自然诱发鉴定：穗颈瘟为9级，高感稻瘟病。

产量及适宜地区：2009—2010年参加江西省水稻区试，2009年平均产量7 934kg/hm²，比对照Ⅱ优838增产3.8%；2010年平均产量8 381kg/hm²，比对照Ⅱ优1308增产2.8%。两年平均产量8 157kg/hm²。适宜在江西省稻瘟病轻发区种植。

栽培技术要点：5月上中旬播种，秧田播种量225kg/hm²，大田用种量15.0kg/hm²。秧龄30d左右。栽插规格19.8cm×26.4cm，每穴插2苗。用钙镁磷肥450kg/hm²、45%的复合肥300kg/hm²作基肥，栽后7d追施45%复合肥300kg/hm²，栽后15d后追施45%复合肥150kg/hm²，后期施尿素60kg/hm²、氯化钾45kg/hm²保花壮籽。浅水插秧返青，寸水分蘖，够苗晒田，薄水抽穗，干湿壮籽，收割前7d断水。综合防治稻瘟病、稻飞虱等病虫害。

福优737（Fuyou 737）

品种来源：黄发有利用福A（金23A//金23B/珍汕97B）/R737（明恢63/多系1号）杂交选配而成。2009年通过江西省农作物品种审定委员会审定，编号：赣审稻2009001。

形态特征和生物学特性：属籼型三系杂交中熟一季稻。全生育期128d，比对照Ⅱ优838迟熟2.5d。株高122.4cm，株型紧凑，叶片挺直，长势繁茂，秆尖紫色，穗大粒多，着粒密，熟期转色好。有效穗数243万穗/hm²，每穗粒数158.6粒，结实率75.2%，千粒重25.8g。

品质特性：糙米率79.3%，精米率68.1%，整精米率63.2%，糙米粒长7.1mm，糙米长宽比3.2，垩白粒率16.0%，垩白度1.3%，直链淀粉含量21.0%，胶稠度68mm。米质达国标二级优质米标准。

抗性：稻瘟病抗性自然诱发鉴定：穗颈瘟为9级，高感稻瘟病。

产量及适宜地区：2007—2008年参加江西省水稻区试，2007年平均产量7 473kg/hm²，比对照Ⅱ优838增产6.2%；2008年平均产量8 279kg/hm²，比对照Ⅱ优838增产5.5%。两年平均产量7 877kg/hm²，比对照Ⅱ优838增产5.8%。适宜在江西全省稻瘟病轻发区种植。

栽培技术要点：5月中旬播种，秧田播种量225kg/hm²，大田用种量15kg/hm²。栽插规格19.8cm×26.4cm，每穴插2苗，栽插基本苗90万苗/hm²。用钙镁磷肥450kg/hm²和45%的复合肥300kg/hm²作基肥，栽后7d追施45%复合肥300kg/hm²，后期看苗适当追肥。浅水插秧，浅水返青，寸水分蘖，够苗晒田，薄水抽穗，干湿壮籽，割前7～10d断水。加强稻瘟病、纹枯病等病虫害的防治。

淦鑫202（Ganxin 202）

品种来源：江西现代种业有限责任公司利用五丰A/R71杂交选配而成。2006年通过江西省农作物品种审定委员会审定，编号：赣审稻2006060。

形态特征和生物学特性：属籼型三系杂交早熟早稻。全生育期107d，比对照浙733迟熟0.3d。株高77.7cm，株型适中，叶色绿，长势一般，整齐度差，分蘖力强，稃尖紫色，熟期转色好。有效穗数360万穗/hm²，每穗粒数90.6粒，结实率83.1%，千粒重26.2g。

品质特性：糙米率81.6%，精米率69.5%，整精米率35.0%，垩白粒率78%，垩白度13.3%，直链淀粉含量19.6%，胶稠度67mm，糙米粒长6.7mm，糙米长宽比2.8。

抗性：稻瘟病抗性自然诱发鉴定：穗颈瘟最高为5级，中感稻瘟病。

产量及适宜地区：2005—2006年参加江西省水稻区试，2005年平均产量6 960kg/hm²，比对照浙733增产0.7%；2006年平均产量6 456kg/hm²，比对照浙733增产0.3%。适宜在江西省稻瘟病轻发区种植。

栽培技术要点：3月25～30日播种，秧田播种量150kg/hm²，大田用种22.5kg/hm²。栽插规格13.2cm×16.5cm或16.5cm×16.5cm，每穴插2苗。采用基肥足、早追肥、巧补穗肥的方法，耙田施25%水稻专用肥600kg/hm²，移栽后5～6d追施尿素300kg/hm²，孕穗期追施氯化钾75kg/hm²。水分管理做到干湿相间促分蘖，够苗晒田，孕穗以湿为主，干湿交替壮籽，后期切忌断水过早。及时防治稻瘟病、二化螟、稻纵卷叶螟、稻飞虱等病虫害。

淦鑫203 （Ganxin 203）

品种来源：广东省农业科学院水稻研究所、江西现代种业有限责任公司、江西农业大学农学院利用荣丰A/R3（嘉早312变异株系选）杂交选配而成。原名：荣优3号。2006年通过江西省农作物品种审定委员会审定，编号：赣审稻2006062；2009年通过国家审定，编号：国审稻2009009；2010年通过广东韶关市审定，编号：韶审稻201001。

形态特征和生物学特性：属籼型三系杂交中熟早稻。全生育期113d，比对照金优402迟熟1.2d。株高88.3cm，株型适中，叶色浓绿，长势旺盛，分蘖力强，稃尖紫色，熟期转色好。有效穗数345万穗/hm²，每穗粒数101.9粒，结实率84.3%，千粒重27.5g。

品质特性：糙米率82.5%，精米率71.0%，整精米率31.9%，垩白粒率79.0%，垩白度9.5%，直链淀粉含量20.2%，胶稠度72mm，糙米粒长7.0mm，糙米长宽比2.9。

抗性：稻瘟病抗性自然诱发鉴定：穗颈瘟最高为9级，高感稻瘟病。

产量及适宜地区：2005—2006年参加江西省水稻区试，2005年平均产量7 328kg/hm²，比对照金优402增产2.6%；2006年平均产量7 002kg/hm²，比对照金优402增产5.9%。适宜在江西省平原地区的稻瘟病轻发区种植。

栽培技术要点：3月20～25日播种，秧田播种量150kg/hm²，大田用种量22.5kg/hm²。栽插规格13.2cm×16.5cm或16.5cm×16.5cm，每穴插2苗，栽插基本苗150万苗/hm²。采用基肥足、早追肥、巧补穗肥的施肥方法。耙田施25%水稻专用肥600kg/hm²，移栽后5～6d追施尿素300kg/hm²，孕穗期追施氯化钾120kg/hm²。水分管理做到干湿相间促分蘖，够苗晒田，孕穗以湿为主，干湿交替壮籽，后期切忌断水过早。重点加强防治稻瘟病、二化螟、稻纵卷叶螟、稻飞虱等病虫害。

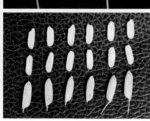

淦鑫600（Ganxin 600）

品种来源：江西现代种业有限责任公司利用天丰A/R169杂交选配而成。2007年通过江西省农作物品种审定委员会审定，编号：赣审稻2007013。

形态特征和生物学特性：属籼型三系杂交中熟晚稻。全生育期121d，比对照汕优46早熟0.5d。株高95.8cm，株型适中，叶色浓绿，整齐度好，分蘖力一般，长势繁茂，秆尖紫色，着粒密，熟期转色好。有效穗数288万穗/hm²，每穗粒数140.7粒，结实率67.0%，千粒重25.7g。

品质特性：糙米率81.6%，精米率75.3%，整精米率71.8%，垩白粒率2.0%，垩白度0.1%，直链淀粉含量21.4%，胶稠度70mm，糙米粒长7.2mm，糙米长宽比3.3。米质达国标一级优质米标准。

抗性：稻瘟病抗性自然诱发鉴定：穗颈瘟为9级，高感稻瘟病。

产量及适宜地区：2005—2006年参加江西省水稻区试，2005年平均产量7 094kg/hm²，比对照汕优46增产6.1%；2006年平均产量5 874kg/hm²，比对照汕优46减产14.9%。适宜在江西省稻瘟病轻发区种植。

栽培技术要点：6月15日播种，秧田播种量150kg/hm²。秧龄25d，插栽规格16.5cm×16.5cm，每穴插1～2苗。施肥要求氮、磷、钾配合施用。浅水插秧、深水返青、够苗晒田，薄水孕穗，深水扬花，干湿壮籽，收获前7d断水。重点加强防治稻瘟病等病虫害。

淦鑫604（Ganxin 604）

品种来源：江西现代种业有限责任公司利用五丰A//淦恢3号（抗蚊青占/桂99）杂交选配而成。原名：五丰优淦3号。2009年通过江西省农作物品种审定委员会审定，编号：赣审稻2009023

形态特征和生物学特性：属籼型三系杂交早熟晚稻。全生育期119d，比对照淦鑫688早熟4.0d。株高96.8cm，株型紧凑，整齐度好，叶色浓绿，有效穗数270万穗/hm²，每穗粒数105.9粒，结实率82.2%，秆尖紫色，千粒重32.2g。

品质特性：糙米率79.5%，精米率66.8%，整精米率58.4%，糙米粒长7.2mm，糙米长宽比2.9，垩白粒率25.0%，垩白度1.8%，直链淀粉含量22.9%，胶稠度54mm。米质达国标三级优质米标准。

抗性：稻瘟病抗性自然诱发鉴定：穗颈瘟为9级，高感稻瘟病。

产量及适宜地区：2007—2008年参加江西省水稻区试，2007年平均产量7 154kg/hm²，比对照油优46增产5.7%，2008年平均产量7 538kg/hm²，比对照淦鑫688增产2.5%。适宜在江西省稻瘟病轻发区。

栽培技术要点：6月20～25日播种，秧田播种量300kg/hm²。秧龄30d。栽插规格19.8cm×19.8cm或19.8cm×23.1cm，每穴插1～2苗，栽插基本苗120万苗/hm²。基肥与追肥施用比例为6：4，施用纯氮180kg/hm²，氮、磷、钾比例为1：0.5：1。浅水插秧、深水返青，够苗晒田，孕穗薄水，深水扬花，干湿壮籽，收获前7d断水。注意防止倒伏。重点加强防治稻瘟病、稻飞虱、二化螟、稻瘿蚊等病虫害。

淦鑫688（Ganxin 688）

品种来源：江西农业大学农学院利用天丰A/昌恢121（粤香占/香籼402）杂交选配而成。原名：昌优11号。2006年通过江西省农作物品种审定委员会审定，编号：赣审稻2006032。2010年湖南引种，编号：湘引种201026。

形态特征和生物学特性：属籼型三系杂交中熟晚稻。全生育期124d，比对照汕优46迟熟1.4d。株高101.6cm，株型紧凑，生长整齐，叶色浓绿，剑叶宽挺，茎秆粗壮，分蘖力强，着粒密，熟期转色好。有效穗数300万穗/hm²，每穗粒数146.6粒，结实率76.5%，千粒重24.9g。

品质特性：糙米率80.1%，精米率68.8%，整精米率58.9%，垩白粒率57.0%，垩白度4.0%，直链淀粉含量25.3%，胶稠度30mm，糙米粒长7.1mm，糙米长宽比3.2，有香味。

抗性：稻瘟病抗性自然诱发鉴定：苗瘟5级，叶瘟5级，穗瘟3级。

产量及适宜地区：2004—2005年参加江西省水稻区试，2004年平均产量7 900kg/hm²，比对照汕优46增产1.6%；2005年平均产量7 026kg/hm²，比对照汕优46增产5.0%。适宜在江西省稻瘟病轻发区种植。

栽培技术要点：6月20日播种，秧田播种量150kg/hm²，大田用种量15kg/hm²。栽插规格13.2cm×23.1cm或16.5cm×19.8cm，每穴2苗，栽插基本苗180万苗/hm²。用鲜稻草3 000kg/hm²还田、钙镁磷肥450kg/hm²作基肥，栽前用300kg/hm²碳酸氢铵作面肥，栽后7d追施尿素60kg/hm²、氯化钾120kg/hm²，保蘖促花肥施尿素30kg/hm²，后期看苗追肥。浅水插秧，浅水返青，活穴后露田促根，遮泥水分蘖，够苗晒田，薄水抽穗，干湿壮籽，割前7～10d开沟断水。注意稻曲病及其他病虫害的防治。

淦鑫7号 （Ganxin 7）

品种来源：江西现代种业有限责任公司利用天丰A/R57杂交选配而成。2007年适宜江西省农作物品种审定委员会审定，编号：赣审稻2007003。

形态特征和生物学特性：属籼型三系杂交中熟一季稻。全生育期125d，比对照Ⅱ优838早熟1.4d。株高111.7cm，株型紧凑，叶色绿，抽穗整齐，长势繁茂，稃尖紫色，着粒密，熟期转色好。有效穗数255万穗/hm²，每穗粒数146.4粒，结实率79.4%，千粒重25.6g。

品质特性：糙米率81.4%，精米率72.5%，整精米率49.8%，垩白粒率77.0%，垩白度10.0%，直链淀粉含量23.2%，胶稠度52mm，糙米粒长7.1mm，糙米长宽比3.2。

抗性：稻瘟病抗性自然诱发鉴定：穗颈瘟为9级，高感稻瘟病。

产量及适宜地区：2005—2006年参加江西省水稻区试，2005年平均产量7 383kg/hm²，比对照Ⅱ优838增产3.1%；2006年平均产量7 911kg/hm²，比对照Ⅱ优838增产10.1%，增产极显著。适宜在江西省稻瘟病轻发区种植。

栽培技术要点：4月底至5月初播种，秧田播种量150kg/hm²。秧龄30d，插栽规格23.1cm×23.1cm，每穴插1～2苗。施肥要求氮、磷、钾配合施用。浅水插秧、深水返青，够苗晒田，薄水孕穗，深水扬花，干湿壮籽，收获前7d断水。重点加强防治稻瘟病等病虫害。

赣6优88 (Gan 6 you 88)

品种来源：江西省农业科学院水稻研究所利用赣6A（中9A//IR58 025B/金23B）/测8-8杂交选配而成。2009年通过江西省农作物品种审定委员会审定，编号：赣审稻2009044。

形态特征和生物学特性：属籼型三系杂交早熟晚稻。全生育期108d，比对照金优207早2.8d。株高96.7cm，株型适中，植株生长整齐，叶色淡绿，分蘖力强，颖尖秆黄色，熟期转色好。有效穗数342万穗/hm²，每穗粒数106.8粒，结实率81.0%，千粒重23.0g。

品质特性：糙米率77.2%，精米率66.5%，整精米率63.1%，糙米粒长7.1mm，糙米长宽比3.4，垩白粒率17.0%，垩白度1.9%，直链淀粉含量22.6%，胶稠度60mm。米质达国标二级优质米标准。

抗性：稻瘟病抗性自然诱发鉴定：穗颈瘟为9级，高感稻瘟病。

产量及适宜地区：2007—2008年参加江西省水稻区试，2007年平均产量4 005kg/hm²，比对照金优207增产3.1%；2008年平均产量6 647kg/hm²，比对照金优207减产3.1%。两年平均产量6 524kg/hm²。适宜在江西省稻瘟病轻发区种植。

栽培技术要点：6月24～25日播种，秧田播种量180kg/hm²，大田用种量22.5kg/hm²。秧龄20～25d。栽插规格16.5cm×19.8cm，每穴插3～4苗。施复合肥525kg/hm²、磷肥300kg/hm²、钾肥150kg/hm²作底肥。移栽后7d，施尿素150kg/hm²。浅水移栽，够苗晒田，深水孕穗、抽穗、灌浆，后期干湿交替，收割前7d断水。注意防治稻瘟病等病虫害。

赣亚1号 （Ganya 1）

品种来源：江西省滨湖农业科学研究所、江西省农业科学院水稻研究所利用温敏核不育系培矮64S/Hb-01（R187）杂交配组而成。2002年通过江西省农作物品种审定委员会审定，编号：赣审稻2002022。

形态特征和生物学特性：属籼型两系杂交迟熟中稻。全生育期153d，感光性强，6月上旬播种，生育期可缩短15～20d。株高121.0cm，株型紧凑，叶片窄挺、呈瓦楞型。有效穗数219万穗/hm²，每穗总粒数174.2粒，结实率69.6%，千粒重20.3g。

品质特性：糙米率82.9%，精米率76.1%，整精米率67.1%，谷粒长5.9mm、长宽比2.6，垩白粒率46.0%，垩白度8.4%，透明度2级，碱消值6.8级，胶稠度46mm，直链淀粉含量20.0%，蛋白质含量10.9%。

抗性：稻瘟病抗性：苗瘟0级，叶瘟2级，穗瘟5级。

产量及适宜地区：2000年、2001年参加江西省水稻区试，2000年平均产量6 093kg/hm²，比对照汕优63减产8.6%；2001年平均产量6 188kg/hm²，比对照博优752减产11.1%。适宜在江西省作一季晚稻种植。

栽培技术要点：5月中旬播种，播种量120kg/hm²。适当密植，栽插规格13.2cm×23cm（中肥）或13.2cm×26.4cm（高肥），每穴1～2苗。重施基肥，轻施基肥，增加中后期施肥，穗期喷施微肥。薄露灌溉，注意防治病虫害。

洪崖优2号 （Hongyayou 2）

品种来源：江西省会昌县种子公司利用金23A/HC101（IR207/明恢63//侧64-7）杂交选配而成。2006年通过江西省农作物品种审定委员会审定，编号：赣审稻2006034。

形态特征和生物学特性：属籼型三系杂交早熟晚稻。全生育期109d，比对照金优207早熟1.4d。株高96.4cm，株型紧凑，生长整齐，叶色浓绿，叶片挺直，成穗率高，穗大粒多，熟期转色好。有效穗数306万穗/hm²，每穗粒数118.1粒，结实率82.6%，千粒重25.7g。

品质特性：糙米率82.6%，精米率70.2%，整精米率59.5%，垩白粒率35.0%，垩白度4.2%，直链淀粉含量22.2%，胶稠度55mm，糙米粒长7.0mm，糙米长宽比3.2。

抗性：稻瘟病抗性自然诱发鉴定：苗瘟5级，叶瘟5级，穗瘟5级。

产量及适宜地区：2004—2005年参加江西省水稻区试，2004年平均产量7 047kg/hm²，比对照金优207增产1.9%；2005年平均产量6 384kg/hm²，比对照金优207减产0.3%。适宜在江西省稻瘟病轻发区种植。

栽培技术要点：6月底、7月初播种，秧田播种量225kg/hm²，大田用种量22.5kg/hm²。栽插规格19.8cm×19.8cm，每穴插2苗，每公顷插基本苗120万苗/hm²。用猪牛栏粪15t/hm²、钙镁磷肥450kg/hm²作基肥，栽后7d追复合肥225kg/hm²，保花肥施900kg/hm²尿素、氯化钾562.5kg/hm²，后期看苗补肥。浅水移栽，浅水返青，寸水分蘖，够苗晒田，薄水抽穗，干湿壮籽，割前7～10d断水。注意防治稻瘟病及其他病虫害。

吉优225 （Jiyou 225）

品种来源：江西省农业科学院水稻研究所、江西省超级水稻研究发展中心、广东省农业科学院水稻研究所利用吉丰A/R225(R998变异株)杂交选配而成。2014年通过江西省农作物品种审定委员会审定，编号：赣审稻2014013。

形态特征和生物学特性：属籼型三系杂交早熟晚稻。全生育期117d，比对照岳优9113早熟0.3d。株高96.5cm，株型适中，剑叶短直，分蘖力中，秆尖紫色，穗粒数多、着粒密，熟期转色好。有效穗数288万穗/hm²，每穗粒数144.6粒，结实率80.4%，千粒重24.8g。

品质特性：糙米率80.3%，精米率73.2%，整精米率63.4%，糙米粒长6.7mm，糙米长宽比3.0，垩白粒率10.0%，垩白度0.6%，直链淀粉含量20.7%，胶稠度50mm。米质达国标二级优质米标准。

抗性：稻瘟病抗性自然诱发鉴定：穗颈瘟为9级，高感稻瘟病。

产量及适宜地区：2012—2013年参加江西省水稻区试，2012年平均产量8 105kg/hm²，比对照岳优9113增产5.4%；2013年平均产量8 262kg/hm²，比对照岳优9113增产2.6%。两年平均产量8 123kg/hm²，比对照岳优9113增产4.0%。适宜在江西省稻瘟病轻发区种植。

栽培技术要点：6月25日播种，秧田播种量150kg/hm²，大田用种量22.5kg/hm²。秧龄25d。栽插规格16.5cm×19.8cm，每穴插2苗。施用水稻专用复合肥750kg/hm²作基肥，移栽后5～7d结合施用化学除草剂追施尿150kg/hm²、氯化钾105kg/hm²。深水返青，浅水促蘖，够苗晒田，浅水孕穗，干湿壮籽，后期不要断水过早。及时防治稻瘟病、二化螟、稻纵卷叶螟、稻飞虱等病虫害。

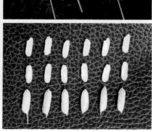

吉优268（Jiyou 268）

品种来源：江西金山种业有限公司、广东省农业科学院水稻研究所、江西省超级水稻研究发展中心利用吉丰A/R268(R80/R90)杂交选配而成。2013年通过江西省农作物品种审定委员会审定，编号：赣审稻2013004。

形态特征和生物学特性：属籼型三系杂交中熟晚稻。全生育期120d，比对照岳优9113迟熟0.2d。株高94.9cm，株型适中，植株田间生长整齐，叶片挺直，长势一般，分蘖力中，稃尖紫色，熟期转色好。有效穗数291万穗/hm²，每穗粒数120.7粒，结实率81.2%，千粒重29.9g。

品质特性：糙米率81.6%，精米率73.3%，整精米率59.2%，糙米粒长7.3mm，糙米长宽比3.0，垩白粒率39.0%，垩白度3.5%，直链淀粉含量19.8%，胶稠度32mm。

抗性：稻瘟病抗性自然诱发鉴定：穗颈瘟为9级，高感稻瘟病。

产量及适宜地区：2011—2012年参加江西省水稻区试，2011年平均产量7 212kg/hm²，比对照岳优9113增产0.7%；2012年平均产量7 878kg/hm²，比对照岳优9113增产0.02%。两年平均产量7 545kg/hm²，比对照岳优9113增产0.4%。适宜在江西省稻瘟病轻发区种植。

栽培技术要点：软盘育秧6月22～25日播种，湿润育秧6月25日播种，秧田播种量180kg/hm²，大田用种量30kg/hm²。叶龄4.5～5.5叶移（抛）栽。栽插规格16.5cm×19.8cm，每穴插2苗，栽插（抛）基本苗150万苗/hm²。施水稻专用复合肥750kg/hm²作基肥，移栽后5～7d结合施用除草剂追施90kg/hm²尿素，孕穗期追施钾肥1 125kg/hm²，后期看苗补肥。浅水分蘖，够苗晒田，干湿相间至成熟，后期不要断水过早。及时防治稻瘟病、纹枯病、二化螟、稻纵卷叶螟、稻飞虱等病虫害。

吉优3号（Jiyou 3）

品种来源：江西汇丰源种业有限公司、江西省超级水稻研究发展中心、广东省农业科学院水稻研究所利用吉丰A/绿恢3号(广恢128/HR15)杂交选配而成。2014年通过江西省农作物品种审定委员会审定，编号：赣审稻2014017。

形态特征和生物学特性：属籼型三系杂交早熟晚稻。全生育期118d，比对照岳优9113迟熟1.1d。株高102.6cm，株型适中，剑叶挺直，长势繁茂，秆尖紫色，熟期转色好。有效穗数294万穗/hm²，每穗粒数135.9粒，结实率83.1%，千粒重25.4g。

品质特性：糙米率78.8%，精米率70.3%，整精米率65.0%，糙米粒长6.8mm，糙米长宽比3.1，垩白粒率18%，垩白度1.3%，直链淀粉含量22.6%，胶稠度50mm。米质达国标二级优质米标准。

抗性：稻瘟病抗性自然诱发鉴定：穗颈瘟为9级，高感稻瘟病。

产量及适宜地区：2012—2013年参加江西省水稻区试，2012年平均产量7 871kg/hm²，比对照岳优9113增产2.3%；2013年平均产量8 388kg/hm²，比对照岳优9113增产4.2%。两年平均产量8 129kg/hm²，比对照岳优9113增产3.3%。适宜在江西省稻瘟病轻发区种植。

栽培技术要点：6月20~25日播种，秧龄25d以内。栽插规格16.5cm×19.8cm，每穴插2~3苗。施水稻专用复合肥750kg/hm²作基肥，移栽后7d，追施尿素75kg/hm²、氯化钾105kg/hm²，抽穗期喷施"谷粒饱"750g/hm²促进齐穗壮籽。浅水分蘖，够苗晒田，深水抽穗，湿润灌浆，干湿壮籽，后期不要断水过早。根据当地农业部门病虫情报，及时防治稻瘟病、稻纵卷叶螟、二化螟、三化螟、稻飞虱等病虫害。

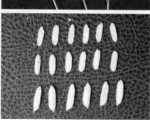

佳优1251（Jiayou 1251）

品种来源：江西科源种业有限公司以佳A/R1251（粳稻ZSP1/测253）杂交选配而成。2009年通过江西省农作物品种审定委员会审定，编号：赣审稻2009015。

形态特征和生物学特性：属籼型三系杂交中熟晚稻。全生育期123d，比对照淦鑫688迟熟0.1d。株高99.8cm，株型适中，整齐度好，叶色浓绿，剑叶长挺，分蘖力一般，长势繁茂，穗大粒多。有效穗数285万穗/hm²，每穗粒数130.4粒，结实率83.4%，千粒重24.9g。

品质特性：糙米率76.9%，精米率67.7%，整精米率63.0%，糙米粒长6.4mm，糙米长宽比2.8，垩白粒率11.0%，垩白度0.8%，直链淀粉含量17.0%，胶稠度66mm。米质达国标二级优质米标准。

抗性：稻瘟病抗性自然诱发鉴定：穗颈瘟为9级，高感稻瘟病。

产量及适宜地区：2007—2008年参加江西省水稻区试，2007年平均产量7 442kg/hm²，比对照油优46增产7.6%；2008年平均产量7 664kg/hm²，比对照淦鑫688增产4.8%。适宜在江西省稻瘟病轻发区种植。

栽培技术要点：赣北6月10～15日播种，赣中南6月15～20日播种，秧田播种量180kg/hm²，大田用种量22.5kg/hm²。秧龄30d以内，栽插规格16.5cm×19.8cm，每穴插2苗。施肥以基肥为主，适增磷、钾肥。施纯氮165kg/hm²、纯磷90.0kg/hm²、纯钾180kg/hm²。浅水插秧，深水返青，够苗晒田，有水孕穗，后期保持湿润灌溉，不要断水过早。注意防止倒伏。加强对稻瘟病等病虫害的防治。

佳优1332（Jiayou 1332）

品种来源：江西科源种业有限公司以佳A/R1332配组而成。2008年通过江西省农作物品种审定委员会审定，编号：赣审稻2008024。

形态特征和生物学特性：属籼型三系杂交早熟晚稻。全生育期111d，比对照金优207迟熟0.9d。株高94.5cm，株型适中，叶色绿，分蘖力强，长势繁茂，颖尖秆黄色，熟期转色好。有效穗数348万穗/hm²，每穗粒数110.9粒，结实率70.6%，千粒重24.2g。

品质特性：糙米率80.8%，精米率73.9%，整精米率66.7%，垩白粒率17.0%，垩白度1.7%，直链淀粉含量18.6%，胶稠度62mm，糙米粒长7.3mm，糙米长宽比3.5。米质达国标二级优质米标准。

抗性：稻瘟病抗性自然诱发鉴定：穗颈瘟为9级，高感稻瘟病。

产量及适宜地区：2006—2007年参加江西省水稻区试，2006年平均产量6 504kg/hm²，比对照金优207增产6.7%；2007年平均产量6 438kg/hm²，比对照金优207增产4.5%。两年平均产量6 471kg/hm²，比对照金优207增产5.6%。适宜在江西省稻瘟病轻发区种植。

栽培技术要点：6月下旬播种，秧田播种量180kg/hm²，大田用种量22.5kg/hm²。秧龄25～30d，栽插规格16.5cm×23.1cm，每穴插2苗，确保栽插基本苗150万苗/hm²。施肥以基肥为主，早施追肥，适增磷、钾肥。施纯氮150kg/hm²、纯磷75.0kg/hm²、纯钾120.0kg/hm²，氮、磷、钾比例为1.0∶0.5∶0.8。寸水返青，薄水分蘖，够苗晒田，浅水孕穗，干湿交替灌浆，后期不要断水过早。综合防治稻瘟病、稻飞虱等病虫害。

佳优615 (Jiayou 615)

品种来源：袁隆平农业高科技股份有限公司江西种业分公司、南宁市沃德农作物研究所佳A/测615（测64-49/密阳46）杂交选配而成。原名：桂优315。2006年通过江西省农作物品种审定委员会审定，编号：赣审稻2006072。

形态特征和生物学特性：属籼型三系杂交中熟晚稻。全生育期112d，比对照金优207迟熟1.5d。株高102.4cm，株型适中，生长整齐，叶色淡绿，剑叶短宽，长势旺盛，分蘖力强。有效穗数330万穗/hm^2，每穗粒数123.9粒，结实率71.5%，千粒重24.5g。

品质特性：糙米率79.7%，精米率66.5%，整精米率45.2%，垩白粒率94.0%，垩白度23.5%，直链淀粉含量23.2%，胶稠度42mm，糙米粒长7.0mm，糙米长宽比3.2。

抗性：稻瘟病抗性自然诱发鉴定：穗颈瘟最高为7级，感稻瘟病。

产量及适宜地区：2004—2005年参加江西省水稻区试，2004年平均产量6 864kg/hm^2，比对照金优207增产0.5%；2005年平均产量6 542kg/hm^2，比对照金优207增产2.1%。适宜在江西省稻瘟病轻发区种植。

栽培技术要点：6月下旬播种，秧田播种量300kg/hm^2，大田用种量22.5kg/hm^2。秧龄25d，栽插30万穴/hm^2，每穴插2苗。以基肥为主，早施追肥，中后期控制氮肥施用，增施磷、钾肥，基肥占60%~70%，追肥占30%。深水返青，浅水分蘖，后水不见前水，够苗晒田，后期干湿壮籽。综合防治稻瘟病等病虫害。

佳优617 (Jiayou 617)

品种来源：江西科源种业有限公司、南宁市沃德农作物研究所利用佳A/R617（明恢77/先恢207）选配而成。2010年通过江西省农作物品种审定委员会审定，编号：赣审稻2010017。

形态特征和生物学特性：属籼型三系杂交早熟晚稻。全生育期111d，比对照金优207长1.3d。株高107.8cm，株型紧凑，叶色浓绿，剑叶长直，分蘖力较强，长势一般，颖尖秆黄色，穗大粒多，熟期转色好。有效穗数267万穗/hm²，每穗粒数137.8粒，结实率79.8%，千粒重25.5g。

品质特性：糙米率81.2%，精米率71.2%，整精米率62.4%，糙米粒长7.1mm，糙米长宽比3.6，垩白粒率18.0%，垩白度1.4%，直链淀粉含量20.0%，胶稠度60mm。米质达国标二级优质米标准。

抗性：稻瘟病抗性自然诱发鉴定：穗颈瘟为9级，高感稻瘟病。

产量及适宜地区：2008—2009年参加江西省水稻区试，2008年平均产量度6 687kg/hm²，比对照金优207减产0.6%；2009年平均产量7 014kg/hm²，比对照金优207增产4.5%。两年平均产量6 851kg/hm²，比对照金优207增产1.9%。适宜在江西省稻瘟病轻发区种植。

栽培技术要点：6月下旬播种，秧田播种量180kg/hm²，大田用种量22.5kg/hm²。秧龄20～25d。栽插规格16.5cm×19.8cm，每穴插2苗，每公顷插基本苗150万。施足基肥，早施追肥，中后期增施钾肥，施纯氮150kg/hm²，氮、磷、钾比例为1.0∶0.5∶1.2。够苗晒田，干湿壮籽，后期不要断水过早。加强稻瘟病、稻飞虱等病虫害的防治。

建优718（Jianyou 718）

品种来源：江西川种种业有限责任公司、湛江神禾生物技术有限公司利用建A/恢718选育而成。2011年通过江西省农作物品种审定委员会审定，编号：赣审稻2011003。

形态特征和生物学特性：属籼型三系杂交中熟一季稻。2009年全生育期128d，比对照Ⅱ优838迟熟4.5d。株高113.2cm，株型紧凑，整齐度好，剑叶挺直，秆尖紫色，着粒密，熟期转色好。有效穗数244万穗/hm^2，每穗粒数160.4粒，结实率82.7%，千粒重26.3g。

品质特性：糙米率81.5%，精米率72.3%，整精米率66.8%，糙米粒长7.0mm，糙米长宽比3.3，垩白粒率10.0%，垩白度1.0%，直链淀粉含量20.9%，胶稠度62mm。米质达国标二级优质米标准。

抗性：稻瘟病抗性自然诱发鉴定：穗颈瘟为9级，高感稻瘟病。

产量及适宜地区：2009—2010年参加江西省水稻区试，2009年平均产量7 917kg/hm^2，比对照Ⅱ优838增产3.6%；2010年平均产量7 779kg /hm^2，比对照Ⅱ优1308减产4.6%。两年平均产量7 848kg/hm^2。适宜在江西省稻瘟病轻发区种植。

栽培技术要点：5月中旬播种，秧田播种量150kg/hm^2，大田用种量15.0kg/hm^2。秧龄25d以内。每穴插2苗，栽插基本苗120万苗/hm^2。下足基肥，早施、重施促蘖肥，后期看苗适施磷、钾肥。深水活穴，浅水分蘖，够苗晒田，有水孕穗、抽穗，后期干干湿湿至成熟，不要断水过早。综合防治稻瘟病、纹枯病、白叶枯病、稻纵卷叶螟、三化螟、稻飞虱等病虫害。

江Ⅱ优赣17 (Jiang Ⅱ yougan 17)

品种来源：江西省杂交水稻技术工程研究中心利用江农早2号A/R458选育而成。原名：
江Ⅱ优458。属籼型三系杂交水稻。1999年通过江西省农作物品种审定委员会审定，编号：
赣审稻1999002。

江Ⅱ优赣18 (Jiang Ⅱ yougan 18)

品种来源：江西省农业科学院水稻研究所用江农2号A与明恢63选配而成。原名：江
Ⅱ优63。1995年通过江西省农作物品种审定委员会审定，编号：赣审稻1995005。

形态特征和生物学特性：属籼型三系杂交中熟晚稻。全生育期125～130d，株高
106.6cm，千粒重29.26g，米质较好。

抗性：对稻瘟病、白叶枯病、稻飞虱等主要病虫害的抗性好于汕优63。

产量及适宜地区：该品种1993—1994年参加江西省区试，两年平均产量6 213kg/hm²，
比对照汕优桂33增产4.3%。适宜在江西省各地种植。

江科732（Jiangke 732）

品种来源：左科生利用金23A/R469（桂99/明恢63）杂交选配而成。2007年通过江西省农作物品种审定委员会审定，编号：赣审稻2007015。

形态特征和生物学特性：属籼型三系杂交早熟晚稻。全生育期118d，比对照金优207迟熟5.4d。株高97.2cm，株型适中，叶色绿，穗层欠整齐，分蘖力较强，长势繁茂，秆尖紫色，穗大粒多，熟期转色好。有效穗数306万穗/hm²，每穗粒数133.5粒，结实率68.4%，千粒重24.7g。

品质特性：糙米率81.0%，精米率72.4%，整精米率57.2%，垩白粒率7.0%，垩白度0.4%，直链淀粉含量21.3%，胶稠度70mm，糙米粒长7.2mm，糙米长宽比3.4。米质达国标一级优质米标准。

抗性：稻瘟病抗性自然诱发鉴定：穗颈瘟为9级，高感稻瘟病。

产量及适宜地区：2004年、2006年参加江西省水稻区试，2004年平均产量7 332kg/hm²，比对照金优207增产7.3%；2006年平均产量6 039kg/hm²，比对照金优207减产5.2%。适宜在江西省稻瘟病轻发区种植。

栽培技术要点：赣北6月中旬播种，赣中南6月中下旬播种，秧田播种量225kg/hm²，大田用种量22.5kg/hm²。秧龄23～27d，栽插规格16.5cm×19.8cm。基肥以有机肥为主，占总用肥量的60%～70%，早施追肥，中后期控制氮肥的用量，适当增施磷、钾肥。浅水分蘖，有水孕穗，后期保持湿润灌溉，不宜断水过早。重点加强防治稻瘟病等病虫害。

江科736 (Jiangke 736)

品种来源: 左科生利用中9A/R1917（测253/明恢63）杂交选配而成。2007年通过江西省农作物品种审定委员会审定，编号：赣审稻2007016。

形态特征和生物学特性: 属籼型三系杂交中熟晚稻。全生育期119d，比对照汕优46早熟2.4d。株高95.7cm，株型适中，叶色浓绿，分蘖力较强，长势繁茂，颖尖秆黄色，穗大粒多，熟期转色好。有效穗数294万穗/hm²，每穗粒数145.4粒，结实率71.0%，千粒重22.9g。

品质特性: 糙米率81.0%，精米率72.9%，整精米率68.2%，垩白粒率3.0%，垩白度0.2%，直链淀粉含量23.2%，胶稠度50mm，糙米粒长6.9mm，糙米长宽比3.3。米质达国标三级优质米标准。

抗性: 稻瘟病抗性自然诱发鉴定：穗颈瘟为9级，高感稻瘟病。

产量及适宜地区: 2005—2006年参加江西省水稻区试，2005年平均产量6 380kg/hm²，比对照汕优46减产4.6%；2006年平均产量6 464kg/hm²，比对照汕优46减产5.0%。适宜在江西省稻瘟病轻发区种植。

栽培技术要点: 赣北6月10～15日播种，赣中南6月15～20日播种，秧田播种量225kg/hm²，大田用种量22.5kg/hm²。秧龄30d以内，栽插规格16.5cm×19.8cm。基肥以有机肥为主，占总用肥量的60%～70%，早施追肥，中后期控制氮肥的用量，适当增施磷、钾肥。浅水分蘖，适时晒田，有水孕穗，后期保持湿润灌溉，不宜断水过早。重点加强防治稻瘟病等病虫害。

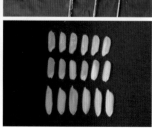

江四优207 （Jiangsiyou 207）

品种来源：江西省农业科学院水稻研究所利用G4A/R207选育而成。2006年通过江西省农作物品种审定委员会审定，编号：赣审稻2006029。

形态特征和生物学特性：属籼型三系杂交中熟晚稻。全生育期115d，比对照金优207迟熟4.3d。株高101.2cm，株型适中，叶色浓绿，叶片宽长，长势繁茂，熟期转色好。有效穗数285万穗/hm²，每穗粒数114.5粒，结实率80.7%，千粒重27.7g。

品质特性：糙米率80.8%，精米率68.2%，整精米率49.9%，垩白粒率57.0%，垩白度13.7%，直链淀粉含量19.6%，胶稠度52mm，糙米粒长7.0mm，糙米长宽比3.2。

抗性：稻瘟病抗性自然诱发鉴定：苗瘟0级，叶瘟7级，穗瘟7级。

产量及适宜地区：2004—2005年参加江西省水稻区试，2004年平均产量6 822kg/hm²，比对照金优207减产0.2%；2005年平均产量6 410kg/hm²，比对照金优207增产0.1%。适宜在江西省稻瘟病轻发区种植。

栽培技术要点：6月下旬播种，秧龄22～25d。栽插规格13.2cm×23.1cm或16.5cm×19.8cm，每穴2苗，栽插基本苗120万苗/hm²。施尿素300kg/hm²、钙镁磷肥750kg/hm²、氯化钾300kg/hm²，前、中、后期施肥比例为6∶2∶2。用水按薄露灌溉，要求前水不见后水，够苗开沟排水晒田，多次轻晒2～3次，后期保持干湿交替，切忌断水过早。综合防治稻瘟病、稻纵卷叶螟、二化螟、三化螟。

江四优402 (Jiangsiyou 402)

品种来源：江西省农业科学院水稻研究所利用G4A/R402选育而成。2008年通过江西省农作物品种审定委员会审定，编号：赣审稻2008035。

形态特征和生物学特性：属籼型三系杂交早熟晚稻。全生育期114d，比对照金优402迟熟2.5d。株高92.7cm，有效穗数351万穗/hm²，每穗粒数82.7粒，结实率87.5%，千粒重29.9g。

品质特性：糙米率81.2%，精米率64.8%，整精米率17.6%，糙米粒长7.4mm，糙米长宽比3.1，垩白粒率98.0%，垩白度24.8%，直链淀粉含量25.2%，胶稠度66mm。

抗性：稻瘟病抗性自然诱发鉴定：穗颈瘟为9级，高感稻瘟病。

产量及适宜地区：2007—2008年参加江西省水稻区试，2007年平均产量7 121kg/hm²，比对照金优402增产3.0%；2008年平均产量7 014kg/hm²，比对照金优402减产2.7%。两年平均产量7 068kg/hm²，比对照金优402增产0.1%。适宜在江西全省稻瘟病轻发区种植。

栽培技术要点：3月下旬播种，秧田播种量180kg/hm²，大田用种量30.2kg/hm²。秧龄30～35d。栽插规格为16.5cm×19.8cm。每穴插2苗，栽插基本苗150万苗/hm²。施尿素300kg/hm²、钙镁磷肥750kg/hm²、氯化钾225kg/hm²，前、中、后期施肥比例为7∶1∶2。浅水分蘖，够苗晒田，后期保持干湿交替，收割前7d断水。重点加强对稻瘟病、稻纵卷叶螟、二化螟、三化螟的防治。

江四优992（Jiangsiyou 992）

品种来源：江西省农业科学院水稻研究所利用G4A/99257杂交选配而成。2004年通过江西省农作物品种审定委员会审定，编号：赣审稻2004021。

形态特征和生物学特性：属籼型三系杂交早熟晚稻。全生育期111d，比对照汕优64迟熟0.9d。株高98.0cm，株型集散适中，叶片平展不披，叶色较淡，剑叶宽挺，穗大粒多，前期生长繁茂，后期转色好。有效穗数327万穗/hm^2，每穗粒数123.8粒，实粒数90.6粒，结实率73.2%，千粒重25.7g。

品质特性：糙米率77.5%，整精米率48.9%，垩白粒率10.0%，垩白度1.0%，直链淀粉含量22.40%，胶稠度50mm，糙米粒长7.2mm，糙米长宽比3.3，米质达部颁二级优质米标准。

抗性：稻瘟病抗性自然诱发鉴定，苗瘟3级，叶瘟3级，穗瘟0级。

产量及适宜地区：2002—2003年参加江西省水稻区试，2002年平均产量6 362kg/hm^2，比对照汕优46减产0.2%；2003年平均产量6 677kg/hm^2，比对照汕优64增产3.8%。适宜在江西省各地种植。

栽培技术要点：6月23～27日播种，大田用种量18.5kg/hm^2，秧田播种量180kg/hm^2。合理密植，插双本，栽插规格16.5cm×20cm或13cm×23cm。施尿素300kg/hm^2、钙镁磷肥750kg/hm^2、氯化钾225kg/hm^2，前、中、后期施肥比例为7：1：2，在抽穗前至灌浆初期喷施叶面肥，增强耐低温能力，提高结实率。自然落干晒田，控制无效分蘖。主要防治稻瘟病、纹枯病、稻纵卷叶螟、三化螟等病虫害。

江杂1号 （Jiangza 1）

品种来源：江西省农业科学院水稻研究所利用香2A（新香A/江农早2号B）/先恢207杂交选配而成。2005年通过江西省农作物品种审定委员会审定，编号：赣审稻2005088。

形态特征和生物学特性：属籼型三系杂交中熟晚稻。全生育期114d，比对照金优207迟熟1.9d。株高107.5cm，株型适中，长势繁茂，叶色浓绿，叶片宽挺，分蘖力较强，成穗率高，后期转色好，穗层欠整齐。有效穗数285万穗/hm²，每穗粒数130.9粒，结实率74.4%，千粒重26.2g。

品质特性：糙米率80.6%，精米率68.5%，整精米率50.2%，垩白粒率35.0%，垩白度5.2%，直链淀粉含量20.8%，胶稠度52mm，糙米粒长7.2mm，糙米长宽比3.2。

抗性：稻瘟病抗性自然诱发鉴定：苗瘟3级，叶瘟3级，穗瘟5级。

产量及适宜地区：2003—2004年参加江西省水稻区试，2003年平均产量6 457kg/hm²，比对照汕优64增产0.6%；2004年平均产量7 283kg/hm²，比对照金优207增产1.6%。适宜在赣中南稻瘟病轻发区种植。

栽培技术要点：6月下旬播种，大田用种量22.5kg/hm²，秧田播种量为150kg/hm²。秧龄以25d，双株栽插，栽插规格16.5cm×19.8cm或13.2cm×23.1cm。重施基肥，补施穗粒肥，促早生快发，保证有效穗300万穗/hm²以上。氮、磷、钾比例为1∶0.5∶1，前中后期施肥比例为6∶2∶2，在拔节期增大钾肥用量，抽穗期至灌浆初期肥料以叶面喷施，提高结实率。在插后一周后，自然落干晒田，控制无效分蘖，灌浆期干湿交替，防过早断水。注意稻瘟病、稻纵卷叶螟、三化螟的综合防治。

金谷F8（Jingu F8）

　　品种来源：赣州市农业科学研究所利用K17eA/赣香1号（F8）杂交选配而成。2006年通过江西省农作物品种审定委员会审定，编号：赣审稻2006030。

　　形态特征和生物学特性：属籼型三系杂交中熟晚稻。全生育期122d，比对照汕优46早熟0.2d。株高103.3cm，株型适中，生长整齐，叶色浓绿，叶片较挺直，分蘖力强，穗粒数多，熟期转色较好。有效穗数300万穗/hm^2，每穗粒数127.9粒，结实率77.6%，千粒重25.8g。

　　品质特性：糙米率80.0%，精米率67.9%，整精米率56.0%，垩白粒率56.0%，垩白度11.2%，直链淀粉含量26.5%，胶稠度43mm，糙米粒长7.1mm，糙米长宽比3.2。

　　抗性：稻瘟病抗性自然诱发鉴定：苗瘟3级，叶瘟5级，穗瘟7级。

　　产量及适宜地区：2004—2005年参加江西省水稻区试，2004年平均产量7 655kg/hm^2，比对照汕优46增产2.6%；2005年平均产量6 731kg/hm^2，比对照汕优46增产0.6%。适宜在江西全省稻瘟病轻发区种植。

　　栽培技术要点：6月20日播种，秧龄25d。插足基本苗，栽插32万穴/hm^2，每穴插2苗。注意氮、磷、钾配合施用，施纯氮150kg/hm^2，氮、磷、钾比例为1.0∶0.5∶1.0，以基肥为主。浅水插秧，深水护苗，薄水分蘖，够苗晒田，干干湿湿，以湿为主，切勿断水过早。严防稻瘟病和稻曲病。

金优113（Jinyou 113）

品种来源：赣州市翔达农作物研究所、四川国豪种业股份有限公司利用金23A/R718(明恢77变异株系选)选育而成。2011年通过江西省农作物品种审定委员会审定，编号：赣审稻2011008。

形态特征和生物学特性：属籼型三系杂交早熟晚稻。全生育期115d，比对照岳优9113早熟0.2d。株高95.9cm，株型适中，叶色浓绿，剑叶宽挺，分蘖力较强，秆尖紫色，熟期转色好。有效穗数300万穗/hm²，每穗粒数145.9粒，结实率79.0%，千粒重23.5g。

品质特性：糙米率76.9%，精米率69.1%，整精米率62.5%，糙米粒长6.4mm，糙米长宽比2.9，垩白粒率27.0%，垩白度2.2%，直链淀粉含量19.2%，胶稠度52mm。米质达国标三级优质米标准。

抗性：稻瘟病抗性自然诱发鉴定：穗颈瘟为9级，高感稻瘟病。

产量及适宜地区：2009—2010年参加江西省水稻区试，2009年平均产量7 835kg/hm²，比对照岳优9113增产4.1%；2010年平均产量7 065kg/hm²，比对照岳优9113增产3.5%。两年平均产量7 450kg/hm²，比对照岳优9113增产3.8%。适宜在江西省稻瘟病轻发区种植。

栽培技术要点：6月下旬播种，秧田播种量150kg/hm²，大田用种量15kg/hm²。秧龄20d。栽插规格16.5cm×19.8cm，每穴插2苗。施45%复合肥300kg/hm²作基肥，栽后5～7d，追施45%复合肥375kg/hm²。浅水分蘖，够苗晒田，浅水孕穗、抽穗，后期干干湿湿，不要断水过早。注意防治稻瘟病、纹枯病、二化螟、三化螟、稻纵卷叶螟、稻飞虱等病虫害。

金优1506 （Jinyou 1506）

品种来源：江西科源种业有限公司以金23A/R1506杂交选配而成。2007年通过江西省农作物品种审定委员会审定，编号：赣审稻2007035。

形态特征和生物学特性：属籼型三系杂交中熟早稻。全生育期112d，比对照金优402迟熟1.0d。株高88.1cm，株型适中，叶色浓绿，长势繁茂，分蘖力强，有效穗多，秆尖紫色，熟期转色好。有效穗数333万穗/hm²，每穗粒数101.7粒，结实率84.9%，千粒重27.0g。

品质特性：糙米率82.1%，精米率64.9%，整精米率43.3%，垩白粒率59.0%，垩白度5.9%，直链淀粉含量18.6%，胶稠度58mm，糙米粒长7.0mm，糙米长宽比3.0。

抗性：稻瘟病抗性自然诱发鉴定：穗颈瘟为9级，高感稻瘟病；穗颈瘟平均损失率为7.4%，好于对照。

产量及适宜地区：2006—2007年参加江西省水稻区试，2006年平均产量6 813kg/hm²，比对照金优402增产2.5%；2007年平均产量7 152kg/hm²，比对照金优402增产3.5%。两年平均产量6 983kg/hm²，比对照金优402增产3.0%。适宜在江西省稻瘟病轻发区种植。

栽培技术要点：3月中下旬播种，秧田播种量180kg/hm²，大田用种量30kg/hm²。秧龄25～30d，栽插规格16.5cm×19.8cm，每穴插2苗。施肥以基肥为主，早施追肥，适增磷、钾肥。施纯氮150kg/hm²、纯磷90kg/hm²、纯钾105kg/hm²，氮、磷、钾比例为1.0∶0.6∶0.6。寸水返青，分蘖期薄水与湿润间歇灌溉，够苗晒田，浅水孕穗，灌浆期干湿交替，后期不要断水过早。综合防治稻瘟病、纹枯病、二化螟、稻纵卷叶螟、稻飞虱等病虫害。

金优16（Jinyou 16）

品种来源：余秋平利用金23A/LZ160（R402/先恢207）杂交选配而成。2007年通过江西省农作物品种审定委员会审定，编号：赣审稻2007028。

形态特征和生物学特性：属籼型三系杂交中熟早稻。全生育期112d，比对照金优402迟熟0.8d。株高87.0cm，株型紧凑，叶色浓绿，叶片挺直，长势繁茂，稃尖紫色，熟期转色好。有效穗数309万穗/hm²，每穗粒数105.4粒，结实率88.8%，千粒重27.0g。

品质特性：糙米率82.2%，精米率67.8%，整精米率53.5%，垩白粒率73.0%，垩白度8.7%，直链淀粉含量16.6%，胶稠度72mm，糙米粒长7.1mm，糙米长宽比3.2。

抗性：稻瘟病抗性自然诱发鉴定：穗颈瘟为7级，感稻瘟病。

产量及适宜地区：2006—2007年参加江西省水稻区试，2006年平均产量6 866kg/hm²，比对照金优402增产3.3%；2007年平均产量6 923kg/hm²，比对照金优402减产0.2%。两年平均产量6 894kg/hm²，比对照金优402增产1.5%。适宜在江西省稻瘟病轻发区种植。

栽培技术要点：3月中下旬播种，秧田播种量225kg/hm²，大田用种量22.5kg/hm²。秧龄30d以内，栽插规格16.5cm×19.8cm，每穴插2苗。施肥以基肥为主，早施追肥，中后期控制氮肥用量，适当增施磷、钾肥。浅水分蘖，够苗晒田，有水孕穗，干湿壮籽，后期不要断水过早，综合防治稻瘟病等病虫害。

金优165 （Jinyou 165）

品种来源：左科生利用金23A/R1650（R288/湘恢299）杂交选配而成。2010年通过江西省农作物品种审定委员会审定，编号：赣审稻2010013。

形态特征和生物学特性：属籼型三系杂交早熟晚稻。全生育期112d，比对照金优207长2.2d。株高100.4cm，株型紧凑，叶色浓绿，叶片挺直，秆尖紫色，穗粒数多、着粒密，熟期转色好。有效穗数258万穗/hm²，每穗粒数128.0粒，结实率83.7%，千粒重26.6g。

品质特性：糙米率81.5%，精米率73.2%，整精米率63.8%，糙米粒长7.0mm，糙米长宽比3.2，垩白粒率10.0%，垩白度0.6%，直链淀粉含量18.2%，胶稠度70mm。米质达国标一级优质米标准。

抗性：稻瘟病抗性自然诱发鉴定：穗颈瘟为9级，高感稻瘟病。

产量及适宜地区：2008—2009年参加江西省水稻区试，2008年平均产量7 085kg/hm²，比对照金优207增产6.5%；2009年平均产量6 699kg/hm²，比对照金优207减产0.2%。两年平均产量6 892kg/hm²，比金优207增产3.1%。适宜在江西省稻瘟病轻发区种植。

栽培技术要点：6月下旬播种，秧田播种量180kg/hm²，大田用种量22.5kg/hm²。秧龄20～25d。栽插规格16.5cm×19.8cm，每穴插2苗，栽插基本苗150万苗/hm²。施足基肥，早施追肥，施纯氮180kg/hm²、纯磷90kg/hm²、纯钾195kg/hm²。浅水插秧，深水返青，活棵后露田促根，够苗晒田，有水孕穗，干湿壮籽，后期不要断水过早。加强稻瘟病、稻飞虱等病虫害的防治。

金优313（Jinyou 313）

品种来源：江西科源种业有限公司利用金23A/R313（R804/明恢82//T0974）杂交选配而成。2009年通过江西省农作物品种审定委员会审定，编号：赣审稻2009036。

形态特征和生物学特性：属籼型三系杂交中熟早稻。全生育期114d，比对照金优402迟熟0.5d。株高91.9cm，株型适中，叶片挺直，长势繁茂，分蘖力强，稃尖紫色，熟期转色好。有效穗数345万穗/hm²，每穗粒数106.6粒，结实率82.1%，千粒重27.3g。

品质特性：糙米率81.6%，精米率69.7%，整精米率50.0%，糙米粒长7.0mm，糙米长宽比3.2，垩白粒率67.0%，垩白度5.4%，直链淀粉含量19.9%，胶稠度62mm。

抗性：稻瘟病抗性自然诱发鉴定：穗颈瘟为9级，高感稻瘟病。

产量及适宜地区：2008—2009年参加江西省水稻区试，2008年平均产量7 487kg/hm²，比对照金优402增产2.2%；2009年平均产量7 746kg/hm²，比对照金优402增产2.3%。两年平均产量7 617kg/hm²，比对照金优402增产2.2%。适宜在江西省稻瘟病轻发区种植。

栽培技术要点：3月中下旬播种，秧田播种量225kg/hm²，大田用种量22.5kg/hm²。秧龄30d以内。栽插规格16.5cm×19.8cm，每穴插2苗。施25%水稻专用复合肥50kg/hm²作基肥，移栽后5～7d结合化学除草追施尿素120kg/hm²、氯化钾105kg/hm²促分蘖，中后期看苗适当补施穗肥。浅水分蘖，够苗晒田，干湿壮籽，后期不要断水过早。重点防治稻瘟病、二化螟等病虫害。

金优418（Jinyou 418）

品种来源：江西九洲种业有限公司利用金23A/洲恢418杂交选配而成。2008年通过江西省农作物品种审定委员会审定，编号：赣审稻2008043。

形态特征和生物学特性：属籼型三系杂交中熟早稻。全生育期113d，比对照金优402迟熟0.7d。株高93.4cm，有效穗数357万穗/hm²，每穗粒数100.5粒，结实率83.9%，千粒重27.3g。

品质特性：糙米率80.0%，精米率67.2%，整精米率40.0%，糙米粒长7.2mm，糙米长宽比3.0，垩白粒率67%，垩白度7.7%，直链淀粉含量20.2%，胶稠度73mm。

抗性：稻瘟病抗性自然诱发鉴定：穗颈瘟为9级，高感稻瘟病。

产量及适宜地区：2007—2008年参加江西省水稻区试，2007年平均产量7 197kg/hm²，比对照金优402增产1.1%；2008年平均产量7 248kg/hm²，比对照金优402减产2.1%。两年平均产量7 223kg/hm²，比对照金优402减产0.5%。适宜在江西省稻瘟病轻发区种植。

栽培技术要点：3月下旬播种，秧田播种量300kg/hm²，大田用种量30kg/hm²。秧龄18～20d。栽插规格为16.5cm×19.8cm，栽插基本苗150万苗/hm²。施肥做到以基肥为主，用肥为40%复合肥600kg/hm²，施纯氮量150kg/hm²，氮、磷、钾比例为1∶0.6∶1。浅水返青，露田分蘖，够苗晒田，湿润孕穗，浅水抽穗，后期干湿交替，不要断水过早。加强防治好稻瘟病、纹枯病、二化螟、稻纵卷叶螟、稻飞虱等病虫害。

金优458（Jinyou 458）

品种来源：江西省农业科学院水稻研究所利用不育系金23A/恢复系458（IR58/桂朝13）杂交选配而成。2003年通过江西省农作物品种审定委员会审定，编号：赣审稻2003005。2008年通过国家农作物品种审定委员会审定，编号：国审稻2008007。

形态特征和生物学特性：属籼型三系杂交中熟早稻。全生育期116d。株高84.8cm。株型适中，茎秆粗壮，分蘖力强。有效穗数366万穗/hm²，每穗粒数73.3粒，结实率83.1%，千粒重28.5g。在长江中下游作双季早稻种植全生育期平均112.1d，比对照金优402长0.4d。株高91.3cm，株型适中，剑叶挺直，熟期转色好，有效穗数339万穗/hm²，每穗粒数109.3粒，结实率82.3%，千粒重26.8g。

品质特性：糙米率81.3%，整精米率28.8%，糙米粒长7.3mm、糙米长宽比3.2，垩白粒率92%，垩白度23.0%，直链淀粉含量18.17%，胶稠度71mm。

抗性：稻瘟病综合指数5.5级，穗瘟损失率最高9级，抗性频率70%；白叶枯病5级。病区自然诱发鉴定苗瘟3级，叶瘟4级，穗颈瘟5级。

产量及适宜地区：2001—2002年参加江西省水稻区试，2001年平均产量6 923kg/hm²，比对照优I402增产4.6%；2002年平均产量6 993kg/hm²，比对照优I402减产0.17%。2005年参加长江中下游迟熟早籼组品种区域试验，平均产量7 883kg/hm²，比对照金优402增产4.40%；2006年续试，平均产量7 550kg/hm²，比对照金优402增产2.27%；两年区域试验平均产量7 716kg/hm²，比对照金优402增产3.34%。2007年生产试验，平均产量7 484kg/hm²，比对照金优402增产5.38%。适宜在江西、湖南以及福建北部、浙江中南部的稻瘟病轻发的双季稻区作早稻种植。

栽培技术要点：①育秧。适时播种，秧田播种量225kg/hm²，大田用种量30kg/hm²，药剂浸种消毒，稀播、匀播，农膜覆盖防寒，培育壮秧。②移栽。秧龄20～25d、叶龄4叶左右移栽，栽插规格16.5cm×20cm，每穴栽插2～3苗。③肥水管理。本田施水稻专用复合肥750kg/hm²作基肥，移栽后5～7d结合化学除草追施尿素120kg/hm²、氯化钾105kg/hm²促蘖，齐穗后视情况补施壮籽肥。前期浅水，每穴苗数达到15苗时排水轻搁控苗，后期干湿交替。④病虫防治。注意及时防治稻瘟病、白叶枯病、螟虫、稻飞虱等病虫害。

金优476（Jinyou 476）

品种来源：江西先农种业有限公司利用金23A/先恢476杂交选配而成。2008年通过江西省农作物品种审定委员会审定，编号：赣审稻2008041。

形态特征和生物学特性：属籼型三系杂交中熟早稻。全生育期115d，比对照金优402迟熟3.4d。株高97.3cm，有效穗数312万穗/hm²，每穗粒数101.1粒，结实率81.0%，千粒重28.7g。

品质特性：糙米率81.0%，精米率66.4%，整精米率29.6%，糙米粒长7.1mm，糙米长宽比3.0，垩白粒率96.0%，垩白度14.8%，直链淀粉含量19.8%，胶稠度30mm。

抗性：稻瘟病抗性自然诱发鉴定：穗颈瘟为9级，高感稻瘟病。

产量及适宜地区：2007—2008年参加江西省水稻区试，2007年平均产量7 028kg/hm²，比对照金优402增产1.7%；2008年平均产量7 160kg/hm²，比对照金优402减产0.7%。两年平均产量7 094kg/hm²，比金优402增产0.5%。适宜在江西全省稻瘟病轻发区种植。

栽培技术要点：3月28日播种，秧田播种量225kg/hm²，大田用种量30kg/hm²。软盘育秧叶龄3.1～3.5叶抛栽，水育秧叶龄4.5叶移栽。栽插规格为16.5cm×19.8cm，每穴插2～3苗或每平方米抛栽28～30穴。施25%水稻专用复混肥600kg/hm²作底肥，栽后5～7d，追施尿素90kg/hm²，幼穗分化初期追施氯化钾90kg/hm²，干湿相间促分蘖，够苗晒田，湿润孕穗，浅水抽穗，湿润灌浆，后期不要断水过早。加强防治稻瘟病、纹枯病、二化螟、稻纵卷叶螟、稻飞虱等病虫害。

金优556 (Jinyou 556)

品种来源：袁飞龙、王永钢、饶锋、石志明利用金23A/R556杂交选配而成。2008年通过江西省农作物品种审定委员会审定，编号：赣审稻2008044。

形态特征和生物学特性：属籼型三系杂交中熟早稻。全生育期113d，比对照金优402迟熟0.6d。株高91.9cm，有效穗数333万穗/hm²，每穗粒数101.6粒，结实率84.0%，千粒重27.6g。

品质特性：糙米率81.4%，精米率68.8%，整精米率45.9%，糙米粒长7.3mm，糙米长宽比3.2，垩白粒率73.0%，垩白度8.8%，直链淀粉含量20.8%，胶稠度67mm。

抗性：稻瘟病抗性自然诱发鉴定：穗颈瘟为9级，高感稻瘟病。

产量及适宜地区：2007—2008年江西省水稻区试，2007年平均产量7 272kg/hm²，比对照金优402增产4.8%；2008年平均产量7 119kg/hm²，比对照金优402减产1.3%。两年平均产量7 196kg/hm²，比金优402增产1.8%。适宜在江西全省稻瘟病轻发区种植。

栽培技术要点：3月底播种，湿润育秧，秧田播种量225kg/hm²，大田用种量37.5kg/hm²；软盘抛秧，秧田播种量600kg/hm²，大田用种量30kg/hm²。抛秧秧龄15～20d，湿润育秧秧龄25d。栽插30万穴/hm²，每穴栽插2苗。施过磷酸钙450kg/hm²、碳酸氢铵300kg/hm²作基肥，移栽后5d，追施氯化钾150kg/hm²、尿素150kg/hm²。浅水分蘖，够苗晒田，浅水孕穗，齐穗后干干湿湿。加强稻瘟病、二化螟、稻纵卷叶螟、稻飞虱等病虫害防治。

金优71 (Jinyou 71)

品种来源：江西省宜黄县种子公司、江西省种子公司利用金23A/R71选育而成。属籼型三系杂交水稻，2001年通过江西省农作物品种审定委员会审定，编号：赣审稻2001004。

金优752（Jinyou 752）

品种来源：江西省农业科学院水稻研究所利用金23A/科恢752选育而成。原名：先农9号。2002年通过江西省农作物品种审定委员会审定，编号：赣审稻2002018。

形态特征和生物学特性：属籼型三系杂交迟熟中稻。全生育期140d，株高118.0cm。根系发达，茎秆粗壮，叶片前披后挺，分蘖力一般，穗大粒多。有效穗数204万穗/hm²，每穗粒数175.7粒，结实率76.8%，千粒重27.2g。芽鞘色绿色，叶鞘色浅紫色，花药颜色黄色。茎秆长度长，茎秆粗细粗，茎秆角度直立，茎秆茎数中；穗长度长，穗伸出度好，穗类型密集，二次枝梗多，穗立形状下垂，茎秆潜伏芽活力高。颖尖色紫色，最长芒的长度短，芒色黄色。每穗粒数多，落粒性中，护颖长度中，护颖色白色，颖壳色黄色。谷粒长度中、宽度中，谷粒形状椭圆形，谷粒千粒重高。糙米长度中、宽度中，糙米形状椭圆形。

品质特性：糙米率81.1%，精米率74.5%，整精米率58.2%，谷粒长6.7mm、长宽比3.1，垩白粒率22.0%，垩白度1.7%，透明度2级，碱消值6.1级，胶稠度42mm，直链淀粉含量20.4%，蛋白质含量10.1%。

抗性：苗瘟2级，叶瘟4级，穗瘟7级；耐肥，抗倒伏。

产量及适宜地区：2001年参加江西省水稻区试，平均产量6 585kg/hm²，比对照博优752减产5.4%。适宜在江西全省作一季稻种植。

栽培技术要点：5月上中旬播种，栽插规格16.5cm×25cm，每穴栽插2苗。重施基肥，早施追肥。后期干湿交替灌溉。注意防治病虫害。

金优844（Jinyou 844）

品种来源：永修县种子公司、长沙市岳麓区希望农业研究所利用23A/R844选育而成。2008年通过江西省农作物品种审定委员会审定，编号：赣审稻2008029。

形态特征和生物学特性：属籼型三系杂交早熟晚稻。全生育期111d，比对照金优207早熟0.1d。株高97.0cm，株型适中，整齐度好，叶色绿，剑叶宽，长势繁茂，稃尖紫色，熟期转色好。有效穗数261万穗/hm²，每穗粒数127.4粒，结实率70.4%，千粒重26.8g。

品质特性：糙米率79.8%，精米率67.6%，整精米率62.3%，垩白粒率19.0%，垩白度1.1%，直链淀粉含量21.4%，胶稠度52mm，糙米粒长6.9mm，糙米长宽比3.3。米质达国标二级优质米标准。

抗性：稻瘟病抗性自然诱发鉴定：穗颈瘟为9级，高感稻瘟病。

产量及适宜地区：2006—2007年参加江西省水稻区试，2006年平均产量6 305kg/hm²，比对照金优207增产3.5%；2007年平均产量6 207kg/hm²，比对照金优207减产1.6%。两年平均产量6 257kg/hm²，比金优207增产0.9%。适宜在江西全省稻瘟病轻发区种植。

栽培技术要点：6月20～25日播种，秧田播种量150kg/hm²，大田用种量15kg/hm²。秧龄25～28d，栽插规格16.5cm×23.1cm，每穴插2苗，确保栽插基本苗120万苗/hm²。施有机肥750kg/hm²、尿素150kg/hm²作基肥，栽后7d，追施尿素150kg/hm²，后期看苗追肥。浅水栽秧，深水返青，够苗晒田，浅水抽穗，后期干湿交替，收割前7～10d断水。加强稻瘟病、二化螟、稻纵卷叶螟、稻飞虱等病虫害的防治。

金优90 (Jinyou 90)

品种来源：德农正成种业有限公司江西分公司利用金23A/R90杂交选配而成。2008年通过江西省农作物品种审定委员会审定，编号：赣审稻2008046。

形态特征和生物学特性：属籼型三系杂交中熟早稻。全生育期113d，比对照金优402迟熟1.1d。株高93.2cm，有效穗数336万穗/hm²，每穗粒数107.9粒，结实率84.5%，千粒重27.1g。

品质特性：糙米率81.6%，精米率68.2%，整精米率45.6%，糙米粒长7.4mm，糙米长宽比3.3，垩白粒率55%，垩白度3.6%，直链淀粉含量20.9%，胶稠度70mm。

抗性：稻瘟病抗性自然诱发鉴定：穗颈瘟为9级，高感稻瘟病。

产量及适宜地区：2007—2008年参加江西省水稻区试，2007年平均产量7 226kg/hm²，比对照金优402增产2.7%；2008年平均产量7 349kg/hm²，比对照金优402减产0.8%。两年平均产量7 287kg/hm²，比金优402增产1.0%。适宜在江西全省稻瘟病轻发区种植。

栽培技术要点：3月20～25日播种，秧龄20～25d。栽插规格为19.8cm×19.8cm。施水稻专用复合肥750kg/hm²作基肥，插秧后7d，追施尿素5kg/hm²、氯化钾120kg/hm²；后期看苗适当追肥。苗期浅水勤灌促进分蘖，够苗晒田，深水抽穗，干干湿湿壮籽，后期不要断水过早。重点防治稻瘟病、二化螟、稻纵卷叶螟、稻飞虱等病虫害。

金优968（Jinyou 968）

品种来源：江西省农业科学院水稻研究所、袁隆平农业高科技股份有限公司江西分公司利用金23A/R968（明恢63变异株系选）杂交选配而成。2005年通过江西省农作物品种审定委员会审定，编号：赣审稻2005035。

形态特征和生物学特性：属籼型三系杂交早熟晚稻。全生育期110d，比对照金优207早熟1.1d。株高92.2cm，株型适中，植株整齐，长势繁茂，叶色淡绿，分蘖力强，成穗率高。有效穗数309万穗/hm²，每穗粒数102.5粒，结实率79.9%，千粒重26.7g。

品质特性：糙米率82.8%，精米率70.0%，整精米率61.2%，垩白粒率47.0%，垩白度7.0%，直链淀粉含量22.9%，胶稠度50mm，糙米粒长7.1mm，糙米长宽比3.2。

抗性：稻瘟病抗性自然诱发鉴定：苗瘟0级，叶瘟3级，穗瘟5级。

产量及适宜地区：2002年、2004年参加江西省水稻区试，2002年平均产量5 257kg/hm²，比对照油优晚3减产4.8%；2004年平均产量6 994kg/hm²，比对照金优207增产1.1%。适宜在江西省稻瘟病轻发区种植。

栽培技术要点：6月下旬播种，秧田播种量150kg/hm²，大田用种量22.5kg/hm²。秧龄20d，栽插规格16.5cm×19.8cm，每穴2苗。施纯氮150kg/hm²，氮、磷、钾比例为1.0：3.0：1.5，基肥占50%。浅水分蘖，够苗退水轻搁，有水抽穗，干干湿湿灌浆，收割前10d左右断水。注意防治稻瘟病等病虫害。

金优9901 (Jinyou 9901)

品种来源：江西省萍乡市农业科学研究所利用金23A/萍恢9901（桂99变异单株）杂交选配而成。2006年江西省农作物品种审定委员会审定，编号：赣审稻2006009。

形态特征和生物学特性：属籼型三系杂交迟熟一季稻。全生育期141d，比对照汕优63迟熟13.4d。株高124.1cm，株型适中，叶色淡绿，整齐度好，长势繁茂，熟期转色一般。有效穗数213万穗/hm²，每穗粒数192.5粒，结实率70.8%，千粒重23.9g。

品质特性：糙米率79.8%，精米率69.0%，整精米率59.0%，垩白粒率17.0%，垩白度2.6%，直链淀粉含量21.6%，胶稠度55mm，糙米粒长6.4mm，糙米长宽比2.9。米质达国标三级优质米标准。

抗性：稻瘟病抗性自然诱发鉴定：苗瘟2级，叶瘟7级，穗瘟9级。

产量及适宜地区：2004—2005年参加江西省水稻区试，2004年平均产量7 707kg/hm²，比对照汕优63减产1.4%；2005年平均产量6 675kg/hm²，比对照汕优63减产6.0%。适宜在江西省稻瘟病轻发区种植。

栽培技术要点：5月中旬播种，秧田播种量150kg/hm²，大田用种量15kg/hm²。秧龄28d，栽插规格19.8cm×26.4cm。施肥做到少量多次，看苗补肥，控制氮肥的用量。一般施纯氮225kg/hm²、纯磷200kg/hm²、纯钾300kg/hm²。重施基肥，移栽后7～10d追返青肥及促蘖肥，7～10d后再追肥一次。浅水返青，湿润分蘖，够苗晒田，寸水抽穗，干湿灌浆，成熟前7～10d断水并及时收获。重点防治稻瘟病等病虫害。

金优992 （Jinyou 992）

品种来源：江西省农业科学院水稻研究所利用金23A/R992杂交选配而成。2008年通过江西省农作物品种审定委员会审定，编号：赣审稻2008010。

形态特征和生物学特性：属籼型三系杂交早熟晚稻。全生育期112d，比对照金优207迟熟1.0d。株高97.5cm，株型适中，整齐度好，叶色绿，分蘖力较强，长势繁茂，秆尖紫色，熟期转色好。有效穗数294万穗/hm²，每穗粒数123.1粒，结实率73.0%，千粒重25.1g。

品质特性：糙米率81.8%，精米率71.2%，整精米率52.8%，垩白粒率7%，垩白度0.8%，直链淀粉含量20.3%，胶稠度72mm，谷粒长6.9mm，谷粒长宽比3.3。米质达国标三级优质米标准。

抗性：稻瘟病抗性自然诱发鉴定：穗颈瘟为9级，高感稻瘟病。

产量及适宜地区：2006—2007年参加江西省水稻区试，2006年平均产量6 017kg/hm²，比对照金优207减产1.3%；2007年平均产量6 422kg/hm²，比对照金优207增产4.3%。两年平均产量6 219kg/hm²，比对照金优207增产1.5%。适宜在江西省稻瘟病轻发区种植。

栽培技术要点：6月下旬播种，大田用种量22.5kg/hm²。秧龄22～25d。栽插规格13.2cm×23.1cm或16.5cm×19.8cm，每穴插2苗，栽插基本苗120万苗/hm²。重施基肥，补施穗粒肥，施用尿素300kg/hm²、钙镁磷肥750kg/hm²、氯化钾225kg/hm²，前、中、后期施肥比例为7：1：2。浅水分蘖，够苗晒田，后期干湿交替，收割前7d断水。加强稻瘟病、稻纵卷叶螟、二化螟、三化螟等病虫害的防治。

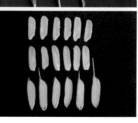

金优F6 (Jinyou F6)

品种来源：江西省农业科学院水稻研究所利用不育系金23A/恢复系F6-7-4（10-35∥桂33/明恢63）选育而成。2002年通过江西省农作物品种审定委员会审定，编号：赣审稻2002008。

形态特征和生物学特性：属籼型三系杂交中熟早稻。全生育期116d。株高92.0cm，株型松散适中，有效穗数324万穗/hm²，每穗粒数101.4粒，结实率76.6%，千粒重25.1g。

品质特性：糙米率79.7%，整精米率41.0%，糙米粒长7.1mm，糙米长宽比3.2，垩白粒率75%，垩白度15.0%，直链淀粉含量18.6%，胶稠度68mm。

抗性：稻瘟病抗性：苗瘟0级，叶瘟3级，穗颈瘟5级。

产量及适宜地区：2000年、2001年参加江西省水稻区试，2000年平均产量6 988kg/hm²，比对照浙733增产6.9%；2001年平均产量6 530kg/hm²，比对照浙733增产2.9%。适宜在江西省各地均可种植。

栽培技术要点：适时早播，培育壮秧，秧龄30d为宜，合理密植，插足基本苗，行株距13cm×20cm，每穴4～5苗，以基肥、有机肥为主，追肥为辅，适当增施磷、钾肥，注意防治病虫害。

金优H4（Jinyou H4）

品种来源：赣州市翔达农作物研究所利用金23A/RH4（R253/明恢77）杂交选配而成。2010年通过江西省农作物品种审定委员会审定，编号：赣审稻2010012。

形态特征和生物学特性：属籼型三系杂交中熟晚稻。全生育期119d，比对照淦鑫688早熟3.3d。株高101.1cm，株型紧凑，叶片略披，分蘖力强，长势一般，秆尖紫色，熟期转色好。有效穗数303万穗/hm²，每穗粒数144.4粒，结实率78.4%，千粒重24.0g。

品质特性：糙米率79.0%，精米率69.6%，整精米率63.0%，糙米粒长6.9mm，糙米长宽比3.1，垩白粒率9.0%，垩白度0.9%，直链淀粉含量19.1%，胶稠度70mm。米质达国标一级优质米标准。

抗性：稻瘟病抗性自然诱发鉴定：穗颈瘟为9级，高感稻瘟病。

产量及适宜地区：2008—2009年参加江西省水稻区试，2008年平均产量7 501kg/hm²，比对照淦鑫688增产2.9%；2009年平均产量7 604kg/hm²，比对照淦鑫688增产4.4%。两年平均产量7 553kg/hm²，比对照淦鑫688增产3.6%。适宜在江西省稻瘟病轻发区种植。

栽培技术要点：6月20日播种，秧田播种量150kg/hm²，大田用种量15kg/hm²。秧龄25d。栽插规格16.5cm×19.8cm，栽插30万穴/hm²，每穴插2苗。施45%复合肥300kg/hm²作基肥，栽后5～7d，追施45%复合肥375kg/hm²。浅水分蘖，够苗晒田，浅水孕穗、齐穗，后期干干湿湿以利壮粒。注意防治稻瘟病、纹枯病、二化螟、三化螟、稻纵卷叶螟、稻飞虱等病虫害。

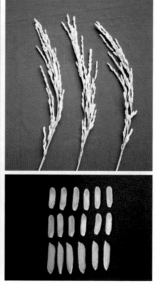

金优L2 (Jinyou L2)

品种来源：赣州市翔达农作物研究所利用金23A/RL2杂交选配而成。2008年通过江西省农作物品种审定委员会审定，编号：赣审稻2008037。

形态特征和生物学特性：属籼型三系杂交中熟早稻。全生育期112d，比对照金优402迟熟0.3d。株高92.3cm，株型适中，整齐度好，分蘖力强，有效穗多，秕尖紫色，熟期转色好。有效穗数339万穗/hm²，每穗粒数103.0粒，结实率85.3%，千粒重27.1g。

品质特性：糙米率81.0%，精米率67.8%，整精米率47.2%，糙米粒长7.2mm，糙米长宽比3.2，垩白粒率70.0%，垩白度7.3%，直链淀粉含量20.6%，胶稠度74mm。

抗性：稻瘟病抗性自然诱发鉴定：穗颈瘟为9级，高感稻瘟病。

产量及适宜地区：2007—2008年参加江西省水稻区试，2007年平均产量7 290kg/hm²，比对照金优402增产3.6%；2008年平均产量7 662kg/hm²，比对照金优402增产3.5%。两年平均产量7 476kg/hm²，比金优402增产3.5%。适宜在江西省稻瘟病轻发区种植。

栽培技术要点：3月下旬播种，秧田播种量225kg/hm²，大田用种量22.5kg/hm²。秧龄30d。栽插规格为16.5cm×19.8cm。每穴插2苗，栽插基本苗150万苗/hm²。施用钙镁磷肥450kg/hm²作基肥。栽后6～7d，追施尿素75kg/hm²、氯化钾120kg/hm²。齐穗期追施尿素37.5kg/hm²。浅水插秧，浅水返青，寸水分蘖，够苗晒田，薄水抽穗，干湿壮籽，收割前7～10d断水。加强稻瘟病等病虫害的防治。

京福4优13（Jingfu 4 you 13）

品种来源：江西现代种业有限责任公司利用京福4A（枝A//冈46B/枝B）/淦恢13（多系1号/R906）杂交选配而成。2010年通过江西省农作物品种审定委员会审定，编号：赣审稻2010003。

形态特征和生物学特性：属籼型三系杂交中熟一季稻。全生育期125d，比对照Ⅱ优838长0.5d。株高125.6cm，株型适中，整齐度好，长势一般，分蘖力强，秆尖紫色，熟期转色好。有效穗数246万穗/hm^2，每穗粒数140.2粒，结实率81.0%，千粒重29.8g。

品质特性：糙米率80.2%，精米率70.4%，整精米率57.6%，糙米粒长6.8mm，糙米长宽比3.0，垩白粒率73.0%，垩白度11.7%，直链淀粉含量18.6%，胶稠度68mm。

抗性：稻瘟病抗性自然诱发鉴定：穗颈瘟为9级，高感稻瘟病。

产量及适宜地区：2008—2009年参加江西省水稻区试，2008年平均产量7 919kg/hm^2，比对照Ⅱ优838增产2.0%；2009年平均产量7 781kg/hm^2，比对照Ⅱ优838增产1.8%。两年平均产量7 850kg/hm^2，比对照Ⅱ优838增产1.9%。适宜在江西省稻瘟病轻发区种植。

栽培技术要点：5月15日前播种，秧田播种量300kg/hm^2。秧龄30d。栽插规格19.8cm×19.8cm或19.8cm×23.1cm，每穴栽插1～2苗，栽插基本苗120万苗/hm^2。施用45%复合肥450kg/hm^{2}作基肥，移栽后5～7d，追施尿素180kg/hm^2、氯化钾150kg/hm^2。浅水插秧、深水返青，够苗晒田，薄水孕穗，深水扬花，干湿壮籽，收获前7d断水。重点防治稻瘟病、稻飞虱、二化螟等病虫害。

九农712（Jiunong 712）

品种来源：江西九洲种业有限公司以中9A/R712（桂99/密阳46//198/253）杂交选配而成。2006年通过江西省农作物品种审定委员会审定，编号：赣审稻2006035。

形态特征和生物学特性：属籼型三系杂交中熟晚稻。全生育期120d，比对照汕优46早熟2.0d。株高110.8cm，株型适中，生长整齐，叶色绿，叶片长披，长势繁茂，有两段灌浆现象，分蘖力较强，穗大粒多，熟期转色较好。有效穗数276万穗/hm²，每穗粒数139.7粒，结实率78.0%，千粒重24.9g。

品质特性：糙米率79.8%，精米率67.9%，整精米率57.1%，垩白粒率26.0%，垩白度3.9%，直链淀粉含量21.6%，胶稠度50mm，糙米粒长7.3mm，糙米长宽比3.3。米质达国标三级优质米标准。

抗性：稻瘟病抗性自然诱发鉴定：苗瘟5级，叶瘟4级，穗瘟5级。

产量及适宜地区：2004—2005年参加江西省水稻区试，2004年平均产量7 690kg/hm²，比对照汕优46增产0.2%；2005年平均产量6 197kg/hm²，比对照汕优46减产7.4%。适宜在江西省稻瘟病轻发区种植。

栽培技术要点：6月15~20日播种，秧田播量225kg/hm²，大田用种量22.5kg/hm²。秧龄25~30d，栽插规格19.8cm×19.8cm，每穴插2苗，栽插基本苗150万苗/hm²。施有机肥22.5t/hm²、40%复合肥300kg/hm²作基肥，移栽后3~5d，施40%复合肥300kg/hm²作追肥。浅水移栽，薄水分蘖，够苗晒田，孕穗至齐穗浅水，齐穗后干干湿湿，不宜断水过早。注意防治稻瘟病、纹枯病、稻蓟马、螟虫、稻飞虱等病虫害。

科香优8417 (Kexiangyou 8417)

品种来源：徐金岑利用科香A/湘恢8417（R998/T0974）杂交选育而成。2011年通过江西省农作物品种审定委员会审定，编号：赣审稻2011012。

形态特征和生物学特性：属籼型三系杂交早熟晚稻。全生育期114d，比对照岳优9113早熟0.8d。株高97.4cm，株型适中，整齐度好，剑叶挺直，分蘖力较强，秆尖紫色，穗粒数多，熟期转色好。有效穗数291万穗/hm²，每穗粒数130.8粒，结实率77.4%，千粒重27.7g。

品质特性：糙米率81.8%，精米率72.6%，整精米率60.6%，糙米粒长7.1mm，糙米长宽比3.2，垩白粒率52.0%，垩白度5.2%，直链淀粉含量21.4%，胶稠度70mm。

抗性：稻瘟病抗性自然诱发鉴定：穗颈瘟为9级，高感稻瘟病。

产量及适宜地区：2009—2010年参加江西省水稻区试，2009年平均产量7 932kg/hm²，比对照岳优9113增产5.4%；2010年平均产量7 022kg/hm²，比对照岳优9113增产2.8%。两年平均产量7 477kg/hm²，比对照岳优9113增产4.1%。适宜在江西省稻瘟病轻发区种植。

栽培技术要点：6月25日播种，秧田播种量180kg/hm²，大田用种量18kg/hm²。秧龄25d左右。栽插规格19.8cm×19.8cm，栽插基本苗120万苗/hm²。底肥以有机肥为主，栽后7d，追施氮肥120kg/hm²；栽后15d，追施复合肥225kg/hm²、尿素150kg/hm²；后期适施磷、钾肥。注意防治稻瘟病、二化螟等病虫害。

科优6418 (Keyou 6418)

品种来源：江西天涯种业有限公司利用科6A/R6418(R198/R644)杂交选配而成。2013年通过江西省农作物品种审定委员会审定，编号：赣审稻2013008。

形态特征和生物学特性：属籼型三系杂交中熟晚稻。全生育期125d，比对照天优998迟熟0.1d。株高96.1cm，株型适中，叶色浓绿，叶片挺直，长势繁茂，分蘖力强，稃尖紫色，穗大粒多，熟期转色好。有效穗数318万穗/hm²，每穗粒数139.3粒，结实率73.9%，千粒重25.9g。

品质特性：糙米率81.4%，精米率74.0%，整精米率70.7%，糙米粒长7.1mm，糙米长宽比3.1，垩白粒率12.0%，垩白度1.0%，直链淀粉含量19.6%，胶稠度50mm。米质达国标三级优质米标准。

抗性：稻瘟病抗性自然诱发鉴定：穗颈瘟为9级，高感稻瘟病。

产量及适宜地区：2011—2012年参加江西省水稻区试，2011年平均产量7 377kg/hm²，比对照增产3.0%；2012年平均产量8 802kg/hm²，比对照天优998增产4.9%。两年平均产量8 090kg/hm²，比对照天优998增产3.9%。适宜在江西省稻瘟病轻发区种植。

栽培技术要点：6月15～18日播种，秧田播种量150kg/hm²，大田用种量22.5kg/hm²。秧龄25～28d。栽插规格16.5cm×19.8cm，每穴栽插2苗，栽插基本苗105万苗/hm²。大田施足基肥，早施分蘖肥，增施磷、钾肥，施15：15：15三元复合肥225kg/hm²作底肥，栽后5～7d结合施用除草剂追施尿素210kg/hm²，幼穗分化初期施氯化钾120kg/hm²作穗肥，后期看苗补肥。浅水移栽，深水返青，干湿相间促分蘖，够苗晒田，有水孕穗，浅水抽穗，湿润灌浆，后期干湿交替，收割前7d断水。根据当地农业部门的病虫预报，及时防治稻瘟病、纹枯病、稻曲病、二化螟、稻纵卷叶螟、稻飞虱等病虫害。

隆平006 (Longping 006)

品种来源: 袁隆平农业高科技股份有限公司江西种业分公司利用T98A/R402选育而成。2005年通过江西省农作物品种审定委员会审定,编号:赣审稻2005078。

形态特征和生物学特性: 属籼型三系杂交中熟早稻。全生育期113d,比对照金优402迟熟2.5d。株高91.6cm,株型适中,长势繁茂,群体整齐,叶色淡绿,剑叶细长挺直,穗大粒多,熟期转色好。有效穗数348万穗/hm²,每穗粒数110.6粒,结实率76.3%,千粒重26.6g。

品质特性: 糙米率81.5%,精米率68.6%,整精米率40.9%,垩白粒率81.0%,垩白度12.2%,直链淀粉含量23.8%,胶稠度50mm,糙米粒长7.3mm,糙米长宽比3.2。

抗性: 稻瘟病抗性自然诱发鉴定:苗瘟0级,叶瘟5级,穗瘟5级。

产量及适宜地区: 2004—2005年参加江西省水稻区试,2004年平均产量7 445kg/hm²,比对照金优402减产1.2%;2005年平均产量7 157kg/hm²,比对照金优402增产4.3%。适宜在赣中南稻瘟病轻发区种植。

栽培技术要点: 3月15~20日播种,播种量300kg/hm²,大田用种量22.5kg/hm²。秧龄30d,栽插规格16.5cm×20.0cm,每穴栽插2苗。以基肥为主,早施追肥,氮肥在移栽后15d内全部施完,后期看苗补施壮籽肥,防后期贪青,施纯氮150.0kg/hm²、纯磷90.0kg/hm²、纯钾105.0kg/hm²,氮、磷、磷比例为1.0:0.6:0.6。浅水分蘖,够苗晒田,孕穗抽穗期保持浅水,干湿壮籽,后期防断水过早,湿润养根。注意防治稻瘟病等病虫害。

隆平048（Longping 048）

品种来源：袁隆平农业高科技股份有限公司江西种业分公司利用T98A/R4480选育而成。2005年通过江西省农作物品种审定委员会审定，编号：赣审稻2005037。

形态特征和生物学特性：属籼型三系杂交早熟晚稻。全生育期112d，比对照金优207迟熟0.8d。株高101.4cm，株型适中，群体生长整齐，长势繁茂，剑叶窄挺，分蘖力较强，成穗率高，穗大粒多，后期转色好。有效穗数318万穗/hm^2，每穗粒数133.0粒，结实率75.2%，千粒重22.0g。

品质特性：糙米率80.6%，精米率68.7%，整精米率55.6%，垩白粒率27%，垩白度2.7%，直链淀粉含量21.6%，胶稠度56mm，糙米粒长6.5mm，糙米长宽比3.0。米质达国标三级优质米标准。

抗性：稻瘟病抗性自然诱发鉴定：苗瘟0级，叶瘟3级，穗瘟5级。

产量及适宜地区：2003—2004年参加江西省水稻区试，2003年平均产量6 329kg/hm^2，比对照汕优64减产2.3%；2004年平均产量7 045kg/hm^2，比对照金优207增产1.4%。适宜在江西省稻瘟病轻发区种植。

栽培技术要点：6月下旬播种，秧田播种量300kg/hm^2，大田用种量22.5kg/hm^2。秧龄25d，栽插30万穴/hm^2，每穴栽插2苗。施足底肥，以有机肥为主，早施追肥，中后期控制氮肥施用，适当增施磷、钾肥，后期干湿交替、湿润养根，不要过早断水，及时防治病虫害，重点注意防治稻瘟病等病虫害。

隆平601（Longping 601）

品种来源：袁隆平农业高科技股份有限公司江西分公司利用丰源A/辐恢838杂交选配而成。2004年通过江西省农作物品种审定委员会审定，编号：赣审稻2004008。

形态特征和生物学特性：属籼型三系杂交晚稻。全生育期123.0d，比对照汕优46迟熟2.4d。株高98.3cm，株型紧凑，茎秆较粗有弹性，叶片窄直，剑叶挺直，后期转色好。有效穗数282万穗/hm²，每穗粒数115.7粒，结实率75.6%，千粒重28.5g。

品质特性：糙米率80.0%，整精米率54.2%，垩白粒率77.0%，垩白度7.7%，直链淀粉含量23.6%，胶稠度52mm，糙米粒长6.7mm，糙米长宽比2.8。

抗性：稻瘟病自然诱发鉴定：苗瘟0级，叶瘟4级，穗瘟0级。

产量及适宜地区：2002—2003年参加江西省水稻区试，2002年平均产量6 834kg/hm²，比对照汕优46增产7.3%；2003年平均产量6 887kg/hm²，比对照汕优46增产3.5%。适宜在赣中南地区种植。

栽培技术要点：6月20前播种，秧田播种量225kg/hm²，大田用种量15kg/hm²。秧龄30d以内，叶龄5.5叶时移栽，栽插规格16.5cm×20cm，每穴栽插2苗。以基肥为主，早施追肥，穗期补施壮籽肥，施纯氮180kg/hm²，氮、磷、钾比例为1：0.6：0.65。浅水常露，够苗晒田，干湿壮籽，后期防止断水过早，湿润养根。注意防虫防病。

民先富3008 （Minxianfu 3008）

品种来源：江西九洲种业有限公司、四川省嘉陵农作物品种研究中心以Ⅱ-32A/嘉恢978（晋恢1号/R21F1）杂交选配而成。2006年通过江西省农作物品种审定委员会审定，编号：赣审稻2006010。

形态特征和生物学特性：属籼型三系杂交迟熟一季稻。全生育期131d，比对照汕优63迟熟2.7d。株高120.1cm，株型适中，叶色浓绿，叶姿挺直，长势繁茂，植株整齐，分蘖力一般，成穗率高，熟期转色较好。有效穗数225万穗/hm²，每穗粒数147.5粒，结实率82.6%，千粒重27.3g。

品质特性：糙米率80.4%，精米率69.4%，整精米率52.8%，垩白粒率54.0%，垩白度10.9%，直链淀粉含量23.0%，胶稠度54mm，糙米粒长5.9mm，糙米长宽比2.4。

抗性：稻瘟病抗性自然诱发鉴定：苗瘟3级，叶瘟7级，穗瘟9级。

产量及适宜地区：2004—2005年参加江西省水稻区试，2004年平均产量8 177kg/hm²，比对照汕优63增产4.6%；2005年平均产量7 802kg/hm²，比对照汕优63增产10.4%，达显著水平。适宜在江西省稻瘟病轻发区种植。

栽培技术要点：5月初播种，秧田播种量150kg/hm²，大田用种量15kg/hm²。秧龄35～40d，栽插规格19.8cm×26.4cm。氮、磷、钾配合施用，施足有机肥22.5t/hm²、40%复合肥300kg/hm²作基肥，移栽后5～7d，施40%复合肥300kg/hm²，后期看苗补施穗粒肥。浅水移栽，露田分蘖，够苗晒田，有水养胎，后期干湿交替，不宜断水过早。重点防治稻瘟病等病虫害。

民先富3020 （Minxianfu 3020）

品种来源：江西九洲种业有限公司、四川省嘉陵农作物品种研究中心以金23A/R21杂交选育而成。2006年通过江西省农作物品种审定委员会审定，编号：赣审稻2006011。

形态特征和生物学特性：属籼型三系杂交中熟一季稻。全生育期127d。株高118.5cm，株型适中，叶色浓绿，叶片挺直，分蘖力强，后期易倒伏。有效穗数258万穗/hm²，每穗粒数143.4粒，结实率78.5%，千粒重26.1g。

品质特性：糙米率79.3%，精米率68.4%，整精米率52.1%，垩白粒率55.0%，垩白度9.9%，直链淀粉含量21.7%，胶稠度46mm，糙米粒长6.2mm，糙米长宽比2.5。

抗性：稻瘟病抗性自然诱发鉴定：苗瘟0级，叶瘟5级，穗瘟9级。

产量及适宜地区：2004—2005年参加江西省水稻区试，2004年平均产量8 142kg/hm²，比对照汕优63增产4.2%；2005年平均产量7 181kg/hm²，比对照汕优63增产1.6%。适宜在江西省稻瘟病轻发区种植。

栽培技术要点：5月初播种，秧田播种量150kg/hm²，大田用种量15kg/hm²。秧龄35～40d，栽插30万穴/hm²。施肥做到重施基肥，早追肥，氮、磷、钾配合施用，施有机肥22.5t/hm²、40%复合肥300kg/hm²作基肥，移栽后5～7d，施40%复合肥300kg/hm²，后期看苗补施穗粒肥。浅水移栽，露田分蘖，够苗晒田，有水养胎，后期干湿交替，不宜断水过早。重点防治稻瘟病等病虫害。

农香优676 （Nongxiangyou 676）

品种来源：江西天涯种业有限公司利用农香A/R673（多系1号/9453）杂交选配而成。2014年通过江西省农作物品种审定委员会审定，编号：赣审稻2014010。

形态特征和生物学特性：属籼型三系杂交中熟一季稻。全生育期128d，比对照Y两优1号迟熟0.4d。株高110.4cm，株型适中，剑叶宽挺，分蘖力强，有效穗多，秆尖紫色，熟期转色好。有效穗数285万穗/hm²，每穗粒数149.9粒，结实率84.5%，千粒重26.6g。

品质特性：糙米率81.1%，精米率72.3%，整精米率60.2%，糙米粒长7.0mm，糙米长宽比3.3，垩白粒率37.0%，垩白度3.0%，直链淀粉含量13.8%，胶稠度87mm。

抗性：稻瘟病抗性自然诱发鉴定：穗颈瘟为9级，高感稻瘟病。

产量及适宜地区：2012—2013年参加江西省区试，2012年平均产量8 532kg/hm²，比对照Y两优1号增产2.6%；2013年平均产量8 636kg/hm²，比对照Y两优1号增产3.0%。两年平均产量8 585kg/hm²，比对照Y两优1号增产2.8%。适宜在江西省稻瘟病轻发区种植。

栽培技术要点：5月15～20日播种，秧田播种量180kg/hm²，大田用种量15kg/hm²。秧龄不超过30d。栽插规格16.5cm×26.4cm，每穴栽插2苗。施纯氮180kg/hm²、纯磷120kg/hm²、纯钾135kg/hm²，施足基肥，早施追肥，中后期看苗补肥。深水返青，浅水分蘖，够苗晒田，浅水孕穗，干湿交替灌浆，收割前7d断水。根据当地农业部门预报，及时防治稻瘟病、纹枯病、二化螟、稻纵卷叶螟、稻飞虱等病虫害。

鄱优364（Poyou 364）

品种来源：江西农业大学农学院利用鄱1A/R364（R402/R9308）杂交选配而成。2010年通过江西省农作物品种审定委员会审定，编号：赣审稻2010036。

形态特征和生物学特性：属籼型三系杂交中熟早稻。全生育期115d，比对照金优402迟熟2.1d。株高94.8cm，株型适中，叶片挺直，长势繁茂，分蘖较强，秆尖紫色，熟期转色好。有效穗数321万穗/hm²，每穗粒数103.8粒，结实率80.7%，千粒重29.4g。

品质特性：糙米率79.5%，精米率68.4%，整精米率35.2%，糙米粒长7.0mm，糙米长宽比2.9，垩白粒率82.0%，垩白度9.0%，直链淀粉含量19.8%，胶稠度82mm。

抗性：稻瘟病抗性自然诱发鉴定：穗颈瘟为9级；2008年穗颈瘟平均损失率为16.7%；2009年穗颈瘟平均损失率为1.2%。

产量及适宜地区：2008—2009年参加江西省水稻区试，2008年平均产量7 482kg/hm²，比对照金优402增产2.1%；2009年平均产量7 922kg/hm²，比对照金优402增产2.6%。两年平均产量7 702kg/hm²，比金优402增产2.4%。适宜在江西省稻瘟病轻发区种植。

栽培技术要点：3月20～25日播种，秧田播种量300kg/hm²，大田用种量30kg/hm²。秧龄不超过30d。栽插规格16.5cm×19.8cm，每穴插2～3苗，栽插基本苗150万苗/hm²。施纯氮180kg/hm²，氮、磷、钾比例为1.0：0.6：0.8，其中磷肥的全部、60%氮肥、70%钾肥作底肥，20%氮肥、30%钾肥作分蘖肥，后期看苗施肥。干湿相间促分蘖，够苗晒田，有水孕穗，浅水抽穗，湿润灌浆，后期不要断水过早。根据当地农业部门预报，及时防治稻瘟病、纹枯病、二化螟、稻纵卷叶螟、稻飞虱等病虫害。

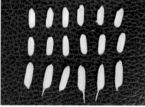

庆丰优306（Qingfengyou 306）

品种来源：江西国穗种业有限公司利用庆丰A/R306（R402/539）选育而成。2011年通过江西省农作物品种审定委员会审定，编号：赣审稻2011017。

形态特征和生物学特性：属籼型三系杂交中熟早稻。全生育期117d，比对照金优1506迟熟1.9d。株高91.1cm，株型适中，叶片挺直，叶色浓绿，长势繁茂，分蘖力强，秆尖紫色，千粒重较大，熟期转色好。有效穗数324万穗/hm²，每穗粒数107.3粒，结实率81.3%，千粒重27.7g。

品质特性：糙米率81.1%，精米率69.2%，整精米率39.7%，糙米粒长7.0mm，糙米长宽比3.0，垩白粒率80.0%，垩白度11.2%，直链淀粉含量18.4%，胶稠度76mm。

抗性：稻瘟病抗性自然诱发鉴定：穗颈瘟为9级，高感稻瘟病。

产量及适宜地区：2010—2011年参加江西省水稻区试，2010年平均产量6 629kg/hm²，比对照金优1506增产1.8%；2011年平均产量7 706kg/hm²，比对照金优1506增产8.5%。两年平均产量7 167kg/hm²，比金优1506增产5.2%。适宜在江西省稻瘟病轻发区种植。

栽培技术要点：3月中下旬播种，每公顷秧田播种量225.0kg/hm²，大田用种量30kg/hm²。秧龄25～30d。栽插规格16.5cm×19.8cm，每穴栽插2苗，栽插基本苗150万苗/hm²。大田施足基肥，早施追肥，后期看苗补肥，施纯氮150kg/hm²，氮、磷、钾比例为1∶0.5∶1。浅水分蘖，够苗晒田，干湿交替至成熟，后期不要断水过早。大田根据当地农业部门病虫预报，及时防治稻瘟病、纹枯病、稻飞虱等病虫害。

庆丰优7998（Qingfengyou 7998）

品种来源：江西国穗种业有限公司利用庆丰A/R7998杂交选配而成。2011年通过江西省农作物品种审定委员会审定，编号：赣审稻2011009。

形态特征和生物学特性：属籼型三系杂交中熟晚稻。全生育期121d，比对照淦鑫688迟熟0.4d。株高102.7cm，株型适中，叶片挺直，长势繁茂，秆尖紫色，穗粒数多、着粒密，熟期转色好。有效穗数288万穗/hm²，每穗粒数153.6粒，实粒数113.4粒，结实率73.8%，千粒重25.4g。

品质特性：糙米率79.4%，精米率70.0%，整精米率54.0%，糙米粒长7.1mm，糙米长宽比3.4，垩白粒率8.0%，垩白度0.4%，直链淀粉含量20.6%，胶稠度60mm。米质达国标二级优质米标准。

抗性：稻瘟病抗性自然诱发鉴定：穗颈瘟为9级，高感稻瘟病。

产量及适宜地区：2009—2010年参加江西省水稻区试，2009年平均产量7 655kg/hm²，比对照淦鑫688增产9.7%；2010年平均产量7 455kg/hm²，比对照天优998增产1.4%。两年平均产量7 554kg/hm²。适宜在江西省稻瘟病轻发区种植。

栽培技术要点：6月15～20日播种，秧田播种量225kg/hm²，大田用种量15kg/hm²。秧龄30d以内。栽插规格16.5cm×19.8cm，每穴栽插2苗。施足基肥，早施分蘖肥，后期看苗补施穗肥，施纯氮180kg/hm²，氮、磷、钾比例为1∶0.5∶0.8。浅水移栽，薄水分蘖，够苗晒田，后期干湿交替至成熟，不要断水过早。根据当地农业部门病虫预报，及时防治稻瘟病、纹枯病、二化螟、稻飞虱等病虫害。

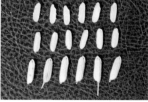

荣丰优868（Rongfengyou 868）

品种来源：江西省农业科学院水稻研究所利用荣丰A/R868(R432/明恢63)杂交选配而成。2010年通过江西省农作物品种审定委员会审定，编号：赣审稻2010007。

形态特征和生物学特性：属籼型三系杂交早熟晚稻。全生育期110d，比对照金优207早熟0.3d。株高90.4cm，株型适中，整齐度好，分蘖力强，秆尖紫色，穗粒数中，熟期转色好。有效穗数324万穗/hm²，每穗粒数114.9粒，结实率80.4%，千粒重25.3g。

品质特性：糙米率82.1%，精米率69.7%，整精米率56.2%，糙米粒长7.0mm，糙米长宽比3.4，垩白粒率30.0%，垩白度3.8%，直链淀粉含量16.7%，胶稠度76mm。米质达国标三级优质米标准。

抗性：稻瘟病抗性自然诱发鉴定：穗颈瘟为9级，高感稻瘟病。

产量及适宜地区：2008—2009年参加江西省水稻区试，2008年平均产量6 926kg/hm²，比对照金优207增产0.7%；2009年平均产量7 158kg/hm²，比对照金优207增产3.6%。两年平均产量7 043kg/hm²，比对照金优207增产2.2%。适宜在江西省稻瘟病轻发区种植。

栽培技术要点：6月25日播种，秧田播种量150.0kg/hm²，大田用种量22.5kg/hm²。秧龄25～30d。栽插规格16.5cm×19.8cm，每穴栽插2苗，栽插基本苗150万苗/hm²、氮、磷、钾配合施用，施纯氮150kg/hm²、纯磷450kg/hm²、纯钾150kg/hm²。浅水返青，浅水分蘖，够苗晒田，浅水孕穗、抽穗扬花，干湿交替灌浆结实，收割前8d断水。注意防治稻瘟病、二化螟、稻纵卷叶螟、稻飞虱等病虫害。

荣优15（Rongyou 15）

品种来源：江西省天仁种业有限公司、广东省农业科学院水稻研究所利用荣丰A/R15(抗蚊青占变异株)杂交选配而成。2012年通过江西省农作物品种审定委员会审定，编号：赣审稻2012012。

形态特征和生物学特性：属籼型三系杂交早熟晚稻。全生育期117d，比对照岳优9113早熟2.7d。株高93.2cm，株型适中，剑叶宽挺，长势繁茂，分蘖力强，秆尖紫色，熟期转色好。有效穗数324万穗/hm²，每穗粒数118.9粒，结实率76.9%，千粒重25.5g。

品质特性：糙米率80.2%，精米率72.8%，整精米率54.6%，糙米粒长7.0mm，糙米长宽比3.0，垩白粒率51.0%，垩白度4.6%，直链淀粉含量23.6%，胶稠度50mm。

抗性：稻瘟病抗性自然诱发鉴定：穗颈瘟为9级，高感稻瘟病。

产量及适宜地区：2010—2011年参加江西省水稻区试，2010年平均产量6 594kg/hm²，比对照岳优9113增产1.9%；2011年平均产量7 364kg/hm²，比对照岳优9113增产1.8%。两年平均产量6 979kg/hm²，比岳优9113增产1.9%。适宜在江西省稻瘟病轻发区种植。

栽培技术要点：6月26日播种，秧田播种量1 150kg/hm²，大田用种量22.5kg/hm²。秧龄20d。栽插规格13.2cm×23.1cm或16.5cm×19.8cm，每穴栽插2苗。大田施45%水稻专用复合肥450kg/hm²作基肥，移栽后6d结合施用除草剂追施尿素120kg/hm²、氯化钾120kg/hm²。干湿相间促分蘖，有水孕穗，干湿交替壮籽，后期不要断水过早。根据当地农业部门病虫预报，及时防治稻瘟病、二化螟、稻纵卷叶螟、稻飞虱等病虫害。

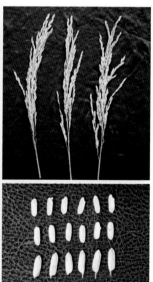

荣优1506 (Rongyou 1506)

品种来源：江西科源种业有限公司、广东省农业科学院水稻研究所利用荣丰A/R1506杂交选配而成。2007年通过江西省农作物品种审定委员会审定，编号：赣审稻2007036。

形态特征和生物学特性：属籼型三系杂交中熟早稻。全生育期112d，比对照金优402迟熟0.6d。株高84.8cm，株型适中，叶色浓绿，剑叶短挺，稃尖紫色，熟期转色好。有效穗数336万穗/hm²，每穗粒数97.0粒，结实率84.9%，千粒重27.3g。

品质特性：糙米率82.2%，精米率64.8%，整精米率27.7%，垩白粒率51.0%，垩白度7.1%，直链淀粉含量19.3%，胶稠度60mm，糙米粒长7.0mm，糙米长宽比3.0。

抗性：稻瘟病抗性自然诱发鉴定：穗颈瘟为9级，高感稻瘟病。

产量及适宜地区：2006—2007年参加江西省水稻区试，2006年平均产量6 839kg/hm²，比对照金优402增产2.9%；2007年平均产量7 089kg/hm²，比对照金优402减产0.4%。两年平均产量6 965kg/hm²，比对照金优402增产1.2%。适宜在江西省稻瘟病轻发区。

栽培技术要点：3月中下旬播种，秧田播种量180kg/hm²，大田用种量30.0kg/hm²。秧龄25～30d，栽插规格16.5cm×19.8cm，每穴栽插2苗，确保基本苗120万苗/hm²。施肥以基肥为主，早施追肥，适增磷、钾肥。施纯氮150kg/hm²、纯磷90.0kg/hm²、纯钾1 055kg/hm²，氮、磷、钾比例为1.0：0.6：0.6。分蘖期薄水与湿润间歇灌溉，够苗晒田，浅水孕穗，灌浆期干湿交替，后期不要断水过早。综合防治稻瘟病、纹枯病、稻纵卷叶螟、稻飞虱等病虫害。

荣优225（Rongyou 225）

品种来源：江西省农业科学院水稻研究所、广东省农业科学院水稻研究所利用荣丰A/R225（R998变异株系选）杂交选配而成。2009年3月通过江西省农作物品种审定委员会审定，编号：赣审稻2009017；2012年通过国家农作物品种审定委员会审定，编号：国审稻2012029。

形态特征和生物学特性：属籼型三系杂交中熟晚稻。全生育期114d，比对照金优207迟熟3.4d。株高93.3cm，株型适中，整齐度好，叶色浓绿，长势一般，稃尖紫色，熟期转色好。有效穗数291万穗/hm²，每穗粒数130.9粒，结实率76.8%，千粒重24.8g。

品质特性：出糙率82.2%，精米率74.4%，整精米率63.6%，糙米粒长7.0mm，糙米长宽比3.2，垩白粒率19.0%，垩白度2.3%，直链淀粉含量22.5%，胶稠度60mm。米质达国标二级优质米标准。

抗性：稻瘟病抗性自然诱发鉴定：穗颈瘟为9级，高感稻瘟病。

产量及适宜地区：2007—2008年参加江西省水稻区试，2007年平均产量6 716kg/hm²，比对照金优207增产6.4%；2008年平均产量7 317kg/hm²，比对照金优207增产6.7%。两年平均产量7 017kg/hm²，比对照金优207增产6.6%。适宜在江西省稻瘟病轻发区种植。

栽培技术要点：6月25日播种，秧田播种量150kg/hm²，大田用种量22.5kg/hm²。秧龄25～30d。栽插规格16.5cm×19.8cm，每穴栽插2苗，栽插基本苗150万苗/hm²。用水稻专用复合肥750kg/hm²作基肥，插秧后5～7d结合化学除草追施尿素150kg/hm²、氯化钾120kg/hm²。够苗后及时晒田，后期干湿交替壮籽。加强防治稻瘟病、纹枯病、二化螟、稻纵卷叶螟、稻飞虱等病虫害。

荣优463 (Rongyou 463)

品种来源：江西汇丰源种业有限公司、江西现代种业有限责任公司、德农正成种业有限公司江西分公司以荣丰A/T0463杂交选配而成。2010年通过江西省农作物品种审定委员会审定，编号：赣审稻2010045。

形态特征和生物学特性：属籼型三系杂交中熟早稻。全生育期113d，比对照金优402早熟0.1d。株高87.4cm，株型适中，叶色浓绿，长势繁茂，稃尖紫色，熟期转色好。有效穗数315万穗/hm²，每穗粒数109.9粒，结实率83.2%，千粒重27.9g。

品质特性：糙米率82.4%，精米率69.0%，整精米率52.0%，糙米粒长7.0mm，糙米长宽比3.0，垩白粒率30.0%，垩白度2.4%，直链淀粉含量18.5%，胶稠度65mm。米质达国标三级优质米标准。

抗性：稻瘟病抗性自然诱发鉴定：穗颈瘟为9级；2009年穗颈瘟平均损失率为14.0%；2010年穗颈瘟平均损失率为6.2%。

产量及适宜地区：2009—2010年参加江西省水稻区试，2009年平均产量7 521kg/hm²，比对照金优402增产0.9%；2010年平均产量6 593kg/hm²，比对照金优1506增产4.4%。两年平均产量7 057kg/hm²。适宜在江西省稻瘟病轻发区种植。

栽培技术要点：3月20～25日播种，秧田播种量150kg/hm²，大田用种量30.0kg/hm²。秧龄20～25d。栽插规格19.8cm×19.8cm，每穴栽插2～3苗。施水稻专用复合肥750kg/hm²作基肥，移栽后7d，追施尿素120kg/hm²和氯化钾150kg/hm²，孕穗期和抽穗期看苗适量追肥。浅水勤灌促进分蘖，够苗晒田，深水抽穗，后期以湿润为主，不要断水过早。注意防治稻瘟病、二化螟、三化螟、稻纵卷叶螟、稻飞虱等病虫害。

荣优585（Rongyou 585）

品种来源：江西天涯种业有限公司、江西现代种业股份有限公司、江西天稻粮安种业有限公司利用荣丰A/R585（T0535/05C253）杂交选配而成。2014年通过江西省农作物品种审定委员会审定，编号：赣审稻2014033。

形态特征和生物学特性：属籼型三系杂交中熟早稻。全生育期114d，比对照荣优463迟熟0.2d。株高90.5cm，株型适中，剑叶宽挺，茎秆粗壮，长势繁茂，分蘖力强，稃尖紫色，穗大数多，熟期转色好。有效穗数312万穗/hm^2，穗长20.1cm，每穗粒数132.4粒，结实率83.8%，千粒重26.2g。

品质特性：糙米率76.0%，精米率66.1%，整精米率47.3%，糙米粒长6.7mm，糙米长宽比2.9，垩白粒率32.0%，垩白度4.4%，直链淀粉含量22.5%，胶稠度43mm。

抗性：稻瘟病抗性自然诱发鉴定：穗颈瘟为9级，高感稻瘟病。

产量及适宜地区：2013—2014年参加江西省水稻区试，2013年平均产量8 247kg/hm^2，比对照荣优463增产7.1%，极显著；2014年平均产量7 835kg/hm^2，比对照荣优463增产7.1%，显著。两年平均产量8 042kg/hm^2，比对照荣优463增产7.1%。适宜在江西省稻瘟病轻发区种植。

栽培技术要点：3月下旬播种。秧田播种量180kg/hm^2，大田用种量30kg/hm^2。秧龄不超过30d。栽插规格为16.5cm×19.8cm。每穴栽插2～3苗，栽插基本苗165万苗/hm^2。施足基肥，早施追肥，中后期看苗补肥。施纯氮165kg/hm^2、纯磷90kg/hm^2、纯钾150kg/hm^2。浅水移栽，深水返青，浅水分蘖，够苗晒田，浅水抽穗，湿润灌浆，收割前7d断水。大田根据当地农业部门病虫预报，及时施药防治纹枯病、稻瘟病、二化螟、稻纵卷叶螟、稻飞虱等病虫害。

荣优608 （Rongyou 608）

品种来源：江西现代种业股份有限公司、江西金山种业有限公司利用荣丰A/R608（T0463/R8006）杂交选配而成。2012年通过江西省农作物品种审定委员会审定，编号：赣审稻2012022。

形态特征和生物学特性：属籼型三系杂交中熟早稻。全生育期116d，比对照金优1506迟熟0.5d。株高87.7cm，株型适中，整齐度好，田间长相清秀，分蘖力强，稃尖紫色，熟期转色好。有效穗数318万穗/hm²，每穗粒数105.3粒，结实率84.7%，千粒重27.7g。

品质特性：糙米率81.8%，精米率72.3%，整精米率42.0%，糙米粒长7.0mm，糙米长宽比3.2，垩白粒率62.0%，垩白度5.6%，直链淀粉含量18.4%，胶稠度73mm。

抗性：稻瘟病抗性自然诱发鉴定：穗颈瘟为9级；2010年穗颈瘟平均损失率为9.7%，低于对照；2011年穗颈瘟平均损失率为9.2%，低于对照。

产量及适宜地区：2010—2011年参加江西省水稻区试，2010年平均产量6 467kg/hm²，比对照金优1506增产0.7%；2011年平均产量7 518kg/hm²，比对照金优1506增产5.9%。两年平均产量6 992kg/hm²，比对照金优1506增产3.3%。适宜在江西省稻瘟病轻发区种植。

栽培技术要点：3月中下旬播种，秧田播种量180kg/hm²，大田用种量30kg/hm²。软盘育秧于3.5叶抛栽，湿润育秧于4.5叶移栽。栽插规格16.5cm×19.8cm，每穴栽插2苗，栽插（抛）基本苗150万苗/hm²。施水稻专用复合肥750kg/hm²作基肥，移栽后5～7d结合施用除草剂追施尿素90kg/hm²促分蘖，孕穗期追施钾肥75kg/hm²，齐穗后看苗补肥。浅水分蘖，够苗晒田，干湿相间至成熟，后期不要断水过早。及时施药防治稻瘟病、纹枯病、二化螟、稻纵卷叶螟、稻飞虱等病虫害。

荣优7号 （Rongyou 7）

品种来源：江西现代种业有限责任公司利用荣丰A/R7（明恢77优选株系后代）杂交选配而成。2009年通过江西省农作物品种审定委员会审定，编号：赣审稻2009022。

形态特征和生物学特性：属籼型三系杂交中熟晚稻。全生育期110d，比对照金优207早熟0.7d。株高93.7cm，株型紧凑，整齐度好，叶片挺直，长势繁茂，秆尖紫色，熟期转色好。有效穗数312万穗/hm²，每穗粒数105.0粒，结实率79.6%，千粒重27.7g。

品质特性：糙米率82.8%，精米率74.6%，整精米率61.7%，糙米粒长7.1mm，糙米长宽比3.3，垩白粒率47.0%，垩白度8.2%，直链淀粉含量18.5%，胶稠度63mm。

抗性：稻瘟病抗性自然诱发鉴定：穗颈瘟为9级，高感稻瘟病。

产量及适宜地区：2007—2008年参加江西省水稻区试，2007年平均产量6 510kg/hm²，比对照金优207增产4.8%；2008年平均产量7 058kg/hm²，比对照金优207增产2.9%。两年平均产量6 784kg/hm²，比金优207增产3.9%。适宜在江西省稻瘟病轻发区种植。

栽培技术要点：6月25～30日播种，秧田播种量300kg/hm²，大田用种量22.5kg/hm²、抛秧30kg/hm²。秧龄20～25d。栽插规格16.5cm×16.5cm或16.5cm×19.8cm，每穴插2苗，栽插基本苗150万苗/hm²。耙田时用45%水稻专用肥450kg/hm²作基肥，移栽后5～6d结合施用除草剂追施尿素225kg/hm²、氯化钾105kg/hm²。干湿相间促分蘖，有水孕穗，后期干湿交替壮籽，不要断水过早。根据当地植保部门的病虫情报，及时防治好稻瘟病、二化螟、稻纵卷叶螟、稻飞虱等病虫害。

荣优9号 （Rongyou 9）

品种来源：江西现代种业有限责任公司利用荣丰A/R9选育而成。2008年通过江西省农作物品种审定委员会审定，编号：赣审稻2008040；2011年通过国家农作物品种审定委员会审定，编号：国审稻2011001。

形态特征和生物学特性：属籼型三系杂交中熟早稻。全生育期112d，比对照金优402迟熟0.2d。株高87.4cm，有效穗数331.5万穗/hm²，每穗粒数99.6粒，结实率84.5%，千粒重27.0g。

品质特性：出糙率81.2%，精米率68.2%，整精米率48.6%，糙米粒长7.3mm，糙米长宽比3.2，垩白粒率28.0%，垩白度2.1%，直链淀粉含量22.4%，胶稠度62mm。

抗性：稻瘟病抗性自然诱发鉴定：穗颈瘟为9级，高感稻瘟病。

产量及适宜地区：2007—2008年参加江西省水稻区试，2007年平均产量7 146kg/hm²，比对照金优402增产3.4%；2008年平均产量7 223kg/hm²，比对照金优402增产0.1%。两年平均产量7 184.5kg/hm²，比金优402增产1.8%。适宜在江西省稻瘟病轻发区种植。

栽培技术要点：湿润育秧3月20～25日播种，抛秧3月15～18日播种。秧田播种量225kg/hm²，大田用种量22.5kg/hm²、抛秧为30kg/hm²。水育秧4.5～5.0叶移栽，塑料软盘育秧3.1～3.5叶抛秧。栽插规格13.2cm×16.5cm或16.5cm×16.5cm，每穴栽插2苗，栽插基本苗150万苗/hm²。耙田时用25%水稻专用肥600kg/hm²作基肥，移栽后6d结合施用除草剂追施尿素275kg/hm²，孕穗时追施氯化钾105kg/hm²。干湿相间促分蘖，够苗晒田，有水孕穗，干湿交替壮籽，后期不要断水过早。根据当地植保部门的病虫预报，及时防治稻瘟病、二化螟、稻纵卷叶螟、稻飞虱等病虫害。

瑞丰优106 (Ruifengyou 106)

品种来源：江西省赣州市农业科学研究所利用瑞115A（金23A//江农早IIB/中21B）/金谷6号（R66系选）杂交选配而成。2009年通过江西省农作物品种审定委员会审定，编号：赣审稻2009033。

形态特征和生物学特性：属籼型三系杂交中熟早稻。全生育期113d，比对照金优402早熟0.1d。株高93.1cm，株型适中，剑叶长直，长势繁茂，分蘖力强，稃尖紫色，熟期转色好。有效穗数354万穗/hm²，每穗粒数102.7粒，结实率82.4%，千粒重27.7g。

品质特性：糙米率81.0%，精米率70.8%，整精米率54.5%，糙米粒长7.0mm，糙米长宽比3.0，垩白粒率74.0%，垩白度7.4%，直链淀粉含量18.2%，胶稠度70mm。

抗性：稻瘟病抗性自然诱发鉴定：穗颈瘟为9级，高感稻瘟病。

产量及适宜地区：2008—2009年参加江西省水稻区试，2008年平均产量7 280kg/hm²，比对照金优402增产0.5%；2009年平均产量7 907kg/hm²，比对照金优402增产2.4%。两年平均产量7 594kg/hm²，比金优402增产1.5%。适宜在江西省稻瘟病轻发区种植。

栽培技术要点：3月中下旬播种，秧田播种量300kg/hm²，大田用种量15kg/hm²。秧龄25～30d。栽插规格16.5cm×19.8cm，每穴栽插2苗，栽插基本苗150万苗/hm²。施肥以基肥为主，追肥为辅，施用纯氮150kg/hm²，氮、磷、钾比例为1：0.5：1。浅水插秧，寸水护苗，浅水分蘖，后期湿润灌溉，不要断水过早。注意防止倒伏。重点防治稻瘟病等病虫害。

汕优2号 （Shanyou 2）

品种来源：江西省萍乡市农业科学研究所于1973年用珍汕97A/恢复系IR24组配而成。原名：汕优赣2号。1987年通过江西农作物品种审定委员会审定，编号：赣审稻1987019；1978年、1979年、1983年和1985年分别通过广东、陕西、福建和国家农作物品种审定委员会审定。

形态特征和生物学特性：属籼型三系杂交组合。全生育期早稻120～123d，晚稻114～116d。株高92.1cm，生长势强，秆粗壮。叶片直而较大，叶色浓绿，穗大粒多。早稻有效穗数294万穗/hm²，每穗粒数140.9粒，结实率81.4%，千粒重27.6g。晚稻有效穗数540万穗/hm²，每穗总粒数131.9粒，结实率78.1%，千粒重28.2g。

抗性：抗稻瘟病力强，但不抗白叶枯病。

产量及适宜地区：一般产量6 375～6 750kg/hm²，高的可达9 000～9 750kg/hm²。适宜在江西、广东、福建等地种植。但在中、南部沿海一带作早稻栽培比晚稻安全，在粤北山区作晚稻则早熟高产。

栽培技术要点：①稀播种、培育多蘖壮秧。秧田播种量150kg/hm²；秧龄早稻30d，晚稻25d，单季稻45d。②科学施肥管水。施足基肥，早施分蘖肥，适时分次施用穗肥和根外追肥。浅水促蘖，够苗烤田，中后期保持干干湿湿。③加强预测预报，防治纹枯病、白叶枯病、穗颈瘟、黄化型病毒和螟虫、卷叶虫、蓟马、稻飞虱等。

汕优306(Shanyou 306)

品种来源：江西金典种业有限公司利用珍汕97A/R306(R4480/R207//R4480)杂交选配而成。2010年通过江西省农作物品种审定委员会审定，编号：赣审稻2010024。

形态特征和生物学特性：属籼型三系杂交早熟晚稻。全生育期112d，比对照金优207长2.2d。株高106.1cm，株型适中，叶色淡绿，叶片披垂，分蘖力较强，长势繁茂，秆尖紫色。有效穗数291万穗/hm²，每穗粒数127.4粒，结实率77.0%，千粒重26.5g。

品质特性：糙米率81.4%，精米率69.6%，整精米率60.7%，糙米粒长6.4mm，糙米长宽比2.8，垩白粒率82.0%，垩白度5.7%，直链淀粉含量19.2%，胶稠度45mm。

抗性：稻瘟病抗性自然诱发鉴定：穗颈瘟为9级，高感稻瘟病。

产量及适宜地区：2008—2009年参加江西省水稻区试，2008年平均产量6 749kg/hm²，比对照金优207增产1.4%；2009年平均产量7 206kg/hm²，比对照金优207增产4.3%。两年平均产量6 978kg/hm²，比对照金优207增产2.9%。适宜在江西省稻瘟病轻发区种植。

栽培技术要点：6月下旬播种，秧田播种量300kg/hm²，大田用种量22.5kg/hm²。秧龄20～25d。栽插规格16.5cm×19.8cm，每穴栽插2苗。重施基肥，基肥占总肥量的70%，施纯氮150kg/hm²，氮、磷、钾比例为1：0.6：0.8。深水活棵，浅水分蘖，够苗晒田，后期干湿壮籽，湿润养根。根据当地农业部门病虫预报，及时防治稻瘟病、纹枯病、稻飞虱、稻纵卷叶螟、三化螟等病虫害。

汕优736（Shanyou 736）

品种来源：江西科源种业有限公司、南宁市沃德农作物研究所利用珍汕97A/R736（测253/明恢63）杂交选配而成。2009年通过江西省农作物品种审定委员会审定，编号：赣审稻2009016。

形态特征和生物学特性：属籼型三系杂交中熟晚稻。全生育期122d，比对照淦鑫688早熟1.3d。株高94.8cm，株型适中，整齐度好，叶色浓绿，叶片挺直，长势一般，稃尖紫色，穗粒数较多。有效穗数282万穗/hm²，每穗粒数117.5粒，结实率87.6%，千粒重26.6g。

品质特性：糙米率81.8%，精米率73.4%，整精米率67.8%，糙米粒长6.0mm，糙米长宽比2.5，垩白粒率71.0%，垩白度7.8%，直链淀粉含量18.0%，胶稠度59mm。

抗性：稻瘟病抗性自然诱发鉴定：穗颈瘟为9级，高感稻瘟病。

产量及适宜地区：2007—2008年参加江西省水稻区试，2007年平均产量7 074kg/hm²，比对照汕优46增产2.3%；2008年平均产量7 561kg/hm²，比对照淦鑫688增产2.8%。适宜在江西省稻瘟病轻发区种植。

栽培技术要点：赣北6月10～15日播种，赣中南6月15～20日播种，秧田播种量180kg/hm²，大田用种量22.5kg/hm²。秧龄30d以内，栽插规格16.5cm×19.8cm，每穴栽插2苗，栽插基本苗120万苗/hm²。基肥以有机肥为主，占总用量的60%～70%，栽后7d内施用150kg/hm²尿素作追肥，中后期看苗追肥。浅水促蘖，够苗晒田，有水孕穗，后期保持湿润，不要断水过早。注意防止倒伏。加强对稻瘟病、纹枯病等病虫害的防治。

汕优赣1号 （Shanyougan 1）

品种来源：江西省宜春地区农业科学研究所以珍汕97A/秀恢2号配组而成。原名：汕优秀2号，汕优华2号。1990年通过江西省农作物品种审定委员会审定，编号：赣审稻1990010。

形态特征和生物学特性：属籼型三系杂交中熟早稻。主茎叶片数14～15叶，生育期115～117d。株高91.7～97.8cm，株型适中，表现前披后挺。有效分蘖叶龄期为10.48叶，有效穗数270万穗/hm^2，穗长21.8cm，每穗粒数95.5～111.0粒，结实率78.1%～93.5%，千粒重26.1～28.2g，抽穗整齐一致，成熟期转色好。

品质特性：谷粒中长，糙米白色，腹白、心白均小，出糙率79.5%，整精米率65.1%，胶稠度42.5mm，直链淀粉含量25.3%，蛋白质含量9.04%，米粒外观和食味品质好。

抗性：人工接种鉴定为感白叶枯病、稻瘟病，在江西省29个示范联系点与全国25个试验点田间病虫抗性鉴定，很少发现有稻瘟病和白叶枯病。

产量及适宜地区：1984—1985年参加江西省级杂交早稻联合区试，平均产量分别为7 673kg/hm^2和6 945kg/hm^2。1985年和1986年参加全国南方杂交早、中稻区试，14个点，平均产量分别为6 968kg/hm^2和7 407kg/hm^2。1986年10月江西省科委组织省级鉴定，认为汕优秀2号具有优势强、生育期较短、经济性状较好、米质优、抗性较好等特点，是适宜于江西省推广的杂交早稻新组合。1986年汕优秀2号进行早、晚稻双季连作栽培试验，平均产量早稻7 870kg/hm^2、晚稻7 318kg/hm^2，双季连作产量共计15 186kg/hm^2，是双季杂交早稻、晚稻连作单位面积产量过吨粮较理想组合之一。适宜在长江中下游地区推广种植。

栽培技术要点：作早稻种植，熟期适中，适应性广，秧龄弹性大，耐迟栽。用种量22.5kg/hm^2。栽培技术要点应掌握以下几点：①精心催芽，适时早播。浸种前晒种1～2d，药剂处理，浸种时间不宜过长，催芽时注意控温通气，春分左右播，播后覆盖地膜。作晚稻栽培7月上旬播种，7月底移栽。②秧田稀播足肥，早稻播后，4月上中旬揭膜，重追氮素化肥90kg/hm^2，促壮秧，4月底至6月初移栽，以蘖代苗。③插足基本苗8万～10万苗/hm^2，注意浅插，早施重施分蘖肥，促低位蘖早发成大穗。④氮素用量早稻240kg/hm^2、晚稻150kg/hm^2，早稻基肥以红花草绿肥或堆厩肥为主，基肥占64%，追肥占36%，在叶龄10.5叶时够苗晒田，倒3叶期适施穗肥。晚稻基肥最好用稻草还田。⑤后期薄水抽穗，湿润壮籽，断水不要过早，及时防治病虫害，确保丰收。

汕优赣10号 （Shanyougan 10）

品种来源：江西省九江市农业科学研究所利用珍汕97A/36天恢/IR24选育而成的籼型三系杂交水稻。1990年通过江西省农作物品种审定委员会审定，编号：赣审稻1990024。

汕优赣13 （Shanyougan 13）

品种来源：萍乡市农业科学研究所于1986年，用珍汕97A和102测配选育而成。原名：汕优102。1993年通过江西省农作物品种审定委员会审定，编号：赣审稻1993006。

形态特征和生物学特性：属籼型杂交中熟早稻。全生育期119d。株高93.0cm，穗长20.1cm，茎秆粗壮。总叶片数14叶，株型前披后挺，有利通风透光，分蘖中等偏上，每穗粒数125.0粒，结实率85.0%，千粒重27.0g。

品质特性：米质优，出米率高。谷粒长形，颖尖紫色，壳较薄。

抗性：抗稻瘟，耐肥中等偏强，抗倒伏。

产量及适宜地区：1991年参加江西省区试，平均产量6 638kg/hm²，比对照增2.1%。适宜在长江流域双季稻区作双季早稻种植。

栽培技术要点：①适时播种，培育壮秧：播种期一般安排在3月15～18日，地膜覆盖。秧龄30～35d。应施足基肥，及早追肥，培育壮秧。②合理密植，插足基本苗：行株距以12cm×18cm或15cm×15cm为宜，在30万穴/hm²以上，每穴插2苗，单株有效穗达11.5穗。③施足基肥，早施追肥，重施穗粒肥。立足以基肥为重，约占总肥量的70%，早施追肥，以促早生快发，力争栽后20～25d够苗。做到有机肥与无机肥相配合，前期平促，中期适量，后期酌施。④综合防治病虫害。主要防治纹枯病、稻飞虱和螟虫。⑤易落粒，成熟后应及时收获。

汕优赣24（Shanyougan 24）

品种来源：江西省萍乡市农业科学研究所利用珍汕97A/萍恢9901选育而成。原名汕优9901。1998年通过江西省农作物品种审定委员会审定，编号：赣审稻1998007。

形态特征和生物学特性：属籼型三系杂交迟熟晚稻。作中稻全生育期135d，作晚稻全生育期130d左右。株高105.0cm，茎秆粗壮，株型适中，根系发达，前期叶片较披，植株生长旺盛。有效穗数240万穗/hm^2，后期落色好，剑叶挺直、长宽适中、夹角小、叶肉厚、叶色较浓绿、光合效率高。穗大粒多，穗长25.0cm，每穗粒数215.0粒，结实率87.0%，千粒重26.0g。

品质特性：粒长8.2mm，糙米率82.0%，精米率74.2%，整精米率61.2%，碱消值6.9级，胶稠度56mm，直链淀粉含量21.8%，蛋白质含量10.1%，米饭柔软可口，冷不回生。

抗性：苗瘟2级，叶瘟2级，穗颈瘟0级，高抗稻瘟病；耐肥，抗倒伏。

产量及适宜地区：1996年参加江西省中稻区试，平均产量6 620kg/hm^2，与对照汕优63平产；在白竺乡作中稻种植56.7hm^2，平均产量7 870kg/hm^2，比汕优63增产8.0%。适宜在长江中下游一季稻区栽培，以及长江流域温光条件好的双季稻区作双晚种植。

栽培技术要点：①适时播种，培育壮秧。作中稻栽培，宜在4月中、下旬播种，作晚稻在6月3日播种，秧田播种量150kg/hm^2，用种量22.5kg/hm^2，稀播匀播。1叶1心时用多效唑3kg/hm^{2}对水750kg/hm^{2}喷施，秧田施足基肥，施好断奶肥、起身肥，培育多蘖壮秧，以利早分蘖，抽穗整齐。②合理密植。株行距以12cm×24cm或15cm×21cm为宜，每穴栽插2苗。③及时移栽早管理。该组合秧龄弹性好，但应尽量提早栽植，施足基肥，早施追肥，有机肥与无机肥配合，氮、磷、钾搭配，防止中、后期施氮肥过多，以免影响结实率，遭受病虫危害。④抓好水分管理，掌握寸水返青，浅水分蘖，够苗露田、晒田，薄水抽穗，干湿壮籽的原则。因灌浆期较长，严防后期脱水过早，影响灌浆，造成结实率低。⑤综合防治病虫害。注意抓好稻曲病、纹枯病、稻纵卷叶螟等的防治。

深优516（Shenyou 516）

品种来源：江西科源种业有限公司利用深95A/R716(蜀恢527/粤综占)杂交选配而成。2014年通过江西省农作物品种审定委员会审定，编号：赣审稻2014023。

形态特征和生物学特性：属籼型三系杂交中熟晚稻。全生育期123d，比对照天优998早熟0.1d。株高107.9cm，株型紧凑，叶片挺直，叶色浓绿，长势繁茂，秆尖紫色，穗粒数多，熟期转色好。有效穗数297万穗/hm²，每穗粒数134.2粒，结实率79.1%，千粒重27.6g。

品质特性：糙米率82.1%，精米率73.0%，整精米率58.9%，糙米粒长7.0mm，糙米长宽比3.0，垩白粒率13.0%，垩白度1.6%，直链淀粉含量16.6%，胶稠度77mm。米质达国标二级优质米标准。

抗性：稻瘟病抗性自然诱发鉴定：穗颈瘟为9级，高感稻瘟病。

产量及适宜地区：2012—2013年参加江西省水稻区试，2012年平均产量8 483kg/hm²，比对照天优998增产2.8%；2013年平均产量7 985kg/hm²，比对照天优998减产1.2%。两年平均产量8 234kg/hm²，比对照天优998增产0.8%。适宜在江西省稻瘟病轻发区种植。

栽培技术要点：6月15～20日播种，大田用种量22.5kg/hm²。秧龄30d以内。栽插规格16.5cm×23.1cm，每穴栽插2苗。大田施45%复合肥600kg/hm²作基肥；移栽后5～7d结合施用化学除草剂追施尿素150kg/hm²、氯化钾150kg/hm²促分蘖。够苗晒田，干湿壮籽，湿润养根，后期不要断水过早。加强稻瘟病、稻飞虱等病虫害的防治。

泰丰优淦3号（Taifengyougan 3）

品种来源：江西现代种业有限责任公司、广东省农业科学院水稻研究所利用泰丰A/淦恢3号(抗蚊青占/桂99)杂交选配而成。原名：泰优淦3号。2012年通过江西省农作物品种审定委员会审定，编号：赣审稻2012015。

形态特征和生物学特性：属籼型三系杂交中熟晚稻。全生育期125d，比对照d优998早熟1.3d。该品种株型适中，叶片挺直，长势繁茂，秆尖无色，穗大粒多，熟期转色好。株高97.8cm，有效穗数345万穗/hm²，每穗粒数136.9粒，实粒数98.3粒，结实率71.8%，千粒重23.2g。

品质特性：糙米率79.8%，精米率70.1%，整精米率54.0%，糙米粒长7.5mm，糙米长宽比4.2，垩白粒率8.0%，垩白度0.8%，直链淀粉含量18.4%，胶稠度73mm。米质达国标二级优质米标准。

抗性：稻瘟病抗性自然诱发鉴定：穗颈瘟为9级，高感稻瘟病。

产量及适宜地区：2010—2011年参加江西省水稻区试，2010年平均产量7 385kg/hm²，比对照天优998增产1.2%；2011年平均产量7 536kg/hm²，比对照天优998增产2.3%。两年平均产量7 460kg/hm²，比对照d优998增产1.8%。适宜在江西省稻瘟病轻发区种植。

栽培技术要点：6月20～25日播种，秧田播种量150kg/hm²，大田用种量22.5kg/hm²。秧龄25d。栽插规格16.5cm×16.5cm或16.5cm×19.8cm，每穴栽插2苗。大田施45%水稻专用复合肥450kg/hm²作基肥，移栽后5～6d结合施用除草剂追施尿素150kg/hm²、氯化钾120kg/hm²。干湿相间促分蘖，有水孕穗，干湿交替壮籽，后期不要断水过早。根据当地农业部门预报，及时防治稻瘟病、二化螟、稻纵卷叶螟、稻飞虱等病虫害。

泰优398 （Taiyou 398）

品种来源：江西现代种业有限责任公司、广东省农业科学院水稻研究所利用泰丰A/广恢398（广恢880/广恢998//矮秀占）杂交选配而成。2012年通过江西省农作物品种审定委员会审定，编号：赣审稻2012008。

形态特征和生物学特性：属籼型三系杂交早熟晚稻。全生育期111d，比对照金优207早熟3.7d。株高85.8cm，株型适中，长势一般，分蘖力强，穗粒数中，熟期转色好。有效穗数345万穗/hm²，每穗粒数113.8粒，结实率80.1%，千粒重23.1g。

品质特性：糙米率81.4%，精米率71.5%，整精米率56.5%，糙米粒长7.6mm，糙米长宽比4.0，垩白粒率18.0%，垩白度1.8%，直链淀粉含量18.8%，胶稠度72mm。米质达国标二级优质米标准。

抗性：稻瘟病抗性自然诱发鉴定：穗颈瘟为9级，高感稻瘟病。

产量及适宜地区：2010—2011年参加江西省水稻区试，2010年平均产量6 162kg/hm²，比对照金优207减产1.8%；2011年平均产量7 262kg/hm²，比对照金优207减产0.3%。两年平均产量6 713kg/hm²，比对照金优207减产1.0%。适宜在江西省稻瘟病轻发区种植。

栽培技术要点：6月25～30日播种，秧田播种量150kg/hm²，大田用种量22.5kg/hm²。塑料软盘育秧3.1～3.5叶抛秧，水育秧4.5～5.0叶移栽，秧龄20d。栽插规格16.5cm×16.5cm或16.5cm×19.8cm，每穴插2苗。施45%水稻专用复合肥450kg/hm²作基肥，移栽后6d结合施用除草剂追施尿素150kg/hm²、氯化钾120kg/hm²。干湿相间促分蘖，有水孕穗，干湿交替壮籽，后期不要断水过早。根据当地农业部门病虫预报，及时防治稻瘟病、二化螟、稻纵卷叶螟、稻飞虱等病虫害。

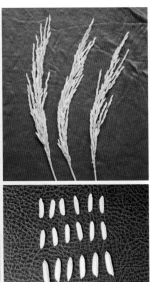

特优1138（Teyou 1138）

品种来源：黄发有利用龙特甫A/R1138杂交选配而成。2008年通过江西省农作物品种审定委员会审定，编号：赣审稻2008016。

形态特征和生物学特性：属籼型三系杂交中熟晚稻。全生育期123d，比对照汕优46迟熟0.6d。株高96.2cm，株型紧凑，叶色绿，叶片挺直，秆尖紫色，熟期转色好。有效穗数284万穗/hm²，每穗粒数110.8粒，结实率78.5%，千粒重27.7g。

品质特性：糙米率78.3%，精米率68.3%，整精米率63.6%，垩白粒率71.0%，垩白度7.8%，直链淀粉含量19.0%，胶稠度55mm，糙米粒长6.4mm，糙米长宽比2.6。

抗性：稻瘟病抗性自然诱发鉴定：穗颈瘟为9级，高感稻瘟病。

产量及适宜地区：2006—2007年参加江西省水稻区试，2006年平均产量6 710kg/hm²，比对照汕优46减产1.4%；2007年平均产量7 055kg/hm²，比对照汕优46增产2.8%。两年平均产量6 882kg/hm²，比对照汕优46增产0.7%。适宜在江西省稻瘟病轻发区种植。

栽培技术要点：6月20日播种，秧田播种量225kg/hm²，大田用种量15kg/hm²。秧龄30d。栽插规格16.5cm×19.8cm，每穴插2苗，栽插基本苗150万苗/hm²。施肥以基肥为主，施钙镁磷肥450kg/hm²、尿素180kg/hm²、氯化钾75kg/hm²作基肥。栽后7d，追施尿素150kg/hm²、氯化钾120kg/hm²，中后期看苗追肥。浅水插秧，浅水返青，浅水分蘖，够苗晒田，薄水抽穗，干湿壮籽，收割前7～10d断水。重点加强防治稻瘟病等病虫害。

天丰优101 （Tianfengyou 101）

品种来源：江西省农业科学院水稻研究所、广东省农业科学院水稻研究所利用天丰A/R101(胜优2号/科恢752)杂交选配而成。2010年通过江西省农作物品种审定委员会审定，编号：赣审稻2010010。

形态特征和生物学特性：属籼型三系杂交中熟晚稻。全生育期120d，比对照淦鑫688早熟2.1d。株高102.2cm，株型紧凑，叶片挺直，长势繁茂，秆尖紫色，穗粒数中，熟期转色好。有效穗数285万穗/hm²，每穗粒数124.8粒，结实率75.4%，千粒重29.2g。

品质特性：糙米率79.8%，精米率71.6%，整精米率61.4%，糙米粒长7.2mm，糙米长宽比3.3，垩白粒率8.0%，垩白度1.0%，直链淀粉含量18.0%，胶稠度70mm。米质达国标一级优质米标准。

抗性：稻瘟病抗性自然诱发鉴定：穗颈瘟为9级，高感稻瘟病。

产量及适宜地区：2008—2009年参加江西省水稻区试，2008年平均产量7 241kg/hm²，比对照淦鑫688减产0.7%；2009年平均产量7 655kg/hm²，比对照淦鑫688增产5.1%。两年平均产量7 448kg/hm²，比对照淦鑫688增产2.2%。适宜在江西省稻瘟病轻发区种植。

栽培技术要点：赣北6月15～20日播种，赣中南6月25日播种，秧田播种量180kg/hm²。秧龄25～30d。栽插规格16.5cm×19.8cm，栽插基本苗120万苗/hm²。施足基肥，早施追肥，移栽7d后结合化学除草剂追施尿素120kg/hm²、氯化钾120kg/hm²，移栽10～15d后追施复合肥75kg/hm²、尿素60kg/hm²。浅水活棵，够苗晒田，有水孕穗，中后期湿润稳长，收割前10d断水。根据当地农业部门病虫预报，及时防治稻瘟病、二化螟、稻纵卷叶螟、稻飞虱等病虫害。

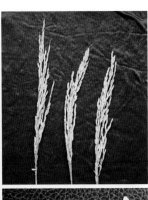

天丰优19 (Tianfengyou 19)

品种来源：江西现代种业有限责任公司利用天丰 A/浍恢19选育而成。2008年通过江西省农作物品种审定委员会审定，编号：赣审稻2008017。

形态特征和生物学特性：属籼型三系杂交早熟晚稻。全生育期111d，比对照金优207早熟0.3d。株高100.1cm，株型适中，叶色绿，长势繁茂，秆尖紫色，穗粒数较多，熟期转色好。有效穗数300万穗/hm²，每穗粒数125.3粒，结实率67.3%，千粒重25.7g。

品质特性：糙米率78.7%，精米率66.2%，整精米率47.9%，垩白粒率49.0%，垩白度3.9%，直链淀粉含量25.0%，胶稠度30mm，糙米粒长7.5mm，糙米长宽比3.4。

抗性：稻瘟病抗性自然诱发鉴定：穗颈瘟为9级，高感稻瘟病。

产量及适宜地区：2006—2007年参加江西省水稻区试，2006年平均产量6 962kg/hm²，比对照金优207增产9.3%；2007年平均产量6 363kg/hm²，比对照金优207增产0.8%。两年平均产量6 663kg/hm²，比对照金优207增产5.1%。适宜在江西省稻瘟病轻发区种植。

栽培技术要点：6月25日前播种，秧田播种量180kg/hm²。秧龄25d以内。栽插规格16.5cm×16.5cm或16.5cm×19.8cm，栽插基本苗120万苗/hm²。施肥要求氮、磷、钾配合施用，用钾肥150kg/hm²。浅水插秧，深水返青，够苗晒田，薄水孕穗，深水扬花，干湿壮籽，收割前7d左右断水。重点防治稻瘟病、纹枯病、稻曲病、稻飞虱等病虫害。

天丰优281 (Tianfengyou 281)

品种来源：周满兰利用天丰A/R281（测253变异株/先恢207）杂交选配而成。2009年通过江西省农作物品种审定委员会审定，编号：赣审稻2009020。

形态特征和生物学特性：属籼型三系杂交中熟晚稻。全生育期120d，比对照淦鑫688早熟3.1d。株高97.3cm，株型适中，整齐度好，分蘖力强，长势繁茂，秆尖紫色，熟期转色好。有效穗数297万穗/hm²，每穗粒数118.7粒，结实率79.2%，千粒重26.4g。

品质特性：糙米率79.0%，精米率67.6%，整精米率60.2%，糙米粒长6.8mm，糙米长宽比3.1，垩白粒率3.0%，垩白度0.4%，直链淀粉含量19.6%，胶稠度72mm。米质达国标一级优质米标准。

抗性：稻瘟病抗性自然诱发鉴定：穗颈瘟为9级，高感稻瘟病。

产量及适宜地区：2007—2008年参加江西省水稻区试，2007年平均产量6 932kg/hm²，比对照汕优46增产0.2%；2008年平均产量7 341kg/hm²，比对照淦鑫688增产0.2%。适宜在江西省稻瘟病轻发区种植。

栽培技术要点：6月中旬播种，秧田播种量150kg/hm²，大田用种量18kg/hm²。秧龄30d以内。栽插规格16.5cm×23.1cm，每穴插2苗。施肥以基肥为主，早施追肥，增施钾肥，施纯氮180kg/hm²、纯磷90kg/hm²、纯钾150kg/hm²。寸水返青，浅水分蘖，够苗晒田，浅水孕穗，灌浆期干湿交替，后期不要断水过早。综合防治稻瘟病、纹枯病等病虫害。

天丰优606 (Tianfengyou 606)

品种来源: 江西农业大学农学院利用天丰 A/昌恢606选育而成。2008年通过江西省农作物品种审定委员会审定, 编号: 赣审稻2008003。

形态特征和生物学特性: 属籼型三系杂交迟熟一季稻。全生育期136d, 比对照 II 优838迟熟9.6d。株高129.4cm, 有效穗246万穗/hm², 每穗粒数158.5粒, 结实率66.8%, 千粒重27.1g。

品质特性: 糙米率77.6%, 精米率66.7%, 整精米率59.7%, 垩白粒率1%, 垩白度0.1%, 直链淀粉含量22.4%, 胶稠度70mm, 糙米粒长7.3mm, 糙米长宽比3.5。米质达国标二级优质米标准。

抗性: 稻瘟病抗性自然诱发鉴定: 穗颈瘟为9级, 高感稻瘟病。

产量及适宜地区: 2006—2007年参加江西省水稻区试, 2006年平均产量8 117kg/hm², 比对照 II 优838增产9.9%; 2007年平均产量6 785kg/hm², 比对照 II 优838减产3.6%。两年平均产量7 451kg/hm², 比对照 II 优838增产3.3%。适宜在江西省稻瘟病轻发区种植。

栽培技术要点: 5月中旬播种, 秧田播种量150kg/hm², 大田用种量15kg/hm²。栽插规格13.2cm×26.4cm或16.5cm×23.1cm, 每穴栽插2苗。施足基肥, 早施追肥, 施用纯氮180kg/hm²、纯磷90kg/hm²、纯钾120kg/hm²。浅水插秧, 浅水返青, 活棵后露田促根, 浅水分蘖, 够苗晒田, 薄水抽穗, 干湿壮籽, 收割前7~10d开沟断水。加强稻瘟病等病虫害的防治。

天丰优6418 (Tianfengyou 6418)

品种来源：江西天涯种业有限公司，广东省农业科学院水稻研究所利用天丰A/R6418杂交选配而成。2009年通过江西省农作物品种审定委员会审定，编号：赣审稻2009026；2013年通过广西农作物品种审定委员会审定，编号：桂审稻2013015。

形态特征和生物学特性：属籼型三系杂交中熟晚稻。全生育期124d，比对照淦鑫688迟熟0.7d。株高94.2cm，株型紧凑，整齐度好，叶色淡绿，叶片挺直，分蘖力强，长势繁茂，稃尖紫色，穗粒数多。有效穗数324万穗/hm²，每穗粒数118.1粒，结实率77.3%，千粒重26.2g。

品质特性：糙米率80.5%，精米率72.6%，整精米率61.8%，糙米粒长7.1mm，糙米长宽比3.3，垩白粒率39.0%，垩白度3.9%，直链淀粉含量20.4%，胶稠度66mm。

抗性：稻瘟病抗性自然诱发鉴定：穗颈瘟为9级，高感稻瘟病。

产量及适宜地区：2007—2008年参加江西省水稻区试，2007年平均产量7 137kg/hm²，比对照汕优46增产4.0%；2008年平均产量7 551kg/hm²，比对照淦鑫688增产3.3%。适宜在江西省稻瘟病轻发区种植。

栽培技术要点：6月15～18日播种，秧田播种量150kg/hm²，大田用种量15.0kg/hm²。秧龄25～28d。栽插规格16.5cm×19.8cm，每穴栽插2苗，栽插基本苗120万苗/hm²。施25%水稻专用复混肥600kg/hm²作底肥，栽后5～7d结合施用除草剂追施尿素150kg/hm²，幼穗分化初期施氯化钾120kg/hm²，后期看苗补施穗肥。浅水移栽，深水返青，干湿相间分蘖，够苗晒田，有水孕穗，浅水抽穗，湿润灌浆，不要断水过早。注意防止倒伏。根据当地病虫预报，及时加强防治稻瘟病、纹枯病、稻曲病、二化螟、稻纵卷叶螟、稻飞虱等病虫害。

天丰优736 (Tianfengyou 736)

品种来源：江西科源种业有限公司、广东省农业科学院水稻研究所利用天丰A/R736（测253/明恢63）杂交选配而成。2010年通过江西省农作物品种审定委员会审定，编号：赣审稻2010018。

形态特征和生物学特性：属籼型三系杂交中熟晚稻。全生育期120d，比对照淦鑫688早熟1.9d。株高97.3cm，株型适中，叶片略披，长势一般，秆尖紫色，穗粒数多，着粒密，熟期转色好。有效穗数303万穗/hm²，每穗粒数142.9粒，结实率76.8%，千粒重24.6g。

品质特性：糙米率80.1%，精米率72.0%，整精米率66.2%，糙米粒长7.0mm，糙米长宽比3.4，垩白粒率14.0%，垩白度1.8%，直链淀粉含量16.6%，胶稠度79mm。米质达国标二级优质米标准。

抗性：稻瘟病抗性自然诱发鉴定：穗颈瘟为9级，高感稻瘟病。

产量及适宜地区：2008—2009年参加江西省水稻区试，2008年平均产量7 319kg/hm²，比对照淦鑫688增产1.3%；2009年平均产量7 332kg/hm²，比对照淦鑫688增产0.4%。两年平均产量7 326kg/hm²，比对照淦鑫688增产0.9%。适宜在江西省稻瘟病轻发区种植。

栽培技术要点：赣北6月10～15日播种，赣中南6月15～20日播种，秧田播种量150kg/hm²，大田用种量22.5kg/hm²。秧龄30d以内。栽插规格16.5cm×19.8cm，每穴栽插2苗。施25%水稻专用复合肥750kg/hm²作基肥，移栽后5～7d结合化学除草施尿素135kg/hm²、氯化钾125kg/hm²促分蘖，幼穗分化期追施尿素125kg/hm²、氯化钾180kg/hm²作穗肥。够苗晒田，干湿壮籽，后期不要断水过早。加强稻瘟病、稻曲病、稻飞虱等病虫害防治。

天丰优T 025（Tianfengyou T 025）

品种来源：江西农业大学农学院利用天丰A/昌恢T025杂交选配而成。2008年通过江西省农作物品种审定委员会审定，编号：赣审稻2008012。

形态特征和生物学特性：属籼型三系杂交早熟晚稻。全生育期116d，比对照金优207迟熟4.7d。株高95.5cm，株型紧凑，叶色绿，长势繁茂，穗大粒多，熟期转色好。有效穗数192万穗/hm²，每穗粒数153.5粒，结实率73.0%，千粒重22.7g。

品质特性：糙米率63.3%，精米率53.4%，整精米率34.3%，垩白粒率6.0%，垩白度0.4%，直链淀粉含量23.1%，胶稠度50mm，糙米粒长6.9mm，糙米长宽比3.3。

抗性：稻瘟病抗性自然诱发鉴定：穗颈瘟为9级，高感稻瘟病。

产量及适宜地区：2006—2007年参加江西省水稻区试，2006年平均产量6 732kg/hm²，比对照金优207增产5.7%；2007年平均产量6 497kg/hm²，比对照金优207增产4.6%。两年平均产量6 614kg/hm²，比对照金优207增产5.2%。适宜在江西省稻瘟病轻发区种植。

栽培技术要点：6月中下旬播种，秧田播种量150kg/hm²，大田用种量15kg/hm²。栽插规格13.2cm×23.1cm或16.5cm×19.8cm，每穴栽插2苗/hm²，栽插基本苗180万苗/hm²。施足基肥，早施追肥，施用纯氮180kg/hm²、纯磷90kg/hm²、纯钾120kg/hm²。浅水插秧，浅水返青，活棵后露田促根，浅水分蘖，够苗晒田，薄水抽穗，干湿壮籽，收割前7～10d开沟断水。加强稻瘟病、稻曲病等病虫害的防治。

天丰优紫红 （Tianfengyouzihong）

品种来源：芦溪县农业科学研究所利用天丰 A/紫红（黑 80-86/东兰黑米//东兰黑米）杂交选配而成。2009 年通过江西省农作物品种审定委员会审定，编号：赣审稻 2009042。

形态特征和生物学特性：属籼型三系杂交迟熟一季稻。全生育期 150d。株高 130.0cm，株型适中，田间生长整齐，叶片窄挺，茎秆粗壮，穗大粒多，后期落色好。有效穗数 405 万穗/hm²，穗长 25.0cm，每穗粒数 206.7 粒，结实率 83.0%，千粒重 27.0g，种皮紫红色。

品质特性：经农业部稻米及制品质量监督检验测试中心分析，糙米率 79%，精米率 70%，整精米率 59.6%，糙米粒长 6.9mm，糙米长宽比 2.7，垩白粒率 59%，垩白度 10.5%，碱消值 6.4 级，胶稠度 48cm，直链淀粉含量 21.6%，蛋白质 9.2%。

产量及适宜地区：江西省中稻区试未设区域试验，因大田种植多年，表现优良，故作特殊品种特殊处理，2006—2009 年省内外大田种植 1 500hm²，平均产量 6 525kg/hm²，大田一般产量 6 750～7 500kg/hm²。适宜在萍乡市低海拔平原、丘陵地区种植。

栽培技术要点：①种植区域。水源优质，无污染源，大气空气优良的平原、丘陵地区均可种植，低海拔山区要选择开阔的向阳田块。②播种期。在芦溪县平原丘陵地区 5 月 12～14 日，低海拔山区 5 月 7 日。大田用种量水育秧 15kg/hm²，秧田播种量 150kg/hm²，机插秧大田用 360 塑盘/hm²，用种 22.5kg/hm²。③移栽。水育秧秧龄 28d，机插秧 15d，就可移栽。移栽要求保两个基本，即基本穴 36.5 万穴/hm² 以上，每穴 2 苗。行株距规格 20cm×26cm、机插秧

20cm×30cm。④肥水管理。以农家肥为主，着重磷、钾肥，适时适量施用氮肥，施纯氮 180kg/hm²，纯磷 135kg/hm²，纯钾 270kg/hm²，50%～60% 作基肥，40%～50% 作追肥。整个生育期推行薄露灌溉，干湿交替，养根护叶，植株健壮，防止串灌。⑤病虫害防治。以当地病虫情报为准，注重二化螟、稻纵卷叶螟、稻飞虱、纹枯病、稻曲病防治。

天优1251 (Tianyou 1251)

品种来源：江西科源种业有限公司、广东省农业科学研究院水稻研究所利用天丰A/R1251（以粳稻辐射诱变材料ZSP1/测253）杂交选育而成。2008年通过江西省农作物品种审定委员会审定，编号：赣审稻2008025；2011年通过广西壮族自治区农作物品种审定委员会审定，编号：桂审稻2011021。

形态特征和生物学特性：属籼型三系杂交中熟晚稻。全生育期120d，比对照汕优46早熟2.0d。株高90.7cm，株型适中，植株生长整齐，叶色绿，分蘖力强，秆尖紫色，穗粒数多，熟期转色好。有效穗数312万穗/hm^2，每穗粒数124.0粒，结实率74.0%，千粒重24.6g。

品质特性：糙米率77.5%，精米率73.0%，整精米率67.6%，垩白粒率6.0%，垩白度0.6%，直链淀粉含量18.1%，胶稠度72mm，糙米粒长7.2mm，糙米长宽比3.4。米质达国标一级优质米标准。

抗性：稻瘟病抗性自然诱发鉴定：穗颈瘟为9级，高感稻瘟病。

产量及适宜地区：2006—2007年参加江西省水稻区试，2006年平均产量6 777kg/hm^2，比对照汕优46减产1.6%；2007年平均产量7 019kg/hm^2，比对照汕优46增产2.2%。两年平均产量6 897kg/hm^2，比对照汕优46增产0.3%。适宜在江西省稻瘟病轻发区种植。

栽培技术要点：6月中旬播种，秧田播种量150kg/hm^2，大田用种量22.5kg/hm^2。秧龄30d以内，栽插规格16.5cm×23.1cm，每穴栽插2苗。施肥以基肥为主，早施追肥，适增磷、钾肥，施纯氮150kg/hm^2、纯磷90kg/hm^2、纯钾150kg/hm^2，氮、磷、钾比例为1.0：0.5：0.8。寸水返青，浅水分蘖，够苗晒田，浅水孕穗，干湿交替灌浆，后期不要断水过早。综合防治稻瘟病、稻曲病等病虫害。

天优827 （Tianyou 827）

品种来源：南昌市农业科学院粮油作物研究所、江西科为农作物研究所和广东省农业科学院水稻研究所利用天丰A/R827（广恢998/蓉恢906）杂交选配而成。2014年通过江西省农作物品种审定委员会审定，编号：赣审稻2014020。

形态特征和生物学特性：属籼型三系杂交中熟晚稻。全生育期125d，比对照天优998迟熟1.6d。株高97.4cm，株型适中，叶片挺直，长势繁茂，分蘖力强，稃尖紫色，穗粒数多，熟期转色好。有效穗数336万穗/hm²，每穗粒数135.7粒，结实率79.4%，千粒重25.0g。

品质特性：糙米率81.0%，精米率70.8%，整精米率60.2%，糙米粒长6.9mm，糙米长宽比3.3，垩白粒率13.0%，垩白度1.6%，直链淀粉含量20.8%，胶稠度50mm。米质达国标二级优质米标准。

抗性：稻瘟病抗性自然诱发鉴定：穗颈瘟为9级，高感稻瘟病。

产量及适宜地区：2012—2013年参加江西省水稻区试，2012年平均产量8 495kg/hm²，比对照天优998增产4.2%；2013年平均产量8 342kg/hm²，比对照天优998增产3.2%。两年平均产量8 418kg/hm²，比对照天优998增产3.7%。适宜在江西省稻瘟病轻发区种植。

栽培技术要点：6月15～20日播种，大田用种量22.5kg/hm²。秧龄30d以内。栽插规格16.5cm×23.1cm，每穴插2苗。施45%复合肥600kg/hm²作基肥，移栽后5～7d结合施用化学除草剂追施尿素150kg/hm²、氯化钾150kg/hm²促分蘖。够苗晒田，干湿壮籽，湿润养根，后期不要断水过早。加强稻瘟病、稻飞虱等病虫害的防治。

威优156 (Weiyou 156)

品种来源：江西天涯种业有限公司利用威20A//R156杂交选配而成。2010年通过江西省农作物品种审定委员会审定，编号：赣审稻2010039。

形态特征和生物学特性：属籼型三系杂交中熟早稻。全生育期113d，比对照金优402迟熟0.3d。株高86.6cm，株型适中，剑叶短宽，分蘖力强，熟期转色好。有效穗数321万穗/hm²，每穗粒数98.8粒，结实率82.0%，稃尖紫色，千粒重29.3g。

品质特性：糙米率82.1%，精米率71.3%，整精米率42.4%，糙米粒长6.8mm，糙米长宽比2.8，垩白粒率98%，垩白度13.7%，直链淀粉含量19.2%，胶稠度70mm。

抗性：稻瘟病抗性自然诱发鉴定：穗颈瘟为9级。

产量及适宜地区：2009—2010年参加江西省水稻区试，平均产量7 103kg/hm²。适宜在江西省稻瘟病轻发区。

栽培技术要点：软盘育秧3月20日播种，水育秧3月底播种，秧田播种量225kg/hm²，大田用种量30kg/hm²。秧龄不超过28d。栽插规格16.5cm×19.8cm，每穴栽插3苗。施纯氮180kg/hm²，氮、磷、钾比例为1.0∶0.5∶0.8。施40%水稻专用复混肥600kg/hm²作基肥，栽后5～7d结合施用除草剂，追施尿素150kg/hm²，孕穗期施氯化钾120kg/hm²，后期看苗补施穗肥。干湿相间促分蘖，够苗晒田，有水孕穗，浅水抽穗，湿润灌浆，后期不要断水过早。及时防治稻瘟病、纹枯病、二化螟、稻纵卷叶螟、稻飞虱等病虫害。

威优1号 （Weiyou 1）

品种来源：江西先农种业有限公司利用V20A/先恢1号杂交选配而成。2008年通过江西省农作物品种审定委员会审定，编号：赣审稻2008042。

形态特征和生物学特性：属籼型三系杂交中熟早稻。全生育期113d，比对照金优402迟熟0.7d。株高90.4cm，有效穗数330万穗/hm²，每穗粒数91.5粒，结实率85.1%，千粒重29.8g。

品质特性：糙米率81.5%，精米率69.0%，整精米率34.4%，糙米粒长7.1mm，糙米长宽比3.0，垩白粒率82.0%，垩白度7.8%，直链淀粉含量20.0%，胶稠度58mm。

抗性：稻瘟病抗性自然诱发鉴定：穗颈瘟为9级，高感稻瘟病。

产量及适宜地区：2007—2008年参加江西省水稻区试，2007年平均产量7 194kg/hm²，比对照金优402增产1.0%；2008年平均产量7 398kg/hm²，比对照金优402减产0.1%。两年平均产量7 296kg/hm²，比金优402增产0.5%。适宜在江西省稻瘟病轻发区种植。

栽培技术要点：3月中旬播种，秧田播种量225kg/hm²，大田用种量30kg/hm²。秧龄30d。栽插规格为16.5cm×19.8cm，每穴栽插2～3苗。栽插足基本苗150万苗/hm²。大田施25%水稻专用复合肥600kg/hm²作底肥，栽后5～7d，追施尿75kg/hm²，幼穗分化初期追施氯化钾75kg/hm²。插秧后浅水勤灌，够苗晒田，湿润孕穗，齐穗后干干湿湿以利壮籽，后期不要断水过早。重点防治稻瘟病、纹枯病、稻纵卷叶螟、稻飞虱等病虫害。

威优822 (Weiyou 822)

品种来源：江西金山种业有限公司利用威20A/R822（R899/R122）杂交选配而成。原名：V优822。2014年通过江西省农作物品种审定委员会审定，编号：赣审稻2014035。

形态特征和生物学特性：属籼型三系杂交中熟早稻。全生育期113d，比对照荣优463早熟0.6d。株高90.0cm，株型适中，长势繁茂，分蘖力强，秆尖紫色，穗粒数较多，熟期转色好。有效穗数333万穗/hm²，穗长20.1cm，每穗粒数104.2粒，结实率83.8%，千粒重28.9g。

品质特性：糙米率77.9%，精米率67.0%，整精米率33.5%，糙米粒长7.0mm，糙米长宽比2.9，垩白粒率84.0%，垩白度17.3%，直链淀粉含量21.0%，胶稠度60mm。

抗性：稻瘟病抗性自然诱发鉴定：穗颈瘟为9级，高感稻瘟病。

产量及适宜地区：2013—2014年参加江西省水稻区试，2013年平均产量7 859kg/hm²，比对照荣优463增产2.1%；2014年平均产量7 779kg/hm²，比对照荣优463增产6.4%。两年平均产量7 820kg/hm²，比对照荣优463增产4.2%。适宜在江西省稻瘟病轻发区种植。

栽培技术要点：软盘育秧3月15～25日播种，湿润育秧3月25日播种，秧田播种量180kg/hm²，大田用种量30kg/hm²。软盘抛秧于3.5叶抛栽，湿润育秧于4.5叶移栽。栽插规格为16.5cm×19.8cm。每穴插2苗，栽插（抛）基本苗150万苗/hm²。施水稻专用复合肥750kg/hm²作基肥，移栽后5～7d结合施用除草剂追施尿素90kg/hm²促分蘖，孕穗期追施钾肥75kg/hm²，后期看苗追肥。浅水分蘖，够苗晒田，干湿相间抽穗杨花，后期不要断水过早。根据当地农业部门病虫预报，及时施药防治稻瘟病、纹枯病、二化螟、稻纵卷叶螟、稻飞虱等病虫害。

威优赣3号 （Weiyougan 3）

品种来源：江西省赣州地区农业科学研究所利用威20A/测50-1配组而成。原名：威优测50。1990年通过江西省农作物品种审定委员会审定，编号：赣审稻1990011。

形态特征和生物学特性：属籼型三系杂交迟熟早稻。在江西作早稻全生育期123d，作中稻130d，作晚稻105～110d。株高91～105cm，分蘖力强，繁茂性好，抽穗整齐，有效穗数396万穗/hm²，每穗粒数早稻110.0粒、中稻119.0粒，每穗实粒数早稻70.7粒、中稻91.9粒；结实率早稻73.5%、中稻77.2%，千粒重25.8～27.2g。

品质特性：谷粒中长，糙米率高，垩白微小，半透明，蛋白质含量9.3%，米质优，评为江西优质米品种。

抗性：在自然病圃及大田生产表现对稻瘟病较抗，中抗白叶枯病和稻瘟病，较感纹枯病。

产量及适宜地区：1985—1986年两年参加江西省级杂交早稻区试，平均产量分别为7 178kg/hm²和7 202kg/hm²，分别比对照广陆矮4号增产13.65%和21.93%。1986年参加全国籼型杂交水稻早、中稻区试，早稻平均产量7 278kg/hm²，比统一对照威优35减产4.9%，名列第四位；中稻平均产量7 176kg/hm²，比中熟组统一对照威优64减产1.6%，名列第四名。适宜在长江中下游地区推广种植。

栽培技术要点：①稀播匀播培育壮秧，早稻3月下旬播种，播种量225kg/hm²，大田用种量30kg/hm²，秧龄30～35d，4月下旬插秧。作二晚7月上旬播种，播种量180kg/hm²，大田用种量18kg/hm²，7月下旬插秧，秧龄20d左右。②插足基本苗：基本苗30万/hm²，每穴插2苗。③合理施肥，需氮肥150kg/hm²，氮、磷、钾比例为1∶5∶1。④在抽穗破口时注意防治纹枯病。

威优赣5号 （Weiyougan 5）

品种来源：江西省宜春地区农业科学研究所用V20A不育系与自育的恢复系秀恢2号，即（华矮17/IR24）测配选育而成。原名：威优秀2号。1990年通过江西省农作物品种审定委员会审定，审定编号：赣审稻1990012。

形态特征和生物学特性：属籼型三系杂交中熟早稻。总叶片数14叶，全生育期115d。株高90.7cm，每穗粒数115.0粒，结实率78%，千粒重28.8g，米质优，食味好，抗逆性强。

产量及适宜地区：1986—1987年参加江西省早杂联合区域试验结果：平均产量分别为7 103kg/hm²和7 046kg/hm²，两年平均增产14.3%，达极显著。适宜在长江以南各省作双季早稻搭配种植。

栽培技术要点：①稀播壮秧。一般3月中、下旬播种，用种量30kg，秧龄30～35d。②插足基本苗。株行距16.5cm×20cm或13.2cm×23cm，每穴插2～3苗。③早管促早发。做到基肥足，追肥早，管理及时，播后25d内封行够苗晒田。④后期干干湿湿，不宜断水过早，以防早衰。⑤防病灭虫，确保丰收。

威优洲418（Weiyouzhou 418）

品种来源：江西九洲种业有限公司利用威20A/洲恢418（R404/T0974）杂交选配而成。2009年通过江西省农作物品种审定委员会审定，编号：赣审稻2009035。

形态特征和生物学特性：属籼型三系杂交中熟早稻。全生育期114d，比对照金优402迟熟0.8d。株高90.0cm，株型适中，剑叶宽挺，长势一般，分蘖力强，秆尖紫色，熟期转色好。有效穗数330万穗/hm²，每穗粒数100.4粒，结实率80.6%，千粒重29.9g。

品质特性：糙米率81.8%，精米率72.0%，整精米率46.4%，糙米粒长7.1mm，糙米长宽比3.0，垩白粒率90.0%，垩白度9.9%，直链淀粉含量20.4%，胶稠度60mm。

抗性：稻瘟病抗性自然诱发鉴定：穗颈瘟为9级，高感稻瘟病。

产量及适宜地区：2008—2009年参加江西省水稻区试，2008年平均产量7 361kg/hm²，比对照金优402增产1.6%；2009年平均产量7 734kg/hm²，比对照金优402增产0.2%。两年平均产量7 548kg/hm²，比对照金优402增产0.9%。适宜在江西省稻瘟病轻发区种植。

栽培技术要点：3月下旬播种，大田用种量30kg/hm²。移栽秧龄25～30d，抛栽秧龄18～20d。栽插规格13.2cm×19.8cm，栽插基本苗150万苗/hm²或抛基本苗120万苗/hm²。施纯氮量150kg/hm²，氮、磷、钾比例为1∶0.6∶1。浅水返青，薄水分蘖，够苗晒田，湿润孕穗，浅水抽穗，后期干湿交替，不要断水过早。综合防治稻瘟病、纹枯病、二化螟、稻纵卷叶螟、稻飞虱等病虫害。

五丰优157 （Wufengyou 157）

品种来源：江西科源种业有限公司、广东省农业科学院水稻研究所利用五丰A/R157（T0463//R402/先恢207）杂交选配而成。原名：五优157。2010年通过江西省农作物品种审定委员会审定，编号：赣审稻2010044。

形态特征和生物学特性：属籼型三系杂交中熟早稻。全生育期112d，比对照金优402早熟0.3d。株高86.2cm，株型适中，整齐度好，剑叶挺直，分蘖力强，秆尖紫色，熟期转色好。有效穗数324万穗/hm²，每穗粒数114.2粒，结实率81.2%，千粒重25.7g。

品质特性：糙米率80.6%，精米率69.8%，整精米率46.5%，糙米粒长6.5mm，糙米长宽比2.7，垩白粒率95.0%，垩白度22.8%，直链淀粉含量20.7%，胶稠度50mm。

抗性：稻瘟病抗性自然诱发鉴定：穗颈瘟为7级；2009年穗颈瘟平均损失率为2.0%；2010年穗颈瘟平均损失率为0.8%。

产量及适宜地区：2009—2010年参加江西省水稻区试，2009年平均产量7 707kg/hm²，比对照金优402增产3.4%；2010年平均产量6 473kg/hm²，比对照金优1506增产1.6%。两年平均产量7 089kg/hm²。适宜在江西省稻瘟病轻发区种植。

栽培技术要点：3月中下旬播种，秧田播种量225kg/hm²，大田用种量22.5kg/hm²。秧龄30d以内。栽插规格16.5cm×19.8cm，每穴栽插2苗。施纯氮150kg/hm²，氮、磷、钾比例为1.0：0.5：1.2，施25%水稻专用复合肥750kg/hm²作基肥，移栽后5～7d结合化学除草追施尿素90kg/hm²和氯化钾75kg/hm²促分蘖，孕穗期施尿素75kg/hm²和氯化钾120kg/hm²作穗肥。浅水分蘖，够苗晒田，干湿壮籽，后期不要断水过早。重点防治稻瘟病、二化螟等病虫害。

五丰优286（Wufengyou 286）

品种来源：江西现代种业有限责任公司利用五丰A/中恢286（R974/中选181）杂交选配而成。2014年通过江西省农作物品种审定委员会审定，编号：赣审稻2014005。

形态特征和生物学特性：属籼型三系杂交中熟早稻。全生育期111d，比对照荣优463早熟1.0d。株高83.0cm，株型适中，叶片挺直，茎秆粗壮，长势繁茂，分蘖力较强，秆尖紫色，穗粒数多、着粒密，熟期转色好。有效穗数303万穗/hm²，每穗总粒数143.9粒，结实率85.6%，千粒重24.2g。

品质特性：糙米率80.2%，精米率69.7%，整精米率62.6%，糙米粒长6.4mm，糙米长宽比2.7，垩白粒率20.0%，垩白度1.4%，直链淀粉含量13.6%，胶稠度90mm。

抗性：稻瘟病抗性自然诱发鉴定：穗颈瘟为9级，高感稻瘟病。

产量及适宜地区：2012—2013年参加江西省水稻区试，2012年平均产量7 560kg/hm²，比对照荣优463增产4.4%；2013年平均产量7 790kg/hm²，比对照荣优463增产0.4%。两年平均产量7 676kg/hm²，比对照荣优463增产2.4%。适宜在江西省稻瘟病轻发区种植。

栽培技术要点：3月中下旬播种，秧田播种量225kg/hm²，大田用种量30kg/hm²。秧龄28～30d。栽插规格16.5cm×19.8cm，每穴栽插3苗。大田施足基肥，早施追肥，中后期看苗补肥，适增磷、钾肥。浅水移栽，薄水分蘖，够苗晒田，湿润灌浆，后期不要断水过早。根据当地农业部门病虫情报，及时防治稻瘟病、稻曲病、二化螟、稻纵卷叶螟、稻飞虱等病虫害。

五丰优623 （Wufengyou 623）

品种来源：左科生、广东省农业科学院水稻研究所利用五丰A/R623（R66/先恢207）杂交选配而成。2009年通过江西省农作物品种审定委员会审定，编号：赣审稻2009037。

形态特征和生物学特性：属籼型三系杂交中熟早稻。全生育期114d，比对照金优402迟熟1.2d。株高89.2cm，株型适中，整齐度好，长势繁茂，秆尖紫色，熟期转色好。有效穗数339万穗/hm²，每穗粒数110.7粒，结实率83.1%，千粒重25.6g。

品质特性：糙米率81.4%，精米率69.8%，整精米率56.1%，糙米粒长6.6mm，糙米长宽比2.9，垩白粒率25.0%，垩白度1.7%，直链淀粉含量12.7%，胶稠度85mm。

抗性：稻瘟病抗性自然诱发鉴定：穗颈瘟为9级，高感稻瘟病。

产量及适宜地区：2008—2009年参加江西省水稻区试，2008年平均产量7 668kg/hm²，比对照金优402增产4.6%；2009年平均产量7 701kg/hm²，比对照金优402增产2.0%。两年平均产量7 695kg /hm²，比金优402增产3.3%。适宜在江西省稻瘟病轻发区种植。

栽培技术要点：3月中下旬播种，秧田播种量225kg/hm²，大田用种量30kg/hm²。秧龄30d以内。栽插规格16.5cm×19.8cm，每穴栽插2苗。施纯氮150kg/hm²，氮、磷、钾比例为1：0.5：1，施25%水稻专用复合肥750kg/hm²作基肥，移栽后5～7d结合化学除草追施尿素90kg/hm²、氯化钾75kg/hm²促分蘖，幼穗分化期追施尿素75kg/hm²、氯化钾105kg/hm²作穗肥。浅水分蘖，够苗晒田，干湿壮籽，后期不要断水过早。重点防治稻瘟病、二化螟等病虫害。

五丰优T025 （Wufengyou T 025）

品种来源：江西农业大学农学院利用五丰A/昌恢T025选育而成。2008年通过江西省农作物品种审定委员会审定，编号：赣审稻2008013；2010年通过国家农作物品种审定委员会审定，编号：国审稻2010024。

形态特征和生物学特性：属籼型三系杂交早熟晚稻。全生育期115d，比对照金优207迟熟3.5d。株高94.0cm，株型适中，整齐度好，叶色绿，剑叶短挺，分蘖力强，长势繁茂，秆尖紫色，穗粒数多，着粒密，熟期转色好。有效穗数306万穗/hm²，每穗粒数141.6粒，结实率72.4%，千粒重22.5g。

品质特性：糙米率79.5%，精米率72.0%，整精米率57.0%，垩白粒率4.0%，垩白度0.2%，直链淀粉含量20.1%，胶稠度74mm，糙米粒长6.6mm，糙米长宽比3.0。米质达国标一级优质米标准。

抗性：稻瘟病抗性自然诱发鉴定，穗颈瘟为9级，高感稻瘟病。

产量及适宜地区：2006—2007年参加江西省水稻区试，2006年平均产量7 107kg/hm²，比对照金优207增产11.6%；2007年平均产量6 686kg/hm²，比对照金优207增产6.0%。两年平均产量6 897kg/hm²，比对照金优207增产8.8%。适宜在江西省稻瘟病轻发区，以及湖南、湖北、浙江、安徽长江以南的稻瘟病、白叶枯病轻发双季稻区种植。

栽培技术要点：6月中下旬播种，秧田播种量150kg/hm²，大田用种量15kg/hm²。栽插规格13.2cm×23.1cm或16.5cm×19.8cm，每穴插2苗，栽插基本苗180万苗/hm²。施足基肥，早施追肥，施用纯氮180kg/hm²、纯磷90kg/hm²、纯钾100kg/hm²。浅水插秧，浅水返青，活棵后露田促根，浅水分蘖，够苗晒田，薄水抽穗，干湿壮籽，收割前7～10d开沟断水。加强稻瘟病等病虫害的防治。

五丰优T470（Wufengyou T470）

品种来源：江西农业大学农学院利用五丰A/昌恢T470杂交选配而成。2008年通过江西省农作物品种审定委员会审定，编号：赣审稻2008004。

形态特征和生物学特性：属籼型三系杂交迟熟一季稻。全生育期134d，比对照Ⅱ优838迟熟7.9d。株高124.8cm，株型适中，植株生长整齐，叶色淡绿，长势繁茂，分蘖力一般，稃尖紫色，穗粒数多、着粒密，熟期转色好。有效穗数201万穗/hm²，每穗粒数177.5粒，结实率68.1%，千粒重26.9g。

品质特性：糙米率79.4%，精米率69.1%，整精米率61.8%，垩白粒率10.0%，垩白度0.9%，直链淀粉含量19.5%，胶稠度70mm，糙米粒长6.8mm，糙米长宽比3.0。米质达国标二级优质米标准。

抗性：稻瘟病抗性自然诱发鉴定：穗颈瘟为9级，高感稻瘟病。

产量及适宜地区：2006—2007年参加江西省水稻区试，2006年平均产量7 236kg/hm²，比对照Ⅱ优838减产1.7%；2007年平均产量7 230kg/hm²，比对照Ⅱ优838增产1.7%。两年平均产量7 233kg/hm²。适宜在江西省稻瘟病轻发区种植。

栽培技术要点：5月中旬播种，秧田播种量150kg/hm²，用种量15kg/hm²。栽插规格13.2cm×26.4cm或16.5cm×19.8cm，每穴插2苗。施足基肥，早施追肥，施用纯氮180kg/hm²、纯磷90kg/hm²、纯钾120kg/hm²。浅水插秧，浅水返青，活棵后露田促根，浅水分蘖，够苗晒田，薄水抽穗，干湿壮籽，收割前7～10d断水。加强稻瘟病等病虫害的防治。

五丰优淦3号 （Wufengyougan 3）

品种来源：江西现代种业有限责任公司利用五丰A/淦恢3号（抗蚊青占/桂99）杂交选配而成。原名：淦鑫604。2009年通过江西省农作物品种审定委员会审定，编号：赣审稻2009023。

形态特征和生物学特性：属籼型三系杂交中熟晚稻。全生育期119d，比对照淦鑫688早熟4.0d。株高96.8cm，株型紧凑，整齐度好，叶色浓绿，稃尖紫色，穗粒数中。有效穗数270万穗/hm²，每穗粒数105.9粒，结实率82.2%，千粒重32.2g。

品质特性：糙米率79.5%，精米率66.8%，整精米率58.4%，糙米粒长7.2mm，糙米长宽比2.9，垩白粒率25%，垩白度1.8%，直链淀粉含量22.9%，胶稠度54mm。米质达国标三级优质米标准。

抗性：稻瘟病抗性自然诱发鉴定：穗颈瘟为9级，高感稻瘟病。

产量及适宜地区：2007—2008年参加江西省水稻区试，2007年平均产量7 154kg/hm²，比对照汕优46增产5.74%；2008年平均产量7 538kg/hm²，比对照淦鑫688增产2.50%。适宜在江西省稻瘟病轻发区种植。

栽培技术要点：6月20～25日播种，秧田播种量300kg/hm²。秧龄30d。栽插规格19.8cm×19.8cm或19.8cm×23.1cm，每穴插1～2苗，栽插基本苗120万苗/hm²。基肥与追肥施用比例为6：4，施用纯氮150kg/hm²，氮、磷、钾比例为1：0.5：1。浅水插秧、深水返青，够苗晒田，孕穗薄水，深水扬花，干湿壮籽，收获前7d断水。注意防止倒伏。重点加强防治稻瘟病、稻飞虱、二化螟、稻瘿蚊等病虫害。

五优136（Wuyou 136）

品种来源：赣州市翔达农作物研究所利用五丰A/R137-625(R432/R207)杂交选配而成。2013年通过江西省农作物品种审定委员会审定，编号：赣审稻2013002。

形态特征和生物学特性：属籼型三系杂交中熟晚稻。全生育期119d，比对照岳优9113早熟0.7d。株高92.6cm，株型适中，剑叶短宽，长势繁茂，分蘖力较强，稃尖紫色，穗粒数多、着粒密，熟期转色好。有效穗数303万穗/hm²，每穗粒数143.0粒，结实率76.9%，千粒重22.9g。

品质特性：糙米率81.9%，精米率73.6%，整精米率69.5%，糙米粒长6.5mm，糙米长宽比2.8，垩白粒率13.0%，垩白度1.7%，直链淀粉含量21.0%，胶稠度50mm。米质达国标三级优质米标准。

抗性：稻瘟病抗性自然诱发鉴定：穗颈瘟为9级，高感稻瘟病。

产量及适宜地区：2011—2012年参加江西省水稻区试，2011年平均产量7 221kg/hm²，比对照岳优9113增产2.3%；2012年平均产量8 210kg/hm²，比对照岳优9113增产4.2%。两年平均产量7 716kg/hm²，比岳优9113增产3.2%。适宜在江西省稻瘟病轻发区种植。

栽培技术要点：6月25日播种，秧田播种量120kg/hm²，大田用种量15kg/hm²。秧龄20～25d。栽插规格16.5cm×19.8cm，每穴插2苗。施45%三元复合肥300kg/hm²作基肥，栽后5～7d追施45%复合肥375kg/hm²，后期看苗补肥。浅水分蘖，够苗晒田，浅水孕穗抽穗，齐穗后干湿交替至成熟。根据当地农业部门的病虫预报，及时防治稻瘟病、纹枯病、二化螟、三化螟、稻纵卷叶螟、稻飞虱等病虫害。

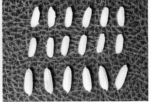

五优15（Wuyou 15）

品种来源：江西省天仁种业有限公司、广东省农业科学院水稻研究所利用五丰A/R15(抗蚊青占变异株)选育而成。2012年通过江西省农作物品种审定委员会审定，编号：赣审稻2012011。

形态特征和生物学特性：属籼型三系杂交早熟晚稻。全生育期118d，比对照岳优9113早熟1.7d。株高93.7cm，株型紧凑，叶色浓绿，剑叶宽挺，长势繁茂，分蘖力强，秆尖紫色，熟期转色好。有效穗数333万穗/hm²，每穗粒数119.1粒，结实率78.0%，千粒重24.6g。

品质特性：糙米率79.6%，精米率72.3%，整精米率55.8%，糙米粒长6.6mm，糙米长宽比2.8，垩白粒率64.0%，垩白度5.8%，直链淀粉含量21.2%，胶稠度40mm。

抗性：稻瘟病抗性自然诱发鉴定：穗颈瘟为9级，高感稻瘟病。

产量及适宜地区：2010—2011年参加江西省水稻区试，2010年平均产量7 176kg/hm²，比对照岳优9113增产4.1%；2011年平均产量7 658kg/hm²，比对照岳优9113增产5.9%。两年平均产量7 417kg/hm²，比对照岳优9113增产5.0%。适宜在江西省稻瘟病轻发区种植。

栽培技术要点：6月25日播种，秧田播种量180kg/hm²，大田用种量22.5kg/hm²。秧龄20d。栽插规格13.2cm×23.1cm或16.5cm×19.8cm，每穴插2苗。施45%水稻专用复合肥450kg/hm²作基肥，移栽后6d结合施用除草剂追施尿素180kg/hm²、氯化钾120kg/hm²。干湿相间促分蘖，有水孕穗，干湿交替壮籽，后期不要断水过早。根据当地农业部门病虫预报，及时防治稻瘟病、二化螟、稻纵卷叶螟、稻飞虱等病虫害。

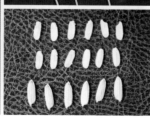

五优1573（Wuyou 1573）

品种来源：江西省超级水稻研究发展中心、江西汇丰源种业有限公司、广东省农业科学院水稻研究所利用五丰A/跃恢1573(R225/R752航天搭载)杂交选配而成。2014年通过江西省农作物品种审定委员会审定，编号：赣审稻2014019。

形态特征和生物学特性：属籼型三系杂交中熟晚稻。全生育期123d，比对照天优998早熟0.8d。株高98.9cm，株型适中，叶片挺直，田间植株长相清秀，分蘖力强，秆尖紫色，穗粒数多、着粒密，熟期转色好。有效穗数318万穗/hm²，每穗粒数146.9粒，结实率83.0%，千粒重23.0g。

品质特性：糙米率80.8%，精米率71.0%，整精米率64.3%，糙米粒长6.2mm，糙米长宽比2.8，垩白粒率17.0%，垩白度1.9%，直链淀粉含量20.0%，胶稠度50mm。米质达国标二级优质米标准。

抗性：稻瘟病抗性自然诱发鉴定：穗颈瘟为9级，高感稻瘟病。

产量及适宜地区：2012—2013年参加江西省水稻区试，2012年平均产量8 450kg/hm²，比对照天优998增产3.7%；2013年平均产量8 382kg/hm²，比对照天优998增产3.7%。两年平均产量8 417kg/hm²，比对照天优998增产3.7%。适宜在江西省稻瘟病轻发区种植。

栽培技术要点：6月20～23日播种，秧田播种量150kg/hm²，大田用种量22.5kg/hm²。秧龄25～28d。栽插规格16.5cm×19.8cm，每穴插2苗。施足基肥，基肥占总肥量的60%，早施追肥，中后期看苗补肥，适增磷、钾肥。深水返青，浅水促蘖，够苗晒田，浅水孕穗，干湿壮籽，后期不要断水过早。及时防治稻瘟病、二化螟、稻纵卷叶螟、稻飞虱等病虫害。

五优21 （Wuyou 21）

品种来源：江西先丰种业有限责任公司、广东省农业科学院水稻研究所利用五丰A/R621（R402/测64-7//先恢207）选育而成。2011年通过江西省农作物品种审定委员会审定，编号：赣审稻2011018。

形态特征和生物学特性：属籼型三系杂交中熟早稻。全生育期117d，比对照金优1506迟熟1.5d。株高86.2cm，株型适中，剑叶挺直，分蘖力强，长势繁茂，稃尖紫色，穗粒数较多，熟期转色好。有效穗数333万穗/hm²，每穗粒数106.6粒，结实率82.6%，千粒重25.7g。

品质特性：糙米率81.6%，精米率71.5%，整精米率52.1%，糙米粒长6.4mm，糙米长宽比2.8，垩白粒率66.0%，垩白度11.9%，直链淀粉含量20.2%，胶稠度76mm。

抗性：稻瘟病抗性自然诱发鉴定：穗颈瘟为9级，高感稻瘟病。

产量及适宜地区：2010—2011年参加江西省水稻区试，2010年平均产量6 488kg/hm²，比对照金优1506增产1.0%；2011年平均产量7 458kg/hm²，比对照金优1506增产5.1%。两年平均产量6 973kg/hm²，比对照金优1506增产3.1%。适宜在江西省稻瘟病轻发区种植。

栽培技术要点：3月中下旬播种，秧田播种量225kg/hm²，大田用种量22kg/hm²。秧龄30d以内。栽插规格16.5cm×19.8cm，每穴插2苗。大田施25%水稻专用复合肥750kg/hm²作基肥，移栽后5～7d结合化学除草追施尿素90kg/hm²、氯化钾75kg/hm²促分蘖，幼穗分化期追施尿素60kg/hm²、氯化钾90kg/hm²作穗肥。浅水分蘖，够苗晒田，干湿壮籽，后期不要断水过早。重点防治稻瘟病、二化螟等病虫害。

五优268（Wuyou 268）

品种来源：江西金山种业有限公司利用五丰A/R268(R80/R90)杂交选配而成。2014年通过江西省农作物品种审定委员会审定，编号：赣审稻2014016。

形态特征和生物学特性：属籼型三系杂交早熟晚稻。全生育期117d，比对照岳优9113迟熟0.1d。株高96.2cm，株型适中，剑叶挺直，分蘖力中，秆尖紫色，穗粒数多、着粒密，熟期转色好。有效穗数288万穗/hm²，每穗粒数159.6粒，结实率79.8%，千粒重23.2g。

品质特性：糙米率80.5%，精米率72.0%，整精米率55.3%，糙米粒长6.4mm，糙米长宽比2.9，垩白粒率15.0%，垩白度1.1%，直链淀粉含量19.2%，胶稠度52mm。米质国标二级优质米标准。

抗性：稻瘟病抗性自然诱发鉴定：穗颈瘟为9级，高感稻瘟病。

产量及适宜地区：2012—2013年参加江西省水稻区试，2012年平均产量7 818kg/hm²，比对照岳优9113增产3.5%；2013年平均产量8 267kg/hm²，比对照岳优9113增产2.7%。两年平均产量8 043kg/hm²，比对照岳优9113增产3.1%。适宜在江西省稻瘟病轻发区种植。

栽培技术要点：软盘育秧6月22～25日播种，湿润育秧6月25日播种，秧田播种量180kg/hm²，大田用种量30kg/hm²。软盘育秧于4.5叶抛栽，湿润育秧于5.5叶移栽。栽插规格16.5cm×19.8cm，每穴插2苗。施水稻专用复合肥750kg/hm²作基肥，移栽后5～7d结合施用除草剂追施105kg/hm²尿素促分蘖，孕穗期追施氯化钾75kg/hm²，齐穗后看苗补肥。浅水分蘖，够苗晒田，湿润灌浆，后期不要断水过早。根据当地农业部门预报，及时防治稻瘟病、纹枯病、稻纵卷叶螟、二化螟、稻飞虱等病虫害。

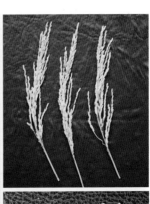
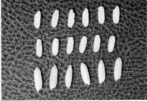

五优301 （Wuyou 301）

品种来源：江西现代种业有限责任公司利用五丰A/R301（R372 / T0974）选育而成。2011年通过江西省农作物品种审定委员会审定，编号：赣审稻2011015。

形态特征和生物学特性：属籼型三系杂交中熟早稻。全生育期116d，比对照金优1506迟熟0.9d。株高82.2cm，株型适中，田间长相清秀，分蘖力强，秤尖紫色，穗粒数较多、着粒密，熟期转色好。有效穗数339万穗/hm²，每穗粒数101.4粒，结实率81.8%，千粒重25.8g。

品质特性：糙米率81.0%，精米率70.3%，整精米率43.5%，糙米粒长6.7mm，糙米长宽比2.9，垩白粒率80%，垩白度11.2%，直链淀粉含量20.2%，胶稠度68mm。

抗性：稻瘟病抗性自然诱发鉴定：穗颈瘟为9级，高感稻瘟病。

产量及适宜地区：2010—2011年参加江西省水稻区试，2010年平均产量6 575kg/hm²，比对照金优1506增产2.4%；2011年平均产量7 244kg/hm²，比对照金优1506增产2.0%。两年平均产量6 909kg/hm²，比对照金优1506增产2.2%。适宜在江西省稻瘟病轻发区种植。

栽培技术要点：3月20～25日播种，秧田播种量150kg/hm²，大田用种量22.5kg/hm²。软盘育秧3.1～3.5叶抛秧，水育秧4.5～5.0叶移栽。栽插规格13.2cm×16.5cm或16.5cm×16.5cm，每穴插2苗。施用25%水稻专用复合肥600kg/hm²作基肥，移栽后5～6d结合施用除草剂追施尿素300kg/hm²，孕穗期追施氯化钾120kg/hm²。干湿相间促分蘖，够苗晒田，有水孕穗，干湿交替壮籽，后期不要断水过早。及时防治稻瘟病、二化螟、稻纵卷叶螟、稻飞虱等病虫害。

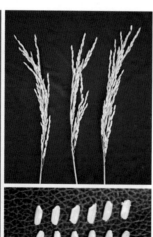

五优328 （Wuyou 328）

品种来源：江西雅农科技实业有限公司、广东省农业科学院水稻研究所利用五丰A/R328(R428/黄华占//R710)杂交选配而成。2013年通过江西省农作物品种审定委员会审定，编号：赣审稻2013006。

形态特征和生物学特性：属籼型三系杂交中熟晚稻。全生育期119d，比对照岳优9113早熟0.7d。株高92.3cm，株型适中，叶片挺直，长势繁茂，稃尖紫色，穗粒数多、着粒密，熟期转色好。有效穗数312万穗/hm²，每穗粒数146.5粒，结实率76.7%，千粒重23.3g。

品质特性：糙米率82.2%，精米率73.5%，整精米率69.2%，糙米粒长6.6mm，糙米长宽比2.8，垩白粒率18.0%，垩白度1.4%，直链淀粉含量19.5%，胶稠度50mm。米质达国标三级优质米标准。

抗性：稻瘟病抗性自然诱发鉴定：穗颈瘟为9级，高感稻瘟病。

产量及适宜地区：2011—2012年参加江西省水稻区试，2011年平均产量7 221kg/hm²，比对照岳优9113增产0.9%；2012年平均产量8 192kg/hm²，比对照岳优9113增产4.0%。两年平均产量7 707kg/hm²，比对照岳优9113增产2.4%。适宜在江西省稻瘟病轻发区种植。

栽培技术要点：软盘育秧，6月底播种，秧田播种量300kg/hm²，大田用种量30kg/hm²；湿润育秧，6月25日播种，秧田播种量225kg/hm²，大田用种量22.5kg/hm²。软盘育秧15～18d抛栽，湿润育秧25d移栽。栽插规格16.5cm×19.8cm，每穴2苗。施用纯氮180kg/hm²，氮、磷、钾比例为1∶0.6∶1，施足基肥，移栽7d后追施氯化钾150kg/hm²、尿素150kg/hm²。浅水分蘖，够苗轻晒，浅水孕穗，齐穗后干干湿湿至成熟。根据当地农业部门预报，重点防治稻瘟病、稻纵卷叶螟、稻飞虱等病虫害。

五优463（Wuyou 463）

品种来源： 江西汇丰源种业有限公司利用五丰A//T0463选配而成。2014年通过江西省农作物品种审定委员会审定，编号：赣审稻2014004。

形态特征和生物学特性： 属籼型三系杂交中熟早稻。全生育期113d，比对照荣优463迟熟0.4d。株高87.4cm，株型适中，叶片挺直，田间长相清秀，分蘖力强，熟期转色好。有效穗数354万穗/hm²，每穗粒数105.9粒，结实率88.0%，秆尖紫色，千粒重25.8g。

品质特性： 糙米率81.7%，精米率68.8%，整精米率52.6%，糙米粒长6.4mm，糙米长宽比2.7，垩白粒率43.0%，垩白度4.3%，直链淀粉含量12.7%，胶稠度90mm。

抗性： 稻瘟病抗性自然诱发鉴定：穗颈瘟为9级，高感稻瘟病。

产量及适宜地区： 2012—2013年参加江西省水稻区试，两年平均产量7 781kg/hm²，比对照荣优463增产3.6%。适宜在江西省稻瘟病轻发区种植。

栽培技术要点： 3月20日播种，秧田播种量225kg/hm²，大田用种量30kg/hm²。秧龄25d。栽插规格16.5cm×19.8cm，每穴插2苗。大田施纯氮165kg/hm²，氮、磷、钾施用比例为1.0：0.5：0.8，施肥方式，基肥55%，栽后7~10d内追肥40%，中后期看苗补施穗粒肥。浅水插秧，寸水返青，薄水分蘖，苗够晒田，浅水灌溉，干湿壮籽，后期不要断水过早。及时防治稻瘟病、纹枯病、稻纵卷叶螟、二化螟、稻飞虱等病虫害。

五优566（Wuyou 566）

品种来源：江西天涯种业有限公司利用五丰A/R156（10-35/明恢63）杂交选配而成。原名：五丰优156。2014年通过江西省农作物品种审定委员会审定，编号：赣审稻2014032。

形态特征和生物学特性：属籼型三系杂交中熟早稻。全生育期113d，比对照荣优463迟熟0.4d。株高86.1cm，株型紧凑，叶片挺直，长势繁茂，分蘖力强，稃尖紫色，穗大粒多，熟期转色好。有效穗数342万穗/hm²，穗长19.6cm，每穗粒数129.6粒，结实率86.5%，千粒重23.5g。

品质特性：糙米率81.1%，精米率69.5%，整精米率60.0%，糙米粒长6.3mm，糙米长宽比2.7，垩白粒率36.0%，垩白度2.9%，直链淀粉含量12.2%，胶稠度92mm。

抗性：稻瘟病抗性自然诱发鉴定：穗颈瘟为9级，高感稻瘟病。

产量及适宜地区：2012—2013年参加江西省水稻区试，2012年平均产量7 377kg/hm²，比对照荣优463增产0.7%；2013年平均产量8 034kg/hm²，比对照荣优463增产3.5%。两年平均产量7 706kg/hm²，比对照荣优463增产2.1%。适宜在江西省稻瘟病轻发区种植。

栽培技术要点：3月20～25日播种。秧田播种量300kg/hm²，大田用种量30kg/hm²。秧龄30d。栽插规格为16.5cm×19.8cm。每穴插2苗，栽插基本苗150万苗/hm²。施纯氮165kg/hm²、纯磷70kg/hm²、纯钾90kg/hm²。其中磷肥全作底肥；氮肥的60%作底肥，20%作分蘖肥，20%作穗肥；钾肥的70%作底肥，30%作分蘖肥。干湿相间促分蘖，够苗晒田，有水孕穗，浅水抽穗，湿润灌浆，后期不要断水过早。根据当地农业部门病虫预报，及时施药防治稻瘟病、纹枯病、二化螟、稻纵卷叶螟、稻飞虱等病虫害。

五优662（Wuyou 662）

品种来源：江西惠农种业有限公司、广东省农业科学院水稻研究所利用五丰A/R662(R318//N121/抗蚊青占)杂交选配而成。2012年通过江西省农作物品种审定委员会审定，编号：赣审稻2012010。

形态特征和生物学特性：属籼型三系杂交中熟晚稻。全生育期119d，比对照岳优9113早熟0.2d。株高96.1cm，株型适中，叶色浓绿，剑叶宽挺，长势繁茂，分蘖力强，秆尖紫色，穗粒数多、着粒密，熟期转色好。有效穗数312万穗/hm²，每穗粒数127.2粒，结实率73.2%，千粒重27.2g。

品质特性：糙米率80.5%，精米率73.9%，整精米率51.1%，糙米粒长7.1mm，糙米长宽比3.0，垩白粒率72.0%，垩白度10.1%，直链淀粉含量20.0%，胶稠度40mm。

抗性：稻瘟病抗性自然诱发鉴定：穗颈瘟为9级，高感稻瘟病。

产量及适宜地区：2010—2011年参加江西省水稻区试，2010年平均产量7 149kg/hm²，比对照岳优9113增产3.7%；2011年平均产量7 112kg/hm²，比对照岳优9113增产6.6%。两年平均产量7 431kg/hm²，比对照岳优9113增产5.2%。适宜在江西省稻瘟病轻发区种植。

栽培技术要点：6月20～25日播种，秧田播种量150kg/hm²，大田用种量22.5kg/hm²。秧龄20～25d。栽插规格16.5cm×16.5cm或16.5cm×19.8cm，每穴插2苗。施45%水稻专用复合肥450kg/hm²作基肥，移栽后5～6d结合施用除草剂追施尿素180kg/hm²、氯化钾120kg/hm²。干湿相间促分蘖，有水孕穗，干湿交替壮籽，后期不要断水过早。根据当地农业部门预报，及时防治稻瘟病、二化螟、稻纵卷叶螟、稻飞虱等病虫害。

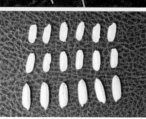

五优666（Wuyou 666）

品种来源：江西金信种业有限公司、江西省超级水稻研究发展中心、广东省农业科学院水稻研究所利用五丰A/跃恢666（R225/R752航天搭载）杂交选配而成。2014年通过江西省农作物品种审定委员会审定，编号：赣审稻2014024。

形态特征和生物学特性：属籼型三系杂交中熟晚稻。全生育期122d，比对照天优998早熟1.6d。株高105.5cm，株型适中，剑叶挺直，叶色淡绿，长势繁茂，分蘖力中，秆尖紫色，穗粒数多，熟期转色好。有效穗数291万穗/hm²，每穗粒数136.3粒，结实率82.0%，千粒重26.8g。

品质特性：糙米率82.3%，精米率74.6%，整精米率66.0%，糙米粒长6.9mm，糙米长宽比2.9，垩白粒率26.0%，垩白度2.1%，直链淀粉含量19.6%，胶稠度80mm。米质达国标三级优质米标准。

抗性：稻瘟病抗性自然诱发鉴定：穗颈瘟为9级，高感稻瘟病。

产量及适宜地区：2012—2013年参加江西省水稻区试，2012年平均产量8 555kg/hm²，比对照天优998增产3.7%；2013年平均产量8 562kg/hm²，比对照天优998增产6.0%，极显著。两年平均产量8 558kg/hm²，比对照天优998增产4.8%。适宜在江西省稻瘟病轻发区种植。

栽培技术要点：6月20日播种，秧田播种量180kg/hm²，大田用种量22.5kg/hm²。秧龄25～28d。栽插规格16.5cm×19.8cm，每穴栽插2苗。施足基肥，基肥占总肥量的60%，早施追肥，中后期看苗补肥，适增磷、钾肥。深水返青，浅水促蘖，够苗晒田，浅水孕穗，干湿壮籽，后期不要断水过早。及时防治稻瘟病、二化螟、稻纵卷叶螟、稻飞虱等病虫害。

五优9833（Wuyou 9833）

品种来源：江西汇丰源种业有限公司、抚州市临川区绿江南农业新产品研究所利用五丰A/R9833（T0463变异株）杂交选配而成。2014年通过江西省农作物品种审定委员会审定，编号：赣审稻2014002。

形态特征和生物学特性：属籼型三系杂交中熟早稻。全生育期110d，比对照中早35迟熟0.9d。株高81.3cm，株型紧凑，叶片挺直，叶色浓绿，长势繁茂，分蘖力强，颖尖秆黄色，穗大粒多，熟期转色好。有效穗数318万穗/hm²，每穗粒数123.9粒，结实率85.6%，千粒重24.0g。

品质特性：糙米率81.2%，精米率69.8%，整精米率57.2%，糙米粒长6.2mm，糙米长宽比2.6，垩白粒率28.0%，垩白度2.8%，直链淀粉含量12.2%，胶稠度90mm。

抗性：稻瘟病抗性自然诱发鉴定：穗颈瘟为9级，高感稻瘟病。

产量表现：2012—2013年参加江西省水稻区试，2012年平均产量7 577kg/hm²，比对照中早35增产8.4%，极显著；2013年平均产量8 217kg/hm²，比对照中早35增产3.8%，显著。两年平均产量7 898kg/hm²，比对照中早35增产6.1%。适宜在江西省稻瘟病轻发区种植。

栽培技术要点：3月20日播种，秧田播种量225kg/hm²，大田用种量30kg/hm²。秧龄20～25d。栽插规格16.5cm×19.8cm，每穴栽插2～3苗。大田施纯氮165kg/hm²，氮、磷、钾比例为1.0：0.5：0.8，施肥方式，基肥占55%，栽后7～10d内追肥占40%，中后期看苗补施穗粒肥。浅水插秧，寸水返青，薄水分蘖，苗够晒田，浅水灌溉，有水孕穗，干湿壮籽，后期不要断水过早。根据当地农业部门病虫情报，及时防治稻瘟病、纹枯病、稻纵卷叶螟、二化螟、稻飞虱等病虫害。

先农1号 （Xiannong 1）

品种来源：江西省种子公司、江西省兴国县赣兴种业有限公司利用优ⅠA/先恢1号选育而成。原名：优Ⅰ先恢1号。2005年通过江西省农作物审定委员会审定，编号：赣审稻2005007；2006年通过国家农作物品种审定委员会审定，编号：国审稻2006012。

形态特征和生物学特性：属籼型三系杂交中熟早稻。全生育期113d，比对照金优402迟熟2.1d。株高90.8cm，株型紧凑，长势旺盛，剑叶短挺，后期转色好。有效穗数369万穗/hm²，每穗粒数97.8粒，结实率83.5%，千粒重26.2g。

品质特性：糙米率81.8%，精米率66.6%，整精米率24.1%，垩白粒率51.0%，垩白度7.6%，直链淀粉含量18.9%，胶稠度60mm，糙米粒长6.4mm，糙米长宽比2.6，透明度3级，碱消值5级。

抗性：稻瘟病自然诱发鉴定：苗瘟0级，叶瘟0级，穗瘟0级。

产量及适宜地区：2003—2004年参加江西省水稻区试，2003年平均产量7 518kg/hm²，比对照金优402增产10.0%，极显著；2004年平均产量7 714kg/hm²，比对照金优402增产5.4%，显著。适宜在赣中南地区种植。

栽培技术要点：3月中下旬播种，秧田播种量300kg/hm²，大田用种量30kg/hm²。适时移栽，秧龄30d，栽插规格16.5cm×19.8cm或23.1cm×13.2cm，每穴栽插2～3苗。施纯氮180kg/hm²，氮、磷、钾比例为10∶6∶9。浅水分蘖，足苗轻晒，齐穗后干湿壮籽。注意防治病虫害。

先农10号 (Xiannong 10)

品种来源：江西省种子公司利用中9A/R254（桂99/辐恢838）杂交选配而成。2005年通过江西省农作物品种审定委员会审定，编号：赣审稻2005023。

形态特征和生物学特性：属籼型三系杂交中熟晚稻。全生育期120d。株高114.6cm，株型适中，长势繁茂，群体整齐，穗粒数多，后期转色好。有效穗数273万穗/hm^2，每穗粒数134.5粒，结实率75.2%，千粒重24.6g。

品质特性：糙米率80.6%，精米率67.9%，整精米率55.6%，垩白粒率30%，垩白度4.5%，直链淀粉含量22.5%，胶稠度62mm，糙米粒长7.1mm，糙米长宽比3.2。米质达国标三级优质米标准。

抗性：稻瘟病抗性自然诱发鉴定：苗瘟2级，叶瘟5级，穗瘟5级。

产量及适宜地区：2003—2004年参加江西省水稻区试，2003年平均产量6 822kg/hm^2，比对照汕优46减产1.5%；2004年平均产量7 232kg/hm^2，比对照汕优46减产3.4%。适宜在江西省稻瘟病轻发区种植。

栽培技术要点：6月10～15日播种，秧田播种量150kg/hm^2，大田用种量15kg/hm^2。秧龄28～30d，栽插规格19.8cm×19.8cm，栽插30万穴/hm^2，每穴插4～6苗。大田以基肥为主，追肥为辅；有机肥为主，化肥为辅；增施磷、钾肥。一般中等肥力的土质施纯氮150kg/hm^2，氮、磷、钾比例为1.0∶0.5∶1.0。浅水浅插，插后3d排水露田，薄水灌溉，湿润交替，够苗及时晒田，孕穗抽穗保持浅水层，灌浆后期防止断水过早。重点防治稻瘟病、卷叶螟、二化螟、稻飞虱、稻蓟马等病虫害。

先农101（Xiannong 101）

品种来源：江西省浮梁县种子公司、江西省种子公司利用中9A/蓉恢906选（蓉恢906系选）杂交选配而成。原名：中优906。2005年通过江西省农作物品种审定委员会审定，编号：赣审稻2005055。

形态特征和生物学特性：属籼型三系杂交中熟一季稻。全生育期125d，比对照汕优63早熟0.8d。株高128.9cm，株型紧凑，植株整齐，长势繁茂，穗大粒多，后期落色好。有效穗数264万穗/hm²，每穗粒数182.2粒，结实率82.3%，千粒重23.8g。

品质特性：糙米率79.4%，精米率69.0%，整精米率60.6%，垩白粒率26.0%，垩白度3.9%，直链淀粉含量24.7%，胶稠度40mm，糙米粒长6.5mm，糙米长宽比3.0。

抗性：稻瘟病抗性自然诱发鉴定：苗瘟0级，叶瘟4级，穗瘟7级。

产量及适宜地区：2003—2004年参加江西省水稻区试，2003年平均产量7 940kg/hm²，比对照汕优63增产5.5%；2004年平均产量8 091kg/hm²，比对照汕优63增产4.5%。适宜在江西省稻瘟病轻发区种植。

栽培技术要点：5月上中旬播种，秧田播种量150kg/hm²，大田用种量15kg/hm²。秧龄30～35d，栽插规格19.8cm×19.8cm或19.8cm×16.5cm，单本插植。重施基肥，早施追肥，适施穗肥。合理灌溉，做到以根养叶，以叶促蘖，移栽后至破口前要求干干湿湿，以露田为主，抽穗扬花期要保持田间湿润，灌浆黄熟期要适度轻搁田。重点抓好稻瘟病和稻飞虱的防治工作。

先农11 (Xiannong 11)

品种来源：江西省农业科学院水稻研究所利用中9A/科恢752杂交选育而成。2004年通过江西省农作物品种审定委员会审定，编号：赣审稻2004016。

形态特征和生物学特性：属籼型三系杂交迟熟中稻。全生育期139d，比对照汕优63迟熟14.8d。株高130.1cm，株型高大，生长整齐，茎秆粗壮，叶片长厚，剑叶挺直，分蘖力一般，穗大粒多，生育期偏长，食用品质优。有效穗数214万穗/hm²，每穗粒数194.4粒，结实率74.7%，千粒重26.8g。

品质特性：糙米率80.2%，整精米率64.2%，垩白粒率17%，垩白度1.7%，直链淀粉含量21.5%，胶稠度72mm，糙米粒长6.8mm，糙米长宽比3.0，米质达国标二级优质米标准。

抗性：稻瘟病自然诱发鉴定：苗瘟4级，叶瘟5级，穗瘟0级；抗倒伏性强。

产量及适宜地区：2002—2003年参加江西省水稻区试，2002年平均产量7 581kg/hm²，比对照汕优63增产6.4%；2003年平均产量7 490kg/hm²，比对照汕优63减产2.9%。适宜在江西省各地种植。

栽培技术要点：5月上中旬播种，秧田播种量150kg/hm²，大田用种量17.5kg/hm²。秧龄30d，栽插规格16.5cm×33cm，每穴插1～2苗。注意氮、磷、钾的配合施用，施纯氮180kg/hm²、纯磷450kg/hm²、纯钾180kg/hm²。应早追肥，重施穗肥。采用浅水分蘖，够苗晒田，有水抽穗，干干湿湿灌浆，收割前10d断水。注意防治病虫害。

先农12（Xiannong 12）

品种来源：江西省抚州市农业科学研究所利用中9A/R962〔（明恢63/测64-7）//（桂99/6185）〕杂交选配而成。原名：中优962。2005年通过江西省农作物品种审定委员会审定，编号：赣审稻2005024。

形态特征和生物学特性：属籼型三系杂交中熟晚稻。全生育期118d，比对照汕优46早熟1.6d。株高111.6cm，株叶形态好，植株较高，长势茂盛，剑叶短窄、直立，抽穗整齐，穗大，但着粒稀，有二次灌浆现象，有效穗312万穗/hm²，每穗粒数117.3粒，结实率75.7%，千粒重26.2g。

品质特性：糙米率80.6%，精米率67.5%，整精米率49.0%，垩白粒率50.0%，垩白度7.5%，直链淀粉含量24.7%，胶稠度52mm，糙米粒长7.2mm，糙米长宽比3.1。

抗性：稻瘟病抗性自然诱发鉴定：苗瘟0级，叶瘟3级，穗瘟0级；耐肥，抗倒伏性弱。

产量及适宜地区：2003—2004年参加江西省水稻区试，2003年平均产量6 700kg/hm²，比对照汕优46减产3.3%；2004年平均产量7 153kg/hm²，比对照汕优46减产4.5%。适宜在江西省各地均可种植。

栽培技术要点：6月中旬播种，秧田播种量150kg/hm²，本田用种量15.0kg/hm²。秧龄25～30d，栽插30万穴/hm²，每穴2苗/hm²，栽插规格16.5cm×16.5cm。氮、磷、钾配合施用。用25%氮、磷、钾三元复合肥600kg/hm²作底肥，150kg/hm²氯化钾加75kg/hm²尿素作追肥。浅水分蘖，足苗晒田，孕穗至齐穗浅水，齐穗后干湿交替以利壮籽。及时防治病虫害。

先农123 (Xiannong 123)

品种来源：江西省种子公司利用东B11A/先恢1069（明恢63/多系1号定向选育）杂交选配而成。2007年通过江西省农作物品种审定委员会审定，编号：赣审稻2007009。

形态特征和生物学特性：属籼型三系杂交中熟一季稻。全生育期129d，比对照Ⅱ优838迟熟3.2d。株高115.5cm，株型适中，叶色浓绿，长相清秀，分蘖力一般，稃尖紫色，穗大粒多，熟期转色好。有效穗数244万穗/hm²，每穗粒数141.0粒，结实率78.1%，千粒重29.3g。

品质特性：糙米率81.4%，精米率72.3%，整精米率55.0%，垩白粒率77.0%，垩白度11.6%，直链淀粉含量20.1%，胶稠度50mm，糙米粒长7.2mm，糙米长宽比3.1。

抗性：稻瘟病抗性自然诱发鉴定：穗颈瘟为9级，高感稻瘟病。

产量及适宜地区：2005—2006年参加江西省水稻区试，2005年平均产量7 449kg/hm²，比对照Ⅱ优838增产4.1%；2006年平均产量7 932kg/hm²，比对照Ⅱ优838增产10.5%。适宜在江西省稻瘟病轻发区种植。

栽培技术要点：5月上中旬播种，秧田播种量150kg/hm²，大田用种量15kg/hm²。秧龄30d，栽插规格19.8cm×19.8cm或16.5cm×19.8cm。施足基肥，早施追肥，适施穗肥，施尿素225kg/hm²，过磷酸钙450kg/hm²作基肥，移栽后7d追施尿素150kg/hm²、氯化钾180kg/hm²。移栽后至破口前要求干干湿湿，抽穗扬花期要保持田间湿润，灌浆黄熟期要适度轻搁田，以防扎根不稳，造成倒伏。重点抓好稻瘟病、稻飞虱等病虫害防治。

先农13（Xiannong 13）

品种来源：由宜春市农业科学研究所利用金23A/恢复系9059杂交选配而成。原名：金优9059。2003年通过江西省农作物品种审定委员会审定，审定编号为：赣审稻2003020。

形态特征和生物学特性：属籼型三系杂交早熟早稻。全生育期107d，比浙733早熟2.3d。株高85.8cm，前期长势旺，叶片挺直，叶色浓绿，分蘖力较强，熟期早，但后期易早衰。单株有效穗11.3穗，每穗粒数98.8粒，结实率77.9%，千粒重26.2g。

品质特性：糙米率81.1%，整精米率35.4%，垩白粒率60.0%，垩白度16.5%，直链淀粉含量25.1%，胶稠度50mm，糙米粒长7.1mm，糙米长宽比3.1。

抗性：稻瘟病抗性自然诱发鉴定，苗瘟0级，叶瘟2级，穗颈瘟0级。

产量及适宜地区：2002—2003年参加江西省水稻区试，2002年平均产量6 239kg/hm²，比对照优I402减产11.0%，极显著；2003年平均产量6 228kg/hm²，比对照浙733减产5.5%。适宜在赣中北地区种植。

栽培技术要点：3月中、下旬播种适宜，秧田播种量600kg/hm²，大田用种量22.5kg/hm²。秧龄28～30d。叶龄5.5～6叶，栽插规格16.5cm×19.8cm、13.2cm×23.1cm；每穴栽插4～5苗。施15 000kg/hm²的腐熟猪粪作底肥，施用纯氮量180kg/hm²，氮、磷、钾比例为3：1：2。浅水插秧、浅水活蔸、薄水分蘖、够苗晒田；寸水孕穗、深水抽穗开花；后期干干湿湿壮籽，不宜断水过早。及时防治好病虫害。

先农16 (Xiannong 16)

品种来源：江西省浮梁县利民水稻研究所利用新香A/蓉恢906选育而成。原名：新香优906、蓉稻10号。2003年通过江西省农作物品种审定委员会审定，编号：赣审稻2003013；2003年通过国家农作物品种审定委员会审定，编号：国审稻2003064；2005年通过云南省农作物品种审定委员会审定，编号：滇审稻200523。

形态特征和生物学特性：属籼型三系杂交中熟晚稻。全生育期124d。株高92.3cm，株型适中，茎秆粗壮但稍偏软，叶型挺直，叶色淡绿，分蘖力较强，抽穗整齐，后期转色好。早稻有效穗10.1穗，每穗粒数125.3粒，结实率73.5%，千粒重24.8g。

品质特性：糙米率78.8%，整精米率55.4%，糙米粒长6.0mm，糙米长宽比2.6，垩白粒率52.0%，垩白度10.4%，直链淀粉含量22.0%，胶稠度30mm。

抗性：病区自然诱发鉴定：苗瘟0级，叶瘟0级，穗瘟0级。

产量及适宜地区：2001—2002年参加江西省水稻区试，2001年平均产量7 410kg/hm²，比对照汕优46增产1.2%；2002年平均产量6 827kg/hm²，比对照汕优46增产8.8%。适宜在江西省各地种植。

栽培技术要点：6月中旬播种，播种量180kg/hm²，秧龄25～30d，叶龄5.5～7.5叶，大田用种量15kg/hm²，栽插规格24cm×12cm或18cm×18.6cm。大田以基肥为主、追肥为辅，施纯氮150kg/hm²，氮、磷、钾比例为1：0.5：1。水分管理做到浅水浅插，插后3d排水露田，薄水灌溉，湿润交替，够苗晒田，有水抽穗，干湿灌浆。注意防治病虫害。

先农18（Xiannong 18）

品种来源：江西省种子公司利用中9A/R268选育而成。2005年通过江西省农作物审定委员会审定，编号：赣审稻2005025；2008年通过国家农作物品种审定委员会审定，编号：国审稻2008019。

形态特征和生物学特性：属籼型三系杂交中熟晚稻。在长江中下游作双季晚稻种植，全生育期平均118d，比对照汕优46长0.4d。株高115.6cm，株型适中，叶片宽长、易披，抗倒伏性偏弱，分蘖力不强，有效穗数246万穗/hm²，穗长25.6cm，每穗粒数162.1粒，结实率75.3%，千粒重24.9g。

品质特性：整精米率65.9%，糙米长宽比3.5，垩白粒率2%，垩白度0.1%，胶稠度82mm，直链淀粉含量20.1%，米质达到国标一级优质米标准。

抗性：稻瘟病综合指数5.9级，穗瘟损失率最高9级，抗性频率80%；稻瘟病抗性自然诱发鉴定：苗瘟0级，叶瘟4级，穗瘟0级。白叶枯病7级。

产量及适宜地区：2003—2004年参加江西省水稻区试，2003年平均产量6 689kg/hm²，比对照汕优46减产3.46%；2004年平均产量7 354kg/hm²，比对照汕优46减产1.78%。2005年参加长江中下游中迟熟晚籼区域试验，平均产量6 914kg/hm²；2006年续试，平均产量6 719kg/hm²；两年区域试验平均产量6 816kg/hm²，比对照汕优46减产4.08%。适宜在江西省各地种植。

栽培技术要点：①适时播种，秧田播种量150kg/hm²，大田用种量15kg/hm²，培育壮秧。②秧龄30d、6.5～7叶移栽，株行距16.5cm×16.5cm，栽插30万穴/hm²，每穴2苗。③氮、磷、钾肥配合施用，用25%三元复合肥900kg/hm²作底肥、氯化钾225kg/hm²加尿素125kg/hm²作追肥，忌氮肥过量。科学管水，浅水分蘖，足苗晒田，孕穗至齐穗浅水，齐穗后干湿交替壮籽。④注意及时防治稻瘟病、白叶枯病等病虫害。

先农2号 （Xiannong 2）

品种来源：江西省种子公司利用中9A/R2067（明恢77/晚3）杂交选配而成。2005年通过江西省农作物品种审定委员会审定，编号：赣审稻2005019。

形态特征和生物学特性：属籼型三系杂交中熟晚稻。全生育期113d，比对照金优207迟熟1.8d。株高106.2cm，株型紧凑，植株整齐，长势繁茂，叶色浓绿，叶片挺直，分蘖力较强，田间长相清秀。有效穗数300万穗/hm^2，每穗粒数125.4粒，实粒数102.9粒，结实率82.1%，千粒重24.9g。

品质特性：糙米率82.2%，精米率69.0%，整精米率54.1%，垩白粒率25.0%，垩白度3.8%，直链淀粉含量22.4%，胶稠度50mm，糙米粒长7.3mm，糙米长宽比3.3。米质达国标三级优质米标准。

抗性：稻瘟病自然诱发鉴定：苗瘟0级，叶瘟3级，穗瘟0级。

产量及适宜地区：2003—2004年参加江西省水稻区试，2003年平均产量6 680kg/hm^2，比对照汕优64增产4.0%；2004年平均产量7 559kg/hm^2，比对照金优207增产5.5%。适宜在江西省各地种植。

栽培技术要点：6月下旬播种，秧田播种量150kg/hm^2，大田用种量15kg/hm^2。秧龄20～25d，栽插30万穴/hm^2，每穴2苗，栽插规格16.5cm×16.5cm。氮、磷、钾配合施用。用25%氮、磷、钾三元复合肥600kg/hm^{2}作底肥，150kg/hm^{2}氯化钾加75kg/hm^{2}尿素作追肥，切忌氮肥过多。科学管水，浅水分蘖，够苗晒田，孕穗至齐穗浅水，齐穗后干湿交替以利壮籽。及时防治病虫害。

先农20（Xiannong 20）

品种来源：江西省种子公司利用中9A/R432杂交选配而成。2004年通过江西省农作物品种审定委员会审定，编号：赣审稻2004018。

形态特征和生物学特性：属籼型三系杂交晚稻。全生育期109d，比对照汕优64早熟1.2d。株高94.8cm，株型紧凑，植株整齐，长势繁茂，剑叶长挺，穗大粒多，易掉粒。有效穗数342万穗/hm²，每穗粒数109.8粒，实粒数80.5粒，结实率73.3%，千粒重24.2g。

品质特性：糙米率78.1%，整精米率50.2%，垩白粒率15.0%，垩白度1.7%，直链淀粉含量23.0%，胶稠度60mm，糙米粒长7.3mm，糙米长宽比3.7，米质达部标二级优质米标准。

抗性：稻瘟病抗性自然诱发鉴定：苗瘟0级，叶瘟2级，穗瘟0级。

产量及适宜地区：2002—2003年参加江西省水稻区试，2002年平均产量5 867kg/hm²，比对照汕优晚3增产6.2%；2003年平均产量6 636kg/hm²，比对照汕优64增产3.2%。适宜在江西省各地种植。

栽培技术要点：6月底至7月初播种，秧田播种量150kg/hm²，大田用种量15kg/hm²，秧龄20～25d。合理密植，栽插规格为18cm×18cm或12cm×24cm，栽插30万穴/hm²。大田以基肥为主，追肥为辅；以有机肥为主，化肥为辅，增施磷、钾肥，一般中等肥力田施纯氮150kg/hm²，氮、磷、钾比例为1：0.5：1。浅水移栽，寸水活苗，薄水分蘖，够苗晒田，后期干湿交替至成熟。及时防治稻瘟病、螟虫、稻飞虱等。

先农21（Xiannong 21）

品种来源：江西省种子公司利用中9A/恢复系R71杂交选配而成。原名：中优71。2003年通过江西省农作物品种审定委员会审定，编号：赣审稻2003021。

形态特征和生物学特性：属籼型三系杂交中熟早稻，全生育期110d，比浙733迟熟1.1d。株高86.47cm，生长旺盛，后期转色好，外观米质较好。有效穗数345万穗/hm²，每穗粒数102.6粒，结实率73.7%，千粒重23.8g。

产量及适宜地区：1999年和2003年参加江西省水稻区试，1999年平均产量5 456kg/hm²，比对照泸红早1号减产7.3%；2003年平均产量6 669kg/hm²，比对照浙733增产1.2%。适宜在赣中北地区种植。

抗性：田间抗性一般。

栽培技术要点：3月下旬播种，大田用种量30kg/hm²，秧田播种量300kg/hm²，播种前畦面施足底肥（按1kg种子1kg三元复合肥施），并用多效唑培育壮秧。秧龄25～30d，大田插37.5万穴/hm²，每穴2苗。大田重施底肥，占60%，早追肥，并一次性施入，中后期控制氮肥，适当施磷、钾肥。氮、磷、钾比例为1∶0.5∶1，施纯氮150kg/hm²。水分管理采用深水活蔸，浅水分蘖，有水壮苞抽穗，其他时期干湿交替，忌后期脱水过早而早衰。根据当地病虫情报及时防治好病虫害。

先农23 （Xiannong 23）

品种来源：江西省种子公司利用中9A/先恢1号（测64-7系选）杂交选配而成。2005年通过江西省农作物品种审定委员会审定，编号：赣审稻2005070。

形态特征和生物学特性：属籼型三系杂交中熟早稻。全生育期113d，比对照金优402迟熟2.9d。株高96.3cm，株型较松散，长势繁茂，叶色淡绿，剑叶长稍披，分蘖力强，穗大粒多，熟期转色好。有效穗数339万穗/hm²，每穗粒数110.8粒，结实率78.6%，千粒重27.1g。

品质特性：糙米率81.8%，精米率70.6%，整精米率44.6%，垩白粒率66.0%，垩白度9.9%，直链淀粉含量19.0%，胶稠度56mm，糙米粒长7.2mm，糙米长宽比3.1。

抗性：稻瘟病抗性自然诱发鉴定：苗瘟0级，叶瘟5级，穗瘟5级。

产量及适宜地区：2004—2005年参加江西省水稻区试，2004年平均产量7 487kg/hm²，比对照金优402减产0.6%；2005年平均产量7 416kg/hm²，比对照金优402增产8.0%。适宜在赣中南稻瘟病轻发区种植。

栽培技术要点：3月中旬前后播种，秧田播种量225kg/hm²，大田用种量30kg/hm²，秧龄30d左右。插植密度以16.5cm×19.8cm为佳，每穴2～3苗。施肥上应以基肥为主，适当增施磷、钾肥。施入25%水稻专用复合肥600kg/hm²作底肥，栽后5～7d结合施用除草剂，追施尿素75kg/hm²，后期看苗补施穗肥。插秧后浅水勤灌，中期足苗晒田，湿润灌溉孕穗，齐穗后干干湿湿保持根系活力以利饱籽，成熟前不宜断水过早。注意对稻瘟病、稻纵卷叶螟、二化螟、稻飞虱等病虫害的防治。

先农25 (Xiannong 25)

品种来源：江西省种子公司利用优IA/先恢9898（FS-6/明恢77）杂交选配而成。2005年通过江西省农作物品种审定委员会审定，编号：赣审稻2005071。

形态特征和生物学特性：属籼型三系杂交迟熟早稻。全生育期112d，比对照金优402迟熟1.5d。株高88.2cm，株型适中，长势繁茂，群体整齐，叶色浓绿，剑叶短宽挺，分蘖力强，穗粒数少。有效穗数345万穗/hm²，每穗粒数101.3粒，结实率86.4%，千粒重27.0g。

品质特性：糙米率82.2%，精米率69.0%，整精米率38.5%，垩白粒率62.0%，垩白度9.3%，直链淀粉含量19.4%，胶稠度56mm，糙米粒长6.5mm，糙米长宽比2.6。

抗性：稻瘟病抗性自然诱发鉴定：苗瘟0级，叶瘟3级，穗瘟5级。

产量及适宜地区：2004—2005年参加江西省水稻区试，2004年平均产量7 703kg/hm²，比对照金优402增产2.2%；2005年平均产量7 157kg/hm²，比对照金优402增产4.3%。适宜在江西省稻瘟病轻发区种植。

栽培技术要点：3月中下旬播种，培育带蘖壮秧，秧龄25～30d。大田插足基本苗，双本栽插。施肥上应以基肥为主，适当增施磷、钾肥，插秧前15t/hm²猪牛栏粪等农家肥作基肥，一般大田施纯氮150kg/hm²、纯磷120kg/hm²左右、纯钾180kg/hm²。插秧后7d内保持浅水，分蘖末期落干重晒，湿润灌溉孕穗，浅水抽穗，后期干湿交替到成熟。注意对稻瘟病、螟虫、稻飞虱等病虫害的防治。

先农26（Xiannong 26）

品种来源：江西省种子公司利用珍汕97A/先恢962选育而成。2006年通过江西省农作物品种审定委员会审定，编号：赣审稻2006033。

形态特征和生物学特性：属籼型三系杂交晚稻。全生育期123d，比对照汕优46迟熟0.5d。株高94.9cm，株型紧凑，生长整齐，叶色浓绿，叶片较挺，茎秆粗壮，分蘖力强，熟期转色好。有效穗数309万穗/hm²，每穗粒数111.9粒，结实率89.1%，千粒重26.9g。

品质特性：糙米率81.0%，精米率67.9%，整精米率53.8%，垩白粒率89.0%，垩白度16.0%，直链淀粉含量19.1%，胶稠度42mm，糙米粒长6.3mm，糙米长宽比2.4。

抗性：稻瘟病抗性自然诱发鉴定：苗瘟3级，叶瘟5级，穗瘟7级。

产量及适宜地区：2004—2005年参加江西省水稻区试，2004年平均产量7 811kg/hm²，比对照汕优46增产1.7%；2005年平均产量7 068kg/hm²，比对照汕优46增产5.0%。适宜在江西省稻瘟病轻发区种植。

栽培技术要点：山区6月上中旬播种，平原6月中旬播种。秧龄30d，栽插规格16.5cm×29.7cm。大田以基肥为主，追肥为辅；以有机肥为主，化肥为辅。施纯氮150kg/hm²，氮、磷、钾比例为1.0：0.5：1.0。浅水浅插，薄水灌溉，湿润交替，够苗晒田，孕穗抽穗保持浅水层，防止断水过早。注意稻瘟病、纹枯病、螟虫、稻飞虱的综合防治。

先农3号 （Xiannong 3）

品种来源：江西省种子公司利用中9A/R2067杂交选配而成。2005年通过江西省农作物品种审定委员会审定，审定编号：赣审稻2005019。

形态特征和生物学特性：属籼型三系杂交晚稻。全生育期113d，比对照金优207迟熟1.8d。株高106.2cm，株型紧凑，植株整齐，长势繁茂，叶色浓绿，叶片挺直，田间长相清秀。有效穗数300万穗/hm²，每穗粒数125.4粒，结实率82.1%，千粒重24.9g。

品质特性：糙米率82.2%，精米率69.0%，整精米率54.1%，垩白粒率25.0%，垩白度3.8%，直链淀粉含量22.4%，胶稠度50mm，糙米粒长7.3mm，糙米长宽比3.3。米质达国标三级优质米标准。

抗性：稻瘟病自然诱发鉴定：苗瘟0级，叶瘟3级，穗瘟0级。

产量及适宜地区：2003—2004年参加江西省水稻区试，2003年平均产量6 680kg/hm²，比对照汕优64增产4.0%；2004年平均产量7 559kg/hm²，比对照金优207增产5.5%。适宜在江西省各地种植。

栽培技术要点：6月下旬播种，秧田播种量180kg/hm²，大田用种量15kg/hm²。秧龄20～25d，栽插30万穴/hm²，每穴2苗，栽插规格16.5cm×16.5cm。氮、磷、钾配合施用。用25%氮、磷、钾三元复合肥600kg/hm²作底肥，150kg/hm²氯化钾加75kg/hm²尿素作追肥，切忌氮肥过多。浅水分蘖，够苗晒田，孕穗至齐穗浅水，齐穗后干湿交替以利壮籽。及时防治病虫害。

先农313（Xiannong 313）

品种来源：江西省种子公司利用2148S/9311杂交选配而成。2007年江西省农作物品种审定委员会审定，编号：赣审稻2007007。

形态特征和生物学特性：属籼型两系杂交迟熟一季稻。全生育期131d，比对照Ⅱ优838迟熟4.5d。株高115.0cm，株型紧凑，叶色浓绿，叶片挺直，抽穗整齐，长势一般，秆尖紫色，穗粒数多、着粒密，熟期转色好。有效穗数240万穗/hm²，每穗粒数160.2粒，结实率72.8%，千粒重26.0g。

品质特性：糙米率80.7%，精米率72.7%，整精米率65.4%，垩白粒率18.0%，垩白度2.2%，直链淀粉含量19.1%，胶稠度66mm，糙米粒长7.0mm，糙米长宽比3.2。米质达国标二级优质米标准。

抗性：稻瘟病抗性自然诱发鉴定：穗颈瘟为9级，高感稻瘟病。

产量及适宜地区：2005—2006年参加江西省水稻区试，2005年平均产量7 194kg/hm²，比对照Ⅱ优838增产0.5%；2006年平均产量7 397kg/hm²，比对照Ⅱ优838增产3.4%。适宜在江西省稻瘟病轻发区种植。

栽培技术要点：5月中下旬播种，秧田播种量180kg/hm²。秧龄35d以内，栽插规格16.5cm×26.4cm，每穴栽插1苗。施足基肥，移栽前施菜籽饼肥1 050kg/hm²、钙镁磷肥750kg/hm²、复合肥300kg/hm²；移栽返青后及时追肥，用尿素225kg/hm²、氯化钾105kg/hm²；抽穗期追施尿素60kg/hm²。薄水栽插，适水返青，浅水分蘖，够苗晒田，有水孕穗，干湿壮籽。重点防治稻瘟病、稻曲病、稻飞虱等病虫害。

先农36 （Xiannong 36）

品种来源：江西省种子公司利用Ⅱ-32A/双恢0421（密阳46/辐恢838系选）杂交选配而成。2007年通过江西省农作物品种审定委员会审定，编号：赣审稻2007017。

形态特征和生物学特性：属籼型三系杂交中熟晚稻。全生育期123d，比对照汕优46迟熟2.1d。株高95.6cm，株型适中，叶色浓绿，长势繁茂，秆尖紫色，穗粒数多，熟期转色好。有效穗数300万穗/hm²，每穗粒数119.7粒，结实率77.9%，千粒重27.1g。

品质特性：糙米率80.7%，精米率75.2%，整精米率72.8%，垩白粒率27.0%，垩白度2.2%，直链淀粉含量17.5%，胶稠度58mm，糙米粒长6.0mm，糙米长宽比2.4。

抗性：稻瘟病抗性自然诱发鉴定：穗颈瘟为9级，高感稻瘟病。

产量及适宜地区：2005—2006年参加江西省水稻区试，2005年平均产量6 887kg/hm²，比对照汕优46增产3.0%；2006年平均产量6 965kg/hm²，比对照汕优46增产1.0%。适宜在赣中南稻瘟病轻发区种植。

栽培技术要点：6月中旬播种。秧龄30d，栽插规格16.5cm×23.1cm或19.8cm×23.1cm。以基肥为主、追肥为辅，增施磷、钾肥，施纯氮150kg/hm²，氮、磷、钾比例为1.0：0.5：1.0。浅水浅插，薄水灌溉，湿润交替，够苗晒田，孕穗抽穗保持浅水层，有水灌浆，后期防止断水过早。重点加强稻瘟病、纹枯病、稻飞虱等病虫害的防治。

先农37（Xiannong 37）

品种来源：江西省种子公司利用金23A/先恢2号（R66/T0974）杂交选配而成。2006年通过江西省农作物品种审定委员会审定，编号：赣审稻2006058。

形态特征和生物学特性：属籼型三系杂交中熟早稻。全生育期112d，比对照金优402迟熟0.4d。株高87.1cm，株型适中，叶色浓绿，长势繁茂，植株生长整齐，分蘖力强，稃尖紫色，熟期转色好。有效穗数342万穗/hm²，每穗粒数103.8粒，结实率82.7%，千粒重26.6g。

品质特性：糙米率82.6%，精米率70.0%，整精米率37.5%，垩白粒率88.0%，垩白度9.7%，直链淀粉含量19.1%，胶稠度72mm，糙米粒长7.2mm，糙米长宽比3.1。

抗性：稻瘟病抗性自然诱发鉴定：穗颈瘟最高为9级，高感稻瘟病。

产量及适宜地区：2005—2006年参加江西省水稻区试，2005年平均产量7 020kg/hm²，比对照金优402减产1.7%；2006年平均产量6 794kg/hm²，比对照金优402增产5.2%。适宜在江西省平原地区的稻瘟病轻发区种植。

栽培技术要点：3月中旬播种，秧田播种量225kg/hm²，大田用种量30kg/hm²。秧龄30d，栽插规格16.5cm×19.8cm，每穴插2～3苗。施肥以基肥为主，适当增施磷、钾肥，施25%水稻专用复合肥600kg/hm²作底肥，栽后5～7d，追施尿素75kg/hm²，幼穗分化初期追施氯化钾125kg/hm²。插秧后浅水勤灌，够苗晒田，湿润孕穗，齐穗后干干湿湿以利饱籽，后期不宜断水过早。重点防治稻瘟病、纹枯病、稻纵卷叶螟、稻飞虱等病虫害。

先农4号 （Xiannong 4）

品种来源：江西省种子公司利用中9A/R916（02428/测64-7//明恢63）杂交选配而成。2005年通过江西省农作物品种审定委员会审定，编号：赣审稻2005020。

形态特征和生物学特性：属籼型三系杂交中熟晚稻。全生育期117d，比对照金优207迟熟5.3d。株高112.0cm，株型适中，植株整齐，长势繁茂，叶色淡绿，叶片宽大略披，分蘖力较强，穗大粒多，后期转色好。有效穗数285万穗/hm²，每穗粒数130.8粒，结实率70.1%，千粒重28.0g。

品质特性：糙米率80.0%，精米率68.1%，整精米率53.4%，垩白粒率51.0%，垩白度7.6%，直链淀粉含量26.3%，胶稠度30mm，糙米粒长7.6mm，糙米长宽比3.3。

抗性：稻瘟病自然诱发鉴定：苗瘟0级，叶瘟4级，穗瘟3级。

产量及适宜地区：2003—2004年参加江西省水稻区试，2003年平均产量6 189kg/hm²，比对照汕优64减产3.6%；2004年平均产量7 434kg/hm²，比对照金优207增产3.7%。适宜在江西省各地种植。

栽培技术要点：6月中下旬播种，秧田播种量150kg/hm²，大田用种量15kg/hm²。秧龄25～27d，叶龄5.5～6.0叶，栽插30万穴/hm²，每穴2苗，栽插规格16.5cm×16.5cm。氮、磷、钾配合施用，用25%氮、磷、钾三元复合肥600kg/hm²作底肥，150kg/hm²氯化钾、75kg/hm²尿素作追肥，切忌氮肥过多。科学管水，浅水分蘖，够苗晒田，孕穗至齐穗浅水，齐穗后干湿交替以利壮籽。及时防治病虫害。

先农40 (Xiannong 40)

品种来源：江西省宜春市农业科学研究所利用东B11A/Txz13选育而成。2005年通过江西省农作物品种审定委员会审定，编号：赣审稻2005026。

形态特征和生物学特性：属籼型三系杂交中熟晚稻。全生育期122d，比对照汕优46迟熟2.6d。株高109.0cm，株型松散，长势繁茂，茎秆粗壮，叶色浓绿，叶片披垂，分蘖力一般，穗大粒多，后期转色好。有效穗数261万穗/hm²，每穗粒数156.4粒，结实率73.5%，千粒重26.0g。

品质特性：糙米率81.2%，精米率67.4%，整精米率45.2%，垩白粒率63.0%，垩白度12.6%，直链淀粉含量25.8%，胶稠度54mm，糙米粒长7.1mm，糙米长宽比3.0。

抗性：稻瘟病抗性自然诱发鉴定：苗瘟3级，叶瘟4级，穗瘟0级。

产量及适宜地区：2003—2004年参加江西省水稻区试，2003年平均产量7 076kg/hm²，比对照汕优46增产2.1%；2004年平均产量7 586kg/hm²，比对照汕优46增产1.3%。适宜在赣中南地区种植。

栽培技术要点：6月中旬播种，秧田播种量150kg/hm²，大田用种量22.5kg/hm²。秧龄35d左右，三叶期和移栽前一周施尿素90kg/hm²，培育多蘖壮秧。栽插规格16.5cm×19.8cm或13.2cm×23.1cm，每穴栽插2～3苗。采用有机肥与化肥相结合，施足基肥（占总施肥量80%），早施追肥，中后期不宜多施氮肥，以促进禾苗早生快发，稳健生长发育。移栽后深水返青，间歇灌溉促分蘖与成穗，薄水抽穗，干湿壮籽，后期不能断水过早。及时防治稻瘟病、白叶枯病、稻曲病及螟虫、飞虱等病虫害。

先农404 (Xiannong 404)

品种来源：江西省种子公司、南昌科星生物技术研究所利用科红Ⅱ A/科恢23（扬稻6号/赣晚籼19号）杂交选配而成。2007年通过江西省农作物品种审定委员会审定，编号：赣审稻2007008。

形态特征和生物学特性：属籼型三系杂交中熟一季稻。全生育期129d，比对照Ⅱ优838迟熟3.3d。株高116.7cm，株型适中，叶色绿，植株生长整齐，长势繁茂，分蘖力一般，颖尖秆黄色，穗粒数多、着粒密，有两段灌浆现象，熟期转色好。有效穗数225万穗/hm²，每穗粒数175.8粒，结实率74.7%，千粒重27.1g。

品质特性：糙米率82.0%，精米率74.2%，整精米率63.8%，垩白粒率22%，垩白度2.6%，直链淀粉含量20.6%，胶稠度62mm，糙米粒长7.0mm，糙米长宽比3.2。米质达国标二级优质米标准。

抗性：稻瘟病抗性自然诱发鉴定：穗颈瘟为9级，高感稻瘟病。

产量及适宜地区：2005—2006年参加江西省水稻区试，2005年平均产量7 245kg/hm²，比对照Ⅱ优838增产1.2%；2006年平均产量8 102kg/hm²，比对照Ⅱ优838增产12.8%。适宜在江西省稻瘟病轻发区种植。

栽培技术要点：5月上中旬播种，秧田播种量150kg/hm²，大田用种量18kg/hm²。秧龄30d，栽插180万穴/hm²。注意氮、磷、钾合理配比施用，施纯氮195kg/hm²、纯磷375kg/hm²、纯钾150kg/hm²；施足基肥，早施追肥，巧施穗粒肥，基肥占总施肥量的65%～70%，追肥占25%～30%，穗粒肥占5%～10%。深水护苗，浅水分蘖，够苗晒田，齐穗后田间保持干干湿湿，后期防止断水过早。重点做好稻瘟病、纹枯病等病虫害的防治。

先农5号（Xiannong 5）

品种来源：江西省种子公司利用优IA/先恢2号选育而成。2005年通过江西省农作物品种审定委员会审定，编号：赣审稻2005009；2006年通过国家农作物品种审定委员会审定，编号：国审稻2006012。

形态特征和生物学特性：属籼型三系杂交早稻。在长江中下游作早稻种植，全生育期平均113d，比对照金优402迟熟1.3d。株高93.4cm，株型适中，群体整齐，熟期转色好。有效穗数330万穗/hm²，穗长19.4cm，每穗粒数109.2粒，结实率86.9%，千粒重26.5g。

品质特性：整精米率51.5%，糙米长宽比2.6，垩白粒率56.0%，垩白度5.7%，胶稠度48mm，直链淀粉含量18.4%。

抗性：稻瘟病平均4.2级，最高7级，抗性频率50.0%；白叶枯病7级。

产量及适宜地区：2004年参加长江中下游早籼迟熟组品种区域试验，平均产量7 869kg/hm²；2005年平均产量8 025kg/hm²；两年区域试验平均产量7 947kg/hm²，比对照金优402增产7.2%。适宜在福建北部、江西、湖南、浙江中南部的稻瘟病、白叶枯病轻发的双季稻区作早稻种植。

栽培技术要点：①根据各地早稻生产季节适时播种，秧龄25～30d，秧田播种量225kg/hm²，大田用种量30kg/hm²，农膜覆盖育秧。②合理密植，株行距20cm×16.7cm，每穴插2苗。③施纯氮165kg/hm²，氮、磷、钾比例为1.1∶0.5∶0.8。基肥为主，占55%；追肥为辅，占40%，追肥要早；中后期看苗巧施穗粒肥，占5%，切忌氮肥施用过多。注意浅水插秧，寸水返青，薄水分蘖，苗够晒田，控制无效分蘖，复水后浅水灌溉，有水孕穗，干湿壮籽，乳熟前不断水。④病虫害防治，注意及时防治稻瘟病、白叶枯病、纹枯病、稻纵卷叶螟、二化螟、稻飞虱等病虫害。

先农50 (Xiannong 50)

品种来源：江西省种子公司利用金23A/R023选育而成。原名：金优023。2008年通过江西省农作物品种审定委员会审定，编号：赣审稻2008019。

形态特征和生物学特性：属籼型三系杂交早熟晚稻。全生育期108d，比对照金优207早熟2.9d。株高91.1cm，株型适中，整齐度好，叶色绿，剑叶长、略披，分蘖力强，长势繁茂，秆尖紫色，熟期转色好。有效穗数333万穗/hm²，每穗粒数108.1粒，结实率69.9%，千粒重24.2g。

品质特性：糙米率82.4%，精米率75.2%，整精米率70.7%，垩白粒率30.0%，垩白度3.0%，直链淀粉含量18.7%，胶稠度60mm，糙米粒长7.3mm，糙米长宽比3.5。米质达国标三级优质米标准。

抗性：稻瘟病抗性自然诱发鉴定：穗颈瘟为9级，高感稻瘟病。

产量及适宜地区：2006—2007年参加江西省水稻区试，2006年平均产量5 912kg/hm²，比对照金优207减产3.0%；2007年平均产量6 170kg/hm²，比对照金优207减产0.6%。两年平均产量6 041kg/hm²，比金优207减产1.8%。适宜在江西省稻瘟病轻发区种植。

栽培技术要点：6月下旬播种。秧龄25d。栽插规格16.5cm×23.1cm。施纯氮150kg/hm²，氮、磷、钾比例为1∶0.5∶1。浅水浅插，薄水分蘖，够苗晒田，浅水孕穗，浅水抽穗，后期不要断水过早，湿润养根，活熟到老。加强稻瘟病、纹枯病、二化螟、稻飞虱等病虫害的防治。

先农6号 （Xiannong 6）

品种来源：江西省种子公司利用金23A/R2067（明恢77/晚3）杂交选配而成。2005年通过江西省农作物品种审定委员会审定，编号：赣审稻2005021。

形态特征和生物学特性：属籼型三系杂交中熟晚稻。全生育期111d，比对照金优207早熟0.7d。株高109.3cm，株型适中，植株整齐，长势繁茂，叶片挺直，分蘖力强，成穗率高，后期易倒伏。有效穗数309万穗/hm²，每穗粒数122.5粒，实粒数91.8粒，结实率74.9%，千粒重27.1g。

品质特性：糙米率82.2%，精米率68.6%，整精米率47.4%，垩白粒率89.0%，垩白度13.4%，直链淀粉含量27.3%，胶稠度42mm，糙米粒长7.2mm，糙米长宽比3.1。

抗性：稻瘟病抗性自然诱发鉴定：苗瘟2级，叶瘟3级，穗瘟0级。

产量及适宜地区：2003—2004年参加江西省水稻区试，2003年平均产量6 359kg/hm²，比对照汕优64减产0.9%；2004年平均产量7 023kg/hm²，比对照金优207减产2.0%。适宜在江西省各地均可种植。

栽培技术要点：6月下旬播种，秧田播种量150kg/hm²，大田用种量15kg/hm²。秧龄20～25d，栽插规格16.5cm×16.5cm。氮、磷、钾配合施用，用25%氮、磷、钾三元复合肥600kg/hm²作底肥，150kg/hm²氯化钾加75kg/hm²尿素作追肥。科学管水，浅水分蘖，足苗晒田，孕穗至齐穗浅水，齐穗后干湿交替以利壮籽。及时防治病虫害。

先农8号 （Xiannong 8）

品种来源：江西省种子公司利用中9A/R80杂交选配而成。2005年通过江西省农作物品种审定委员会审定，编号：赣审稻2005022。

形态特征和生物学特性：属籼型三系杂交晚稻。全生育期112d。株高102.7cm，株型适中，植株整齐，长势繁茂，叶色深绿，叶片长挺，分蘖力强，成穗率高，后期转色好。有效穗318万穗/hm²，每穗粒数117.7粒，结实率79.1%，千粒重24.7g。

品质特性：糙米率81.8%，精米率68.6%，整精米率58.6%，垩白粒率28.0%，垩白度2.8%，直链淀粉含量22.7%，胶稠度50mm，糙米粒长7.3mm，糙米长宽比3.3。米质达国标三级优质米标准。

抗性：稻瘟病抗性自然诱发鉴定：苗瘟0级，叶瘟4级，穗瘟5级。

产量及适宜地区：2003—2004年参加江西省水稻区试，2003年平均产量6 453kg/hm²，比对照油优64减产0.4%；2004年平均产量7 293kg/hm²，比对照金优207增产4.9%。适宜在江西省稻瘟病轻发区种植。

栽培技术要点：6月下旬播种，秧田播种量150kg/hm²，大田用种量15kg/hm²。秧龄20～25d，栽插规格16.5cm×16.5cm。氮、磷、钾配合施用，用25%氮、磷、钾三元复合肥600kg/hm²作底肥，150kg/hm²氯化钾加75kg/hm²尿素作追肥。浅水分蘖，足苗晒田，孕穗至齐穗浅水，齐穗后干湿交替以利壮籽。加强对稻瘟病等病虫害的防治。

先农808（Xiannong 808）

品种来源：江西省种子公司利用Ⅱ-32A/先恢2018选育而成。2006年通过江西省农作物品种审定委员会审定，审定编号：赣审稻2006016。

形态特征和生物学特性：属籼型三系杂交迟熟一季稻。全生育期130d，比对照汕优63迟熟2.1d。株高117.8cm，株型适中，叶色绿，叶片挺直，植株生长整齐，茎秆粗壮，分蘖力强，穗粒数多，着粒密，熟期转色好。有效穗数450万穗/hm²，每穗粒数175.0粒，结实率73.8%，千粒重27.3g。

品质特性：糙米率79.9%，精米率69.4%，整精米率50.6%，垩白粒率40.0%，垩白度4.0%，直链淀粉含量25.8%，胶稠度30mm，糙米粒长6.2mm，糙米长宽比2.3。

抗性：稻瘟病抗性自然诱发鉴定：苗瘟4级，叶瘟5级，穗瘟9级。

产量及适宜地区：2004—2005年参加江西省水稻区试，2004年平均产量7 922kg/hm²，比对照汕优63增产2.4%；2005年平均产量7 746kg/hm²，比对照汕优63增产9.1%，达极显著水平。适宜在江西省稻瘟病轻发区种植。

栽培技术要点：山区和赣北5月上旬播种，赣中南5月中旬播种，秧田播种量150kg/hm²。秧龄30～35d，栽插20万穴/hm²。施纯氮195kg/hm²，氮、磷、钾合理配比，并施用一定量的有机肥。基肥占总施肥量的65%～70%，追肥占25%～30%，穗粒肥占5%～10%。插秧后深水护苗，返青后浅水分蘖，够苗搁田，齐穗后保持干干湿湿，后期防止断水过早。重点防治稻瘟病等病虫害。

献优赣12（Xianyougan 12）

品种来源：江西省萍乡市农业科学研究所和江西省萍乡市芦溪区农业科学研究所利用萍显A/明恢63选育而成的籼型三系杂交水稻。原名：萍优63、献优63、献改优63。1990年通过江西省农作物品种审定委员会审定，编号：赣审稻1990025。

湘丰优100 (Xiangfengyou 100)

品种来源：江西雅农科技实业有限公司利用湘丰70A/07×-100（湘恢299/PH42）杂交选配而成。2014年通过江西省农作物品种审定委员会审定，编号：赣审稻2014011。

形态特征和生物学特性：属籼型三系杂交早熟晚稻。全生育期106d，比对照金优207早熟5.7d。株高95.8cm，株型适中，剑叶挺直，叶色浓绿，分蘖力中，秆尖紫色，穗粒数多、着粒密，熟期转色好。有效穗数279万穗/hm²，每穗粒数149.4粒，实粒数119.6粒，结实率80.1%，千粒重25.2g。

品质特性：糙米率79.8%，精米率72.6%，整精米率66.7%，糙米粒长7.0mm，糙米长宽比3.2，垩白粒率20.0%，垩白度2.4%，直链淀粉含量13.8%，胶稠度89mm。

抗性：稻瘟病抗性自然诱发鉴定：穗颈瘟为9级，高感稻瘟病。

产量及适宜地区：2012—2013年参加江西省水稻区试，2012年平均产量7 791kg/hm²，比对照金优207增产2.1%；2013年平均产量8 018kg/hm²，比对照金优207增产5.9%。两年平均产量7 904kg/hm²，比对照金优207增产4.0%。适宜在江西省稻瘟病轻发区种植。

栽培技术要点：6月25日播种，秧田播种量225kg/hm²，大田用种量22.5kg/hm²。秧龄不超30d。栽插规格16.5cm×19.8cm或16.5cm×23.1cm。大田施足基肥，早施追肥，巧施穗粒肥，氮、磷、钾配合施用，其中基肥占总肥量的60%～70%，移栽后7d追施尿素150kg/hm²促分蘖，幼穗分化期追施尿素45kg/hm²、氯化钾90kg/hm²作穗肥，后期看苗补肥。前期浅水灌溉，够苗晒田，干湿交替灌浆，后期不要断水过早。根据当地农业部门病虫预报，及时防治稻瘟病、稻飞虱等病虫害。

湘优196 (Xiangyou 196)

品种来源：江西科源种业有限公司利用湘丰70A/R196(湘恢299/马坝油占)杂交选配而成。2012年通过江西省农作物品种审定委员会审定，编号：赣审稻2012009。

形态特征和生物学特性：属籼型三系杂交中熟晚稻。全生育期119d，比对照岳优9113早熟0.6d。株高95.0cm，株型紧凑，叶色浓绿，叶片挺直，田间长相清秀，分蘖力强，稃尖紫色，熟期转色好。有效穗数318万穗/hm²，每穗粒数125.4粒，结实率78.5%，千粒重25.0g。

品质特性：糙米率82.6%，精米率74.3%，整精米率65.8%，糙米粒长6.8mm，糙米长宽比3.0，垩白粒率40.0%，垩白度3.6%，直链淀粉含量15.6%，胶稠度80mm。

抗性：稻瘟病抗性自然诱发鉴定：穗颈瘟为9级，高感稻瘟病。

产量及适宜地区：2010—2011年参加江西省水稻区试，2010年平均产量6 956kg/hm²，比对照岳优9113增产0.90%；2011年平均产量7 452kg/hm²，比对照岳优9113增产3.05%。两年平均产量7 204kg/hm²，比对照岳优9113增产1.98%。适宜在江西省稻瘟病轻发区种植。

栽培技术要点：6月下旬播种，秧田播种量180kg/hm²，大田用种量22.5kg/hm²。秧龄20～25d。栽插规格16.5cm×19.8cm，每穴插2苗。大田施25%水稻专用复合肥750kg/hm²作基肥，移栽后5～7d结合施用化学除草追施尿素120kg/hm²、氯化钾150kg/hm²。够苗晒田，干湿壮籽，后期不要断水过早。加强稻瘟病、稻飞虱等病虫害防治。

湘优4号 （Xiangyou 4）

品种来源：江西省丰城市丰农种业有限公司利用湘菲A/湘恢4号（R998/蜀恢527）杂交选配而成。2011年通过江西省农作物品种审定委员会审定，编号：赣审稻2011010。

形态特征和生物学特性：属籼型三系杂交中熟晚稻。全生育期122d，比对照淦鑫688迟熟1.7d。株高113.8cm，株型适中，叶色浓绿，剑叶长直，分蘖力一般，长势繁茂，颖尖秆黄色，穗大粒多，熟期转色好。有效穗数270万穗/hm²，每穗粒数160.0粒，结实率68.7%，千粒重28.2g。

品质特性：糙米率79.8%，精米率69.4%，整精米率59.9%，糙米粒长7.3mm，糙米长宽比3.5，垩白粒率20.0%，垩白度1.6%，直链淀粉含量20.4%，胶稠度60mm。米质达国标二级优质米标准。

抗性：稻瘟病抗性自然诱发鉴定：穗颈瘟为9级，高感稻瘟病。

产量及适宜地区：2009—2010年参加江西省水稻区试，2009年平均产量7 224kg/hm²，比对照淦鑫688增产3.6%；2010年平均产量7 398kg/hm²，比对照天优998增产0.6%。两年平均产量7 311kg/hm²。适宜在江西省稻瘟病轻发区种植。

栽培技术要点：6月18日播种，秧田播种量180kg/hm²，大田用种量22.5kg/hm²。秧龄30d。栽插规格19.8cm×19.8cm，每穴插2苗。底肥以有机肥为主，栽后7d，追施尿素肥120kg/hm²；栽后15d，追施复合肥300kg/hm²、尿素150kg/hm²；后期看苗补肥。合理灌溉，后期不要断水过早。注意防治稻瘟病、稻飞虱、二化螟等病虫害。

湘优华占 （Xiangyouhuazhan）

品种来源：江西先农种业有限公司、中国水稻研究所、湖南杂交水稻研究中心利用湘丰70A/华占(SC2-S6测恢系选)杂交选配而成。2013年通过江西省农作物品种审定委员会审定，编号：赣审稻2013003。

形态特征和生物学特性：属籼型三系杂交中熟晚稻。全生育期119d，比对照岳优9113迟熟0.1d。株高93.0cm，株型紧凑，叶色浓绿，叶片挺直，长势繁茂，分蘖力强，秆尖紫色，穗粒数多，熟期转色好。有效穗数339万穗/hm²，每穗粒数134.0粒，结实率74.6%，千粒重23.5g。

品质特性：糙米率82.5%，精米率74.5%，整精米率70.9%，糙米粒长7.0mm，糙米长宽比3.3，垩白粒率9.0%，垩白度0.6%，直链淀粉含量17.4%，胶稠度60mm。米质达国标二级优质米标准。

抗性：稻瘟病抗性自然诱发鉴定：穗颈瘟为9级，高感稻瘟病。

产量及适宜地区：2011—2012年参加江西省水稻区试，2011年平均产量7 409kg/hm²，比对照岳优9113增产4.9%；2012年平均产量7 994kg/hm²，比对照岳优9113增产1.5%。两年平均产量7 701kg/hm²，比对照岳优9113增产3.2%。适宜在江西省稻瘟病轻发区种植。

栽培技术要点：6月24日播种，大田用种量15.0kg/hm²。秧龄30d以内。栽插规格16.5cm×19.8cm，每穴插3～4苗。大田施45%的复合肥450kg/hm²、尿素75kg/hm²作基肥，移栽后5～7d结合施用除草剂追施尿素150kg/hm²、氯化钾75kg/hm²，后期看苗补肥。深水活穴，浅水勤灌，够苗晒田，齐穗后干湿交替壮籽，后期不要断水过早。根据当地农业部门的病虫预报，及时防治稻瘟病、纹枯病、稻纵卷叶螟、二化螟、稻飞虱等病虫害。

协优1429（Xieyou 1429）

品种来源：江西省宜春市农业科学研究所利用协青早A/C1429选育而成。原名：协优赣26。1999年通过江西省农作物品种审定委员会审定，编号：赣审稻1999006；2001年通过国家农作物品种审定委员会审定，编号：国审稻2001028。

形态特征和生物学特性：属籼型三系杂交中熟晚稻。全生育期124d，比汕优46迟熟1.8d。株高104.0cm，茎秆粗壮，叶片较宽直；苗期生长旺，后期转色落黄好，较耐寒，有效穗数252万穗/hm²，穗长22.1cm，每穗粒数138.5粒，结实率79.0%，千粒重26.7g。

品质特征：整精米率43.4%，垩白粒率80.0%，垩白度21.5%，胶稠度47mm，直链淀粉含量18.1%。

抗性：感稻瘟病和白叶枯病。

产量及适宜地区：1998年参加南方稻区国家区试，平均产量6 870kg/hm²，比对照汕优46增产2.9%；1999年续试平均产量6 939kg/hm²，比对照汕优46增产7.2%。适宜在江西、湖南、福建、浙江省南部以及广东、广西北部稻瘟病和白叶枯病轻发地区作双季晚稻种植。

栽培技术要点：①适时播种，培育壮秧。秧田要施足基肥，于6月15～20日播种，秧田播种量150kg/hm²，秧龄30d。②合理密植，本田栽插规格为17cm×20cm或20cm×23cm，每穴插2～3苗。③施足基肥，早施多施速效追肥，以促进禾苗早生快发，增施磷、钾肥，中后期不宜多施氮肥。④移栽后深水返青，浅水分蘖，够苗封行晒田，薄水抽穗，干湿壮籽，后期不能断水过早。⑤及时防治病虫害，秧田注意防治苗瘟病，本田根据病虫测报及时防治。

协优207（Xieyou 207）

品种来源：江西省赣州市种子管理站利用协青早A/R207选育而成，属籼型三系杂交水稻。2001年通过江西省农作物品种审定委员会审定，编号：赣审稻2001010。

协优4480（Xieyou 4480）

品种来源：江西省赣州市种子管理站利用协青早A/R4480选育而成，属籼型三系杂交水稻。2001年通过江西省农作物品种审定委员会审定，编号：赣审稻2001009。

协优77（Xieyou 77）

品种来源：江西省种子公司利用协青早A/明恢77选育而成，属籼型三系杂交水稻。2001年通过江西省农作物品种审定委员会审定，编号：赣审稻2001012。

协优80（Xieyou 80）

品种来源：江西省宜黄县种子公司利用协青早A/R80选育而成。2002年通过江西省农作物品种审定委员会审定，编号：赣审稻2002015；2004年通过国家农作物品种审定委员会审定，编号：国审稻2004023。

形态特征和生物学特性：属籼型三系杂交中熟晚稻。全生育期平均115d，比对照汕优64迟熟1.7d。株高92.7cm，株型适中，群体整齐，长势繁茂，剑叶挺直，穗粒重协调。有效穗数300万穗/hm^2，穗长21.4cm，每穗粒数108.0粒，结实率85.6%，千粒重28.0g。

品质特性：整精米率56.2%，糙米长宽比3.1，垩白粒率39.0%，垩白度8.2%，胶稠度48.5mm，直链淀粉含量21.6%。

抗性：稻瘟病9级，白叶枯病3级，褐飞虱7级。

产量及适宜地区：2001年参加长江中下游晚籼早熟高产组区域试验，平均产量7 572kg/hm^2，比对照汕优64增产2.7%；2002年平均产量6 951kg/hm^2，比对照汕优64增产5.15%。适宜在江西、湖南、浙江省的中北部以及湖北、安徽省稻瘟病轻发区作双季晚稻种植。

栽培技术要点：①培育壮秧。根据当地种植习惯与汕优64同期播种，秧田播种150kg/hm^2，秧龄25d。②移栽。插栽30万穴/hm^2。③肥水管理。用45%三元复合肥375kg/hm^{2}作底肥，插后5～7d施45%三元复合肥225kg/hm^{2}作追肥；水浆管理要求深水返青，浅水分蘖，及时晒田，浅水孕穗，湿润壮籽，防止断水过早。④病虫害防治。特别注意防治稻瘟病。

协优916 (Xieyou 916)

品种来源：江西先农种业有限公司利用协青早A/R916（02428/测64-7//明恢63）杂交选配而成。2009年通过江西省农作物品种审定委员会审定，编号：赣审稻2009024。

形态特征和生物学特性：属籼型三系杂交早熟晚稻。全生育期112d，比对照金优207迟熟1.2d。株型适中，整齐度好，剑叶短挺，分蘖力强，长势一般，秆尖紫色，穗粒数较多。株高88.5cm，有效穗数328万穗/hm^2，每穗粒数100.5粒，结实率78.5%，千粒重26.3g。

品质特性：糙米率82.4%，精米率73.6%，整精米率60.0%，糙米粒长7.0mm，糙米长宽比3.2，垩白粒率42.0%，垩白度4.2%，直链淀粉含量17.4%，胶稠度71mm。

抗性：稻瘟病抗性自然诱发鉴定：穗颈瘟为9级，高感稻瘟病。

产量及适宜地区：2007—2008年参加江西省水稻区试，2007年平均产量6 546kg/hm^2，比对照金优207增产5.4%；2008年平均产量7 197kg/hm^2，比对照金优207增产5.0%。两年平均产量6 872kg/hm^2，比金优207增产5.19%。适宜在江西省稻瘟病轻发区种植。

栽培技术要点：6月底播种，秧田播种量150kg/hm^2，大田用种量22.5kg/hm^2。秧龄20～25d。栽插规格为16.5cm×19.8cm或13.2cm×23.1cm，每穴插2苗，栽插基本苗120万苗/hm^2。施尿素300kg/hm^2、钙镁磷肥750kg/hm^2、氯化钾2 215kg/hm^2。采用"重施基肥，补施粒肥"的方法施用，前、中、后期施肥比例为7：1：2。够苗后及时晒田，控制无效分蘖。注意防止倒伏。加强稻瘟病、纹枯病、稻纵卷叶螟、三化螟等病虫害的防治。

协优962（Xieyou 962）

品种来源：江西省抚州市农业科学研究所利用协青早A/恢复系962（明恢63/测64-7//桂99/6158）选育而成。2002年通过江西省农作物品种审定委员会审定，编号：赣审稻2002017。

形态特征和生物学特性：属籼型三系杂交中熟晚稻。全生育期124d。株高97.0cm，茎秆粗壮，剑叶挺短。有效穗数306万穗/hm²，每穗粒数91.4粒，结实率81.7%，千粒重28.3g。

品质特性：糙米率81.7%，整精米率59.6%，谷粒长宽比2.9，垩白粒率67.0%，垩白度10.0%，胶稠度86mm，直链淀粉含量24.8%。

抗性：苗瘟3级，叶瘟6级，穗瘟7级。

产量及适宜地区：1999—2000年参加江西省水稻区试，1999年平均产量6 660kg/hm²，比对照汕优46增产4.4%；2000年平均产量6 905kg/hm²，比对照汕优46增产0.3%。适宜在江西省各地种植。

栽培技术要点：6月15日前播种，播种量150kg/hm²，秧龄30d。栽插30万苗/hm²，施肥以基肥为主，增施磷、钾肥。后期不宜断水过早。注意防治病虫害。

协优赣14（Xieyougan 14）

品种来源：江西省农业科学院水稻所利用协青早A/46-25育成。原名：协优46-25、协优4625。1994年通过江西省农作物品种审定委员会审定，编号：赣审稻1994012。

形态特征和生物学特性：属籼型三系杂交中熟晚稻。分蘖力强，成穗率高，有效穗315万穗/hm²，每穗粒数103.6粒。

品质特征：糙米率82.2%，精米率73.3%，整精米率58.4%，出饭率较高。直链淀粉含量21.7%，适口性好。

抗性：高抗稻瘟病，白叶枯病抗性一般。

产量及适宜地区：1991年参加江西省区试，平均产量7 067kg/hm²，1992年续试，平均产量6 306kg/hm²，比对照汕优桂33增产5.9%，两年平均增产6.9%，表现高产、稳产、抗性强、米质好。适宜在江西省各地及长江流域中、下游双季稻区，作双季晚稻栽培。

栽培技术要点：可在江西作双季晚稻栽培，适合在中、低肥力稻田种植，宜早生快发，发挥多穗优势，后期断水不宜过早，以发挥后期叶片功能，提高结实率。有条件可用二段育秧或多效唑培育分蘖壮秧。该组合穗粒优势不大，穗偏小，不耐高肥。父母本叶差3叶左右，父本花粉量偏少，行比适当缩减为好。

协优赣15（Xieyougan 15）

品种来源：江西省赣州地区农业科学研究所、江西省赣州地区种子公司用协青早A与辐26配组而成。原名：协优华联2号，协优辐26。1994年通过江西省农作物品种审定委员会审定，编号：赣审稻1994007。

形态特征和生物学特性：属籼型三系杂交中熟早稻。全生育期118.1d。株高84.0cm，有效穗数408万穗/hm²，每穗粒数91.2粒，结实率74.3%，千粒重26.7g。

品质特征：出糙率82.7%，精米率62.0%，整精米率42.5%。糙米粒长2.8mm，糙米粒宽2.5mm，糙米长宽比2.7。直链淀粉含量29.6%，胶稠度55mm，碱消值2.6级，蛋白质含量10.2%。

抗性：感稻瘟病、中感白叶枯病，高感细菌性条斑病。

产量及适宜地区：1992—1993年江西省区试平均产量6 570kg/hm²，比对照威优49增产8.58%。适于赣中和赣中以南地区种植。

栽培技术要点：①适时播种、培育壮秧。一般在3月上旬末至3月25日前播种，秧田播种300kg/hm²，做到稀播匀播，采用肥土旱地保温育移栽，秧龄在30d左右，做双季晚稻应掌握秧龄在18～20d栽插。②基本苗每穴插2苗，采用20cm×13.2cm或20cm×16.5cm或宽窄行种植。③施足底肥，施用1 500kg/hm²牛猪栏粪作基肥，施用碳酸氢铵300kg/hm²、过磷酸钙225kg/hm²作面肥。插秧后7d之内，施三元复合肥750kg/hm²，另用除草剂丁草胺顺粒剂15kg/hm²拌细土分别撒，保持3～7cm水层5d。④综合防治病虫害，种子消毒用强氯精处理种子。见穗后每公顷用井冈霉素3kg与防治螟虫的药剂同时施用。注意防治稻飞虱，预防稻瘟病。

协优赣20 (Xieyougan 20)

品种来源：宜春地区农业科学研究所用协青早A与1666选配而成。原名：协优1666。1996年通过江西省农作物品种审定委员会审定，编号：赣审稻1996010。

形态特征和生物学特性：属籼型三系杂交中熟晚稻。全生育期126.6d。株高99.7cm，分蘖力较强。有效穗数279万穗/hm²，成穗率65.1%，穗长22.8cm，每穗粒数138.3粒，结实率75.8%，千粒重23.2g。糙米率81.2%。

抗性：经田间自然诱发鉴定：苗瘟2级，叶瘟4级，穗颈瘟5级。

产量及适宜地区：1994—1995年参加江西省区试，两年平均产量6 155kg/hm²，比对照汕优桂33增产5.6%。适宜在赣州、抚州、上饶等地种植。

协优赣7号 （Xieyougan 7）

品种来源：江西省赣州地区农业科学研究所用协青早A与侧49配组育成。1990年通过江西省农作物品种审定委员会审定，编号：赣审稻1990013。1988年获江西省科技进步二等奖，1992年7月由国家科委颁发"国家科技成果证书"。

形态特征和生物学特性：属籼型三系杂交中熟早稻。全生育期118d。株高89.3cm，株型适中，分蘖力强，青秆黄熟落色好，不早衰。每穗粒数119.2粒，结实率80.8%，有效穗372万穗/hm²，千粒重27.0g。

品质特性：糙米率82.5%，精米率69.4%，整精米率53.6%，糙米粒长6.8mm，糙米粒宽2.2mm，糙米长宽比3.1，透明度为6级，直链淀粉含量24.4%，米胶长为46.5mm，碱消值4级，蛋白质含量10.1%。

产量及适宜地区：1987—1988年参加江西省杂交早稻区试，产量分别为7 451kg/hm²和6 690kg/hm²，比对照73-07分别增产14.5%和10.05%。1988年、1989年参加全国籼型杂交早稻区试，产量分别为6 824kg/hm²和6 734kg/hm²，分别名列第1和2位。适宜在湖南、赣南和粤北及闽南等地区作早稻种植较适宜。

抗性：中抗稻瘟病和白叶枯病。

栽培技术要点：3月15～25日播种，采用肥土保温育秧，中苗移栽，秧龄30d。栽插规格20cm×17cm或20cm×13cm，每穴插2苗。施绿肥紫云英11 250kg/hm²作基肥，碳酸氢氨300kg/hm²加过磷酸钙225kg/hm²作面肥，插秧后7d内施三元复合肥600kg/hm²与除草剂丁草胺0.1kg与细土10kg拌匀后一次施完，施肥时有3.3～5cm水层保持3～5d。综合防治病虫害，主要防治纹枯病和稻飞虱、旗虫。

协优赣8号 （Xieyougan 8）

品种来源：江西省农业科学院水稻研究所利用矮败新质源协青早A与新恢复系2374（汕2H2/鉴30）配组而成。原名：协优2374。1990年通过江西省农作物品种审定委员会审定，编号：赣审稻1990023。

形态特征和生物学特性：属籼型三系杂交中熟晚稻。全生育期125d。株高100cm，株型适中，分蘖力强，结实率82.0%，穗长21.5cm，每穗粒数117.5粒，千粒重27.5g。

品质特性：出糙率81.1%，精米率71.3%，整精米率61.1%。糙米粒长6.4mm，糙米宽2.4mm，糙米长宽比2.7。近半透明。直链淀粉含量24.6%，米胶长33.0mm，碱消值6级，糙米蛋白质含量9.1%。

产量及适宜地区：1978—1988年江西省区试，平均产量6 075kg/hm²，比对照汕优2号增产6.4%。1989—1990年参加全国区试，平均产量6 761kg/hm²，比对照汕优桂3增产9.3%。1989年永修县燕坊乡示范种植4.5hm²，平均产量7 556kg/hm²，最高田块产量9 555kg/hm²。适宜在长江中下游或南方稻区作双季晚稻或早熟中稻种植。

抗性：抗稻瘟病，中抗白叶枯病，对褐稻虱的抗性也较好。

栽培技术要点：该组合植株偏高，适宜中肥田种植，施纯氮150kg/hm²，在追肥上注意氮肥早施，多施钾肥壮秆。秧龄以30～35d为宜，注意培育壮秧，大田栽插规格21cm×12cm或15cm×18cm为宜。

协优洲156 （Xieyouzhou 156）

品种来源：江西九洲种业有限公司利用协青早A/洲恢156（R71/R404）杂交选配而成。2010年通过江西省农作物品种审定委员会审定，编号：赣审稻2010040。

形态特征和生物学特性：属籼型三系杂交早熟早稻。全生育期110d，比对照浙733迟熟0.3d。株高91.4cm，株型适中，剑叶宽，茎秆粗壮，长势繁茂，秆尖紫色，穗粒数较多，熟期转色好。有效穗数285万穗/hm²，每穗粒数117.9粒，结实率81.7%，千粒重27.6g。

品质特性：糙米率82.2%，精米率72.0%，整精米率38.0%，糙米粒长6.7mm，糙米长宽比2.9，垩白粒率98.0%，垩白度14.7%，直链淀粉含量25.8%，胶稠度37mm。

抗性：稻瘟病抗性自然诱发鉴定：穗颈瘟为9级；2009年穗颈瘟平均损失率为5.6%；2010年穗颈瘟平均损失率为7.5%。

产量及适宜地区：2009—2010年参加江西省水稻区试，2009年平均产量7 353kg/hm²，比对照浙733增产13.5%；2010年平均产量6 773kg/hm²，比对照中早35增产5.8%。两年平均产量7 063kg/hm²。适宜在江西省稻瘟病轻发区种植。

栽培技术要点：3月中下旬播种，大田用种量30kg/hm²。秧龄20～25d。栽插规格13.2cm×19.8cm，栽插基本苗1500万苗/hm²或抛栽基本苗120万苗/hm²。施肥做到以基肥为主，做到前重、中轻、后补，施纯氮180kg/hm²，氮、磷、钾比例为1∶0.6∶1。浅水返青，薄水分蘖，够苗晒田，湿润孕穗，浅水抽穗，干干湿湿壮籽。注意防治稻瘟病、纹枯病、二化螟、稻纵卷叶螟、稻飞虱等病虫害。

协优洲282 (Xieyouzhou 282)

品种来源：江西九州种业有限公司利用协青早A/R282（R432/明恢82）杂交选配而成。2010年通过江西省农作物品种审定委员会审定，编号：赣审稻2010020。

形态特征和生物学特性：属籼型三系杂交早熟晚稻。全生育期111d，比对照岳优9113早0.7d。株高94.2cm，有效穗数291万穗/hm²，每穗粒数113.7粒，结实率83.8%，千粒重25.7g。

品质特性：糙米率78.6%，精米率66.8%，整精米率62.5%，糙米粒长7.2mm，糙米长宽比3.3，垩白粒率18.0%，垩白度1.4%，直链淀粉含量21.7%，胶稠度52mm。米质达国标二级优质米标准。

抗性：稻瘟病抗性自然诱发鉴定：穗颈瘟为9级，高感稻瘟病。

产量及适宜地区：2007年、2009年参加江西省水稻区试，2007年平均产量6 393kg/hm²，比对照金优207增产3.8%；2009年平均产量7 290kg/hm²，比对照岳优9113减产1.2%。两年平均产量6 842kg/hm²。适宜在江西省稻瘟病轻发区种植。

栽培技术要点：6月下旬播种，秧田播种量225kg/hm²，大田用种量22.5kg/hm²。秧龄18～20d。栽插规格16.5cm×19.8cm，栽插30万穴/hm²，栽插基本苗150万苗/hm²。施肥以基肥为主，早施追肥，施纯氮150kg/hm²，氮、磷、钾比例为1：0.6：1。浅水返青，薄水分蘖，够苗晒田，湿润孕穗，浅水抽穗，干干湿湿壮籽。综合防治稻瘟病、纹枯病、稻飞虱、二化螟、稻纵卷叶螟等病虫害。

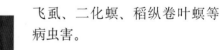

协优洲48（Xieyouzhou 48）

品种来源：江西九洲种业有限公司利用协青早A/洲恢48（R432/明恢77）杂交选配而成。2010年通过江西省农作物品种审定委员会审定，编号：赣审稻2010019。

形态特征和生物学特性：属籼型三系杂交早熟晚稻。全生育期112d，比对照金优207长2.0d。株高95.6cm，株型适中，整齐度好，叶片挺直，分蘖力强，长势一般，秆尖紫色，穗粒数较多，熟期转色好。有效穗数300万穗/hm²，每穗粒数128.9粒，结实率82.8%，千粒重23.6g。

品质特性：糙米率81.6%，精米率71.6%，整精米率64.6%，糙米粒长6.2mm，糙米长宽比3.0，垩白粒率52.0%，垩白度4.2%，直链淀粉含量19.1%，胶稠度45mm。

抗性：稻瘟病抗性自然诱发鉴定：穗颈瘟为9级，高感稻瘟病。

产量及适宜地区：2008—2009年参加江西省水稻区试，2008年平均产量7 350kg/hm²，比对照金优207增产6.8%；2009年平均产量7 479kg/hm²，比对照金优207增产8.3%。两年平均产量7 415kg/hm²，比对照金优207增产7.5%。适宜在江西省稻瘟病轻发区种植。

栽培技术要点：6月下旬播种，秧田播种量225kg/hm²，大田用种量22.5kg/hm²。秧龄18～20d。栽插规格16.5cm×19.8cm，栽插30万穴/hm²，栽插基本苗150万苗/hm²。施纯氮150kg/hm²，氮、磷、钾比例为1：0.6：1。浅水返青，薄水分蘖，够苗晒田，湿润孕穗，浅水抽穗，干干湿湿壮籽。综合防治稻瘟病、纹枯病、稻飞虱、二化螟、稻纵卷叶螟等病虫害。

欣荣08 （Xinrong 08）

品种来源：江西省种子公司利用欣荣A/先恢9898杂交选配而成。2007年通过江西省农作物品种审定委员会审定，编号：赣审稻2007031。

形态特征和生物学特性：属籼型三系杂交中熟早稻。全生育期111d，比对照金优402早熟0.9d。株高93.0cm，有效穗数291万穗/hm²，每穗粒数106.0粒，结实率88.9%，千粒重28.1g。

品质特性：糙米率82.9%，精米率66.7%，整精米率30.4%，垩白粒率72.0%，垩白度10.8%，直链淀粉23.8%，胶稠度46mm，糙米粒长7.2mm，糙米长宽比3.1。

抗性：稻瘟病抗性自然诱发鉴定：穗颈瘟为9级，高感稻瘟病；穗颈瘟平均损失率为4.2%。

产量及适宜地区：2006—2007年参加江西省水稻区试，2006年平均产量6 656kg/hm²，比对照金优402增产0.1%；2007年平均产量6 758kg/hm²，比对照金优402减产2.3%。两年平均产量6 707kg/hm²，比对照金优402减产1.1%。适宜在江西省稻瘟病轻发区种植。

栽培技术要点：3月中旬播种，秧田播种量250kg/hm²，大田用种量30kg/hm²。秧龄30d。栽插规格16.5cm×19.8cm，每穴插2～3苗。施肥以基肥为主，适当增施磷、钾肥，施25%水稻专用复合肥600kg/hm²作底肥，栽后5～7d，追施尿素75kg/hm²，幼穗分化初期追施氯化钾75kg/hm²。插秧后浅水勤灌，够苗晒田，湿润孕穗，齐穗后干干湿湿以利饱籽，成熟前不要断水过早。重点防治稻瘟病、纹枯病、稻纵卷叶螟、稻飞虱等病虫害。

欣荣优023 （Xinrongyou 023）

品种来源：江西先农种业有限公司利用欣荣A/先恢5号选育而成。2008年通过江西省农作物品种审定委员会审定，编号：赣审稻2008018；2011年通过国家农作物品种审定委员会审定，编号：国审稻2011004。

形态特征和生物学特性：属籼型三系杂交中熟早稻。全生育期平均116d，比对照金优402长1.8d。株高93.0cm，穗长18.5cm，有效穗数318万穗/hm^2，每穗粒数113.0粒，结实率84.6%，千粒重28.1g。株型适中，群体整齐，熟期转色好。

品质特性：整精米率48.9%，糙米长宽比2.9，垩白粒率44%，垩白度8.4%，胶稠度49mm，直链淀粉含量21.2%。

抗性：稻瘟病综合指数2.7级，穗瘟损失率最高级3级；白叶枯病5级；褐飞虱9级；白背飞虱7级。中抗稻瘟病，中感白叶枯病，高感褐飞虱，感白背飞虱。

产量及适宜地区：2008年参加长江中下游早籼迟熟组品种区域试验，平均产量7 629kg/hm^2，比对照金优402增产1.0%；2009年平均产量7 853kg/hm^2，比对照金优402增产4.8%。两年区试平均产量7 740kg/hm^2，比对照金优402增产2.9%。2010年生产试验，平均产量6 534kg/hm^2，比对照金优402增产2.3%。

栽培技术要点：①育秧。做好种子消毒处理，大田用种量22.5kg/hm^2，适时播种，培育壮秧。②移栽。秧龄25～30d，合理密植，栽插规格20cm×16.7cm，每穴栽插2～3苗，栽插30万穴/hm^2。③肥水管理。大田以基肥为主、追肥为辅，以有机肥为主、化肥为辅，一般中等肥力田施纯氮150kg/hm^2，配合施用磷、钾肥。水分管理上做到浅水移栽，寸水活苗，薄水分蘖，够苗晒田，后期干湿交替，勿断水过早。④病虫害防治。注意及时防治稻瘟病、白叶枯病、纹枯病、稻纵卷叶螟、二化螟、稻飞虱等病虫害。

欣荣优2045（Xinrongyou 2045）

品种来源：江西赣兴种业有限责任公司利用欣荣A/R2045（T0463/测64-7）杂交选配而成。2009年通过江西省农作物品种审定委员会审定编号：赣审稻2009034。

形态特征和生物学特性：属籼型三系杂交中熟早稻。全生育期115d，比对照金优402迟熟1.4d。株高92.1cm，株型适中，剑叶挺直，整齐度好，分蘖较强，稃尖紫色，熟期转色好。有效穗数315万穗/hm²，每穗粒数110.1粒，结实率82.5%，千粒重27.4g。

品质特性：糙米率78.8%，精米率68.4%，整精米率52.0%，糙米粒长7.0mm，糙米长宽比3.0，垩白粒率26.0%，垩白度1.8%，直链淀粉含量19.4%，胶稠度85mm。米质达国标三级优质米标准。

抗性：稻瘟病抗性自然诱发鉴定：穗颈瘟为9级，高感稻瘟病。

产量及适宜地区：2008—2009年参加江西省水稻区试，2008年平均产量7 437kg/hm²，比对照金优402增产2.7%；2009年平均产量7 679kg/hm²，比对照金优402减产0.5%。两年平均产量7 557kg/hm²，比金优402增产1.1%。适宜在江西省稻瘟病轻发区种植。

栽培技术要点：3月中下旬播种，秧田播种量150kg/hm²，大田用种量22.5kg/hm²。秧龄25～30d。栽插规格19.8cm×19.8cm或13.2cm×26.4cm，栽插基本苗150万苗/hm²。施用纯氮150kg/hm²，氮、磷、钾比例为1∶0.5∶1。浅水移栽，寸水活苗，薄水分蘖，够苗晒田，后期干湿交替至成熟。根据当地农业部门病虫预报，及时防治稻瘟病、二化螟、稻飞虱等病虫害。

欣荣优2067（Xinrongyou 2067）

品种来源：江西省种子公司利用欣荣A/R2067杂交选配而成。2008年通过江西省农作物品种审定委员会审定，编号：赣审稻2008020。

形态特征和生物学特性：属籼型三系杂交早熟晚稻。全生育期116d，比对照金优207迟熟4.6d。株高95.3cm，株型紧凑，整齐度好，叶色浓绿，叶片挺直，稃尖紫色，熟期转色好。有效穗数279万穗/hm²，每穗粒数124.9粒，结实率73.9%，千粒重25.9g。

品质特性：糙米率77.5%，精米率61.9%，整精米率52.3%，垩白粒率14.0%，垩白度0.8%，直链淀粉含量19.6%，胶稠度54mm，糙米粒长7.0mm，糙米长宽比3.2。米质达国标三级优质米标准。

抗性：稻瘟病抗性自然诱发鉴定结果：穗颈瘟为9级，高感稻瘟病。

产量及适宜地区：2006—2007年参加江西省水稻区试，2006年平均产量6 759kg/hm²，比对照金优207增产6.1%；2007年平均产量6 315kg/hm²，比对照金优207增产0.1%。两年平均产量6 537kg/hm²，比对照金优207增产3.1%。适宜在江西省稻瘟病轻发区种植。

栽培技术要点：6月底至7月初播种，秧田播种量180kg/hm²，大田用种量15kg/hm²。秧龄25d。栽插规格19.8cm×19.8cm或13.2cm×26.4cm，栽插基本苗150万苗/hm²。大田施肥以基肥为主、追肥为辅，增施磷、钾肥，纯氮150kg/hm²，氮、磷、钾比例为1.0：0.5：1.0，高肥田注意防倒伏。浅水移栽，寸水活苗，薄水分蘖，够苗晒田，后期干湿交替至成熟。加强稻瘟病、二化螟、稻飞虱等病虫害防治。

欣荣优2498（Xinrongyou 2498）

品种来源：江西赣兴种业有限责任公司利用欣荣A/R2498(R838/多系1号)杂交选配而成。2010年通过江西省农作物品种审定委员会审定，编号：赣审稻2010021。

形态特征和生物学特性：属籼型三系杂交早熟晚稻。全生育期112d，比对照金优207长1.7d。株高95.0cm，株型适中，剑叶短宽，长势一般，稃尖紫色，熟期转色好。有效穗数312万穗/hm²，每穗粒数124.1粒，结实率75.3%，千粒重25.3g。

品质特性：糙米率80.2%，精米率70.2%，整精米率58.4%，糙米粒长7.1mm，糙米长宽比3.4，垩白粒率16.0%，垩白度1.6%，直链淀粉含量19.3%，胶稠度60mm。米质达国标二级优质米标准。

抗性：稻瘟病抗性自然诱发鉴定：穗颈瘟为9级，高感稻瘟病。

产量及适宜地区：2008—2009年参加江西省水稻区试，2008年平均产量6 789kg/hm²，比对照金优207减产1.3%；2009年平均产量7 016kg/hm²，比对照金优207增产4.5%。两年平均产量6 903kg/hm²，比金优207增产1.6%。适宜在江西省稻瘟病轻发区种植。

栽培技术要点：6月中下旬播种，秧田播种量150kg/hm²，大田用种量15kg/hm²。秧龄25～30d。栽插规格19.8cm×19.8cm或13.2cm×26.4cm，栽插30万穴/hm²，栽插基本苗150万苗/hm²。纯氮150kg/hm²，氮、磷、钾比例为1：0.5：1。浅水移栽，寸水活苗，薄水分蘖，够苗晒田，后期干湿交替。注意防倒伏。根据当地农业部门病虫预报，及时防治稻瘟病、二化螟、稻飞虱等病虫害。

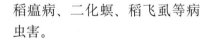

欣荣优254（Xinrongyou 254）

品种来源：江西省种子公司利用欣荣A/R254杂交选配而成。2008年通过江西省农作物品种审定委员会审定编号：赣审稻2008022。

形态特征和生物学特性：属籼型三系杂交中熟晚稻。全生育期121d，比对照汕优46早熟1.5d。株高92.5cm，株型适中，整齐度好，叶色绿，叶片披垂，分蘖力强，秆尖紫色，穗大粒多，熟期转色好。有效穗数306万穗/hm²，每穗粒数133.4粒，结实率73.1%，千粒重24.1g。

品质特性：糙米率77.4%，精米率67.1%，整精米率59.7%，垩白粒率4.0%，垩白度0.2%，直链淀粉含量19.6%，胶稠度70mm，糙米粒长6.8mm，糙米长宽比3.1。米质达国标一级优质米标准。

抗性：稻瘟病抗性自然诱发鉴定：穗颈瘟为9级，高感稻瘟病。

产量及适宜地区：2006—2007年参加江西省水稻区试，2006年平均产量6 851kg/hm²，比对照汕优46减产0.5%；2007年平均产量7 011kg/hm²，比对照汕优46增产1.4%。两年平均产量6 932kg/hm²，比对照汕优46增产0.4%。适宜在江西省稻瘟病轻发区种植。

栽培技术要点：6月中旬播种，秧田播种量120kg/hm²，大田用种量15kg/hm²。秧龄30d以内。栽插规格19.8cm×26.4cm，栽插基本苗105万苗/hm²。施600kg/hm²过磷酸钙作基肥，移栽后5～7d内施总肥量的70%促分蘖，一般施纯氮150kg/hm²，氮、磷、钾比例为1.0：0.5：1.0。深水返青，浅水促蘖，够苗晒田，浅水孕穗，湿润灌溉，不要断水过早。加强稻瘟病、二化螟、稻纵卷叶螟、稻飞虱等病虫害防治。

欣荣优2660 （Xinrongyou 2660）

品种来源：江西赣兴种业有限责任公司利用欣荣A/R2660(R308/R838)杂交选配而成。2010年通过江西省农作物品种审定委员会审定，编号：赣审稻2010022。

形态特征和生物学特性：属籼型三系杂交中熟晚稻。全生育期120d，比对照淦鑫688早熟2.1d。株高99.7cm，株型适中，叶片挺直，分蘖力强，秆尖紫色。有效穗303万穗/hm²，每穗粒数144.5粒，结实率76.2%，千粒重24.0g。

品质特性：糙米率80.4%，精米率73.0%，整精米率67.4%，糙米粒长6.8mm，糙米长宽比3.4，垩白粒率16.0%，垩白度2.2%，直链淀粉含量18.2%，胶稠度66mm。米质达国标二级优质米标准。

抗性：稻瘟病抗性自然诱发鉴定：穗颈瘟为9级，高感稻瘟病。

产量及适宜地区：2008—2009年参加江西省水稻区试，2008年平均产量7 470kg/hm²，比对照淦鑫688增产2.5%；2009年平均产量7 563kg/hm²，比对照淦鑫688增产3.8%。两年平均产量7 517kg/hm²，比淦鑫688增产3.1%。适宜在江西省稻瘟病轻发区种植。

栽培技术要点：6月中旬播种，秧田播种量150kg/hm²，大田用种量15kg/hm²。秧龄30d以内。栽插规格19.8cm×26.4cm，栽插基本苗90万苗/hm²。施足基肥，早施追肥，施纯氮150kg/hm²，氮、磷、钾比例为1∶0.5∶1。深水返青，浅水促蘖，够苗晒田，浅水孕穗，湿润灌溉，后期不要断水过早。根据当地农业部门的病虫预报，及时防治稻瘟病、二化螟、稻纵卷叶螟、稻飞虱等病虫害。

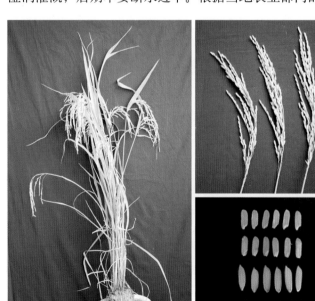

欣荣优268（Xinrongyou 268）

品种来源：江西先农种业有限公司利用欣荣A/R268（R308/辐恢838）杂交选配而成。2011年通过江西省农作物品种审定委员会审定，编号：赣审稻2011006。

形态特征和生物学特性：属籼型三系杂交中熟晚稻。2009年全生育期119d，比对照淦鑫688早熟1.5d。株高98.6cm，株型适中，叶色浓绿，叶片挺直，分蘖力较强，秆尖紫色，着粒密，熟期转色好。有效穗数309万穗/hm²，每穗总粒数152.3粒，结实率73.3%，千粒重24.0g。

品质特性：糙米率80.2%，精米率71.9%，整精米率56.6%，糙米粒长6.9mm，糙米长宽比3.3，垩白粒率8.0%，垩白度0.9%，直链淀粉含量22.5%，胶稠度60mm。米质达国标二级优质米标准。

抗性：稻瘟病抗性自然诱发鉴定：穗颈瘟为9级，高感稻瘟病。

产量及适宜地区：2009—2010年参加江西省水稻区试，2009年平均产量7 836kg/hm²，比对照淦鑫688增产10.9%；2010年平均产量7 620kg/hm²，比对照天优998增产3.6%。两年平均产量7 728kg/hm²。适宜在江西省稻瘟病轻发区种植。

栽培技术要点：6月中旬播种，秧田播种量150kg/hm²，大田用种量15kg/hm²。秧龄30d。栽插规格19.8cm×26.4cm，栽插基本苗105万苗/hm²。施足基肥，早施追肥，施纯氮150kg/hm²，氮、磷、钾比例为1：0.6：1。深水返青，浅水促蘖，够苗晒田，浅水孕穗，有水抽穗，后期不要断水过早。根据当地农业部门病虫预报，及时防治稻瘟病、稻飞虱、稻纵卷叶螟等病虫害。

欣香优1068 （Xinxiangyou 1068）

品种来源：江西赣兴种业有限责任公司利用欣香A/R1068（R2067/R64-7）杂交选配而成。2011年通过江西省农作物品种审定委员会审定，编号：赣审稻2011007。

形态特征和生物学特性：属籼型三系杂交中熟晚稻。全生育期115d，比对照岳优9113早熟0.6d。株高94.2cm，株型适中，叶色浓绿，剑叶窄挺，长势繁茂，颖尖秆黄色，着粒稀，熟期转色好。有效穗数360万穗/hm²，每穗粒数110.8粒，结实率76.8%，千粒重24.9g。

品质特性：糙米率81.8%，精米率71.0%，整精米率61.8%，糙米粒长7.3mm，糙米长宽比3.6，垩白粒率14.0%，垩白度1.0%，直链淀粉含量20.2%，胶稠度60mm。米质达国标二级优质米标准。

抗性：稻瘟病抗性自然诱发鉴定：穗颈瘟为9级，高感稻瘟病。

产量及适宜地区：2009—2010年参加江西省水稻区试，2009年平均产量7 523kg/hm²，比对照岳优9113减产0.1%；2010年平均产量6 854kg/hm²，比对照岳优9113增产0.4%。两年平均产量7 188kg/hm²，比对照岳优9113增产0.2%。适宜在江西省稻瘟病轻发区种植。

栽培技术要点：6月中下旬播种，秧田播种量150kg/hm²，大田用种量15.0kg/hm²。秧龄28d以内。栽插规格16.5cm×19.8cm，每穴插2苗。施碳酸氢铵600kg/hm²、过磷酸钙600kg/hm²作基肥。栽后5d，追尿素150kg/hm²、钾肥150kg/hm²促蘖，后期看苗补肥。浅水分蘖，够苗晒田，后期干湿壮籽，不要断水过早。注意防治稻瘟病、白叶枯病、稻飞虱等病虫害。

新丰优121 (Xinfengyou 121)

品种来源：江西大众种业有限公司利用新丰A/R121配组而成。2008年通过江西省农作物品种审定委员会审定，编号：赣审稻2008027。

形态特征和生物学特性：属籼型三系杂交中熟晚稻。全生育期121d，比对照汕优46早熟1.6d。株高95.7cm，有效穗数312万穗/hm²，每穗粒数127.0粒，结实率71.9%，千粒重23.2g。

品质特性：糙米率80.2%，精米率73.6%，整精米率64.7%，垩白粒率8.0%，垩白度0.4%，直链淀粉含量21.9%，胶稠度62mm，糙米粒长7.2mm，糙米长宽比3.6。米质达国标一级优质米标准。

抗性：稻瘟病抗性自然诱发鉴定：穗颈瘟为9级，高感稻瘟病。

产量及适宜地区：2006—2007年参加江西省水稻区试，2006年平均产量6 789kg/hm²，比对照汕优46减产1.4%；2007年平均产量6 569kg/hm²，比对照汕优46减产4.3%。两年平均产量6 677kg/hm²，比对照汕优46减产2.9%。适宜在江西省稻瘟病轻发区种植。

栽培技术要点：6月20日播种，秧田播种量225kg/hm²，大田用种量22.5kg/hm²。秧龄25d。栽插规格16.5cm×23.1cm，每穴插2苗，栽插基本苗180万苗/hm²。施尿素120kg/hm²、复合肥225kg/hm²、磷肥600kg/hm²作底肥。栽后7d，追施尿素150kg/hm²、磷肥150kg/hm²、钾肥150kg/hm²。齐穗喷施0.3%的磷酸二氢钾3kg/hm²。浅水栽插，深水孕穗、抽穗和灌浆，后期湿润灌溉。根据当地农业部门病虫情报，及时防治稻瘟病、纹枯病、二化螟、三化螟、稻飞虱等病虫害。

新丰优22（Xinfengyou 22）

品种来源：江西大众种业有限公司新丰A/浙恢22杂交选配而成。2007年通过江西省农作物品种审定委员会审定，编号：赣审稻2007034。

形态特征和生物学特性：属籼型三系杂交中熟早稻。全生育期115d，比对照金优402迟熟3.2d。株高97.2cm，株型适中，叶色浓绿，剑叶窄挺，长势繁茂，分蘖力强，颖尖秆黄色，熟期转色好。有效穗数321万穗/hm^2，每穗粒数109.2粒，结实率81.2%，千粒重26.3g。

品质特性：糙米率82.6%，精米率68.1%，整精米率52.0%，垩白粒率15.0%，垩白度1.5%，直链淀粉含量19.2%，胶稠度62mm，糙米粒长7.0mm，糙米长宽比3.2。米质达国标三级优质米标准。

抗性：稻瘟病抗性自然诱发鉴定：穗颈瘟为9级，高感稻瘟病。

产量及适宜地区：2006—2007年参加江西省水稻区试，2006年平均产量7 058kg/hm^2，比对照金优402增产6.2%；2007年平均产量7 259kg/hm^2，比对照金优402增产5.0%，显著。两年平均产量7 158kg/hm^2，比对照金优402增产5.6%。适宜在赣中南稻瘟病轻发区种植。

栽培技术要点：3月下旬播种。大田用种量22.5kg/hm^2。秧龄28～30d。栽插规格13.2cm×19.8cm，每穴插2～3苗。施尿素120kg/hm^2、复合肥225kg/hm^2、磷肥600kg/hm^{2}作底肥。栽后7d，追施尿素105kg/hm^2、钾肥150kg/hm^2。齐穗期喷施0.3%的磷酸二氢钾3.0kg/hm^2。浅水栽插，深水孕穗、抽穗和灌浆，干湿壮籽。根据当地农业部门病虫情报，加强防治稻瘟病等病虫害。

新丰优644 (Xinfengyou 644)

品种来源：江西大众种业有限公司利用新丰A/R644选育而成。2009年通过江西省农作物品种审定委员会审定，编号：赣审稻2009018。

形态特征和生物学特性：属籼型三系杂交中熟晚稻。全生育期119d，比对照淦鑫688早熟3.9d。株高96.1cm，株型适中，整齐度好，叶色浓绿，叶片挺直，分蘖力强，长势繁茂，熟期转色好。有效穗数315万穗/hm²，每穗粒数110.2粒，结实率85.8%，千粒重24.8g。

品质特性：糙米率81.0%，精米率69.9%，整精米率67.2%，糙米粒长6.4mm，糙米长宽比3.0，垩白粒率24.0%，垩白度1.9%，直链淀粉含量18.6%，胶稠度58mm。米质达国标三级优质米标准。

抗性：稻瘟病抗性自然诱发鉴定：穗颈瘟为9级，高感稻瘟病。

产量及适宜地区：2007—2008年参加江西省水稻区试，2007年平均产量6 932kg/hm²，比对照汕优46增产1.0%；2008年平均产量7 448kg/hm²，比对照淦鑫688增产1.9%。适宜在江西省稻瘟病轻发区种植。

栽培技术要点：6月20日播种，秧田播种量150kg/hm²。秧龄30d以内。栽插规格16.5cm×23.1cm，每穴插2苗，栽插基本苗180万苗/hm²。施尿素120kg/hm²、复合肥225kg/hm²、磷肥600kg/hm²作底肥。栽后7d追施尿素150kg/hm²、磷肥150kg/hm²、钾肥150kg/hm²。齐穗喷施0.3%的磷酸二氢钾3.75kg/hm²。浅水栽插，深水孕穗、抽穗和灌浆，后期湿润灌溉。及时防治稻瘟病、纹枯病、二化螟、三化螟、稻飞虱等病虫害。

新香318（Xinxiang 318）

品种来源：永修县种子公司利用新香A/R318(中413进行γ钴60辐射后变异株)杂交选配而成。2009年通过江西省农作物品种审定委员会审定，编号：赣审稻2009027。

形态特征和生物学特性：属籼型三系杂交中熟晚稻。全生育期120d，比对照淦鑫688早熟3.4d。株高96.8cm，株型适中，叶片长、略披，分蘖力强，秆尖紫色。有效穗数300万穗/hm²，每穗粒数124.6粒，结实率79.6%，千粒重25.2g。

品质特性：糙米率78.1%，精米率65.9%，整精米率57.3%，糙米粒长7.0mm，糙米长宽比3.2，垩白粒率9.0%，垩白度0.5%，直链淀粉含量20.9%，胶稠度70mm。米质达国标一级优质米标准。

抗性：稻瘟病抗性自然诱发鉴定：穗颈瘟为9级，高感稻瘟病。

产量及适宜地区：2007—2008年参加江西省水稻区试，2007年平均产量6 935kg/hm²，比对照汕优46增产0.3%；2008年平均产量7 785kg/hm²，比对照淦鑫688增产6.5%。适宜在江西省稻瘟病轻发区种植。

栽培技术要点：6月20～25日播种，秧田播种量150kg/hm²，大田用种量15kg/hm²。秧龄30d。栽插规格为16.5cm×23.1cm，每穴插2苗，插足基本苗120万苗/hm²。施尿素225kg/hm²作基肥，栽后7d，追施尿素150kg/hm²，后期看苗追肥。浅水栽秧，深水返青，够苗晒田，浅水抽穗，后期干湿交替，收割前7～10d断水。重点防止倒伏。根据当地植保部门病虫预报，及时防治稻瘟病、二化螟、稻纵卷叶螟、稻飞虱等病虫害。

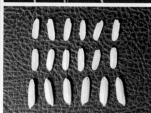

新叶216 (Xinye 216)

品种来源：黄彩鹏、吴烈梅利用新丰A/R205选杂交选配而成。2007年通过江西省农作物品种审定委员会审定，编号：赣审稻2007005。

形态特征和生物学特性：属籼型三系杂交中熟一季稻。全生育期125d，比对照Ⅱ优838早熟0.9d。株高117.2cm，株型紧凑，叶色浓绿，剑叶挺直，长势繁茂，分蘖力较强，穗大粒多，熟期转色好。有效穗数241万穗/hm²，每穗粒数163.8粒，结实率78.0%，千粒重26.2g。

品质特性：糙米率77.4%，精米率61.5%，整精米率58.9%，垩白粒率17%，垩白度1.7%，直链淀粉含量20.8%，胶稠度50mm，糙米粒长6.9mm，糙米长宽比3.0。米质达国标三级优质米标准。

抗性：稻瘟病抗性自然诱发鉴定：穗颈瘟为9级，高感稻瘟病。

产量及适宜地区：2005—2006年参加江西省水稻区试，2005年平均产量7 635kg/hm²，比对照Ⅱ优838增产5.2%；2006年平均产量7 317kg/hm²，比对照Ⅱ优838增产2.3%。适宜在江西省稻瘟病轻发区种植。

栽培技术要点：5月上中旬播种，秧田播种量150kg/hm²。秧龄不超过28d，栽插规格16.5cm×23.1cm，每穴插2苗。施肥总量：尿素300kg/hm²，复合肥225kg/hm²，磷肥600kg/hm²，钾肥225kg/hm²。底肥施尿素120kg/hm²、磷肥600kg/hm²，栽后7d，施尿素150kg/hm²、复合肥150kg/hm²、钾肥150kg/hm²，后期看苗追肥。浅水栽插，间歇灌溉，深水孕穗、抽穗、灌浆，谷穗低头后干湿交替，收割前7d断水。重点加强稻瘟病等病虫害的防治。

新优赣16 (Xinyougan 16)

品种来源：江西省萍乡市农业科学研究所杂交水稻研究室利用新露A/明恢63选配而成。原名：新优63。1994年通过江西省农作物品种审定委员会审定，编号：赣审稻1994013。

形态特征和生物学特性：属籼型三系杂交中熟晚稻。全生育期125d。株高98.0cm，株型紧凑，剑叶稍披，生长旺盛，后期落色好，分蘖力强，田间抗性及抗倒伏能力都较强。穗长23.0cm，每穗粒数112.0粒，结实率80.0%，千粒重32.0g。

品质特性：糙米粒长7.5mm，糙米粒宽2.4mm，糙米长宽比3.1，垩白粒率24.0%，垩白度4.8%，糙米率79.4%，精米率72.9%，整精米率30.2%，糙米蛋白质含量10.1%，直链淀粉含量16.5%，胶稠度75mm，碱消值为4级。

抗性：苗、叶瘟3级，穗颈瘟5级，白叶枯病7级。

产量及适宜地区：1991—1992年参加江西省晚杂区试均居第1位，1991年平均产量7 268kg/hm²，比对照汕优桂3增产11.1%，极显著；1992年平均产量6 387kg/hm²，比对照汕优63增产7.2%，名列第1位。适宜在长江中、下游地区作双季晚稻种植，但不宜在华南地区种植。

栽培技术要点：①适时播种，培育壮秧一般在6月18日播种，秧田用种量150kg/hm²，大田用种量30kg/hm²，秧龄30～35d。②合理密植。行株距一般16.5cm×20cm，每穴插1～2苗。③肥水管理做到基肥要足，追肥要早，基肥应占总需肥量的70%以上，或一次性施肥。要有机肥与农家肥相结合，氮、磷、钾相配合。在水分管理上，应浅水灌溉，推行干干湿湿，够苗后及时控水晒田。后期要湿润养根，防止断水过早，晒田过头，以便保叶保根，防止早衰，提高结实率。④防治病虫害。该组合田间抗性较好，但由于分蘖力强，有效穗多，后期要特别注意防治纹枯病。

新优赣22（Xinyougan 22）

品种来源：江西省杂交水稻技术工程研究中心、江西省萍乡市农业科学研究所利用新露A/科恢752选育而成。1997年通过江西省农作物品种审定委员会审定，编号：赣审稻1997009；1999年通过国家农作物品种审定委员会审定，编号：国审稻1990024。

形态特征和生物学特性：属籼型三系杂交迟熟晚稻。全生育期124d，株高97.0cm，分蘖力中等，株型紧凑，茎秆粗壮，茎部2个伸长节间粗短，叶片前披后挺，后期转色好。穗长24.5cm，每穗粒数127.7粒，结实率80.0%，千粒重31.5g。

品质特性：糙米率80.3%，精米率73.7%，整精米率53.1%，糙米粒长6.9mm，糙米长宽比2.7，垩白粒率73.0%，垩白度7.7%，透明度3级，直链淀粉含量17.4%，胶稠度68mm，蛋白质含量7.9%。

抗性：中感稻瘟病，中抗白叶枯病；耐肥，抗倒伏。

产量及适宜地区：1996—1997年参加全国籼型杂交晚稻三系早中熟组区试，1996年平均产量6 950kg/hm^2，比对照汕优46增产8.8%；1997年平均产量6 747kg/hm^2，比对照汕优46增产6.8%。适宜在长江流域南部双季稻区作晚籼种植。

栽培技术要点：适时播种，培育壮秧，播种期以6月中旬为宜，大田用量22.5kg/hm^2，秧龄控制在35d以内，合理密植，攻足有效穗，施足基肥，及早追肥，重施壮籽肥，合理灌溉，注意不能断水过早，以收割前7d断水为宜。注意病虫害防治。

雅农1600（Yanong 1600）

品种来源：江西省永修县种子公司利用天丰A/2168（桂99/R752系选）杂交选配而成。原名：天优38。2006年通过江西省农作物品种审定委员会审定，编号：赣审稻2006069。

形态特征和生物学特性：属籼型三系杂交中熟一季稻。全生育期124d，比对照汕优63早熟4.2d。株高111.3cm，株型适中，生长整齐，叶色浓绿，叶片挺直，长势一般，分蘖力强，熟期转色好。有效穗数252万穗/hm²，每穗粒数139.0粒，结实率78.0%，千粒重28.1g。

品质特性：糙米率79.6%，精米率66.8%，整精米率46.0%，垩白粒率58.0%，垩白度14.5%，直链淀粉含量20.8%，胶稠度71mm，糙米粒长7.0mm，糙米长宽比2.8。

抗性：稻瘟病抗性自然诱发鉴定：穗颈瘟最高为9级，高感稻瘟病。

产量及适宜地区：2004—2005年参加江西省水稻区试，2004年平均产量7 872kg/hm²，比对照汕优63减产0.6%；2005年平均产量6 758kg/hm²，比对照汕优63增产1.2%。适宜在江西省平原地区的稻瘟病轻发区种植。

栽培技术要点：5月20～25日播种，大田用种量15kg/hm²，秧田与大田面积比为1：10。秧龄30d，栽插规格16.5cm×23.1cm，每穴插2苗。整田时施有机肥7 500kg/hm²、尿素225kg/hm²作基肥；栽后7d，追施尿素150kg/hm²，在80%主茎剑叶露尖时，追施尿素75kg/hm²。浅水插秧，深水返青，够苗晒田，浅水抽穗，后期干湿交替，收割前7～10d断水。重点加强防治稻瘟病、二化螟、稻纵卷叶螟、稻飞虱等病虫害。

益丰优121 (Yifengyou 121)

品种来源：江西农业大学农学院利用益丰A/昌恢121（粤香占/香籼402）杂交选配而成。2009年通过江西省农作物品种审定委员会审定，编号：赣审稻2009011。

形态特征和生物学特性：属籼型三系杂交中熟晚稻。全生育期124d，比对照淦鑫688迟熟0.2d。株高100.6cm，株型适中，叶色浓绿，叶片挺直，长势繁茂，稃尖紫色。有效穗数285万穗/hm²，每穗粒数141.3粒，结实率72.4%，千粒重24.9g。

品质特性：糙米率81.2%，精米率68.4%，整精米率51.6%，糙米粒长6.8mm，糙米长宽比3.4，垩白粒率13%，垩白度1.8%，直链淀粉含量23.3%，胶稠度52mm。

抗性：稻瘟病抗性自然诱发鉴定：穗颈瘟为9级，高感稻瘟病。

产量及适宜地区：2007—2008年参加江西省水稻区试，2007年平均产量6 789kg/hm²，比对照汕优46增产1.5%；2008年平均产量7 511kg/hm²，比对照淦鑫688增产2.1%。适宜在江西省稻瘟病轻发区种植。

栽培技术要点：6月20日前播种，秧田播种量150kg/hm²，大田用种量15kg/hm²。栽插规格13.2cm×23.1cm或16.5cm×19.8cm，每穴插2苗。施用纯氮180kg/hm²、纯磷90kg/hm²、纯钾100kg/hm²，氮、磷、钾肥比例为2：1：1。浅水插秧，浅水返青，活棵后露田促根，浅水分蘖，够苗晒田，薄水抽穗，干湿壮籽，收割前7～10d开沟断水。注意防止倒伏。加强稻瘟病、稻曲病等病虫害的防治。

益丰优205选 （Yifengyou 205 Xuan）

品种来源：黄彩鹏、吴烈梅利用益丰 A/R205 选杂交选配而成。2011 年通过江西省农作物品种审定委员会审定，编号：赣审稻 2011011。

形态特征和生物学特性：属籼型三系杂交中熟晚稻。全生育期 119d，比对照淦鑫 688 早熟 1.4d。株高 96.2cm，株型紧凑，叶色浓绿，叶片挺直，分蘖力较强，稃尖紫色，熟期转色好。有效穗数 288 万穗/hm²，每穗粒数 137.7 粒，结实率 80.0%，千粒重 25.2g。

品质特性：糙米率 81.4%，精米率 73.9%，整精米率 61.8%，糙米粒长 6.5mm，糙米长宽比 2.8，垩白粒率 30.0%，垩白度 4.2%，直链淀粉含量 17.7%，胶稠度 62mm。米质达国标三级优质米标准。

抗性：稻瘟病抗性自然诱发鉴定：穗颈瘟为 9 级，高感稻瘟病；稻飞虱抗性较好。

产量及适宜地区：2009—2010 年参加江西省水稻区试，2009 年平均产量 7 259kg/hm²，比对照淦鑫 688 增产 4.1%；2010 年平均产量 7 212kg/hm²，比对照 d 优 998 减产 1.9%。两年平均产量 7 236kg/hm²。适宜在江西省稻瘟病轻发区种植。

栽培技术要点：6 月 20 日播种，秧田播种量 150kg/hm²，大田用种量 22.5kg/hm²。秧龄 28d。栽插规格 16.5cm×23.1cm，每穴插 2 苗。施 45% 复合肥 300kg/hm² 作基肥，栽后 6d，追施尿素 120kg/hm²、复合肥 150kg/hm²、钾肥 75kg/hm²；移栽后 20d，追施尿素 45kg/hm²、钾肥 45kg/hm²；后期看苗补肥。浅水栽秧，浅水分蘖，够苗晒田，深水孕穗、抽穗和灌浆，后期干湿交替，收割前 7d 断水。加强防治稻瘟病、纹枯病、二化螟、三化螟、稻飞虱等病虫害。

益丰优218（Yifengyou 218）

品种来源：江西大众种业有限公司、中国水稻研究所利用益丰A/中恢218(辐恢838/IRBB21//辐恢838)杂交选配而成。2010年通过江西省农作物品种审定委员会审定，编号：赣审稻2010026。

形态特征和生物学特性：属籼型三系杂交中熟晚稻。全生育期120d，比对照淦鑫688早熟2.1d。株高102.8cm，株型紧凑，剑叶短宽，分蘖力较强，长势繁茂，秆尖紫色，熟期转色好。有效穗数273万穗/hm^2，每穗粒数125.6粒，结实率80.3%，千粒重30.2g。

品质特性：糙米率79.9%，精米率70.0%，整精米率61.2%，糙米粒长7.1mm，糙米长宽比3.0，垩白粒率41.0%，垩白度2.9%，直链淀粉含量20.6%，胶稠度45mm。

抗性：稻瘟病抗性自然诱发鉴定：穗颈瘟为9级，高感稻瘟病。

产量及适宜地区：2008—2009年参加江西省水稻区试，2008年平均产量7 499kg/hm^2，比对照淦鑫688增产2.8%；2009年平均产量7 440kg/hm^2，比对照淦鑫688增产1.87%。两年平均产量7 466kg/hm^2，比对照淦鑫688增产2.35%。适宜在江西省稻瘟病轻发区种植。

栽培技术要点：6月中下旬播种，秧田播种量120kg/hm^2，大田用种量22.5kg/hm^2。秧龄25～30d。栽插规格19.8cm×19.8cm，栽插基本苗120万苗/hm^2。施足基肥，早施追肥，施尿素120kg/hm^2、磷肥750kg/hm^{2}作基肥，返青后追尿素120kg/hm^2。寸水活棵，浅水分蘖，够苗晒田，后期湿润灌溉。加强稻瘟病、纹枯病、二化螟、稻飞虱等病虫害防治。

益丰优3027选（Yifengyou 3027 Xuan）

品种来源：江西大众种业有限公司利用益丰A/3027选（R3027变异株）杂交选配而成。2010年通过江西省农作物品种审定委员会审定，编号：赣审稻2010025。

形态特征和生物学特性：属籼型三系杂交早熟晚稻。全生育期119d，比对照淦鑫688早熟3.1d。株高100.5cm，株型适中，整齐度好，分蘖力较强，长势繁茂，秆尖紫色，熟期转色好。有效穗数312万穗/hm²，每穗粒数134.5粒，结实率78.2%，千粒重24.3g。

品质特性：糙米率80.7%，精米率70.8%，整精米率63.8%，糙米粒长7.0mm，糙米长宽比3.5，垩白粒率20.0%，垩白度1.8%，直链淀粉含量19.8%，胶稠度65mm。米质达国标二级优质米标准。

抗性：稻瘟病抗性自然诱发鉴定：穗颈瘟为9级，高感稻瘟病。

产量及适宜地区：2008—2009年参加江西省水稻区试，2008年平均产量7 749kg/hm²，比对照淦鑫688增产6.0%；2009年平均产量7 503kg/hm²，比对照淦鑫688增产3.0%。两年平均产量7 626kg/hm²，比对照淦鑫688增产4.5%。适宜在江西省稻瘟病轻发区种植。

栽培技术要点：6月20日前播种，秧田播种量150kg/hm²。秧龄28d以内。栽插规格16.5cm×23.1cm，每穴插2苗。施45%复合肥375kg/hm²作底肥，栽后7d，施尿素120kg/hm²、复合肥225kg/hm²、钾肥60kg/hm²，孕穗期追施尿素60kg/hm²、钾肥45kg/hm²。浅水栽秧，深水孕穗、抽穗和灌浆，后期湿润灌溉。根据当地农业部门的病虫预报，及时防治稻瘟病、纹枯病、二化螟、三化螟、稻飞虱等病虫害。

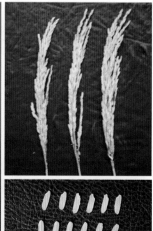

益禾16 (Yihe 16)

品种来源：黄彩鹏、吴烈梅利用新丰A/R168（R120早熟变异株定向选育）杂交选配而成。2007年通过江西省农作物品种审定委员会审定，编号：赣审稻2007004。

形态特征和生物学特性：属籼型三系杂交迟熟一季稻。全生育期134d，比对照Ⅱ优838迟熟7.5d。株高126.1cm，株型适中，叶色绿，剑叶长挺，长势繁茂，穗大粒多，熟期转色好。有效穗数241万穗/hm²，每穗粒数169.3粒，结实率80.7%，千粒重24.9g。

品质特性：糙米率81.0%，精米率73.3%，整精米率60.8%，垩白粒率50.0%，垩白度6.5%，直链淀粉含量19.5%，胶稠度60mm，糙米粒长6.7mm，糙米长宽比3.0。

抗性：稻瘟病抗性自然诱发鉴定：穗颈瘟为9级，高感稻瘟病。

产量及适宜地区：2005—2006年参加江西省水稻区试，2005年平均产量7 245kg/hm²，比对照Ⅱ优838减产0.2%；2006年平均产量7 886kg/hm²，比对照Ⅱ优838增产10.3%。适宜在江西省稻瘟病轻发区种植。

栽培技术要点：5月上中旬播种，秧田播种量150kg/hm²。秧龄不超过28d，栽插规格16.5cm×23.1cm，每穴插2苗。施足基肥，早施追肥，看苗补肥。施有机肥15 000kg/hm²、尿素120kg/hm²、磷肥450kg/hm²作基肥；移栽后7d结合除草，追施尿素180kg/hm²、复合肥180kg/hm²、钾肥225kg/hm²。寸水插秧，深水活棵，浅水分蘖，深水孕穗，适水抽穗和灌浆，干湿交替壮籽，收割前7d断水。重点加强稻瘟病等病虫害的防治。

益禾2号（Yihe 2）

品种来源：黄彩鹏、吴烈梅利用新丰A/3027选（3027/密阳46）杂交选配而成。2006年通过江西省农作物品种审定委员会审定，编号：赣审稻2006008。

形态特征和生物学特性：属籼型三系杂交中熟一季稻。全生育期123d，比对照汕优63早熟5.2d。株高111.3cm，株型适中，叶色绿，长势繁茂，穗大粒多，熟期转色好。有效穗数270万穗/hm²，每穗粒数147.2粒，结实率79.1%，千粒重24.8g。

品质特性：糙米率80.2%，精米率69.0%，整精米率62.4%，垩白粒率49%，垩白度12.2%，直链淀粉含量19.1%，胶稠度60mm，糙米粒长6.9mm，糙米长宽比3.0。

抗性：稻瘟病抗性自然诱发鉴定：苗瘟0级，叶瘟5级，穗瘟9级。

产量及适宜地区：2004—2005年参加江西省水稻区试，2004年平均产量7 882kg/hm²，比对照汕优63减产0.6%；2005年平均产量7 496kg/hm²，比对照汕优63增产6.1%。适宜在江西省稻瘟病轻发区种植。

栽培技术要点：5月中下旬播种，秧田播种量180kg/hm²，大田用种量22.5kg/hm²。秧龄28d，栽插规格16.5cm×23.1cm或16.5cm×26.4cm。施有机肥2 500kg/hm²作底肥；本田追肥4次，共计施尿素300kg/hm²、复合肥225kg/hm²、磷肥600kg/hm²、钾肥225kg/hm²。移栽时底肥施尿素120kg/hm²、磷肥600kg/hm²；栽后6～7d，施尿素150kg/hm²、复合肥150kg/hm²、钾肥150kg/hm²，后期看苗补肥。浅水栽插，间歇灌溉，深水孕穗、抽穗和灌浆，谷穗低头后干湿交替，收割前7d落干田水。重点防治稻瘟病等病虫害。

益禾5号（Yihe 5）

品种来源：黄彩鹏、吴烈梅利用新丰A/T0463杂交选配而成。2006年通过江西省农作物品种审定委员会审定，编号：赣审稻2006057。

形态特征和生物学特性：属籼型三系杂交中熟早稻。全生育期112d，比对照金优402迟熟0.9d。株高92.1cm，株型适中，叶色绿，叶片挺直，分蘖力强，颖尖秆黄色，熟期转色好。有效穗数336万穗/hm²，每穗粒数100.5粒，结实率84.3%，千粒重25.8g。

品质特性：糙米率81.7%，精米率70.6%，整精米率48.3%，垩白粒率81.0%，垩白度9.7%，直链淀粉含量18.8%，胶稠度62mm，糙米粒长7.1mm，糙米长宽比3.0。

抗性：稻瘟病抗性自然诱发鉴定：穗颈瘟最高为9级，高感稻瘟病。

产量及适宜地区：2005—2006年参加江西省水稻区试，2005年平均产量7 414kg/hm²，比对照金优402增产2.5%；2006年平均产量6 827kg/hm²，比对照金优402增产2.8%。适宜在江西省平原地区的稻瘟病轻发区种植。

栽培技术要点：3月中下旬播种。秧田播种量225kg/hm²，大田用种量17.5kg/hm²。秧龄28d，每穴插2～3苗，栽插规格13.2cm×19.8cm，栽插基本苗225万苗/hm²。移栽前基肥施尿素120kg/hm²、复合肥225kg/hm²、磷肥600kg/hm²。移栽后6～7d，追施尿素105kg/hm²、钾肥150kg/hm²。浅水栽插，深水孕穗、抽穗和灌浆，干湿壮籽。重点防治稻瘟病等病虫害。

益禾8号 (Yihe 8)

品种来源：黄彩鹏、吴烈梅利用新丰A/R838杂交选配而成。2007年通过江西省农作物品种审定委员会审定，编号：赣审稻2007012。

形态特征和生物学特性：属籼型三系杂交中熟晚稻。全生育期121d，比对照汕优46早熟0.4d。株高103.5cm，株型适中，叶色绿，穗层欠整齐，分蘖力一般，长势繁茂，颖尖秆黄色，熟期转色好。有效穗数291万穗/hm²，每穗粒数121.3粒，结实率83.7%，千粒重26.6g。

品质特性：糙米率79.8%，精米率71.9%，整精米率55.5%，垩白粒率14.0%，垩白度1.0%，直链淀粉含量18.0%，胶稠度66mm，糙米粒长7.2mm，糙米长宽比3.1。米质达国标二级优质米标准。

抗性：稻瘟病抗性自然诱发鉴定：穗颈瘟为9级，高感稻瘟病。

产量及适宜地区：2005—2006年参加江西省水稻区试，2005年平均产量6 689kg/hm²，比对照汕优46减产1.7%；2006年平均产量6 539kg/hm²，比对照汕优46减产5.2%。适宜在江西省稻瘟病轻发区种植。

栽培技术要点：6月20日前播种，秧田播种量150kg/hm²。秧龄不超过28d，栽插规格16.5cm×23.1cm，每穴插2苗。施肥量：尿素300kg/hm²，复合肥225kg/hm²，磷肥600kg/hm²，钾肥225kg/hm²。其中底肥施尿素120kg/hm²，磷肥600kg/hm²；栽后7d，施尿素150kg/hm²，复合肥150kg/hm²，钾肥150kg/hm²，后期看苗追肥。浅水栽插，间歇灌溉，深水孕穗、抽穗、灌浆，谷穗低头后干湿交替，收割前7d断水。加强稻瘟病等病虫害的防治。

益优918（Yiyou 918）

品种来源：江西大众种业有限公司利用益丰A/R918(双竹粘变异株)杂交选配而成。2012年通过江西省农作物品种审定委员会审定，编号：赣审稻2012017。

形态特征和生物学特性：属籼型三系杂交中熟晚稻。全生育期127d，比对照d优998迟熟1.0d。株高92.1cm，株型适中，叶片挺直，田间长相清秀，分蘖力强，秄尖紫色，穗粒数多、着粒密，熟期转色好。有效穗数324万穗/hm^2，每穗粒数136.5粒，结实率75.3%，千粒重24.4g。

品质特性：糙米率81.2%，精米率71.7%，整精米率54.0%，糙米粒长7.0mm，糙米长宽比3.5，垩白粒率6.0%，垩白度0.5%，直链淀粉含量21.2%，胶稠度62mm。米质达国标二级优质米标准。

抗性：稻瘟病抗性自然诱发鉴定：穗颈瘟为9级，高感稻瘟病。

产量及适宜地区：2010—2011年参加江西省水稻区试，2010年平均产量7 584kg/hm^2，比对照天优998增产4.3%；2011年平均产量7 542kg/hm^2，比对照天优998增产2.4%。两年平均产量7 563kg/hm^2，比对照天优998增产3.3%。适宜在江西省稻瘟病轻发区种植。

栽培技术要点：6月20日播种，秧田播种量150kg/hm^2，大田用种量22.5kg/hm^2。秧龄28d。栽插规格16.5cm×23.1cm或16.5cm×26.4cm，每穴插2苗。大田施45%水稻专用复合肥300kg/hm^{2}作基肥，移栽后6～7d，追施尿素120kg/hm^2、氯化钾75kg/hm^2、45%水稻专用复合肥150kg/hm^2，移栽后20d，追施尿素45kg/hm^2、氯化钾45kg/hm^2，后期看苗补肥。浅水栽秧，深水孕穗，深水抽穗，干湿交替，收割前7d断水。根据当地农业部门病虫预报，及时防治稻瘟病、稻飞虱等病虫害。

益优华占（Yiyouhuazhan）

品种来源：江西大众种业有限公司、中国水稻研究所利用益丰A/华占（SC2-S6测恢系选）杂交选配而成。2014年通过江西省农作物品种审定委员会审定，编号：赣审稻2014022。

形态特征和生物学特性：属籼型三系杂交中熟晚稻。全生育期124d，比对照天优998迟熟0.7d。株高95.6cm，株型适中，叶片挺直，长势一般，分蘖力强，秆尖紫色，熟期转色好。有效穗数318万穗/hm²，每穗粒数139.1粒，结实率77.7%，千粒重24.9g。

品质特性：糙米率80.8%，精米率72.9%，整精米率65.5%，糙米粒长6.7mm，糙米长宽比3.2，垩白粒率17.0%，垩白度1.7%，直链淀粉含量19.4%，胶稠度50mm。米质达国标二级优质米标准。

抗性：稻瘟病抗性自然诱发鉴定：穗颈瘟为9级，高感稻瘟病。

产量及适宜地区：2012—2013年参加江西省水稻区试，2012年平均产量8 423kg/hm²，比对照天优998增产2.1%；2013年平均产量8 279kg/hm²，比对照天优998增产2.5%。两年平均产量8 351kg/hm²，比对照天优998增产2.3%。适宜在江西省稻瘟病轻发区种植。

栽培技术要点：6月20日播种，秧田播种量150kg/hm²，大田用种量22.5kg/hm²。秧龄28d。栽插规格16.5cm×23.1cm或16.5cm×26.4cm，每穴插2苗。需施尿素150kg/hm²，45%的复合肥450kg/hm²，氯化钾120kg/hm²。深水返青，浅水分蘖，够苗晒田，寸水抽穗，干湿壮籽。及时防治稻瘟病、稻曲病、纹枯病、二化螟、三化螟、稻飞虱等病虫害。

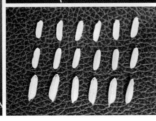

永优9380（Yongyou 9380）

品种来源：江西兴农种业有限公司利用永6A/海恢9380（海晶占/R974）杂交选配而成。2014年通过江西省农作物品种审定委员会审定，编号：赣审稻2014012。

形态特征和生物学特性：属籼型三系杂交早熟晚稻。全生育期108d，比对照金优207早熟4.2d。株高101.1cm，株型适中，剑叶宽长，叶色浓绿，长势繁茂，分蘖力中，熟期转色好。有效穗数285万穗/hm²，每穗粒数134.8粒，结实率84.4%，千粒重27.1g。

品质特性：糙米率79.1%，精米率69.0%，整精米率55.0%，糙米粒长7.1mm，糙米长宽比3.2，垩白粒率36.0%，垩白度3.6%，直链淀粉含量12.5%，胶稠度90mm。

抗性：稻瘟病抗性自然诱发鉴定：穗颈瘟为9级，高感稻瘟病。

产量及适宜地区：2012—2013年参加江西省水稻区试，2012年平均产量8 129kg/hm²，比对照金优207增产6.5%，比对照金优207增产12.2%；2013年平均产量8 082kg/hm²，比对照金优207增产6.7%，显著，平均日产量5.0kg，比对照金优207增产9.3%。两年平均产量8 106kg/hm²，比对照金优207增产6.6%，平均日产量5.0kg，比对照金优207增产10.8%。适宜在江西省稻瘟病轻发区种植。

栽培技术要点：6月25日播种，秧田播种量180kg/hm²，大田用种量22.5kg/hm²。秧龄22d。栽插规格19.8cm×19.8cm，栽插255万穴/hm²。施45%三元复合肥450kg/hm²、尿素75kg/hm²作基肥；移栽后5～7d，追施尿素75kg/hm²、氯化钾120kg/hm²促分蘖。深水返青，浅水勤灌，够苗晒田，干湿壮籽。根据当地农业部门病虫预报，及时防治稻瘟病、纹枯病、稻纵卷叶螟、二化螟、稻飞虱等病虫害。

优 I 1501（You I 1501）

品种来源：江西科源种业有限公司利用优IA/R1501杂交选配而成。2007年通过江西省农作物品种审定委员会审定，编号：赣审稻2007037。

形态特征和生物学特性：属籼型三系杂交早熟早稻。全生育期108d，比对照浙733早熟0.4d。株高79.0cm，有效穗数366万穗/hm²，每穗粒数99.5粒，结实率81.5%，千粒重23.5g。

品质特性：糙米率82.7%，精米率68.6%，整精米率56.3%，垩白粒率43.0%，垩白度12.9%，直链淀粉含量16.5%，胶稠度78mm，糙米粒长6.3mm，糙米长宽比2.9。

抗性：稻瘟病抗性自然诱发鉴定：穗颈瘟为9级，高感稻瘟病。

产量及适宜地区：2006—2007年参加江西省水稻区试，2006年平均产量6 774kg/hm²，比对照浙733增产2.95%；2007年平均产量6 950kg/hm²，比对照浙733减产1.8%。两年平均产量6 861kg/hm²，比对照浙733增产0.5%。适宜在江西省稻瘟病轻发区种植。

栽培技术要点：3月下旬播种，秧田播种量180kg/hm²，大田用种量30kg/hm²。秧龄25～30d，栽插规格16.5cm×19.8cm，每穴插2苗，确保基本苗120万苗/hm²。施肥以基肥为主，早施追肥，适增磷、钾肥。施纯氮150kg/hm²、纯磷90kg/hm²、纯钾105kg/hm²，氮、磷、钾比例为1.0：0.6：0.6。寸水返青，分蘖期薄水与湿润间歇灌溉，够苗晒田，浅水孕穗，灌浆期干湿交替，后期不要断水过早。重点加强防治稻瘟病、纹枯病、二化螟、稻纵卷叶螟、稻飞虱等病虫害。

优 I 156 (You I 156)

品种来源：江西天涯种业有限公司利用优IA/R156杂交选配而成。2008年通过江西省农作物品种审定委员会审定，编号：赣审稻2008038。

形态特征和生物学特性：属籼型三系杂交中熟早稻。全生育期112d，比对照金优402迟熟0.4d。株高93.7cm，株型适中，叶色浓绿，田间植株生长整齐，长势繁茂，分蘖力强，稃尖紫色，熟期转色好。有效穗数318万穗/hm²，每穗粒数99.9粒，结实率90.0%，千粒重27.1g。

品质特性：糙米率81.3%，精米率67.0%，整精米率45.4%，糙米粒长6.8mm，糙米长宽比2.9，垩白粒率42.0%，垩白度5.0%，直链淀粉含量21.1%，胶稠度77mm。

抗性：稻瘟病抗性自然诱发鉴定：穗颈瘟为9级，高感稻瘟病。

产量及适宜地区：2007—2008年参加江西省水稻区试，2007年平均产量7 140kg/hm²，比对照金优402增产1.5%；2008年平均产量7 527kg/hm²，比对照金优402增产1.7%。两年平均产量7 334kg/hm²，比金优402增产1.6%。适宜在江西省稻瘟病轻发区种植。

栽培技术要点：3月底播种，秧田播种量225kg/hm²，大田用种量30kg/hm²。秧龄25d。栽插规格16.5cm×19.8cm，每穴插3苗。施40%水稻专用复混肥600kg/hm²作底肥，栽后5～7d结合施用除草剂，追施尿素150kg/hm²，幼穗分化初期施氯化钾75kg/hm²。干湿相间促分蘖，够苗晒田，有水孕穗，浅水抽穗，湿润灌浆，后期不要断水过早。根据当地病虫预报，及时加强稻瘟病、二化螟、稻纵卷叶螟、稻飞虱、纹枯病等病虫害的防治。

优丨2009（You丨2009）

品种来源：江西科源种业有限公司利用优IA/R2009（R402/先恢207）杂交选配而成。2012年通过江西省农作物品种审定委员会审定，编号：赣审稻2012021。

形态特征和生物学特性：属籼型三系杂交中熟早稻。全生育期114d，比对照荣优463迟熟1.0d。株高89.4cm，株型适中，分蘖力强，长势繁茂，秆尖紫色，熟期转色好。有效穗数333万穗/hm²，每穗粒数107.6粒，结实率86.6%，千粒重26.9g。

品质特性：糙米率82.3%，精米率71.9%，整精米率48.1%，糙米粒长6.4mm，糙米长宽比2.7，垩白粒率74.0%，垩白度8.1%，直链淀粉含量23.4%，胶稠度68mm。

抗性：稻瘟病抗性自然诱发鉴定：穗颈瘟为9级；2011年穗颈瘟平均损失率为26.2%，低于对照；2012年穗颈瘟平均损失率为4.8%，低于对照。

产量及适宜地区：2011—2012年参加江西省水稻区试，2011年平均产量7 662kg/hm²，比对照荣优463增产0.1%；2012年平均产量7 331kg/hm²，比对照荣优463增产0.03%。两年平均产量7 496kg/hm²，比对照荣优463增产0.1%。适宜在江西省稻瘟病轻发区种植。

栽培技术要点：3月中下旬播种，秧田播种量225.0kg/hm²，大田用种量22.5kg/hm²。秧龄30d以内。栽插规格16.5cm×19.8cm，每穴插2苗。施纯氮165kg/hm²，氮、磷、钾比例为1.0：0.5：1.2，施25%水稻专用复合肥750kg/hm²作基肥，移栽后5～7d结合化学除草追施尿素90kg/hm²、氯化钾75.0kg/hm²促分蘖，孕穗期追施尿素75.0kg/hm²、氯化钾120kg/hm²作穗肥。浅水分蘖，够苗晒田，干湿壮籽，后期不要断水过早。重点防治稻瘟病、二化螟等病虫害。

优 I 2058 (You I 2058)

品种来源：江西川种种业有限责任公司利用优IA/R2058（恢974//恢66/湛恢19）杂交选配而成。2010年通过江西省农作物品种审定委员会审定编号：赣审稻2010042。

形态特征和生物学特性：属籼型三系杂交中熟早稻。全生育期113d，比对照金优402迟熟0.7d。株高84.5cm，株型适中，整齐度好，分蘖力强，有效穗多，秆尖紫色，穗粒数中，结实率高，千粒重大，熟期转色好。有效穗数318万穗/hm²，每穗粒数98.4粒，结实率81.1%，千粒重29.5g。

品质特性：糙米率82.7%，精米率72.3%，整精米率40.3%，糙米粒长6.8mm，糙米长宽比2.7，垩白粒率98.0%，垩白度14.7%，直链淀粉含量18.1%，胶稠度42mm。

抗性：稻瘟病抗性自然诱发鉴定：穗颈瘟为9级；2009年穗颈瘟平均损失率为0.6%；2010年穗颈瘟平均损失率为6.7%。

产量及适宜地区：2009—2010年参加江西省水稻区试，2009年平均产量7 622kg/hm²，比对照金优402增产0.7%；2010年平均产量6 405kg/hm²，比对照金优1506增产0.6%。两年平均产量7 013kg/hm²。适宜在江西省稻瘟病轻发区种植。

栽培技术要点：3月中下旬播种，秧田播种量300kg/hm²，大田用种量22.5kg/hm²。秧龄25～28d。栽插规格16.5cm×19.8cm，每穴插2苗，栽插基本苗132万苗/hm²。施足基肥，早施分蘖肥，后期看苗施肥，施纯氮180kg/hm²，氮、磷、钾比例为1.0∶0.5∶0.8。浅水栽秧，寸水活棵，薄水促蘖，够苗晒田，有水孕穗，后期干湿交替至成熟。注意防治稻瘟病、纹枯病、稻曲病、二化螟、稻飞虱等病虫害。

优 I 458 （You I 458）

品种来源：江西省农业科学院水稻研究所、南宁市沃德农作物研究所利用优IA/R458（IR58/桂潮13）杂交选配而成。2005年11月通过江西省农作物品种审定委员会审定，审定编号：赣审稻2005069。

形态特征和生物学特性：属籼型三系杂交中熟早稻。全生育期113d，比对照金优402迟熟2.8d。株高87.8cm，株叶形态好，剑叶短宽挺直，长相清秀，分蘖力强，熟期转色好。有效穗数366万穗/hm²，每穗粒数99.4粒，结实率84.6%，千粒重26.8g。

品质特性：糙米率81.9%，精米率69.8%，整精米率48.9%，垩白粒率86.0%，垩白度10.3%，直链淀粉24.7%，胶稠度54mm，糙米粒长6.5mm，糙米长宽比2.6。

抗性：稻瘟病抗性自然诱发鉴定：苗瘟0级，叶瘟3级，穗瘟3级。

产量及适宜地区：2004—2005年参加江西省水稻区试，2004年平均产量7 364kg/hm²，比对照金优402增产1.4%；2005年平均产量7 247kg/hm²，比对照金优402增产5.6%。适宜在赣中南地区种植。

栽培技术要点：3月25日播种，4月下旬移栽，秧龄28～30d，秧田播种量300kg/hm²，大田用种量30kg/hm²。株行距16.5cm×19.8cm，每穴插2苗，施足基肥，早施追肥，氮、磷、钾配合施用，适时晒田，后期采用干干湿湿灌溉方法，提高结实率和千粒重，后期不要过早断水。注意病虫害防治。

优 I 536（You I 536）

品种来源：抚州市临川区绿江南农业新产品研究所利用优IA/R536（先恢207/T0463）杂交选配而成。2010年通过江西省农作物品种审定委员会审定，编号：赣审稻2010038。

形态特征和生物学特性：属籼型三系杂交中熟早稻。全生育期110d，比对照金优402迟熟1.3d。株高81.7cm，株型紧凑，叶片挺直，分蘗力强，秄尖紫色，熟期转色好。有效穗数303万穗/hm²，每穗粒数116.8粒，结实率82.0%，千粒重24.5g。

品质特性：糙米率81.4%，精米率72.8%，整精米率61.4%，糙米粒长6.2mm，糙米长宽比2.7，垩白粒率84.0%，垩白度11.8%，直链淀粉含量19.2%，胶稠度45mm。

抗性：稻瘟病抗性自然诱发鉴定：穗颈瘟为9级；2009年穗颈瘟平均损失率为11.7%；2010年穗颈瘟平均损失率为7.5%。

产量及适宜地区：2009—2010年参加江西省水稻区试，2009年平均产量7 856kg/hm²，比对照金优402增产3.8%；2010年平均产量6 458kg/hm²，比对照金优1506增产2.3%。两年平均产量7 157kg/hm²。适宜在江西省稻瘟病轻发区种植。

栽培技术要点：3月20～25日播种，秧田播种量150kg/hm²，大田用种量30kg/hm²。秧龄20～25d。栽插规格19.8cm×19.8cm，每穴插2～3苗，栽插基本苗150万苗/hm²。施水稻专用复合肥750kg/hm²作基肥，移栽后7d追施尿素120kg/hm²和氯化钾150kg/hm²，孕穗期和抽穗期看苗适量追肥。浅水勤灌促进分蘗，够苗晒田，深水抽穗，后期以湿润为主，干干湿湿壮籽，不要断水过早。注意防治稻瘟病、二化螟、三化螟、稻纵卷叶螟、稻飞虱等病虫害。

优 I 608 （You I 608）

品种来源：江西金山种业有限公司利用优IA/R608（T0463/R8006）杂交选配而成。2012年通过江西省农作物品种审定委员会审定，编号：赣审稻2012023。

形态特征和生物学特性：属籼型三系杂交中熟早稻。全生育期113d，比对照荣优463迟熟0.4d。株高88.4cm，株型适中，叶片挺直，整齐度好，长势繁茂，分蘖力强，秆尖紫色，熟期转色好。有效穗数339万穗/hm²，每穗粒数103.3粒，结实率88.0%，千粒重27.0g。

品质特性：糙米率82.0%，精米率71.7%，整精米率40.8%，糙米粒长6.4mm，糙米长宽比2.8，垩白粒率72.0%，垩白度5.8%，直链淀粉含量23.4%，胶稠度65mm。

抗性：稻瘟病抗性自然诱发鉴定：穗颈瘟为9级；2011年穗颈瘟平均损失率为15.9%，低于对照；2012年穗颈瘟平均损失率为4.6%，低于对照。

产量及适宜地区：2011—2012年参加江西省水稻区试，2011年平均产量7 839kg/hm²，比对照荣优463增产2.4%；2012年平均产量7 563kg/hm²，比对照荣优463增产3.2%。两年平均产量7 701kg/hm²，比荣优463增产2.8%。适宜在江西省稻瘟病轻发区种植。

栽培技术要点：软盘育秧3月10～15日播种，湿润育秧3月25日播种，每公顷秧田播种量180kg，大田用种量30kg。软盘育秧于3.5叶抛栽，湿润育秧于4.5叶移栽。栽插规格16.5cm×19.8cm，每穴栽插2苗，栽插（抛）基本苗150万苗/hm²。施水稻专用复合肥750kg/hm²作基肥，移（抛）栽后5～7d结合施用除草剂追施尿素90kg/hm²促分蘖，孕穗期追施钾肥75kg，齐穗后看苗补肥。浅水分蘖，够苗晒田，干湿相间至成熟，后期不要断水过早。结合当地农业部门病虫预报，及时施药防治稻瘟病、纹枯病、二化螟、稻纵卷叶螟、稻飞虱等病虫害。

优I66（You I66）

品种来源：江西金山种业有限公司利用优IA/R651（T0463/先恢207）杂交选配而成。2010年通过江西省农作物品种审定委员会审定，编号：赣审稻2010041。

形态特征和生物学特性：属籼型三系杂交中熟早稻。全生育期113d，比对照金优402迟熟0.7d。株高87.9cm，株型适中，叶片挺直，叶色浓绿，长势繁茂，分蘖力强，秆尖紫色，熟期转色好。有效穗数321万穗/hm²，每穗粒数100.6粒，结实率86.7%，千粒重26.5g。

品质特性：糙米率81.2%，精米率68.4%，整精米率52.0%，糙米粒长6.6mm，糙米长宽比2.8，垩白粒率30.0%，垩白度3.4%，直链淀粉含量19.0%，胶稠度65mm。米质达国标三级优质米标准。

抗性：稻瘟病抗性自然诱发鉴定：穗颈瘟为9级；2009年穗颈瘟平均损失率为7.0%；2010年穗颈瘟平均损失率为1.9%。

产量及适宜地区：2009—2010年参加江西省水稻区试，2009年平均产量7 736kg/hm²，比对照金优402增产3.8%；2010年平均产量6 728kg/hm²，比对照金优1506增产5.6%，显著。两年平均产量7 232kg/hm²。适宜在江西省稻瘟病轻发区种植。

栽培技术要点：软盘育秧3月20日播种，水育秧3月25日播种，秧田播种量180kg/hm²，大田用种量30kg/hm²。软盘育秧于3.5叶抛栽，水育秧于4.5叶移栽。栽插规格16.5cm×19.8cm，每穴插2苗，栽插基本苗150万苗/hm²。施水稻专用复合肥750kg/hm²作基肥，移栽后5～7d结合施用除草剂追施尿素90kg/hm²促进分蘖，孕穗期追施钾肥75kg/hm²。浅水分蘖，够苗晒田，后期保持干湿相间、以湿润为主，不要断水过早。根据当地农业部门预报，及时防治稻瘟病、纹枯病、二化螟、稻纵卷叶螟、稻飞虱等病虫害。

优Ⅰ691 (YouⅠ691)

品种来源：江西现代种业有限责任公司利用优ⅠA/淦恢691（R80/广恢398）杂交选配而成。2010年通过江西省农作物品种审定委员会审定，编号：赣审稻2010015。

形态特征和生物学特性：属籼型三系杂交早熟晚稻。全生育期107d，比对照金优207早熟2.8d。株高97.4cm，株型适中，叶片挺直，分蘖力较强，长势繁茂，秆尖紫色，着粒密，熟期转色好。有效穗数309万穗/hm²，每穗粒数128.3粒，结实率79.8%，千粒重24.8g。

品质特性：糙米率82.6%，精米率71.2%，整精米率55.7%，糙米粒长6.8mm，糙米长宽比3.0，垩白粒率27.0%，垩白度4.4%，直链淀粉含量19.2%，胶稠度74mm。米质达国标三级优质米标准。

抗性：稻瘟病抗性自然诱发鉴定：穗颈瘟为9级，高感稻瘟病。

产量及适宜地区：2008—2009年参加江西省水稻区试，2008年平均产量7 082kg/hm²，比对照金优207增产2.9%；2009年平均产量7 019kg/hm²，比对照金优207增产1.6%。两年平均产量7 050kg/hm²，比金优207增产2.3%。适宜在江西省稻瘟病轻发区种植。

栽培技术要点：6月25～30日播种，秧田播种量180kg/hm²，湿润育秧大田用种量22.5kg/hm²，抛秧30kg/hm²。湿润育秧秧龄20d，塑料软盘育秧3.1～3.5叶抛栽。栽插规格16.5cm×16.5cm或16.5cm×19.8cm，每穴插2苗。施45%水稻专用肥450kg/hm²作基肥，移栽后6d结合施用除草剂追施尿素180kg/hm²、氯化钾120kg/hm²。干湿相间促分蘖，有水孕穗，后期干湿交替壮籽，保持根系活力，不要断水过早。根据当地农业部门的病虫情报，及时防治稻瘟病、二化螟、稻纵卷叶螟、稻飞虱等病虫害。

优 I 华联2号 （You I hualian 2）

品种来源：江西省宜春地区种子公司利用优 I A/华联2号选育而成。原名：优 I 辐26、I 优辐26。1997年通过江西省农作物品种审定委员会审定，编号：赣审稻1997006。

形态特征和生物学特性：属籼型三系杂交早稻，全生育期115d，株高91.5cm，穗长17.8cm。每穗粒数114.8粒，结实率86.0%，千粒重25.6g，产量高而稳定。

品质特性：糙米率为81.2%，精米率68.1%，整精米率47.9%，糙米粒长6.2mm，糙米长宽比2.7。透明度5级，碱消值4.5级，胶稠度50mm，直链淀粉含量25.2%，垩白度l5.5%。米饭适口性好。

抗性：未发现恶苗病，轻发纹枯病、稻瘟病，中抗稻飞虱。丰产性好。

产量及适宜地区：一般产量7 200kg/hm^2。适宜在江西省各地种植推广。

玉香1716 (Yuxiang 1716)

品种来源：周满兰利用玉香A/R1716（先恢207/辐恢838）杂交选配而成。2009年通过江西省农作物品种审定委员会审定，编号：赣审稻2009006。

形态特征和生物学特性：属籼型三系杂交中熟一季稻。全生育期125d，比对照Ⅱ优838早熟1.1d。株高127.8cm，株型适中，整齐度好，长势繁茂，有效穗数246万穗/hm²，每穗粒数160.8粒，千粒重25.4g。

品质特性：糙米率79.3%，精米率68.4%，整精米率64.7%，糙米粒长6.5mm，糙米长宽比2.8，垩白粒率30.0%，垩白度2.7%，直链淀粉含量22.5%，胶稠度54mm。米质达国标三级优质米标准。

抗性：稻瘟病抗性自然诱发鉴定：穗颈瘟为9级，高感稻瘟病。

产量及适宜地区：2007—2008年参加江西省水稻区试，2007年平均产量7 299kg/hm²，比对照Ⅱ优838增产0.2%；2008年平均产量7 713kg/hm²，比对照Ⅱ优838减产0.6%。两年平均产量7 506kg/hm²，比对照Ⅱ优838减产0.2%。适宜在江西省稻瘟病轻发区种植。

栽培技术要点：4月底至5月下旬播种，大田用种量15kg/hm²。秧龄30～35d。栽插规格16.5cm×23.1cm，每穴插2苗。重施基肥，早施追肥，补施穗粒肥。施纯氮180kg/hm²、纯磷90kg/hm²、纯钾120kg/hm²。加强水分管理，后期干湿交替灌溉，不要断水过早。重点防止倒伏。加强防治稻瘟病、纹枯病等病虫害。

岳优286（Yueyou 286）

品种来源：北京金色农华种业科技有限公司江西分公司利用岳4A/金恢286选育而成。2008年通过江西省农作物品种审定委员会审定，编号：赣审稻2008030。

形态特征和生物学特性：属籼型三系杂交早熟晚稻。全生育期110d，比对照金优207早熟1.4d。株高94.1cm，株型松散，整齐度好，叶色绿，叶片挺直，分蘖力强，长势繁茂，熟期转色好。有效穗数327万穗/hm²，每穗粒数105.0粒，结实率72.2%，千粒重28.4g。

品质特性：糙米率79.5%，精米率66.4%，整精米率61.3%，垩白粒率6.0%，垩白度0.5%，直链淀粉含量15.0%，胶稠度72mm，糙米粒长7.6mm，糙米长宽比3.6。米质达国标三级优质米标准。

抗性：稻瘟病抗性自然诱发鉴定：穗颈瘟为9级，高感稻瘟病。

产量及适宜地区：2006—2007年参加江西省水稻区试，2006年平均产量7 025kg/hm²，比对照金优207增产10.3%；2007年平均产量6 704kg/hm²，比对照金优207增产6.4%。两年平均产量6 864kg/hm²，比对照金优207增产8.3%。适宜在江西省稻瘟病轻发区种植。

栽培技术要点：6月中下旬播种，秧田播种量180kg/hm²。秧龄25～30d。栽插规格13.2cm×19.8cm，每穴插2苗，栽插基本苗180万苗/hm²。重施基肥，早施分蘖肥，施纯氮210kg/hm²、纯磷105kg/hm²、纯钾150kg/hm²，其中分蘖肥占20%、穗粒肥占10%。浅水勤灌促分蘖，够苗晒田，齐穗后保持干干湿湿，以便充分灌浆。重点防治稻瘟病、纹枯病、稻曲病、二化螟、稻飞虱等病虫害。

岳优617（Yueyou 617）

品种来源：江西科源种业有限公司、南宁市沃德农作物研究所利用岳4A/R617（明恢77/先恢207）杂交选配而成。2010年通过江西省农作物品种审定委员会审定，编号：赣审稻2010016。

形态特征和生物学特性：属籼型三系杂交早熟晚稻。全生育期113d，比对照金优207长2.9d。株高94.0cm，株型适中，叶片挺直，分蘖力强，熟期转色好。有效穗数348万穗/hm^2，每穗粒数114.7粒，结实率75.9%，千粒重24.9g。

品质特性：糙米率81.4%，精米率69.0%，整精米率58.8%，糙米粒长7.2mm，糙米长宽比3.6，垩白粒率20.0%，垩白度2.6%，直链淀粉含量20.6%，胶稠度60mm。米质达国标二级优质米标准。

抗性：稻瘟病抗性自然诱发鉴定：穗颈瘟为9级，高感稻瘟病。

产量及适宜地区：2008—2009年参加江西省水稻区试，2008年平均产量7 197kg/hm^2，比对照金优207增产8.1%；2009年平均产量7 278kg/hm^2，比对照金优207增产5.4%。两年平均产量7 238kg/hm^2，比对照金优207增产6.8%。适宜在江西省稻瘟病轻发区种植。

栽培技术要点：6月下旬播种，秧田播种量180kg/hm^2，大田用种量22.5kg/hm^2。秧龄20～25d。栽插规格16.5cm×19.8cm，每穴插2苗。施25%水稻专用复合肥750kg/hm^{2}作基肥，移栽后7d结合化学除草追施尿素120kg/hm^2、氯化钾150kg/hm^2。够苗晒田，干湿壮籽，后期不要断水过早。加强稻瘟病、稻飞虱等病虫害的防治。

跃丰202（Yuefeng 202）

品种来源：江西省农业科学院水稻研究所利用荣丰A/R99082（二六窄早/轮回422F6//粳恢y182）杂交选配而成。2006年通过江西省农作物品种审定委员会审定，编号：赣审稻2006068。

形态特征和生物学特性：属籼型三系杂交迟熟一季稻。全生育期133d，比对照汕优63迟熟4.6d。株高125.5cm，株型适中，叶色浓绿，叶片挺直，植株生长欠整齐，熟期转色较差。有效穗数225万穗/hm^2，每穗粒数186.0粒，结实率66.6%，千粒重29.0g。

品质特性：糙米率79.2%，精米率68.5%，整精米率43.7%，垩白粒率38.0%，垩白度6.5%，直链淀粉含量23.4%，胶稠度52mm，糙米粒长7.0mm，糙米长宽比2.9。

抗性：稻瘟病抗性自然诱发鉴定：穗颈瘟最高为9级，高感稻瘟病。

产量及适宜地区：2004—2005年参加江西省水稻区试，2004年平均产量8 012kg/hm^2，比对照汕优63增产1.2%；2005年平均产量7 238kg/hm^2，比对照汕优63增产1.9%。适宜在江西省平原地区的稻瘟病轻发区种植。

栽培技术要点：5月中下旬播种，秧田用种量150kg/hm^2，大田用种量15kg/hm^2。秧龄25d，栽插规格19.8cm×26.4cm，每穴插2苗。施肥上注意氮、磷、钾合理搭配，施用氮肥225kg/hm^2、磷肥375kg/hm^2、钾肥225kg/hm^2，基肥占总肥量的60%左右，应早施追肥。薄水分蘖，够苗晒田，有水抽穗，干干湿湿灌浆，收割前7d断水。重点加强防治稻瘟病、稻蓟马、二化螟、稻飞虱等病虫害。

跃新1号 （Yuexin 1）

品种来源：江西省会昌县种子公司利用金23A/HF1-3-5（桂99//密阳46/桂33）杂交选配而成。2005年通过江西省农作物品种审定委员会审定，编号：赣审稻2005031。

形态特征和生物学特性：属籼型三系杂交中熟晚稻。全生育期121d。株高102.8cm，株型适中，群体生长整齐，长势繁茂，叶色深绿，叶片宽挺，分蘖力较强，后期落色好。有效穗数300万穗/hm²，每穗粒数121.9粒，结实率78.2%，千粒重27.3g。

品质特性：糙米率80.8%，精米率67.4%，整精米率45.0%，垩白粒率60.0%，垩白度9.0%，直链淀粉含量22.6%，胶稠度50mm，糙米粒长7.6mm，糙米长宽比3.3。

抗性：稻瘟病抗性自然诱发鉴定：苗瘟3级，叶瘟6级，穗瘟5级。

产量及适宜地区：2003—2004年参加江西省水稻区试，2003年平均产量6 815kg/hm²，比对照汕优46增产1.5%；2004年平均产量7 638kg/hm²，比对照汕优46增产3.8%。适宜在江西省稻瘟病轻发区种植。

栽培技术要点：6月中旬播种，秧田播种量300kg/hm²，大田用种量22.5kg/hm²。秧龄28～30d，栽插30万穴/hm²，每穴插2苗。重施基肥，前茬早稻用50%稻草还田，施有机肥15t/hm²，25%三元复合肥450kg/hm²作基肥。早施追肥，适当增施磷、钾肥，一般移栽后5～7d，施尿素150kg/hm²、氯化钾150kg/hm²、钙镁磷肥300kg/hm²。采用浅水分蘖，足苗重晒，孕穗至齐穗浅水，齐穗后干干湿湿。齐穗后注意喷施磷酸二氢钾及生长调节剂，提高结实率。注意防治病虫害。

跃新2号 (Yuexin 2)

品种来源：江西省会昌县种子公司利用金23A/HF2-4-6（明恢77//4480/测64-7）杂交选配而成。2005年通过江西省农作物品种审定委员会审定，编号：赣审稻2005032。

形态特征和生物学特性：属籼型三系杂交早熟晚稻。全生育期108d，比对照金优207早熟3.3d。株高103.1cm，株型适中，剑叶短窄，分蘖力强，熟期早。有效穗数309万穗/hm²，每穗粒数116.7粒，结实率73.4%，千粒重25.5g。

品质特性：糙米率82.2%，精米率67.8%，整精米率49.7%，垩白粒率76.0%，垩白度7.6%，直链淀粉含量26.6%，胶稠度52mm，糙米粒长7.2mm，糙米长宽比3.2。

抗性：稻瘟病抗性自然诱发鉴定：苗瘟0级，叶瘟0级，穗瘟1级。

产量及适宜地区：2003—2004年参加江西省水稻区试，2003年平均产量6 194kg/hm²，比对照汕优64减产3.5%；2004年平均产量6 793kg/hm²，比对照金优207减产5.2%。适宜在江西省各地种植。

栽培技术要点：6月下旬播种，秧田播种量300kg/hm²，大田用种量22.5kg/hm²。秧龄20d，栽插30万穴/hm²，每穴插2苗。用25%复合肥600kg/hm²或50% BB肥300kg/hm²作基肥。移栽后5d施追肥，施氯化钾150kg/hm²、尿素150kg/hm²、钙镁磷肥300kg/hm²。浅水分蘖，足苗晒田，孕穗至齐穗浅水，齐穗后保持干干湿湿。及时防治病虫害。

跃新68（Yuexin 68）

品种来源：江西省会昌县种子公司利用金23A/RHC364-9-10（R402/R66//测64-49）杂交选配而成；原名：跃新9号。2005年通过江西省农作物品种审定委员会审定，编号：赣审稻2005066。

形态特征和生物学特性：属籼型三系杂交中熟早稻。全生育期112d，比对照金优402迟熟2.0d。株高89.0cm，株型适中，长势繁茂，叶色浓绿，剑叶长挺，植株整齐，分蘖力强，熟期转色好。有效穗数351万穗/hm²，每穗粒数106.6粒，结实率79.9%，千粒重27.1g。

品质特性：糙米率81.0%，精米率67.6%，整精米率46.7%，垩白粒率91.0%，垩白度13.6%，直链淀粉含量19.3%，胶稠度52mm，糙米粒长7.3mm，糙米长宽比3.0。

抗性：稻瘟病抗性自然诱发鉴定：苗瘟3级，叶瘟3级，穗瘟3级。

产量及适宜地区：2004—2005年参加江西省水稻区试，2004年平均产量7 394kg/hm²，比对照金优402增产1.8%；2005年平均产量7 168kg/hm²，比对照金优402增产4.4%。适宜在赣中南地区种植。

栽培技术要点：3月20日播种，秧田播种量225kg/hm²，大田用种量22.5kg/hm²。1叶1心至2叶1心期用多效唑2 250g/hm²对水1 500kg/hm²进行均匀喷施。采用16.5cm×16.5cm栽植规格，插足30万穴/hm²，每穴2苗。施肥总量：要求施尿素375kg/hm²、钙镁磷肥450kg/hm²、氯化钾225kg/hm²。基面肥：用猪牛栏粪15t/hm²、钙镁磷肥375kg/hm²，栽前用300kg/hm²碳酸氢铵作面肥；促蘖肥：栽后6～7d追施尿素75kg/hm²、氯化钾120kg/hm²。保花肥：施尿素60kg/hm²、氯化钾37kg/hm²；壮籽肥：齐穗期施尿素37kg/hm²或磷酸二氢钾1 500g/hm²、尿素7.5kg/hm²，对水750kg/hm²叶面喷施。浅水插秧，浅水返青，寸水分蘖，够苗晒田，薄水抽穗，干湿壮籽，割前7～10d断水。注意防治病虫害。

杂合A 201 （Zahe A 201）

品种来源：江西省浮梁县利民水稻研究所利用杂合A（新香A/江农早2号B）/利恢201杂交选配而成。2006年通过江西省农作物品种审定委员会审定，编号：赣审稻2006056。

形态特征和生物学特性：属籼型三系杂交中熟早稻。全生育期112d，比对照金优402迟熟0.1d。株高88.4cm，株型适中，长势繁茂，穗层欠整齐，分蘖力强，秤尖紫色，熟期转色一般。有效穗数360万穗/hm²，每穗粒数96.7粒，结实率80.4%，千粒重27.5g。

品质特性：糙米率81.9%，精米率67.5%，整精米率36.0%，垩白粒率100%，垩白度28.0%，直链淀粉含量23.0%，胶稠度56mm，糙米粒长7.5mm，糙米长宽比3.0。

抗性：稻瘟病抗性自然诱发鉴定：穗颈瘟最高为7级，感稻瘟病。

产量及适宜地区：2005—2006年参加江西省水稻区试，2005年平均产量7 196kg/hm²，比对照金优402减产0.5%；2006年平均产量6 726kg/hm²，比对照金优402增产1.3%。适宜在江西省稻瘟病轻发区种植。

栽培技术要点：3月下旬播种，秧田播种量175kg/hm²，大田用种量17.5kg/hm²。秧龄30d，栽插规格19.8cm×19.8cm，每穴插2～3苗。大田以基肥为主，早施分蘖肥，增施磷、钾肥，施纯氮150kg/hm²，氮、磷、钾比例为1：0.5：1。浅水浅插，薄水分蘖，够苗晒田，浅水孕穗，后期防止断水过早。重点防治稻瘟病、纹枯病、二化螟、稻纵卷叶螟、稻飞虱等病虫害。

杂合A402 (Zahe A 402)

品种来源：江西省浮梁县利民水稻研究所利用杂合A（新香A/江农早2号B）/R402杂交选配而成。2005年通过江西省农作物品种审定委员会审定，编号：赣审稻2005065。

形态特征和生物学特性：属籼型三系杂交中熟早稻。全生育期113d，比对照金优402迟熟2.1d。株高93.5cm，长势繁茂，剑叶长披，后期落色好。有效穗数363万穗/hm²，每穗粒数106.8粒，结实率72.9%，千粒重26.6g。

品质特性：糙米率82.4%，精米率66.4%，整精米率41.8%，垩白粒率82.0%，垩白度16.4%，直链淀粉含量24.32%，胶稠度32mm，糙米粒长7.1mm，糙米长宽比3.0。

抗性：稻瘟病抗性自然诱发鉴定：苗瘟2级，叶瘟2级，穗瘟0级。

产量及适宜地区：2003—2004年参加江西省水稻区试，2003年平均产量7 115kg/hm²，比对照金优402增产4.1%；2004年平均产量7 119kg/hm²，比对照金优402减产2.7%。适宜在赣中南地区种植。

栽培技术要点：3月20～30日播种，秧田播种量250kg/hm²，大田用种量22.5kg/hm²。秧龄30～35d，栽插规格24cm×12cm或18cm×18cm，栽插30万穴/hm²，每穴4～6苗。秧田施足底肥，大田以基肥为主，早施分蘖肥，增施磷、钾肥。一般中等肥力的土质施纯氮150kg/hm²，氮、磷、钾比例为1.0：0.5：1.0。在水分管理上做到浅水浅插，插后3d排水露田，薄水灌溉，湿润交替，够苗及时晒田控苗，孕穗抽穗保持浅水层，灌浆后期防止断水过早，湿润养根，活熟到老。注意防治病虫害。

杂合A906 （Zahe A 906）

品种来源：江西省浮梁县利民水稻研究所利用杂合A（新香A/江农早2号B）F1/906选杂交选配而成。2004年通过江西省农作物品种审定委员会审定，编号：赣审稻2004025。

形态特征和生物学特性：属籼型三系杂交中熟晚稻。全生育期122d，比对照汕优46迟熟1.8d。株高104.9cm，生长旺盛，株型松散，茎秆粗壮，叶色淡绿，剑叶挺直，有效穗较多。有效穗数282万穗/hm^2，每穗粒数136.2粒，实粒数98.9粒，结实率72.6%，千粒重24.6g。

品质特性：糙米率79.1%，整精米率50.5%，垩白粒率59.0%，垩白度5.9%，直链淀粉含量26.7%，胶稠度30mm，糙米粒长6.5mm，糙米长宽比2.8。

抗性：稻瘟病自然诱发鉴定：苗瘟0级，叶瘟5级，穗瘟0级。

产量及适宜地区：2002—2003年参加江西省水稻区试，2002年平均产量6 774kg/hm^2，比对照汕优46增产6.3%；2003年平均产量6 916kg/hm^2，比对照汕优46增产3.9%。适宜在赣中南地区种植。

栽培技术要点：6月中旬播种，秧田播种量150kg/hm^2，大田用种量15kg/hm^2。秧龄30～35d，叶龄5.5～7.5叶时移栽，栽插规格24cm×12cm或18cm×18cm，栽插30万穴/hm^2，每穴插4～6苗。秧田施足底肥，早施分蘖肥，大田以基肥为主，多施有机肥，增施磷、钾肥。施纯氮150kg/hm^2，氮、磷、钾比例为1.0：0.5：1.0。在水的管理上做到浅水浅插，薄水灌溉，湿润交替，够苗及时晒田控苗，孕穗抽穗保持浅水层，灌浆后期防止断水过早。综合防治病虫害，做好卷叶螟、二化螟、稻飞虱的防治工作。

正成456（Zhengcheng 456）

品种来源：德农正成种业有限公司江西分公司利用K17A/德恢456配组育成。2006年通过江西省农作物品种审定委员会审定，编号：赣审稻2006037。

形态特征和生物学特性：属籼型三系杂交中熟晚稻。全生育期124d，比对照汕优46迟熟1.5d。株高106.1cm，株型适中，生长整齐，叶色浓绿，叶片挺直，长势繁茂，分蘖力一般，有效穗较少，穗大粒多，熟期转色一般。有效穗数255万穗/hm²，每穗粒数138.3粒，结实率76.6%，千粒重28.2g。

品质特性：糙米率77.5%，精米率67.2%，整精米率54.5%，垩白粒率72.0%，垩白度14.4%，直链淀粉含量22.8%，胶稠度60mm，糙米粒长7.5mm，糙米长宽比3.1。

抗性：稻瘟病抗性自然诱发鉴定：苗瘟3级，叶瘟4级，穗瘟7级。

产量及适宜地区：2004—2005年参加江西省水稻区试，2004年平均产量7 698kg/hm²，比对照汕优46增产3.2%；2005年平均产量6 460kg/hm²，比对照汕优46减产4.0%。适宜在江西全省稻瘟病轻发区种植。

栽培技术要点：6月15日播种，秧田播种量150kg/hm²，大田用种量18kg/hm²，移栽前5～7d，施尿素90kg/hm²作送嫁肥。秧龄25d，栽插规格13.2cm×26.4cm，每穴插2～3苗。施纯氮180kg/hm²，氮、磷、钾比为1.0：0.5：0.8。施复合肥600kg/hm²作基肥，追肥在栽后7～12d，施尿素150kg/hm²，钾肥150kg/hm²，中后期忌氮肥。浅水插秧，薄水分蘖，苗够晒田，有水孕穗，干湿壮籽，切忌断水过早。重点防好稻瘟病、纹枯病、稻纵卷叶螟、二化螟、稻飞虱等病虫害。

中21优691 （Zhong 21 you 691）

品种来源：江西现代种业有限责任公司利用中21A（珍汕97A///优1B/马协B//金23B）/淹恢691（R80/广恢398）杂交选配而成。2010年通过江西省农作物品种审定委员会审定，编号：赣审稻2010014。

形态特征和生物学特性：属籼型三系杂交早熟晚稻。全生育期107d，比对照金优207早熟2.7d。株高101.5cm，株型适中，叶色浓绿，剑叶短宽，分蘖力较强，长势繁茂，稃尖紫色，熟期转色好。有效穗数294万穗/hm²，每穗粒数126.2粒，结实率79.4%，千粒重26.6g。

品质特性：糙米率81.9%，精米率72.0%，整精米率54.0%，糙米粒长7.0mm，糙米长宽比3.3，垩白粒率46.0%，垩白度5.5%，直链淀粉含量24.2%，胶稠度60mm。

抗性：稻瘟病抗性自然诱发鉴定：穗颈瘟为9级，高感稻瘟病。

产量及适宜地区：2008—2009年参加江西省水稻区试，2008年平均产量7 167kg/hm²，比对照金优207增产7.7%，极显著；2009年平均产量7 248kg/hm²，比对照金优207增产8.0%，显著。两年平均产量7 208kg/hm²，比对照金优207增产7.8%。适宜在江西省稻瘟病轻发区种植。

栽培技术要点：6月25～30日播种，秧田播种量150kg/hm²，湿润育秧大田用种量22.5kg/hm²，抛秧30.0kg/hm²。湿润育秧秧龄20～25d，塑料软盘育秧3.1～3.5叶抛栽。栽插规格16.5cm×16.5cm或16.5cm×19.8cm，每穴插2苗，栽插基本苗150万苗/hm²。施45%水稻专用肥450kg/hm²作基肥，移栽后5～6d结合施用除草剂追施尿素150kg/hm²、氯化钾120kg/hm²。干湿相间促分蘖，有水孕穗，后期干湿交替壮籽，不要断水过早。根据当地农业部门的预报，及时防治稻瘟病、二化螟、稻纵卷叶螟、稻飞虱等病虫害。

中9优3385 （Zhong 9 you 3385）

品种来源：江西省农业科学院水稻研究所利用中9A/JR3385(优米2号/辐恢838)杂交选配而成。2010年通过江西省农作物品种审定委员会审定，编号：赣审稻2010009。

形态特征和生物学特性：属籼型三系杂交中熟晚稻。全生育期119d，比对照淦鑫688早熟3.0d。株高109.2cm，株型适中，剑叶宽长、略披，分蘖力一般，长势繁茂，穗大粒多，熟期转色好。有效穗数267万穗/hm²，每穗粒数137.1粒，结实率78.2%，千粒重27.5g。

品质特性：糙米率80.6%，精米率71.4%，整精米率64.5%，糙米粒长7.3mm，糙米长宽比3.4，垩白粒率15.0%，垩白度1.6%，直链淀粉含量17.6%，胶稠度58mm。米质达国标二级优质米标准。

抗性：稻瘟病抗性自然诱发鉴定：穗颈瘟为9级，高感稻瘟病。

产量及适宜地区：2008—2009年参加江西省水稻区试，2008年平均产量7 248kg/hm²，比对照淦鑫688增产0.4%；2009年平均产量7 502kg/hm²，比对照淦鑫688增产3.0%。两年平均产量7 375kg/hm²，比对照淦鑫688增产1.7%。适宜在江西省稻瘟病轻发区种植。

栽培技术要点：6月中旬播种。秧龄25 ～ 30d。栽插规格13.2cm×23.1cm或16.5cm×19.8cm，每穴插2苗，栽插基本苗120万苗/hm²。重施基肥，补施穗粒肥，后期控施氮肥，前、中、后期施肥比例为7：1：2。施尿素300kg/hm²、钙镁磷肥750kg/hm²、氯化钾225kg/hm²。浅水分蘖，够苗晒田，中后期保持干湿交替，收割前7d断水。加强稻瘟病、稻纵卷叶螟、二化螟、三化螟等病虫害的防治。

中9优801 (Zhong 9 you 801)

品种来源：江西农业大学农学院利用中9A/R801（明恢63/R187）杂交选配而成。2003年通过江西省农作物品种审定委员会审定，审定编号：赣审稻2003016。

形态特征和生物学特性：属籼型三系杂交中熟晚稻。全生育期124d，比对照汕优46迟熟0.1d，株高102.1cm。株型松散适中，茎秆粗壮、坚韧抗倒伏，分蘖力中等。有效穗数273万穗/hm²，每穗粒数121.6粒，结实率76.4%，千粒重28.1g。

品质特性：糙米率76.1%，整精米率51.9%，谷粒长7.0mm、长宽比3.0，垩白粒率44%，垩白度4.4%，胶稠度32mm，直链淀粉含量16.4%。

抗性：稻瘟病抗性：苗瘟0级，叶瘟3级，穗瘟0级。

产量及适宜地区：2001—2002年参加江西省水稻区试，2001年平均产量7 178kg/hm²，比对照汕优46减产2.0%；2002年平均产量6 498kg/hm²，比对照汕优46增产3.6%。适宜在江西省各地种植。

栽培技术要点：6月中旬播种，秧田播种量为150kg/hm²，大田用种量15kg/hm²。秧龄35d，叶龄6叶1心，栽插规格26.4cm×13.2cm，每穴5～6根基本苗。下足基肥，尽早追肥，巧施壮籽肥，促早发稳长。施纯氮375kg/hm²，氮、磷、钾比例为1：1：1。薄水栽插，浅水活棵，湿润分蘖，分次搁控，保水孕穗扬花，保湿灌浆结实。注意重点防治螟虫、稻纵卷叶螟、稻飞虱。

中百优华占（Zhongbaiyouhuazhan）

品种来源：江西大众种业有限公司，中国水稻研究所利用中100A/华占（SC2-S6测恢系选）杂交选配而成。2014年通过江西省农作物品种审定委员会审定，编号：赣审稻2014015。

形态特征和生物学特性：属籼型三系杂交中熟晚稻。全生育期118d，比对照岳优9113迟熟1.5d。株高104.3cm，株型适中，剑叶长直，叶色浓绿，长势繁茂，分蘖力强，秆尖紫色，穗粒数多，结实率高，熟期转色好。有效穗数318万穗/hm²，每穗粒数140.8粒，结实率79.3%，千粒重23.5g。

品质特性：糙米率81.6%，精米率73.1%，整精米率70.0%，糙米粒长7.0mm，糙米长宽比3.5，垩白粒率10.0%，垩白度1.0%，直链淀粉含量21.8%，胶稠度75mm。米质达国标一级优质米标准。

抗性：稻瘟病抗性自然诱发鉴定：穗颈瘟为9级，高感稻瘟病。

产量及适宜地区：2012—2013年参加江西省水稻区试，2012年平均产量7 860kg/hm²，比对照岳优9113增产4.0%；2013年平均产量8 277kg/hm²，比对照岳优9113增产2.8%。两年平均产量8 069kg/hm²，比岳优9113增产3.4%。适宜在江西省稻瘟病轻发区种植。

栽培技术要点：6月25日播种，秧田播种量150kg/hm²，大田用种量22.5kg/hm²。秧龄28d。栽插规格16.5cm×23.1cm或16.5cm×26.4cm，每穴插2苗。施45%复合肥300kg/hm²作基肥；移栽6d，追施尿素120kg/hm²、45%复合肥150kg/hm²、氯化钾75kg/hm²促分蘖，幼穗分化期追施尿素675kg/hm²、氯化钾675kg/hm²，后期看苗施肥。浅水栽插，浅水促蘖，够苗晒田，深水孕穗，抽穗，干湿交替灌浆，收割前7d断水。根据当地农业部门病虫预报，及时防治稻瘟病、纹枯病、二化螟、三化螟、稻飞虱等病虫害。

中优08 (Zhongyou 08)

品种来源：江西省种子公司利用中9A/先恢9898杂交选配而成。2007年通过江西省农作物品种审定委员会审定，编号：赣审稻2007030。

形态特征和生物学特性：属籼型三系杂交中熟早稻。全生育期114d，比对照金优402迟熟2.7d。株高96.5cm，株型适中，叶色绿，剑叶长挺，整齐度好，长势繁茂，分蘖力强，有效穗较多，穗粒数较多，结实率高，千粒重较大，熟期转色好。有效穗数324万穗/hm²，每穗粒数109.4粒，结实率81.5%，千粒重26.7g。

品质特性：糙米率82.1%，精米率66.8%，整精米率49.1%，垩白粒率31.0%，垩白度3.1%，直链淀粉含量19.0%，胶稠度62mm，糙米粒长7.2mm，糙米长宽比3.3。

抗性：稻瘟病抗性自然诱发鉴定：穗颈瘟为9级，高感稻瘟病。

产量及适宜地区：2006—2007年参加江西省区试，2006年平均产量6 852kg/hm²，比对照金优402增产3.1%；2007年平均产量7 226kg/hm²，比对照金优402增产3.1%。两年平均产量7 055kg/hm²，比对照金优402增产3.1%。适宜在赣中南稻瘟病轻发区种植。

栽培技术要点：3月下旬播种，大田用种量30kg/hm²。秧龄25～30d。栽插规格16.5cm×16.5cm或16.5cm×19.8cm，每穴插2苗。施肥以基肥为主，适当增施磷钾肥，施纯氮150kg/hm²，氮、磷、钾比例为1∶0.6∶0.9。浅水返青，够苗晒田，湿润灌溉孕穗，浅水抽穗，后期干湿交替到成熟。综合防治稻瘟病、纹枯病、稻纵卷叶螟、稻飞虱等病虫害。

中优141 （Zhongyou 141）

品种来源：江西省萍乡市农业科学研究所、海南神农大丰种业科技股份有限公司利用中9A/R141（明恢63///708/迁矮18//26窄早）杂交选配而成。2005年通过江西省农作物品种审定委员会审定，编号：赣审稻2005056；2007年通过福建龙岩市农作物品种审定委员会审定，编号：闽审稻2007F04（龙岩）。

形态特征和生物学特性：属籼型三系杂交迟熟一季稻。全生育期143d，比对照汕优63迟熟16.4d。株高135.7cm，株型适中，植株整齐，长势繁茂，叶色淡绿，有效穗少，穗大粒多，生育期偏长。有效穗数213万穗/hm²，每穗粒数216.3粒，实粒数158.5粒，结实率73.3%，千粒重25.2g。

品质特性：糙米率79.0%，精米率69.4%，整精米率59.4%，垩白粒率16.0%，垩白度1.6%，直链淀粉含量21.0%，胶稠度52mm，粒长6.7mm，长宽比2.8。米质达国标三级优质米标准。

抗性：稻瘟病抗性自然诱发鉴定：苗瘟0级，叶瘟3级，穗瘟5级。

产量及适宜地区：2003—2004年参加江西省水稻区试，2003年平均产量7 491kg/hm²，比对照汕优63减产0.4%；2004年平均产量7 612kg/hm²，比对照汕优63减产1.7%。适宜在江西省稻瘟病轻发区种植。

栽培技术要点：5月中旬播种，大田用种量15kg/hm²，秧田播种量150kg/hm²。秧龄28d，栽插规格19.8cm×23.1cm或19.8cm×26.4cm，栽插21万穴/hm²。施肥尽量做到少量多次，看苗补肥，施纯氮225kg/hm²、纯磷150kg/hm²、纯钾300kg/hm²。适当控水，浅水返青，湿润分蘖，寸水抽穗，干湿灌浆，在分蘖期和抽穗期主防螟虫，灌浆期防治稻飞虱和穗瘟、纹枯病。成熟前7～10d断水并及时收获。

中优173 (Zhongyou 173)

品种来源：江西先农种业有限公司利用中9A/先恢173（辐恢838/测64-7）配组而成。2009年通过江西省农作物品种审定委员会审定，编号：赣审稻2009025。

形态特征和生物学特性：属籼型三系杂交中熟晚稻。全生育期120d，比对照淦鑫688早熟3.2d。株高102.3cm，株型适中，剑叶宽长，分蘖力一般，长势繁茂，穗大粒多，熟期转色好。有效穗数270万穗/hm²，每穗粒数120.8粒，结实率77.5%，千粒重29.0g。

品质特性：糙米率78.5%，精米率68.3%，整精米率61.9%，糙米粒长7.5mm，糙米长宽比3.3，垩白粒率11.0%，垩白度0.7%，直链淀粉含量21.0%，胶稠度53mm。米质达国标二级优质米标准。

抗性：稻瘟病抗性自然诱发鉴定：穗颈瘟为9级，高感稻瘟病。

产量及适宜地区：2007—2008年参加江西省水稻区试，2007年平均产量6 932kg/hm²，比对照汕优46增产1.0%；2008年平均产量7 448kg/hm²，比对照淦鑫688增产1.9%。适宜在江西省稻瘟病轻发区种植。

栽培技术要点：6月中旬播种，大田用种量15kg/hm²。秧龄30d。栽插规格为16.5cm×19.8cm或13.2cm×26.4cm，每穴插2苗，栽插足基本苗120万苗/hm²。基肥占总施肥量80%，移栽后5～7d，追施尿素105kg/hm²、氯化钾120kg/hm²。深水返青，间歇灌溉促分蘖，够苗晒田，浅水抽穗，后期干湿壮籽，不能断水过早。重点加强稻瘟病、稻曲病、稻纵卷叶螟等病虫害的防治。

中优2596 （Zhongyou 2596）

品种来源：江西省农业科学院原子能应用研究所利用中9A/G012596（GC95290/明恢63）杂交选配而成。2005年通过江西省农作物品种审定委员会审定，编号：赣审稻2005027。

形态特征和生物学特性：属籼型三系杂交中熟晚稻。全生育期113d，比对照金优207迟熟1.3d。株高110.2cm，株型适中，长势繁茂，叶色淡绿，叶片略披，成穗率高。有效穗数285万穗/hm²，每穗粒数120.4粒，结实率74.1%，千粒重27.9g。

品质特性：糙米率80.7%，精米率67.8%，整精米率54.5%，垩白粒率28%，垩白度4.2%，直链淀粉含量23.05%，胶稠度51mm，糙米粒长7.9mm，糙米长宽比3.4。米质达国标三级优质米标准。

抗性：稻瘟病抗性自然诱发鉴定：苗瘟3级，叶瘟5级，穗瘟5级。

产量及适宜地区：2003—2004年参加江西省水稻区试，2003年平均产量6 227kg/hm²，比对照汕优64减产3.84%；2004年平均产量7 136kg/hm²，比对照金优207增产2.67%。适宜在江西省稻瘟病轻发区种植。

栽培技术要点：6月下旬播种，秧田播种量225kg/hm²，本田用种量22.5kg/hm²。秧龄28～30d，栽插规格26.4cm×13.2cm，每穴2苗。施足基肥，早施追肥，氮、磷、钾肥配合施用。适时晒田，后期干湿灌溉，不要过早断水。注意防治稻瘟病等病虫害。

中优329 （Zhongyou 329）

品种来源：江西省农业科学院原子能应用研究所利用中9A/SG00329（中凡5-4选/752）配组而成。2005年通过江西省农作物品种审定委员会审定，编号：赣审稻2005028。

形态特征和生物学特性：属籼型三系杂交中熟晚稻。全生育期123d，比对照汕优46早熟0.6d。株高111.3cm，株型适中，长势繁茂，叶片淡绿，剑叶细长略披，分蘖力中等，成穗率较高，穗大粒多，后期转色好。有效穗数300万穗/hm²，每穗粒数132.4粒，结实率72.3%，千粒重27.2g。

品质特性：糙米率78.3%，精米率68.1%，整精米率59.9%，垩白粒率30%，垩白度4.5%，直链淀粉含量22.2%，胶稠度50mm，糙米粒长7.4mm，糙米长宽比3.2。米质达国标三级优质米标准。

抗性：稻瘟病抗性自然诱发鉴定：苗瘟4级，叶瘟5级，穗瘟5级。

产量及适宜地区：2003—2004年参加江西省水稻区试，2003年平均产量6 240kg/hm²，比对照赣晚籼32减产0.8%；2004年平均产量7 715kg/hm²，比对照汕优46增产3.4%。适宜在江西省稻瘟病轻发区种植。

栽培技术要点：6月中旬播种，秧田播种量225kg/hm²，本田用种量22.5kg/hm²。秧龄28～32d，栽插规格26.4cm×13.2cm，每穴2苗。施足基肥，早施追肥，氮、磷、钾肥配合施用。适时晒田，后期采用干干湿湿的灌溉方法，不要过早断水。注意防治稻瘟病等病虫害。

中优463（Zhongyou 463）

品种来源：德农正成种业有限公司江西分公司利用中9A/T0463杂交选配而成。2006年通过江西省农作物品种审定委员会审定，编号：赣审稻2006066。

形态特征和生物学特性：属籼型三系杂交中熟早稻。全生育期114d，比对照金优402迟熟2.5d。株高96.2cm，株型适中，长势繁茂，整齐度好，分蘖力较强，穗粒数较多，熟期转色好。有效穗数330万穗/hm²，每穗粒数112.5粒，结实率78.0%，千粒重26.5g。

品质特性：糙米率82.7%，精米率68.6%，整精米率29.8%，垩白粒率75.0%，垩白度6.8%，直链淀粉含量19.03%，胶稠度65mm，糙米粒长7.3mm，糙米长宽比3.0。

抗性：稻瘟病抗性自然诱发鉴定：穗颈瘟最高为9级，高感稻瘟病。

产量及适宜地区：2005—2006年参加江西省水稻区试，2005年平均产量7 251kg/hm²，比对照金优402增产0.2%；2006年平均产量6 792kg/hm²，比对照金优402增产2.3%。适宜在赣中南平原地区的稻瘟病轻发区种植。

栽培技术要点：3月20日播种，秧田播种量270kg/hm²，大田用种量30kg/hm²。秧龄20～25d，栽插规格16.5cm×19.8cm，每穴插2～3苗，栽插基本苗150万/hm²。施肥方式以基肥为主占55%，追肥为辅占40%，后期看苗巧施穗粒肥占5%，施纯氮165kg/hm²，氮、磷、钾比例为1.0：0.5：0.8，基肥沤田，追肥在栽后7～10d内分1～2次施完。浅水插秧，寸水返青，薄水分蘖，苗够晒田，有水孕穗，干湿壮籽，后期切忌断水过早。重点加强防治稻瘟病、纹枯病、稻纵卷叶螟、二化螟、稻飞虱等病虫害。

中优616（Zhongyou 616）

品种来源：江西省种子公司利用中9A/先恢616选育而成。2008年通过江西省农作物品种审定委员会审定，编号：赣审稻2008021。

形态特征和生物学特性：属籼型三系杂交中熟晚稻，全生育期128d，比对照汕优46早熟0.6d。株高99.1cm，株型适中，植株生长整齐，叶色浓绿，叶片挺直，有效穗多，穗大粒多，熟期转色好。有效穗数279万穗/hm²，每穗粒数130.4粒，结实率71.7%，千粒重24.2g。

品质特性：糙米率78.9%，精米率67.8%，整精米率63.3%，垩白粒率13.0%，垩白度0.8%，直链淀粉含量22.5%，胶稠度50mm，糙米粒长7.1mm，糙米长宽比3.4。米质达国标二级优质米标准。

抗性：稻瘟病抗性自然诱发鉴定：穗颈瘟为9级，高感稻瘟病。

产量及适宜地区：2006—2007年参加江西省水稻区试，2006年平均产量6 563kg/hm²，比对照汕优46减产4.7%；2007年平均产量6 687kg/hm²，比对照汕优46减产1.2%。两年平均产量6 624kg/hm²，比对照汕优46减产3.0%。适宜在江西省稻瘟病轻发区种植。

栽培技术要点：6月中旬播种，秧田播种量150kg/hm²，大田用种量15kg/hm²。秧龄30d。栽插规格16.5cm×19.8cm或13.2cm×26.4cm，每穴插2苗，栽插基本苗120万苗/hm²。施足基肥，占总施肥量80%，移栽后5～7d，追施尿素180kg/hm²、氯化钾120kg/hm²。深水返青，间歇灌溉促分蘖，够苗晒田，浅水抽穗，干湿壮籽，后期不要断水过早。注意防治稻瘟病、稻曲病、稻飞虱等病虫害。

中优洲481 （Zhongyouzhou 481）

品种来源：江西九洲种业有限公司利用中9A/洲恢481杂交选配而成。2008年通过江西省农作物品种审定委员会审定，编号：赣审稻2008026。

形态特征和生物学特性：属籼型三系杂交早熟晚稻。全生育期113d，比对照金优207迟熟2.5d。株型适中，植株生长整齐，叶色绿，叶片挺直，分蘖力强，有效穗较多，长势繁茂，穗大粒多，结实率较高，千粒重小，熟期转色好。株高97.6cm，有效穗数324万穗/hm²，每穗粒数130.5粒，结实率75.7%，千粒重21.9g。

品质特性：糙米率80.8%，精米率71.6%，整精米率54.8%，垩白粒率10.0%，垩白度0.7%，直链淀粉含量19.7%，胶稠度64mm，糙米粒长6.5mm，糙米长宽比3.0。米质达国标二级优质米标准。

抗性：稻瘟病抗性自然诱发鉴定：穗颈瘟。

产量及适宜地区：2006—2007年参加江西省水稻区试，2006年平均产量7 491kg/hm²，比对照金优207增产17.6%，极显著；2007年平均产量6 731kg/hm²，比对照金优207增产9.3%，极显著。两年平均产量7 110kg/hm²，比对照金优207增产13.5%。适宜在江西省稻瘟病轻发区种植。

栽培技术要点：赣南6月30日至7月5日播种、赣中6月25～30日播种、赣北6月25日前播种，大田用种量15kg/hm²。秧龄18～20d。栽插规格16.5cm×19.8cm，栽插基本苗150万苗/hm²。施足基肥，早施追肥，增施磷、钾肥，氮、磷、钾配合施用，施40%复合肥300kg/hm²作基肥，移栽后5～7d追施40%复合肥300kg/hm²，后期看苗补施穗粒肥。浅水移栽，露田分蘖，够苗晒田，有水养胎，后期干湿交替，不要断水过早。加强稻瘟病、纹枯病、二化螟、稻纵卷叶螟、稻飞虱等病虫害的防治。

紫优218（Ziyou 218）

品种来源：江西大众种业有限公司、中国水稻研究所利用紫兴05A/中恢218配组而成。2008年通过江西省农作物品种审定委员会审定，编号：赣审稻2008028。

形态特征和生物学特性：属籼型三系杂交早熟晚稻。全生育期107d，比对照金优207早熟3.5d。株高96.0cm，株型适中，叶片宽长、略披，穗大粒多，熟期转色好。有效穗数249万穗/hm²，每穗粒数143.1粒，结实率67.3%，千粒重27.7g。

品质特性：糙米率81.4%，精米率75.5%，整精米率70.8%，垩白粒率9.0%，垩白度0.6%，直链淀粉含量15.0%，胶稠度74mm，糙米粒长7.4mm，糙米长宽比3.1。米质达国标三级优质米标准。

抗性：稻瘟病抗性自然诱发鉴定：穗颈瘟为9级，高感稻瘟病。

产量及适宜地区：2006—2007年参加江西省水稻区试，2006年平均产量5 829kg/hm²，比对照金优207减产4.3%；2007年平均产量6 009kg/hm²，比对照金优207减产2.4%。两年平均产量5 919kg/hm²，比对照金优207减产3.4%。适宜在江西省稻瘟病轻发区种植。

栽培技术要点：6月下旬播种，秧田播种量120kg/hm²。秧龄25～28d。栽插规格19.8cm×23.1cm，栽插基本苗120万苗/hm²。重施基肥，早施追肥，移栽时施尿素120kg/hm²、磷肥750kg/hm²作面肥，返青后施尿素120kg/hm²。寸水活穴，浅水分蘖，够苗晒田，后期湿润灌溉。注意防治稻瘟病、纹枯病、二化螟、稻飞虱等病虫害。

二、籼型两系杂交稻

C两优168 (C Liangyou 168)

品种来源：江西省超级水稻研究发展中心、江西大众种业有限公司、南昌华天种业有限公司利用C815S/跃恢168（R225/R527）杂交选配而成。2014年通过江西省农作物品种审定委员会审定，编号：赣审稻2014007。

形态特征和生物学特性：属籼型三系杂交中熟一季稻。全生育期123d，比对照Y两优1号早熟5.1d。株高104.3cm，株型适中，剑叶挺直，长势繁茂，秆尖紫色，穗粒数多、着粒密，熟期转色好。有效穗数291万穗/hm²，每穗粒数161.6粒，结实率83.2%，千粒重23.3g。

品质特性：糙米率80.0%，精米率71.5%，整精米率63.0%，糙米粒长6.2mm，糙米长宽比3.0，垩白粒率35.0%，垩白度3.2%，直链淀粉含量14.4%，胶稠度89mm。

抗性：稻瘟病抗性自然诱发鉴定：穗颈瘟为9级，高感稻瘟病。

产量及适宜地区：2012—2013年参加江西省水稻区试，2012年平均产量8 771kg/hm²，比对照Y两优1号增产5.5%；2013年平均产量8 798kg/hm²，比对照Y两优1号增产4.9%。两年平均产量8 784kg/hm²，比对照Y两优1号增产5.2%。适宜在江西省稻瘟病轻发区种植。

栽培技术要点：5月15日播种，秧田播种量150kg/hm²，大田用种量22.5kg/hm²。秧龄25～28d。栽插规格19.8cm×26.4cm，每穴插2苗。大田施足基肥，基肥占总肥量的60%，早施追肥，中后期看苗补肥，适施磷、钾肥。前期浅水灌溉，够苗晒田，干湿灌浆，收割前7d断水。及时防治稻瘟病、二化螟、稻纵卷叶螟、稻飞虱等病虫害。

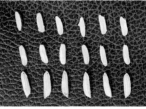

e福两优F8（e Fuliangyou F8）

品种来源：赣州市农业科学研究所利用福eS1/赣香1号（F8）杂交选配而成。原名：培两优F8，2004年12月通过江西省农作物品种审定委员会审定，编号：赣审稻2005013。

形态特征和生物学特性：属籼型两系杂交晚稻。全生育期120d，比对照汕优46早熟0.7d。株高103.0cm，株型紧凑，茎秆粗壮，剑叶挺直，抽穗整齐，分蘖力中等，穗大粒多，后期转色好。有效穗数274万穗/hm²，每穗粒数148.8粒，结实率67.3%，千粒重21.5g。

品质特性：糙米率79.4%，整精米率56.7%，垩白粒率45%，垩白度4.5%，直链淀粉含量26.0%，胶稠度52mm，糙米粒长6.8mm，糙米长宽比3.2。

抗性：稻瘟病抗性自然诱发鉴定：苗瘟2级，叶瘟4级，穗瘟0级。

产量及适宜地区：2002—2003年参加江西省水稻区试，2002年平均产量5 845kg/hm²，比对照汕优46减产6.8%；2003年平均产量6 538kg/hm²，比对照汕优46减产3.8%。适宜在江西省各地均可种植。

栽培技术要点：6月中旬播种，秧田播种量150kg/hm²，大田用种量15kg/hm²。秧龄25d，叶龄6叶移栽，栽插规格16.5cm×19.8cm，每穴2苗。基肥要足，追肥要早，施纯氮300kg/hm²，氮：磷：钾比例为1：1：1。前期够苗晒田控无效分蘖，中后期采取以湿为主，干湿交替，后期忌断水过早。重点防治纹枯病、稻瘟病、稻螟虫、稻纵卷叶螟和稻飞虱等病虫害。

Y两优202 (Y Liangyou 202)

品种来源：江西金山种业有限公司利用Y58S/R202（明恢63/R752）杂交选配而成。2014年通过江西省农作物品种审定委员会审定，编号：赣审稻2014009。

形态特征和生物学特性：属籼型两系杂交中熟一季稻。全生育期127d，比对照Y两优1号早熟0.7d。株高116.9cm，株型适中，叶片挺直，长势繁茂，分蘖力强，穗大粒多，熟期转色好。有效穗数299万穗/hm²，每穗粒数154.9粒，实粒数130.6粒，结实率84.3%，千粒重23.3g。

品质特性：糙米率80.3%，精米率71.9%，整精米率67.2%，糙米粒长6.5mm，糙米长宽比3.1，垩白粒率18.0%，垩白度1.8%，直链淀粉含量15.0%，胶稠度80mm。米质达国标三级优质米标准。

抗性：稻瘟病抗性自然诱发鉴定：穗颈瘟为9级，高感稻瘟病。

产量及适宜地区：2012—2013年参加江西省水稻区试，2012年平均产量8 535kg/hm²，比对照Y两优1号增产2.6%；2013年平均产量8 499kg/hm²，比对照Y两优1号增产1.3%。两年平均产量8 517kg/hm²，比对照Y两优1号增产2.0%。适宜在江西省稻瘟病轻发区种植。

栽培技术要点：软盘育秧5月10日播种，湿润育秧5月15日播种，秧田播种量150kg/hm²，大田用种量15kg/hm²。软盘育秧于4.0叶抛栽，湿润育秧于5.0叶移栽。栽插规格19.8cm×26.4cm，每穴插2苗。施45%的复合肥750kg/hm²作基肥，移栽后5～7d结合施用除草剂追施尿素150kg/hm²、氯化钾165kg/hm²促分蘖。浅水分蘖，够苗晒田，湿润灌浆，后期不要断水过早。根据当地农业部门病虫情报，及时防治稻瘟病、纹枯病、稻纵卷叶螟、二化螟、稻飞虱等病虫害。

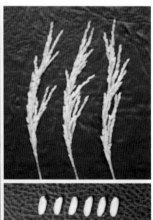

Y两优5813 (Y Liangyou 5813)

品种来源：江西天涯种业有限公司利用Y58S/R713（蜀恢527/轮回422//R9311）杂交选配而成。2012年通过江西省农作物品种审定委员会审定，编号：赣审稻2012002。

形态特征和生物学特性：属籼型两系杂交迟熟一季稻。全生育期131d，比对照Ⅱ优1308迟熟2.2d。株高120.2cm，株型适中，叶片挺直，长势繁茂，稃尖无色，穗大粒多，熟期转色好。有效穗数255万穗/hm^2，每穗粒数156.0粒，结实率83.7%，千粒重26.9g。

品质特性：糙米率81.6%，精米率70.8%，整精米率61.0%，糙米粒长7.1mm，糙米长宽比3.4，垩白粒率16.0%，垩白度1.8%，直链淀粉含量14.0%，胶稠度80mm。

抗性：稻瘟病抗性自然诱发鉴定：穗颈瘟为9级，高感稻瘟病。

产量及适宜地区：2010—2011年参加江西省水稻区试，2010年平均产量8 294kg/hm^2，比对照Ⅱ优1308增产0.4%；2011年平均产量9 062kg/hm^2，比对照Ⅱ优1308增产4.5%。两年平均产量8 775kg/hm^2，比对照Ⅱ优1308增产2.46%。适宜在江西省稻瘟病轻发区种植。

栽培技术要点：5月15～20日播种，秧田播种量225kg/hm^2，大田用种量12.5kg/hm^2。秧苗5.5～6.0叶龄移栽，秧龄不超过28d。栽插规格16.5cm×26.4cm，每穴插2苗。大田氮、磷、钾比例为1∶0.55∶0.8，用施45%的复合肥450kg/hm^2、碳酸氢铵225kg/hm^{2}作基肥，移栽后7d，追施尿素90kg/hm^2、氯化钾906kg/hm^2，后期追施45%复合肥120kg/hm^{2}作粒肥。深水返青，浅水分蘖，够苗晒田，浅水抽穗，湿润灌浆，收割前7d断水。及时防治稻瘟病、纹枯病、稻曲病、稻纵卷叶螟、二化螟、稻飞虱等病虫害。

Y两优5867（Y Liangyou 5867）

品种来源：江西科源种业有限公司、国家杂交水稻工程技术研究中心清华深圳龙岗研究所利用Y58S/R674（蜀恢527/9311）杂交选配而成。原名：深两优5867。2012年通过国家农作物品种审定委员会审定，编号：国审稻2012027。2011年通过浙江省农作物品种审定委员会审定，编号：浙审稻2011016。2010年通过江西省农作物品种审定委员会审定，编号：赣审稻2010002。

形态特征和生物学特性：属籼型两系杂交中熟一季稻。全生育期129d，比对照Ⅱ优838长4.9d。株高120.7cm，株型紧凑，叶片挺直，长势繁茂，颖尖秆黄色，穗大粒多，熟期转色好。有效穗数255万穗/hm²，每穗粒数141.2粒，结实率85.0%，千粒重27.8g。

品质特性：糙米率80.8%，精米率72.2%，整精米率69.5%，糙米粒长7.0mm，糙米长宽比3.3，垩白粒率24.0%，垩白度2.6%，直链淀粉含量15.3%，胶稠度80mm。米质达国标三级优质米标准。

抗性：稻瘟病抗性自然诱发鉴定：穗颈瘟为9级，高感稻瘟病。

产量及适宜地区：2008—2009年参加江西省水稻区试，2008年平均产量8 505kg/hm²，比对照Ⅱ优838增产8.8%；2009年平均产量8 349kg/hm²，比对照Ⅱ优838增产5.1%。两年平均产量8 427kg/hm²，比对照Ⅱ优838增产7.0%。2009年参加国家长江中下游中籼迟熟组区域试验，平均产量8 481kg/hm²，比对照Ⅱ优838增产1.5%；2010年平均产量8 850kg/hm²，比对照Ⅱ优838增产8.7%。两年平均产量8 666kg/hm²，比Ⅱ优838增产5.0%。2011年生产试验，平均产量9 012kg/hm²，比对照Ⅱ优838增产8.6%。适宜在江西省稻瘟病轻发区种植。

栽培技术要点：丘陵、山区于4月下旬至5月中旬播种，平原、湖区5月23～28日播种，秧田播种量150kg/hm²，大田用种量16kg/hm²。秧龄30d。栽插规格16.5cm×26.4cm，每穴插2苗。施纯氮225kg/hm²，氮、磷、钾比例为1.0：0.6：1.2。够苗晒田，有水孕穗，湿润灌浆，后期不要断水过早。加强稻瘟病、稻飞虱等病虫害的防治。

Y两优916（Y Liangyou 916）

品种来源：江西科源种业有限公司、南宁市沃德农作物研究所利用Y58S/R916（9311/蜀恢527）杂交选配而成。2009年通过江西省农作物品种审定委员会审定，编号：赣审稻2009003。

形态特征和生物学特性：属籼型两系杂交中熟一季稻。全生育期127d，比对照Ⅱ优838迟熟1.4d。株高124.4cm，株型适中，剑叶挺直，长势繁茂，颖尖秆黄色，穗大粒多，有效穗数240万穗/hm^2，每穗粒数170.2粒，结实率76.1%，千粒重25.7g。

品质特性：糙米率78.1%，精米率65.8%，整精米率60.2%，糙米粒长7.1mm，糙米长宽比3.4，垩白粒率19.0%，垩白度1.7%，直链淀粉含量15.3%，胶稠度74mm。米质达国标三级优质米标准。

抗性：稻瘟病抗性自然诱发鉴定：穗颈瘟为9级，高感稻瘟病。

产量及适宜地区：2007—2008年参加江西省水稻区试，2007年平均产量7 455kg/hm^2，比对照Ⅱ优838增产4.9%；2008年平均产量7 998kg/hm^2，比对照Ⅱ优838增产1.9%。两年平均产量7 727kg/hm^2，比对照Ⅱ优838增产3.4%。适宜在江西省稻瘟病轻发区种植。

栽培技术要点：丘陵、山区4月下旬至5月中旬播种，平原、湖区5月23～28日播种，秧田播种量150kg/hm^2，大田用种量15kg/hm^2。秧龄30d，栽插规格16.5cm×26.4cm，每穴插2苗。重施基肥，早施追肥，增施钾肥。施纯氮225kg/hm^2、纯磷120kg/hm^2、纯钾250kg/hm^2。深水返青，浅水促蘖，够苗晒田，有水孕穗，湿润灌浆，后期不要断水过早。注意防止倒伏。加强稻瘟病、纹枯病等病虫害的防治。

安两优01 （Anliangyou 01）

品种来源：江西农望高科技有限公司利用安湘S//TR01（TR01是地方品种水晶金的变异株）杂交选配而成。原名：农望209。2009年通过江西省农作物品种审定委员会审定，编号：赣审稻2009028。

形态特征和生物学特性：属籼型两系杂交中熟晚稻。全生育期113d，比对照金优207长2.5d。株高106.6cm，株型适中，剑叶长、略披，长势繁茂。有效穗285万穗/hm²，每穗粒数132.8粒，结实率72.4%，千粒重25.1g。

品质特性：糙米率77.2%，精米率65.1%，整精米率55.8%，糙米粒长7.4mm，糙米长宽比3.5，垩白粒率30.0%，垩白度2.4%，直链淀粉含量23.5%，胶稠度51mm。米质达国标三级优质米标准。

抗性：稻瘟病抗性自然诱发鉴定：穗颈瘟为9级，高感稻瘟病。

产量及适宜地区：2007—2008年参加江西省水稻区试，2007年平均产量6 257kg/hm²，比对照金优207增产1.6%；2008年平均产量6 725kg/hm²，比对照金优207减产2.0%。两年平均产量6 491kg/hm²，比金优207减产0.2%。适宜在江西省稻瘟病轻发区种植。

栽培技术要点：6月25日播种，秧田播种量300kg/hm²，大田用种量15kg/hm²。秧龄25～30d。栽插规格16.5cm×19.8cm，每穴插2苗，栽插30万穴/hm²。重施底肥，早施追肥，补施穗肥，施纯氮180kg/hm²，氮、磷、钾比例为3∶2∶3。寸水返青，浅水分蘖，够苗晒田，有水孕穗，干湿壮籽，重点防止倒伏。药剂浸种，预防恶苗病的发生。根据当地病虫测报，及时防治稻瘟病、纹枯病、三化螟、稻纵卷叶螟、稻飞虱等病虫害。

安两优25 （Anliangyou 25）

品种来源：江西省杂交水稻工程中心利用安湘S/早25选育的籼型两系杂交水稻，1998年通过江西省品种审定委员会审定，编号：赣审稻1998003。

安两优402（Anliangyou 402）

品种来源：江西省宁都县种子管理站利用安湘S/R402配组的籼型两系杂交水稻。2001年通过江西省农作物品种审定委员会审定，编号：赣审稻2001008。

形态特征和生物学特性：属籼型两系杂交早稻。在江西省作早稻栽培3月25日左右播种，7月18日前成熟，全生育期113d，比协优402早熟2d。株高98.0cm，株型紧凑，剑叶挺直、中绿，叶鞘紫红色。分蘖力强，成穗率高，中等耐肥，成熟期青枝蜡秆，后期转色好。穗长19.8cm，每穗粒数108.6粒，结实率88.1%，千粒重27.3g。

品质特性：糙米率79.2%，精米率70.9%，整精米率33.8%，糙米粒长7.1 mm，糙米长宽比3.2，垩白粒率64.0%，垩白度8.8%，碱消值4.5级，胶稠度74mm，直链淀粉含量25.9%，蛋白质含量8.7%，透明度2级。米饭蒸煮带有油色，饭冷后不回生、柔软，适口性好。

抗性：稻瘟病鉴定结果为苗瘟0级，叶瘟2级，穗瘟3级。

产量及适宜地区：1996—2002年连续7年在宁都县各乡镇设点进行早稻两系组合评比，平均产量7 600kg/hm²；1998—1999年参加江西省早稻区试，比对照金优974增产3.1%～4.3%。适宜在江西省各地种植。

栽培技术要点：据多年栽培示范结果分析，安两优402的高产群体结构为30万穴/hm²，基本苗180万苗/hm²，有效穗数330万～360万穗/hm²。①严格种子消毒，用施宝克或强氯精浸种。②适时播种。3月25日前播种为宜，用种37.5kg/hm²，可在7月10～15日收获。③培育多蘖矮壮秧。限制播种量，旱床育秧为75g/m²，湿润育秧为80g/m²。施足基肥，秧田施11.25t/hm²腐熟猪牛粪、150kg/hm²尿素、450kg/hm²钙镁磷肥、150kg/hm²氯化钾作基肥。2叶1心时施75kg/hm²尿素作断奶肥，移栽前5d施尿素150kg/hm²作送嫁肥。移栽前打好1次防病灭虫药。④宽行窄株小苗移栽。4.0～4.5叶移栽，旱育秧株行距13.3cm×（23.3～26.7）cm，每穴2苗，水育秧13.3cm×（20.0～23.3）cm，每穴3苗，达到每穴栽足7苗，要求栽浅、栽稳、栽正。⑤重施基肥，适时施分蘖肥，后期增施穗肥。施15t/hm²腐熟猪牛粪及尿素225kg/hm²、氯化钾300kg/hm²、过磷酸钙600kg/hm²作基肥，尿素和钾肥按基肥、分蘖肥、穗肥比例为5：3：2施用。分蘖肥在移栽后5d施用，如叶色淡，穗肥在倒2叶露尖时施用。⑥间歇灌水，长露短晒，后期保持湿润，以提高结实率与粒重。根据苗情、天气、病虫情况，做好稻瘟病、纹枯病、稻飞虱、稻纵卷叶螟等的综合防治。

安两优9808（Anliangyou 9808）

品种来源：江西省上饶市水稻良种场利用安湘S/9808杂交选配而成。2004年通过江西省农作物品种审定委员会审定，编号：赣审稻2005014。

形态特征和生物学特性：属籼型两系杂交晚稻。全生育期120d，比对照汕优46早熟0.7d。株高100.8cm，株叶形态好，剑叶挺直，生长整齐，分蘖力中等，后期转色好。有效穗数285万穗/hm²，每穗粒数122.7粒，结实率75.3%，千粒重26.1g。

品质特性：糙米率78.2%，整精米率44.4%，垩白粒率89.0%，垩白度8.9%，直链淀粉含量25.5%，胶稠度32mm，糙米粒长6.3mm，糙米长宽比2.5。

抗性：稻瘟病抗性自然诱发鉴定：苗瘟2级，叶瘟3级，穗瘟0级。

产量及适宜地区：2002—2003年参加江西省水稻区试，2002年平均产量6 091kg/hm²，比对照汕优46减产2.9%；2003年平均产量6 964kg/hm²，比对照汕优46增产2.5%。适宜在江西省各地种植。

栽培技术要点：6月中旬播种，秧田播种量150kg/hm²，大田用种量15kg/hm²。叶龄5叶移栽，栽插规格16.5cm×19.8cm或19.8cm×19.8cm，每穴插2苗。撒施腐熟农家肥3 000kg/hm²作基肥，用纯氮180kg/hm²、纯钾120kg/hm²、纯磷70kg/hm²为追肥。整个生长发育期间以浅灌勤灌为主，灌浆后期干干湿湿，黄熟前5d才能断水。分蘖期间重点防治螟虫、纵卷叶螟，分蘖后期用井冈霉素重点防治纹枯病兼治稻曲病。

安两优青占（Anliangyouqingzhan）

品种来源：宁都县种子公司利用温敏核不育系安湘S/抗蚊青占选育而成。2004年通过江西省农作物品种审定委员会审定，编号：赣审稻2004022。

形态特征和生物学特性：属籼型两系杂交早熟晚稻。全生育期112d，比对照汕优64迟熟1.1d。株高99.7cm，株型紧凑，剑叶短宽挺，穗大粒多，后期转色好。有效穗数321万穗/hm²，每穗粒数121.6粒，结实率73.6%，千粒重24.0g。

品质特性：糙米率78.9%，整精米率55.1%，垩白粒率13.0%，垩白度0.7%，直链淀粉含量25.28%，胶稠度35mm，糙米粒长7.1mm，糙米长宽比3.4。

抗性：苗瘟2级，叶瘟3级，穗瘟0级。

产量及适宜地区：2002—2003年参加江西省水稻区试，2002年平均产量6 401kg/hm²，比对照汕优46增产0.5%；2003年平均产量6 729kg/hm²，比对照汕优64增产4.6%。适宜在江西省各地种植。

栽培技术要点：6月25日播种，秧田播种量160kg/hm²，大田用种量15kg/hm²。适龄移栽，合理密植。秧龄控制在25d以内。株行距16.5cm×16.5cm，栽插30万穴/hm²。科学管理肥水，坚持氮、磷、钾配合施用。用25%氮、磷、钾三元复合肥600kg/hm²作基肥，追肥氯化钾150kg/hm²和尿素75kg/hm²；一般浅水分蘖，足苗晒田，孕穗至齐穗浅水，齐穗后干湿交替以利壮籽。综合防治病虫害，注意防治稻曲病。

帮两优9103（Bangliangyou 9103）

品种来源：江西兴农种业有限公司利用帮191S/R9103（湘早143/0328）杂交选配而成。2014年通过江西省农作物品种审定委员会审定，编号：赣审稻2014031。

形态特征和生物学特性：属籼型两系杂交早熟早稻。全生育期109d，比对照中早35早熟0.7d。株高78.3cm，株型适中，剑叶短直，长势繁茂，分蘖力强，颖尖秆黄色，穗粒数中，熟期转色好。有效穗数384万穗/hm²，穗长17.6cm，每穗粒数99.7粒，结实率84.7%，千粒重25.9g。

品质特性：糙米率75.0%，精米率65.0%，整精米率51.5%，糙米粒长7.1mm，糙米长宽比3.4，垩白粒率54.0%，垩白度6.2%，直链淀粉含量13.0%，胶稠度90mm。

抗性：稻瘟病抗性自然诱发鉴定：穗颈瘟为9级，高感稻瘟病。

产量及适宜地区：2013—2014年参加江西省水稻区试，2013年平均产量8 303kg/hm²，比对照中早35增产6.7%；2014年平均产量7 244kg/hm²，比对照中早35增产0.5%。两年平均产量7 773kg/hm²，比对照中早35增产3.6%。适宜在江西省稻瘟病轻发区种植。

栽培技术要点：3月25日播种，秧田播种量180kg/hm²，大田用种量30kg/hm²。秧龄20～25d。栽插规格为16.5cm×19.8cm。栽插基本苗150万苗/hm²。施45%复合肥450kg/hm²和尿素75kg/hm²作底肥；移栽后5～7d，追施尿素75kg/hm²、氯化钾120kg/hm²。浅水勤灌，够苗晒田，干湿壮籽。根据当地农业部门病虫预报，及时防治稻瘟病、纹枯病、稻纵卷叶螟、二化螟、稻飞虱等病虫害。

淦两优602（Ganliangyou 602）

品种来源：江西现代种业有限责任公司、广东现代金稻种业有限公司利用安湘S/淦恢3号配组选育而成。原名：安两优淦3号。2007年通过江西省农作物品种审定委员会审定，编号：赣审稻2007014；2011年通过国家农作物品种审定委员会审定，编号：国审稻2011018；2009年通过广东韶关市农作物品种审定委员会审定，编号：韶审稻200902。

形态特征和生物学特性：属籼型两系杂交中熟晚稻。在长江中下游作双季晚稻种植，全生育期115.1d，比对照金优207长3.9d。株高106.7cm，株型适中，叶色浓绿，两段灌浆明显。穗长23.5cm，有效穗数282万穗/hm²，每穗粒数161.6粒，结实率76.5%，千粒重24.8g。

品质特性：整精米率61.5%，糙米长宽比3.0，垩白粒率19.0%，垩白度4.2%，胶稠度45mm，直链淀粉含量24.3%。

抗性：稻瘟病综合指数6.8级，穗瘟损失率最高级9级；白叶枯病7级；褐飞虱9级；抽穗期耐冷性中等。高感稻瘟病，感白叶枯病，高感褐飞虱。

产量及适宜地区：2008年参加长江中下游晚籼早熟组品种区域试验，平均产量7 592kg/hm²，比对照金优207增产3.8%（极显著）；2009年续试，平均产量7 343kg/hm²，比对照金优207增产6.7%（极显著）。两年区域试验平均产量7 467kg/hm²，比对照金优207增产5.2%，增产点比率84.7%。2010年生产试验，平均产量7 824kg/hm²，比对照金优207增产9.6%。适宜在长江中下游稻区种植。

栽培技术要点：①育秧。做好种子消毒处理，大田用种量15kg/hm²，适时播种，稀播培育壮秧。②移栽。秧龄25～30d，合理密植，一般栽插规格16.7cm×20cm或20cm×20cm。③肥水管理。以有机肥和基肥为主，重施底肥，早施分蘖肥，酌施孕穗保花肥。水分管理上做到前期浅水勤灌促分蘖，中期轻搁控苗，后期干湿交替灌溉，防止脱水过早。④病虫防治。注意及时防治稻瘟病、白叶枯病、纹枯病、螟虫、稻飞虱、稻曲病等病虫害。

红两优333 (Hongliangyou 333)

品种来源：江西现代种业有限责任公司利用红176S/R333（9311/丰华占）杂交选配而成。2012年通过江西省农作物品种审定委员会审定，编号：赣审稻2012001。

形态特征和生物学特性：属籼型两系杂交中熟一季稻。全生育期126d，比对照Ⅱ优1308早熟1.8d。株高125.2cm，株型紧凑，叶片挺直，叶色浓绿，长势繁茂，分蘖力较强，颖尖秆黄色，穗粒数多、着粒密，熟期转色好。有效穗数231万穗/hm²，每穗粒数179.2粒，结实率83.2%，千粒重26.4g。

品质特性：糙米率77.3%，精米率70.8%，整精米率65.6%，糙米粒长7.0mm，糙米长宽比3.3，垩白粒率18.0%，垩白度2.5%，直链淀粉含量22.7%，胶稠度60mm。米质达国标二级优质米标准。

抗性：稻瘟病抗性自然诱发鉴定：穗颈瘟为9级，高感稻瘟病。

产量及适宜地区：2010—2011年参加江西省水稻区试，2010年平均产量8 388kg/hm²，比对照Ⅱ优1308增产2.9%；2011年平均产量8 889kg/hm²，比对照Ⅱ优1308增产2.5%。两年平均产量8 639kg/hm²，比Ⅱ优1308增产2.7%。适宜在江西省稻瘟病轻发区种植。

栽培技术要点：4月底至5月中下旬播种，秧田播种量180kg/hm²。秧龄25～30d。栽插规格23.1cm×23.1cm或19.8cm×26.4cm，每穴插2苗。大田施纯氮150kg/hm²，氮、磷、钾配比施用，重施底肥，早施分蘖肥，后期看苗施肥。浅水勤灌促分蘖，够苗晒田，干湿交替灌溉，后期不要断水过早。重点防治稻瘟病、稻飞虱等病虫害。

九两优F 6 (Jiuliangyou F 6)

品种来源：江西省农业科学院水稻研究所利用温敏核不育系莲九S（1 290S）/恢复系F6-7-4（10-35//桂33/明恢63）选育而成。2002年通过江西省农作物品种审定委员会审定，编号：赣审稻2002011。

形态特征和生物学特性：属籼型两系杂交中熟早稻。全生育期118d。株高90.4cm，株型高大，后期转色好，有效穗数399万穗/hm²，每穗粒数82.9粒，结实率74.5%，千粒重27.0g。

品质特征：糙米率77.5%，整精米率37.5%，糙米粒长7.1mm，糙米长宽比3.1，垩白粒率83.0%，垩白度13.6%，直链淀粉含量18.4%，胶稠度55mm，蛋白质含量8.4%。

抗性：稻瘟病抗性：苗瘟0级，叶瘟3级，穗颈瘟5级。

产量及适宜地区：1999—2000年参加江西省水稻区试，1999年平均产量5 987kg/hm²，比对照优I402减产3.2%；2000年平均产量6 801kg/hm²，比对照赣早籼40增产27.0%。适宜在江西省各地种植。

栽培技术要点：适时播种，一般3月下旬播种，合理密植，栽培规格16.5cm×20cm或13cm×23cm；重施基肥，攻蘖保花肥并重，叶面肥促花，科学管水，分蘖盛期适时晒田，及时防治病虫害。

九两优丰（Jiuliangyoufeng）

品种来源：江西省农业科学院水稻研究所利用温敏核不育系莲九S（1 290S）/优丰稻选育而成。2002年通过江西省农作物品种审定委员会审定，编号：赣审稻2002010。

形态特征和生物学特性：属籼型两系杂交早稻。全生育期113d。株高85.2cm，株型偏散，有效穗321万穗/hm²，每穗粒数109.6粒，结实率78.2%，千粒重24.0g。

品种特性：糙米率80.1%，精米率70.8%，整精米率20.9%，糙米粒长6.6mm，糙米长宽比3.1，胶稠度38mm，直链淀粉含量10.6%，蛋白质含量8.4%。

抗性：稻瘟病抗性：苗瘟0级，叶瘟5级，穗颈瘟5级。

产量及适宜地区：2000—2001年参加江西省水稻区试，2001年平均产量7 239kg/hm²，比对照赣晚籼40增产16.9%；2001年平均产量6 651kg/hm²，比对照浙733增产4.5%。适宜在江西省各地种植。

栽培技术要点：适时播种，一般3月下旬播种，合理密植，栽培规格为16.5cm×20cm或13cm×23cm；重施基肥，攻蘖保花肥并重，叶面肥促花，科学管水，分蘖盛期适时晒田，及时防治病虫害。

两优038 （Liangyou 038）

品种来源：江西天涯种业有限公司利用03S（广占63-4S/多系1号）/恢828（镇恢084/D208）杂交选配而成。2010年通过江西省农作物品种审定委员会审定，编号：赣审稻2010006。

形态特征和生物学特性：属籼型两系杂交中熟一季稻。全生育期123d，比对照Ⅱ优838早熟1.8d。株高124.1cm，株型适中，剑叶短宽，长势繁茂，分蘖力较强，穗粒数多，着粒密，结实率高，熟期转色好。有效穗数234万穗/hm²，每穗粒数163.5粒，结实率84.6%，千粒重28.0g。

品质特性：糙米率80.6%，精米率71.8%，整精米率59.5%，糙米粒长7.1mm，糙米长宽比3.2，垩白粒率60.0%，垩白度6.0%，直链淀粉含量21.4%，胶稠度78mm。

抗性：稻瘟病抗性自然诱发鉴定：穗颈瘟为9级，高感稻瘟病。

产量及适宜地区：2008—2009年参加江西省水稻区试，2008年平均产量8 339kg/hm²，比对照Ⅱ优838增产7.5%；2009年平均产量8 754kg/hm²，比对照Ⅱ优838增产10.2%。两年平均产量8 546kg/hm²，比对照Ⅱ优838增产8.8%。适宜在江西省稻瘟病轻发区种植。

栽培技术要点：5月中旬播种，秧田播种量180kg/hm²，大田用种量15kg/hm²。秧龄25～30d。栽插规格16.5cm×26.4cm，栽插22.5万穴/hm²，每穴插2苗。施用45%三元复合肥450kg/hm²作底肥，移栽后5d结合施用除草剂追施尿素150kg/hm²、氯化钾75kg/hm²作分蘖肥，移栽后45d，追施复合肥、氯化钾各75kg/hm²作穗肥，后期看苗补施粒肥。浅水移栽，深水返青，分蘖期干湿相间，够苗晒田，湿润孕穗，浅水抽穗，湿润灌浆，收割前5～7d断水。根据当地农业部门病虫预报，及时防治稻瘟病、纹枯病、稻曲病、二化螟、稻纵卷叶螟、稻飞虱等病虫害。

两优126 （Liangyou 126）

品种来源：抚州市临川区绿江南农业新产品研究所利用广占63-4S/R126（香恢1号/R4015杂交系选）杂交选配而成。2009年通过江西省农作物品种审定委员会审定，编号：赣审稻2009014。

形态特征和生物学特性：属籼型两系杂交中熟晚稻。全生育期123d，比对照淦鑫688早熟0.1d。株高106.6cm，株型适中，叶片挺直，分蘖力较强，长势繁茂，颖尖秆黄色，有效穗数249万穗/hm^2，每穗粒数150.7粒，结实率78.6%，千粒重27.7g。

品质特性：糙米率77.5%，精米率66.7%，整精米率55.1%，糙米粒长7.2mm，糙米长宽比3.0，垩白粒率15.0%，垩白度0.7%，直链淀粉含量16.6%，胶稠度76mm。米质达国标二级优质米标准。

抗性：稻瘟病抗性自然诱发鉴定：穗颈瘟为9级，高感稻瘟病。

产量及适宜地区：2007—2008年参加江西省水稻区试，2007年平均产量7 029kg/hm^2，比对照油优46增产5.0%；2008年平均产量7 670kg/hm^2，比对照淦鑫688增产4.3%。适宜在江西全省稻瘟病轻发区种植。

栽培技术要点：6月15～20日播种。秧龄30d。栽插规格16.5cm×19.8cm。用水稻专用复合肥750kg/hm^{2}作基肥，插秧后7d，追施尿素75kg/hm^2、氯化钾105kg/hm^2，后期看苗追肥。浅水勤灌促分蘖，够苗晒田，深水抽穗，后期干湿交替壮籽，不要断水过早。注意防止倒伏。根据当地的病虫情报，及时防治好稻瘟病、二化螟、三化螟、稻纵卷叶螟、稻飞虱等病虫害。

两优48 (Liangyou 48)

品种来源：上饶市农业科学研究所利用157S/T048（T0463/赣早籼23号）杂交选配而成。2014年通过江西省农作物品种审定委员会审定，编号：赣审稻2014027。

形态特征和生物学特性：属籼型两系杂交早熟早稻。全生育期108d，比对照中早35早熟1.8d。株高89.0cm，株型适中，剑叶长挺，分蘖力强，千粒重较大，熟期转色好。有效穗数339万穗/hm²，穗长19.5cm，每穗粒数102.2粒，结实率81.7%，千粒重27.9g。

品质特性：糙米率79.4%，精米率68.5%，整精米率45.0%，糙米粒长6.8mm，糙米长宽比3.0，垩白粒率77.0%，垩白度14.4%，直链淀粉含量20.6%，胶稠度42mm。

抗性：稻瘟病抗性自然诱发鉴定：穗颈瘟为9级，高感稻瘟病。

产量及适宜地区：2013—2014年参加江西省水稻区试，2013年平均产量8 040kg/hm²，比对照中早35增产3.3%；2014年平均产量7 313kg/hm²，比对照中早35增产1.5%。两年平均产量7 676kg/hm²，比对照中早35增产2.4%。适宜在江西省稻瘟病轻发区种植。

栽培技术要点：3月下旬播种，秧田播种量225kg/hm²，大田用种量30kg/hm²。秧龄不超过28d。栽插规格为16.5cm×19.8cm。每穴插2苗，栽插基本苗150万苗/hm²。施用纯氮180kg/hm²，氮、磷、钾比例为1.0：0.6：0.7，施足基肥，早施追肥，增施磷、钾肥，适施穗肥。浅水插秧，浅水返青，寸水分蘖，够苗晒田，薄水抽穗，干湿壮籽，收割前7～10d断水。根据当地农业部门预报，及时防治稻瘟病等病虫害。

两优608（Liangyou 608）

品种来源：余秋平利用1161S/R608（R2188/蜀恢527）杂交选配而成。2009年通过江西省农作物品种审定委员会审定，编号：赣审稻2009021。

形态特征和生物学特性：属籼型两系杂交中熟晚稻。全生育期124d，比对照淦鑫688迟熟0.3d。株高99.9cm，株型适中，整齐度好，叶色淡绿，叶片挺直、略内卷，分蘖力较强，长势繁茂，穗大粒多，熟期转色好。有效穗数261万穗/hm²，每穗粒数123.1粒，结实率79.0%，千粒重30.2g。

品质特性：糙米率80.2%，精米率72.2%，整精米率63.6%，糙米粒长7.4mm，糙米长宽比3.4，垩白粒率34.0%，垩白度4.5%，直链淀粉含量17.6%，胶稠度56mm。

抗性：稻瘟病抗性自然诱发鉴定：穗颈瘟为9级，高感稻瘟病。

产量及适宜地区：2007—2008年参加江西省水稻区试，2007年平均产量6 885kg/hm²，比对照汕优46增产2.9%；2008年平均产量7 626kg/hm²，比对照淦鑫688增产3.7%。适宜在江西省稻瘟病轻发区种植。

栽培技术要点：赣北6月10～15日播种，赣中南6月15～20日播种，秧田播种量180kg/hm²，大田用种量22.5kg/hm²。秧龄30d以内，栽插规格16.5cm×19.8cm，每穴插2苗。施肥以基肥为主，早施追肥，适增磷、钾肥。施纯氮180kg/hm²、纯磷90.0kg/hm²、纯钾195kg/hm²。浅水插秧，深水返青，够苗晒田，有水孕穗，干湿壮籽，后期不要断水过早。加强对稻瘟病等病虫害的防治。

两优617（Liangyou 617）

品种来源：广东省农业科学院水稻研究所，北京金色农华种业科技有限公司江西分公司利用GD-6S（在冷灌繁殖条件下C35S/培矮64S杂交系选）/L17（粤香占/特青）杂交选配而成。2009年通过江西省农作物品种审定委员会审定，编号：赣审稻2009008。

形态特征和生物学特性：属籼型两系杂交中熟一季稻。全生育期126d，比对照Ⅱ优838迟熟0.4d。株高121.8cm，株型紧凑，整齐度好，叶色浓绿，叶片挺直，长势繁茂，稃尖紫色，穗大粒多、着粒密。有效穗数261万穗/hm²，每穗粒数181.9粒，结实率75.5%，千粒重21.5g。

品质特性：糙米率78.6%，精米率69.7%，整精米率66.3%，糙米粒长6.4mm，糙米长宽比3.2，垩白粒率9.0%，垩白度0.4%，直链淀粉含量23.0%，胶稠度62mm。米质达国标二级优质米标准。

抗性：稻瘟病抗性自然诱发鉴定：穗颈瘟为9级，高感稻瘟病。

产量及适宜地区：2007—2008年参加江西省水稻区试，2007年平均产量7 590kg/hm²，比对照Ⅱ优838增产4.2%；2008年平均产量8 211kg/hm²，比对照Ⅱ优838增产4.6%。两年平均产量7 901kg/hm²，比对照Ⅱ优838增产4.4%。适宜在江西省稻瘟病轻发区种植。

栽培技术要点：5月中旬播种，秧田播种量150kg/hm²，大田用种量15kg/hm²。秧龄30d左右。栽插27万穴/hm²。耙田时用25%水稻专用肥600kg/hm²作基肥，移栽后6d结合施用除草剂追施尿素300kg/hm²，孕穗时追施氯化钾90kg/hm²。干湿相间促分蘖，够苗晒田，有水孕穗，后期以干湿交替壮籽，不要断水过早。注意防止倒伏。重点防治稻瘟病、纹枯病、稻曲病、二化螟、稻飞虱等病虫害。

两优9773（Liangyou 9773）

品种来源：万年县仙人洞农业科技研究所利用9771S/宜恢3号（R71/R66//T0974）选育而成。2011年通过江西省农作物品种审定委员会审定，编号：赣审稻2011014。

形态特征和生物学特性：属籼型两系杂交早熟早稻。全生育期110d，比对照浙733迟熟0.6d。株高90.9cm，株型适中，长势繁茂，分蘖力强，穗粒数较多，熟期转色好。有效穗数318万穗/hm^2，每穗粒数105.0粒，结实率81.5%，千粒重27.6g。

品质特性：糙米率81.8%，精米率72.0%，整精米率41.4%，糙米粒长6.7mm，糙米长宽比2.8，垩白粒率90.0%，垩白度11.7%，直链淀粉含量22.7%，胶稠度50mm。

抗性：稻瘟病抗性自然诱发鉴定：穗颈瘟为9级，高感稻瘟病。

产量及适宜地区：2009年、2011年参加江西省水稻区试，2009年平均产量7 385kg/hm^2，比对照浙733增产12.4%；2011年平均产量7 113kg/hm^2，比对照中早35增产2.5%。两年平均产量7 250kg/hm^2。适宜在江西省稻瘟病轻发区种植。

栽培技术要点：3月25日播种，大田用种量22.5kg/hm^2。秧龄25d以内。栽插规格19.8cm×23.1cm，每穴插2苗。大田施45%复合肥4 530kg/hm^2、尿素75kg/hm^{2}作基肥，移栽后5～7d结合除草施尿素150kg/hm^2、氯化钾75kg/hm^{2}作追肥，后期看苗补肥。深水活蔸，浅水勤灌，够苗晒田，干湿交替壮籽，后期不要断水过早。根据当地农业部门病虫预报，及时防治稻瘟病、纹枯病、稻飞虱、稻纵卷叶螟、二化螟等病虫害。

两优黄占（Liangyouhuangzhan）

品种来源：江西众人种业有限责任公司利用Y20S/黄占(黄华占/527)杂交选配而成。2014年通过江西省农作物品种审定委员会审定，编号：赣审稻2014018。

形态特征和生物学特性：属籼型两系杂交早熟晚稻。全生育期118d，比对照岳优9113迟熟0.8d。株高97.3cm，株型松散，叶片略披，叶色浓绿，分蘖力中，秆尖紫色，穗大粒多，熟期转色好。有效穗数279万穗/hm²，每穗粒数144.3粒，结实率77.8%，千粒重25.6g。

品质特性：糙米率80.5%，精米率72.3%，整精米率64.3%，糙米粒长7.2mm，糙米长宽比3.3，垩白粒率18.0%，垩白度1.4%，直链淀粉含量16.2%，胶稠度72mm。米质达国标二级优质米标准。

抗性：稻瘟病抗性自然诱发鉴定：穗颈瘟为9级，高感稻瘟病。

产量及适宜地区：2012—2013年参加江西省水稻区试，2012年平均产量7 967kg/hm²，比对照岳优9113增产0.1%；2013年平均产量8 289kg/hm²，比对照岳优9113增产3.0%。两年平均产量7 994kg/hm²，比对照岳优9113增产1.5%。适宜在江西省稻瘟病轻发区种植。

栽培技术要点：6月25日播种，秧田播种量150kg/hm²，大田用种量22.5kg/hm²。秧龄25d以内。栽插规格16.5cm×23.1cm，每穴插2～3苗。施45%复合肥300kg/hm²作基肥；移栽后5～7d，追施45%复合肥375kg/hm²。浅水分蘖，够苗晒田，浅水孕穗、抽穗，齐穗后干湿交替至成熟。根据当地农业部门的病虫预报，及时防治稻瘟病、纹枯病、二化螟、三化螟、稻纵卷叶螟、稻飞虱等病虫害。

陵两优193 (Lingliangyou 193)

品种来源：江西天涯种业有限公司、湖南亚华种业科学研究院利用湘陵628S/J193（中嘉早17/G04-44）杂交选配而成。2014年通过江西省农作物品种审定委员会审定，编号：赣审稻2014034。

形态特征和生物学特性：属籼型两系杂交中熟早稻。全生育期111d，比对照荣优463早熟2.9d。株高78.7cm，株型适中，叶片挺直，分蘖力强，有效穗多，颖尖秆黄色，穗粒数多，熟期转色好。有效穗数333万穗/hm²，穗长18.5cm，每穗粒数118.3粒，结实率85.5%，千粒重26.2g。

品质特性：糙米率78.5%，精米率69.6%，整精米率59.8%，糙米粒长6.6mm，糙米长宽比2.9，垩白粒率42.0%，垩白度6.6%，直链淀粉含量21.1%，胶稠度57mm。

抗性：稻瘟病抗性自然诱发鉴定：穗颈瘟为9级，高感稻瘟病。

产量及适宜地区：2013—2014年参加江西省水稻区试，2013年平均产量7 880kg/hm²，比对照荣优463增产2.5%；2014年平均产量7 617kg/hm²，比对照荣优463增产4.2%。两年平均产量7 748kg/hm²，比荣优463增产3.3%。适宜在江西省稻瘟病轻发区种植。

栽培技术要点：薄膜保温育秧3月25日播种，湿润育秧3月底播种，秧田播种量300kg/hm²，大田用种量30kg/hm²。秧龄不超过28d。栽插规格为16.5cm×19.8cm。每穴插2苗，栽插基本苗105万苗/hm²。施45%水稻专用复混肥600kg/hm²作底肥，栽后5～7d，结合施用除草剂追施尿素105kg/hm²，幼穗分化初期施氯化钾90kg/hm²，后期看苗补肥。干湿相间促分蘖，够苗晒田，湿润孕穗，浅水抽穗，湿润灌浆，后期不要断水过早。根据当地农业部门病虫预报，及时施药防治稻瘟病、纹枯病、二化螟、稻纵卷叶螟、稻飞虱等病虫害。

陵两优915（Lingliangyou 915）

品种来源：江西博大种业有限公司；湖南亚华种业科学研究院利用湘陵628S/华915（华819//中早143/中早25）杂交选配而成。2014年通过江西省农作物品种审定委员会审定，编号：赣审稻2014001。

形态特征和生物学特性：属籼型两系杂交中熟早稻。全生育期109d，比对照中早35早熟0.4d。株高81.8cm，株型适中，剑叶短挺，叶色浓绿，长势繁茂，分蘖力强，颖尖秆黄色，穗粒数多、着粒密，熟期转色好。有效穗数336万穗/hm²，每穗粒数119.7粒，结实率86.3%，千粒重24.8g。

品质特性：糙米率81.5%，精米率70.5%，整精米率59.6%，糙米粒长6.1mm，糙米长宽比2.7，垩白粒率85.0%，垩白度11.9%，直链淀粉含量18.6%，胶稠度55mm。

抗性：稻瘟病抗性自然诱发鉴定：穗颈瘟为9级，高感稻瘟病。

产量及适宜地区：2012—2013年参加江西省水稻区试，2012年平均产量7 263kg/hm²，比对照中早35增产3.9%；2013年平均产量8 217kg/hm²，比对照中早35增产3.8%。两年平均产量7 740kg/hm²，比对照中早35增产3.83%。适宜在江西省稻瘟病轻发区种植。

栽培技术要点：软盘育秧3月22日播种，湿润育秧3月底播种，秧田播种量180.0kg/hm²，大田用种量30kg/hm²。软盘育秧于3.1～3.5叶抛栽，湿润育秧于4.5叶移栽。栽插规格16.5cm×19.8cm，每穴插2苗，或每平方米抛栽30穴。施25%水稻专用复混肥600kg/hm²作底肥，栽后5～7d结合施用除草剂，追施尿素105kg/hm²，幼穗分化期施氯化钾90kg/hm²，后期看苗补施穗粒肥。干湿相间促分蘖，够苗晒田，浅水孕穗、抽穗，湿润灌浆，后期不要断水过早。根据当地农业部门病虫预报，及时施药防治稻瘟病、纹枯病、二化螟、稻纵卷叶螟等病虫害。

六两优3327 (Liuliangyou 3327)

品种来源：江西省农业科学院水稻研究所利用6442S（农垦58S/测64-7//测64-7）与恢复系R3327（IR821/秀恢2号//麻壳占）选育而成。2003年通过江西省农作物品种审定委员会审定，编号：赣审稻2003006。

形态特征和生物学特性：属籼型两系杂交早稻。全生育期118d，比对照优Ⅰ402迟熟2.0d。株高92.7cm，株型适中，茎秆较粗壮，抽穗整齐。有效穗数363万穗/hm²，每穗粒数93.1粒，结实率71.1%，千粒重27.3g。

品质特性：糙米率79.0%，整精米率43.6%，糙米粒长7.0mm，糙米长宽比3.2，垩白粒率27.0%，垩白度6.8%，直链淀粉含量12.4%，胶稠度87mm。

抗性：病区自然诱发鉴定：苗瘟0级，叶瘟3级，穗颈瘟5级。

产量及适宜地区：2001—2002年参加江西省水稻区试，2001年平均产量7 015kg/hm²，比对照优I402增产5.3%；2002年平均产量6 915kg/hm²，比对照优I402减产1.3%。适宜在江西省各地种植。

栽培技术要点：3月下旬播种，培育壮秧，双本插。栽插规格16.5cm×19.8cm或13.3cm×23cm。重施基肥，补施穗肥，促早生快发，发挥多穗优势；施尿素300kg/hm²、钙镁磷肥750kg/hm²、氯化钾225kg/hm²，前、中、后期施肥比例为7：1：2。分蘖盛期开沟排水，后期高温时可采用白天排水夜晚灌水，以加大温差，促进灌浆。注意防治病虫害。

陆两优35（Luliangyou 35）

品种来源：中国水稻研究所、湖南亚华种业科学研究院、江西金山种业有限公司利用陆18S/中早35杂交选配而成。2014年通过江西省农作物品种审定委员会审定，编号：赣审稻2014003。

形态特征和生物学特性：属籼型三系杂交早熟早稻。全生育期109.2d，比对照中早35早熟0.1d。株高92.0cm，株型适中，叶片略披，长势繁茂，分蘖力强，秆尖紫色，熟期转色好。有效穗数315万穗/hm²，每穗粒数112.1粒，结实率89.3%，千粒重26.8g。

品质特性：糙米率82.3%，精米率72.2%，整精米率50.3%，糙米粒长6.5mm，糙米长宽比2.5，垩白粒率96.0%，垩白度15.4%，直链淀粉含量21.6%，胶稠度40mm。

抗性：稻瘟病抗性自然诱发鉴定：穗颈瘟为9级，高感稻瘟病。

产量及适宜地区：2012—2013年参加江西省水稻区试，2012年平均产量7 238kg/hm²，比对照中早35增产3.0%；2013年平均产量7 922kg/hm²，比对照中早35增产0.03%。两年平均产量7 580kg/hm²，比对照中早35增产1.5%。适宜在江西省稻瘟病轻发区种植。

栽培技术要点：3月底播种，秧田播种量450kg/hm²，大田用种量30kg/hm²。秧龄25～30d。栽插规格16.5cm×16.5cm，每穴插2苗。施用纯氮165kg/hm²，氮、磷、钾比例为1.0：0.6：0.7，施足基肥，早施追肥，增施磷、钾肥，适施穗肥。浅水分蘖，够苗晒田，有水抽穗扬花，湿润灌浆，后期不要断水过早。及时防治稻瘟病、纹枯病、二化螟等病虫害。

陆两优98（Luliangyou 98）

品种来源：江西天涯种业有限公司、湖南亚华种业科学研究院利用陆18S/R98（鄂早18变异株）选育而成。2011年通过江西省农作物品种审定委员会审定，编号：赣审稻2011019。

形态特征和生物学特性：属籼型两系杂交中熟早稻。全生育期114d，比对照中早35迟熟1.4d。株高95.5cm，株型适中，剑叶宽，长势繁茂，分蘖力中，稃尖紫色，穗大粒多，熟期转色好。有效穗数291万穗/hm²，每穗粒数117.1粒，结实率84.8%，千粒重26.2g。

品质特性：糙米率81.0%，精米率71.6%，整精米率58.6%，糙米粒长6.9mm，糙米长宽比3.1，垩白粒率45.0%，垩白度4.5%，直链淀粉含量19.2%，胶稠度55mm。

抗性：稻瘟病抗性自然诱发鉴定：穗颈瘟为9级，高感稻瘟病。

产量及适宜地区：2010—2011年参加江西省水稻区试，2010年平均产6 509kg/hm²，比对照中早35增产6.2%；2011年平均产量7 196kg/hm²，比对照中早35增产3.7%。两年平均产量6 852kg/hm²，比对照中早35增产4.9%。适宜在江西省稻瘟病轻发区种植。

栽培技术要点：3月25日播种，秧田播种量300kg/hm²，大田用种量30kg/hm²。小苗4.5叶移栽，秧龄不超过28d。栽插规格16.5cm×19.8cm，每穴插2苗。施入40%水稻专用复混肥600kg/hm²作底肥，栽后6d结合施用除草剂，追施尿素150kg/hm²、氯化钾150kg/hm²，幼穗分化初期施氯化钾75kg/hm²，后期看苗补肥。干湿相间促分蘖，够苗晒田，有水孕穗，浅水抽穗，湿润灌浆，后期不要断水过早。根据当地农业部门预报，及时防治稻瘟病、纹枯病、二化螟、稻纵卷叶螟、稻飞虱等病虫害。

培两优1993 (Peiliangyou 1993)

品种来源：左科生利用培矮64S/R1993 (R169/9311)杂交选配而成。2009年通过江西省农作物品种审定委员会审定，编号：赣审稻2009005。

形态特征和生物学特性：属籼型两系杂交中熟一季稻。全生育期126d，比对照Ⅱ优838早熟0.2d。株高119.6cm，株型适中，整齐度好，叶片挺直，稃尖紫色，熟期转色好。有效穗数252万穗/hm²，每穗粒数160.2粒，结实率73.9%，千粒重25.2g。

品质特性：糙米率79.2%，精米率68.1%，整精米率61.2%，糙米粒长6.9mm，糙米长宽比3.1，垩白粒率7.0%，垩白度0.6%，直链淀粉含量21.2%，胶稠度70mm。米质达国标一级优质米标准。

抗性：稻瘟病抗性自然诱发鉴定：穗颈瘟为9级，高感稻瘟病。

产量及适宜地区：2007—2008年参加江西省水稻区试，2007年平均产量7 481kg/hm²，比对照Ⅱ优838增产5.2%；2008年平均产量7 416kg/hm²，比对照Ⅱ优838减产5.5%。两年平均产量7 449kg/hm²，比对照Ⅱ优838减产0.2%。适宜在江西省稻瘟病轻发区种植。

栽培技术要点：丘陵、山区5月上中旬播种，平原、湖区5月23～28日播种，秧田播种量150kg/hm²，大田用种量15kg/hm²。秧龄30d，栽插225万穴/hm²，每穴插2苗。施肥以基肥为主，早施追肥，适增磷、钾肥。施纯氮225kg/hm²，氮、磷、钾比例为1∶0.6∶1。深水返青，浅水促蘖，够苗晒田，有水孕穗，湿润灌浆，后期不要断水过早。加强稻瘟病、纹枯病等病虫害的防治。

培两优丰1号 （Peiliangyoufeng 1）

品种来源：陈国梁利用培矮64S/福丰恢1号 [9311/（将恢155/榕恢669）] 杂交选配而成。原名：福丰优1号。2009年通过江西省农作物品种审定委员会审定，编号：赣审稻2009004。

形态特征和生物学特性：属籼型两系杂交中熟一季稻。全生育期127d，比对照Ⅱ优838迟熟1.4d。株高125.4cm，该品种株型紧凑，叶片挺直，长势繁茂，稃尖紫色，着粒密，熟期转色好。有效穗数244万穗/hm²，每穗粒数160.6粒，结实率75.5%，千粒重26.1g。

品质特性：糙米率80.6%，精米率70.2%，整精米率63.0%，糙米粒长6.6mm，糙米长宽比3.2，垩白粒率20.0%，垩白度2.3%，直链淀粉含量20.4%，胶稠度70mm。米质达国标二级优质米标准。

抗性：稻瘟病抗性自然诱发鉴定：穗颈瘟为9级，高感稻瘟病。

产量及适宜地区：2007—2008年参加江西省水稻区试，2007年平均产量7 268kg/hm²，比对照Ⅱ优838增产3.3%；2008年平均产量7 971kg/hm²，比对照Ⅱ优838增产1.5%。两年平均产量7 620kg/hm²，比对照Ⅱ优838增产2.4%。适宜在江西省稻瘟病轻发区种植。

栽培技术要点：4月底至5月初播种。大田用种量15kg/hm²。秧龄30～35d。栽插规格19.8cm×26.4cm，每穴插2苗。每地区大田用45%复合肥450kg/hm²、尿素75kg/hm²作基肥，移栽后5～7d，结合除草剂追施尿素150kg/hm²、氯化钾75kg/hm²，后期看苗追肥。深水活穴，浅水分蘖，够苗晒田，干湿交替壮籽，后期不要断水过早。根据当地农技部门病虫预报，及时防治稻瘟病、纹枯病、稻飞虱、稻纵卷叶螟和二化螟等病虫害。

培两优抗占 (Peiliangyoukangzhan)

品种来源：江西省宁都县名林水稻研究所利用培矮64S/抗蚊青占选育而成。2005年通过江西省农作物品种审定委员会审定，编号：赣审稻2005033。

形态特征和生物学特性：属籼型两系杂交中熟晚稻。全生育期123d，比对照汕优46迟熟3.5d。株高105.3cm，株型紧束，剑叶直立，分蘖力较强，穗粒数多。有效穗数303万穗/hm²，每穗粒数138.8粒，结实率71.0%，千粒重24.3g。

品质特性：糙米率81.8%，精米率69.4%，整精米率56.5%，垩白粒率20.0%，垩白度3.0%，直链淀粉含量25.6%，胶稠度52mm，糙米粒长7.0mm，糙米长宽比3.2。

抗性：稻瘟病抗性自然诱发鉴定：苗瘟0级，叶瘟3级，穗瘟5级。

产量及适宜地区：2003—2004年参加江西省水稻区试，2003年平均产量6 992kg/hm²，比对照汕优46增产0.9%；2004年平均产量7 115kg/hm²，比对照汕优46减产5.0%，达显著水平。适宜在赣南稻瘟病轻发区种植。

栽培技术要点：6月15～20日播种，大田用种量15.0kg/hm²，秧田播种量300kg/hm²。秧龄30d，叶龄5.5～6.0叶，插栽规格16.5cm×19.8cm，每穴插1苗。基肥与追肥比为6：4。用纯氮225kg/hm²，氮、磷、钾比例为1：1：0.5。浅水插秧、深水返青，够苗晒田，薄水孕穗，深水扬花，干湿壮籽，收获前7d断水。该品种有两段灌浆特性，不宜过早断水。重点防治稻瘟病、稻曲病等病虫害。

虔两优4480 (Qianliangyou 4480)

品种来源：赣州市农业科学研究所利用虔S（田丰S-1/II-32B）/R4480杂交选配而成。2010年通过江西省农作物品种审定委员会审定，编号：赣审稻2010011。

形态特征和生物学特性：属籼型两系杂交早熟晚稻。全生育期113d，比对照金优207长3.5d。株高102.3cm，株型适中，叶色浓绿，叶片披垂，分蘖力较强，长势繁茂，秆尖紫色，穗大粒多，熟期转色好。有效穗数294万穗/hm²，每穗粒数148.3粒，结实率78.8%，千粒重23.7g。

品质特性：糙米率81.8%，精米率74.8%，整精米率70.0%，糙米粒长6.2mm，糙米长宽比2.7，垩白粒率19.0%，垩白度3.0%，直链淀粉含量18.8%，胶稠度63mm。米质达国标二级优质米标准。

抗性：稻瘟病抗性自然诱发鉴定：穗颈瘟为9级，高感稻瘟病。

产量及适宜地区：2008—2009年参加江西省水稻区试，2008年平均产量6 899kg/hm²，比对照金优207增产2.5%；2009年平均产量7 382kg/hm²，比对照金优207增产10.0%。两年平均产量7 140kg/hm²，比对照金优207增产6.2%。适宜在江西省稻瘟病轻发区种植。

栽培技术要点：6月20日播种，秧田播种量300kg/hm²，大田用种量15kg/hm²。秧龄25d。栽插规格16.5cm×19.8cm，每穴插2苗。施肥以基肥为主，施纯氮150kg/hm²，氮、磷、钾比例为1：0.5：1。浅水插秧，深水护苗，薄水分蘖，够苗晒田，干干湿湿，后期不要断水过早。加强稻瘟病、稻曲病等病虫害的防治。

深两优9152（Shenliangyou 9152）

品种来源：江西科源种业有限公司利用深51S/R9152（浙恢7954//轮回422/蜀恢527）杂交选配而成。2011年通过江西省农作物品种审定委员会品种审定，编号：赣审稻2011001。

形态特征和生物学特性：属籼型三系杂交中熟一季稻。全生育期130d，比对照Ⅱ优838迟熟5.9d。株高122.0cm，株型适中，叶片挺直，长势繁茂，颖尖秆黄色，穗大粒多，熟期转色好。有效穗数241万穗/hm²，每穗粒数164.7粒，结实率80.9%，千粒重27.2g。

品质特性：糙米率81.0%，精米率71.4%，整精米率64.0%，糙米粒长7.3mm，糙米长宽比3.5，垩白粒率20.0%，垩白度3.0%，直链淀粉含量21.1%，胶稠度60mm。米质达国标二级优质米标准。

抗性：稻瘟病抗性自然诱发鉴定：穗颈瘟为9级，高感稻瘟病。

产量及适宜地区：2009—2010年参加江西省水稻区试，2009年平均产量7 847kg/hm²，比对照Ⅱ优838增产1.7%；2010年平均产量8 196kg/hm²，比对照Ⅱ优1308增产0.5%。两年平均产量8 022kg/hm²。适宜在江西省稻瘟病轻发区种植。

栽培技术要点：丘陵、山区于4月下旬至5月中旬播种，平原、湖区5月23～28日播种，秧田播种量150kg/hm²，大田用种量15kg/hm²。秧龄30d。栽插规格16.5cm×26.4cm，每穴插2苗。施纯氮225kg/hm²，氮、磷、钾比例为1.0：0.6：1.2。够苗晒田，有水孕穗，湿润灌浆，后期不要断水过早。加强稻瘟病、稻飞虱等病虫害的防治。

田两优227 (Tianliangyou 227)

品种来源：赣州市农业科学研究所利用田丰S-2/R227杂交选配而成。2008年通过江西省农作物品种审定委员会审定，编号：赣审稻2008036。

形态特征和生物学特性：属籼型三系杂交早熟早稻。全生育期109d，比对照浙733迟熟0.6d。株高95.9cm，株型适中，叶色绿，整齐度好，田间长相清秀，秆尖紫色，穗粒数多，千粒重较大，熟期转色好。有效穗数303万穗/hm²，每穗粒数110.9粒，结实率83.8%，千粒重27.8g。

品质特性：糙米率80.8%，精米率66.6%，整精米率38.2%，糙米粒长6.8mm，糙米长宽比2.8，垩白粒率72.0%，垩白度10.1%，直链淀粉含量25.5%，胶稠度53mm。

抗性：稻瘟病抗性自然诱发鉴定：穗颈瘟为9级，高感稻瘟病。

产量及适宜地区：2007—2008年参加江西省水稻区试，2007年平均产量7 295kg/hm²，比对照浙733增产3.9%；2008年平均产量7 637kg/hm²，比对照浙733增产12.6%。两年平均产量7 466kg/hm²，比对照浙733增产8.3%。适宜在江西省稻瘟病轻发区种植。

栽培技术要点：3月中下旬播种，秧田播种量375kg/hm²，大田用种量15kg/hm²。秧龄25～30d或抛秧在20d之内。栽插规格为16.5cm×19.8cm，每穴插2苗。栽插足基本苗120万苗/hm²。大田施肥要注意氮、磷、钾配合施用，施纯氮150kg/hm²，氮、磷、钾比例为1：0.5：1。浅水插秧，寸水护苗，浅水分蘖，湿润灌溉，后期不要断水过早。注意要加强稻瘟病、纹枯病、二化螟、稻飞虱等病虫害的防治。

田两优31 （Tianliangyou 31）

品种来源：江西省金谷种业有限公司利用田丰S/金谷31号（R402/G37）杂交选配而成。2010年通过江西省农作物品种审定委员会审定，编号：赣审稻2010023。

形态特征和生物学特性：属籼型两系杂交中熟晚稻。全生育期117d，比对照淦鑫688早熟5.0d。株高95.6cm，株型适中，叶片略披，分蘖力强，有效穗多，长势一般，颖尖秆黄色，穗粒数中、着粒稀，熟期转色好。有效穗数333万穗/hm²，每穗粒数119.4粒，结实率77.9%，千粒重24.8g。

品质特性：糙米率80.9%，精米率71.4%，整精米率65.6%，糙米粒长7.2mm，糙米长宽比3.6，垩白粒率18.0%，垩白度1.6%，直链淀粉含量21.0%，胶稠度60mm。米质达国标二级优质米标准。

抗性：稻瘟病抗性自然诱发鉴定：穗颈瘟为9级，高感稻瘟病。

产量及适宜地区：2008—2009年参加江西省水稻区试，2008年平均产量7 461kg/hm²，比对照淦鑫688增产2.3%；2009年平均产量7 395kg/hm²，比对照淦鑫688增产1.5%。两年平均产量7 428kg/hm²，比对照淦鑫688增产1.9%。适宜在江西省稻瘟病轻发区种植。

栽培技术要点：6月20日播种，秧田播种量300kg/hm²，大田用种量15kg/hm²。秧龄25d。栽插规格16.5cm×19.8cm，每穴插2苗。施肥以基肥为主，施纯氮150kg/hm²，氮、磷、钾比例为1：0.5：1。浅水插秧，深水护苗，薄水分蘖，够苗晒田，干干湿湿，以湿为主，后期不要断水过早。加强稻瘟病、稻曲病等病虫害的防治。

田两优4号（Tianliangyou 4）

品种来源：江西省赣州市农业科学研究所、江西省赣州市金谷良种公司利用田丰S-2/R4（R402/G37）杂交选配而成。2005年通过江西省农作物品种审定委员会审定，编号：赣审稻2005067。

形态特征和生物学特性：属籼型两系杂交中熟早稻。全生育期110d，比对照浙733迟熟2.3d。株高88.2cm，株型适中，长势繁茂，植株整齐，剑叶窄挺，叶色淡绿，分蘖力强，成穗率一般，熟期转色好。有效穗数360万穗/hm²，每穗粒数102.2粒，结实率78.2%，千粒重26.7g。

品质特性：糙米率82.8%，精米率68.6%，整精米率48.0%，垩白粒率86.0%，垩白度21.5%，直链淀粉含量19.35%，胶稠度51mm，糙米粒长7.2mm，糙米长宽比3.1。

抗性：稻瘟病抗性自然诱发鉴定：苗瘟3级，叶瘟3级，穗瘟5级。

产量及适宜地区：2004—2005年参加江西省水稻区试，2004年平均产量6 977kg/hm²，比对照浙733减产0.7%；2005年平均产量7 488kg/hm²，比对照浙733增产3.1%。适宜在江西省稻瘟病轻发区种植。

栽培技术要点：3月中旬播种，采用保温育秧技术，秧龄25～30d。合理密植，插足基本苗，栽插375万穴/hm²，每穴插2苗。基肥为主，早施追肥，控制氮肥，注意氮、磷、钾配合施用，施纯氮150kg/hm²左右，氮、磷、钾比例为1∶0.5∶1。注意水浆管理，湿润灌溉，够苗晒田，切勿断水过早。注意防治稻瘟病等病虫害。

田两优402 （Tianliangyou 402）

品种来源：江西省赣州地区农业科学研究所利用田丰S/R402选育而成。1998年通过江西省品种审定委员会审定，编号：赣审稻1998004；2001年通过广西壮族自治区农作物品种审定委员会审定，编号：桂审稻2001091。

形态特征和生物学特性：属籼型两系杂交中熟晚稻。全生育期114d，株高90.0cm，有效穗数375万穗/hm^2，每穗粒数92.0粒，结实率80.0%，千粒重27.6g。

品质特性：中优。

抗性：中抗稻瘟病和白叶枯病。

产量表现：1996—1997年江西早稻区试，两年平均产量6 905kg/hm^2，比对照协优赣7增产1.7%；1997—1998年参加全国区试，两年平均产量6 875kg/hm^2，比对照威优48增产7.9%。适宜在长江流域南部双季稻区作晚稻种植。

田两优66 (Tianliangyou 66)

品种来源：赣州市农业科学研究所利用田丰S-2/恢复系R66杂交选配而成。2003年通过江西省农作物品种审定委员会品种审定，编号：赣审稻2003024。

形态特征和生物学特性：属籼型两系杂交早稻。全生育期115d，比对照优I402早熟1.7d。株高91.42cm，株型适中，茎秆较粗壮，抽穗整齐。有效穗数387万穗/hm²，每穗粒数86.7粒，结实率72.5%，千粒重25.9g。

品质特性：糙米率80.7%，整精米率33.2%，糙米粒长7.1mm，糙米长宽比3.1，垩白粒率82.0%，垩白度28.7%，直链淀粉含量23.56%，胶稠度60mm。

抗性：稻瘟病抗性：苗瘟2级，叶瘟3级，穗颈瘟3级。

产量及适宜地区：2001—2002年参加江西省水稻区试，2001年平均产量6 798kg/hm²，比对照优I402增产2.7%；2002年平均产量6 395kg/hm²，比对照优I402减产8.7%，极显著。适宜在赣中南地区种植。

栽培技术要点：3月20日播种，保温育秧，秧龄30d以内。抛秧在三叶至三叶一心时抛栽。栽插规格13.3cm×19.8cm或13.3cm×16.6cm；栽插37.5万穴/hm²，每穴2苗。施足基肥。氮肥施用量300kg/hm²，氮：磷：钾比例为1：0.5：1。注意中后期肥水管理。及时防治病虫害。

田两优9号 （Tianliangyou 9）

品种来源：赣州市农业科学研究所利用温敏核不育系田丰S-2/桂99选育而成。2004年通过江西省农作物品种审定委员会审定，编号：赣审稻2004026。

形态特征和生物学特性：属籼型两系杂交中熟晚稻。全生育期116d，比对照赣晚籼32早熟6.3d。株高103.3cm，株型松散适中，分蘖力强，结实率较高，后期易倒伏。有效穗数303万穗/hm²，每穗粒数114.7粒，结实率77.2%，千粒重24.3g。

品质特性：糙米率81.4%，整精米率60.3%，垩白粒率12.0%，垩白度2.4%，直链淀粉含量19.6%，胶稠度50mm，糙米粒长7.2mm，糙米长宽比3.6，米质达国标三级优质米标准。

抗性：稻瘟病抗性自然诱发鉴定：苗瘟0级，叶瘟3级，穗瘟5级。

产量及适宜地区：2002—2003年参加江西省水稻区试，2002年平均产量5 039kg/hm²，比对照赣晚籼19减产2.7%；2003年平均产量6 417kg/hm²，比对照赣晚籼32增产1.8%。适宜在江西省稻瘟病轻发地区种植。

栽培技术要点：6月中旬播种，秧田播种量150kg/hm²，大田用种量15kg/hm²。秧龄25d，叶龄6叶时移栽，栽插规格20cm×16.5cm，每穴2～3苗。基肥要足，追肥要早，施纯氮225kg/hm²，氮∶磷∶钾比例为1∶1∶1。浅水插秧，寸水护苗，追肥与除草剂同时施用保持5cm水层，够苗晒田，保持湿润。重点防治纹枯病、稻瘟病、稻螟虫、稻飞虱等病虫害。

香两优98049（Xiangliangyou 98049）

品种来源：江西省吉安市农业科学研究所利用香125S与父本98049(赣早籼37号系选)杂交选配而成。2003年通过江西省农作物品种审定委员会审定，编号：赣审稻2003007。

形态特征和生物学特性：属籼型两系杂交早稻。全生育期111d，比对照赣早籼40迟熟0.9d。株高83.7cm，株型紧凑，剑叶挺，分蘖力中上。有效穗数396万穗/hm²，每穗粒数82.1粒，结实率77.7%，千粒重26.1g。

品质特性：糙米率80.9%，整精米率37.1%，糙米粒长6.7mm，糙米长宽比3.0，垩白粒率31.0%，垩白度3.4%，直链淀粉含量14.5%，胶稠度91mm。

抗性：病区自然诱发鉴定：苗瘟0级，叶瘟0级，穗颈瘟0级。

产量及适宜地区：2001—2002年参加江西省水稻区试，2001年平均产量6 195kg/hm²，比对照赣早籼40增产15.7%；2002年平均产量6 903kg/hm²，比对照赣早籼40增产4.7%。适宜在江西省各地种植。

栽培技术要点：3月下旬播种，秧田播种量225kg/hm²。秧龄30d以内，大田用种量30kg/hm²，栽插规格19.8cm×16.6cm或19.8cm×13.3cm，每穴2苗。施肥以有机肥和基肥为主，早施足施苗肥。够苗及时晒田，后期干湿交替。及时防治病虫害。

宜S晚2号 （Yi S Wan 2）

品种来源：江西省宜春学院、江西省农业科学院水稻研究所利用温敏核不育系宜农3S/C20-7-85杂交选配而成。原名：宜两优207。2004年通过江西省农作物品种审定委员会审定，编号：赣审稻2004020。

形态特征和生物学特性：属籼型两系杂交晚稻。全生育期112d，比对照汕优64迟熟1.4d。株高97.8cm，株叶形态好，株型紧凑，茎秆坚韧、有弹性，穗大粒多，后期转色好，抗倒伏。有效穗数270万穗/hm²，每穗粒数129.2粒，结实率76.0%，千粒重27.1g。

品质特性：糙米率78.6%，整精米率55.0%，垩白粒率1.0%，垩白度0.1%，直链淀粉含量22.20%，胶稠度78mm，粒长7.1mm，长宽比3.4，米质达国标二级优质米标准。

抗性：稻瘟病抗性自然诱发鉴定：苗瘟3级，叶瘟3级，穗瘟0级。

产量及适宜地区：2002—2003年参加江西省水稻区试，2002年平均产量5 843kg/hm²，比对照汕优晚3增产5.8%；2003年平均产量6 787kg/hm²，比对照汕优64增产5.6%。适宜在江西省各地及湖南省稻瘟病轻发区作双季晚稻种植。

栽培技术要点：6月下旬播种，秧田播种量180kg/hm²，大田用种量17.5kg/hm²，播种前秧田施足底肥，施好断奶肥和送嫁肥，喷好送嫁药，培育带蘖壮秧。移栽秧龄控制30d以内，栽插规格16.5cm×20cm，每穴插双粒谷。施足基肥，移栽前施钙镁磷肥375kg/hm²、复合肥375kg/hm²。移栽后7d及时追肥，施尿素175kg/hm²、氯化钾150kg/hm²。水浆管理，薄水栽插，适水返青，浅水分蘖，够苗晒田，有水孕穗，干湿壮籽。注意防治病虫害，主要防治稻蓟马、螟虫、飞虱和纹枯病等。

益两优88（Yiliangyou 88）

品种来源：江西大众种业有限公司利用益1S/益R88杂交选配而成。2008年通过江西省农作物品种审定委员会审定，编号：赣审稻2008039。

形态特征和生物学特性：属籼型两系杂交早熟早稻。全生育期107d，比对照浙733早熟2.2d。株高90.2cm，株型适中，叶色浓绿，叶片挺直，田间生长整齐，长势繁茂，分蘖力强，稃尖紫色，穗粒数中，熟期转色好。有效穗数332.7万穗/hm²，每穗粒数97.8粒，结实率85.8%，千粒重25.2g。

品质特性：糙米率79.0%，精米率66.3%，整精米率59.5%，糙米粒长7.0mm，糙米长宽比3.3，垩白粒率9.0%，垩白度0.4%，直链淀粉含量17.2%，胶稠度72mm。米质达国标一级优质米标准。

抗性：稻瘟病抗性自然诱发鉴定：穗颈瘟为9级，高感稻瘟病。

产量及适宜地区：2007—2008年参加江西省水稻区试，2007年平均产量6 906kg/hm²，比对照浙733减产1.1%；2008年平均产量6 797kg/hm²，比对照浙733增产0.2%。两年平均产量6 851kg/hm²，比对照浙733减产0.4%。适宜在江西省稻瘟病轻发区种植。

栽培技术要点：3月下旬播种，秧田播种量225kg/hm²，大田用种量30kg/hm²。秧龄25～30d。栽插规格为13.2cm×19.8cm或13.2cm×23.1cm。栽插30万穴/hm²，栽插基本苗180万苗/hm²。重施基肥，早施追肥，增施有机肥和磷、钾肥，施纯氮165kg/hm²、纯磷75kg/hm²、纯钾105kg/hm²。深水活棵，浅水分蘖，够苗晒田，寸水养花，干湿壮籽。加强稻瘟病、纹枯病、二化螟、三化螟、稻飞虱等病虫害的防治。

株两优09（Zhuliangyou 09）

品种来源：江西省种子公司利用株1S/先恢1号（测64-7系选）杂交选配而成。2007年通过江西省农作物品种审定委员会审定，编号：赣审稻2007032。

形态特征和生物学特性：属籼型两系杂交中熟早稻。全生育期110d，比对照金优402早熟1.7d。株高89.7cm，有效穗数324万穗/hm²，每穗粒数91.9粒，结实率90.3%，千粒重26.2g。

品质特性：糙米率81.3%，精米率65.9%，整精米率39.7%，垩白粒率80.0%，垩白度8.0%，直链淀粉19.1%，胶稠度64mm，糙米粒长7.1mm，糙米长宽比3.2。

抗性：稻瘟病抗性自然诱发鉴定：穗颈瘟为9级，高感稻瘟病。

产量及适宜地区：2006—2007年参加江西省水稻区试，2006年平均产量6 722kg/hm²，比对照金优402减产1.6%；2007年平均产量6 738kg/hm²，比对照金优402减产2.5%。两年平均产量6 729kg/hm²，比对照金优402减产2.10%。适宜在江西省稻瘟病轻发区种植。

栽培技术要点：3月中旬播种，秧田播种量225kg/hm²，大田用种量30kg/hm²。秧龄30d。栽插规格16.5cm×19.8cm，每穴插2苗。施肥以基肥为主，适当增施磷、钾肥，施25%水稻专用复合肥600kg/hm²作底肥，栽后5～7d，追施尿素75kg/hm²，幼穗分化初期追施氯化钾1 125kg/hm²。插秧后浅水勤灌，够苗晒田，湿润孕穗，齐穗后干干湿湿以利饱籽，成熟前不要断水过早。加强防治稻瘟病、纹枯病、稻纵卷叶螟、稻飞虱等病虫害。

株两优1号 （Zhuliangyou 1）

品种来源：江西天涯种业有限公司利用株1S/天恢1号杂交选配而成。2007年通过江西省农作物品种审定委员会审定，编号：赣审稻2007029。

形态特征和生物学特性：属籼型两系杂交早熟早稻。全生育期107d，比对照浙733早熟1.3d。株高84.7cm，株型适中，叶色绿，整齐度好，长势繁茂，分蘖力强，颖尖秆黄色，穗粒数中，熟期转色好。有效穗数363万穗/hm²，每穗粒数96.7粒，结实率82.1%，千粒重27.6g。

品质特性：糙米率82.0%，精米率69.3%，整精米率50.5%，垩白粒率88.0%，垩白度13.2%，直链淀粉含量18.87%，胶稠度60mm，糙米粒长7.3mm，糙米长宽比3.2。

抗性：稻瘟病抗性自然诱发鉴定：穗颈瘟为9级，高感稻瘟病。

产量及适宜地区：2006—2007年参加江西省水稻区试，2006年平均产量7 544kg/hm²，比对照浙733增产14.7%；2007年平均产量7 086kg/hm²，比对照浙733增产0.2%。两年平均产量7 316kg/hm²，比对照浙733增产7.2%。适宜在江西省稻瘟病轻发区种植。

栽培技术要点：软盘旱育秧3月25日播种，水育秧3月底播种。秧田播种量225kg/hm²，大田用种量30kg/hm²。软盘抛秧3.1～3.5叶抛栽，水育秧小苗4.5叶移栽。栽插规格16.5cm×19.8cm，每穴插2苗或每平方米抛栽28～30穴。施入25%水稻专用复混肥600kg/hm²作底肥，栽后6d结合施用除草剂，再追施尿素90kg/hm²，幼穗分化初期施氯化钾90kg/hm²。干湿相间促分蘖，够苗晒田，孕穗期保持田面有水层，浅水抽穗，灌浆期以润为主，干干湿湿，不要断水过早。根据当地农业部门病虫预报，重点防治稻瘟病、纹枯病、二化螟、稻纵卷叶螟、稻飞虱等病虫害。

株两优101 （Zhuliangyou 101）

品种来源：江西兴安种业有限公司利用株1S/EZ10-10（G04-44/G04-127）杂交选配而成。2014年通过江西省农作物品种审定委员会审定，编号：赣审稻2014030。

形态特征和生物学特性：属籼型三系杂交早熟早稻。全生育期109d，与对照中早35生育期相同。株高89.9cm，株型适中，长势繁茂，分蘖力强，颖尖秆黄色，穗粒数多，熟期转色好。有效穗数336万穗/hm²，穗长18.8cm，每穗粒数110.5粒，结实率88.1%，千粒重25.8g。

品质特性：糙米率80.8%，精米率69.6%，整精米率48.2%，糙米粒长6.2mm，糙米长宽比2.5，垩白粒率98.0%，垩白度14.7%，直链淀粉含量23.4%，胶稠度30mm。

抗性：稻瘟病抗性自然诱发鉴定：穗颈瘟为9级，高感稻瘟病。

产量及适宜地区：2012—2013年参加江西省水稻区试，2012年平均产量7 122kg/hm²，比对照中早35增产1.4%；2013年平均产量8 096kg/hm²，比对照中早35增产2.2%。两年平均产量7 610kg/hm²，比对照中早35增产1.8%。适宜在江西省稻瘟病轻发区种植。

栽培技术要点：3月25日播种，秧田播种量225kg/hm²，大田用种量30kg/hm²。秧龄25d。栽插规格为13.2cm×16.5cm。每穴插2苗。施尿素300kg/hm²、过磷酸钙450kg/hm²、氯化钾120kg/hm²，施肥采用"前促、中控、后补"的原则。浅水分蘖，够苗晒田，有水抽穗，湿润灌浆。及时防治稻瘟病、纹枯病、二化螟、稻纵卷叶螟、稻飞虱等病虫害。

株两优152 (Zhuliangyou 152)

品种来源：张文春利用株1S/R152（R71/T0463）杂交选配而成。2010年通过江西省农作物品种审定委员会审定，编号：赣审稻2010043。

形态特征和生物学特性：属籼型两系杂交早熟早稻。全生育期108d，比对照浙733早熟1.7d。株高84.2cm，株型适中，叶片略披，长势繁茂，分蘖力强，颖尖秆黄色，熟期转色好。有效穗数327万穗/hm²，每穗粒数111.9粒，结实率79.1%，千粒重26.1g。

品质特性：糙米率80.2%，精米率68.1%，整精米率47.0%，糙米粒长7.0mm，糙米长宽比3.3，垩白粒率82.0%，垩白度9.8%，直链淀粉含量22.3%，胶稠度50mm。

抗性：稻瘟病抗性自然诱发鉴定：穗颈瘟为9级；2009年穗颈瘟平均损失率为8.5%，低于对照；2010年穗颈瘟平均损失率为7.4%，低于对照。

产量及适宜地区：2009—2010年参加江西省水稻区试，2009年平均产量7 284kg/hm²，比对照浙733增产9.4%；2010年平均产量6 471kg/hm²，比对照中早35增产1.2%。两年平均产量6 878kg/hm²。适宜在江西省稻瘟病轻发区种植。

栽培技术要点：3月中下旬播种，秧田播种量300kg/hm²，大田用种量30kg/hm²。秧龄25d。栽插规格16.5cm×19.8cm，每穴插2苗，栽插基本苗120万苗/hm²。大田施肥以基肥为主，早施追肥，施纯氮150kg/hm²，氮、磷、钾比例1：0.6：1，氮肥在移栽后15d内全部施完，后期看苗补施壮籽肥。浅水分蘖，够苗晒田，浅水孕穗、抽穗，干湿壮籽，后期不要断水过早。注意防治稻瘟病、纹枯病、稻飞虱等病虫害。

株两优16（Zhuliangyou 16）

品种来源：江西省黎川县国峰种业有限责任公司利用株1S/测16杂交选配而成。2007年通过江西省农作物品种审定委员会审定，编号：赣审稻2007033。

形态特征和生物学特性：属籼型两系杂交早熟早稻。全生育期107d，比对照浙733早熟0.5d。株高85.4cm，有效穗数315万穗/hm²，每穗粒数106.7粒，结实率81.1%，千粒重25.6g。

品质特性：糙米率81.0%，精米率69.8%，整精米率55.8%，垩白粒率90.0%，垩白度18.0%，直链淀粉含量19.44%，胶稠度56mm，糙米粒长7.1mm，糙米长宽比3.1。

抗性：稻瘟病抗性自然诱发鉴定：穗颈瘟为9级，高感稻瘟病。

产量及适宜地区：2006—2007年参加江西省水稻区试，2006年平均产量6 753kg/hm²，比对照浙733增产2.6%；2007年平均产量7 134kg/hm²，比对照浙733增产1.6%。两年平均产量6 944kg/hm²，比对照浙733增产2.1%。适宜在江西省稻瘟病轻发区种植。

栽培技术要点：软盘育秧3月10～15日播种，水育秧3月25日播种，秧田播种量180kg/hm²，大田用种量30kg/hm²。软盘抛秧于3.5叶抛栽，水育秧于4.5叶进行移栽。栽插规格16.5cm×19.8cm，每穴插2苗。施水稻专用复合肥750kg/hm²作基肥，移栽后5～7d结合施用除草剂追施90kg/hm²尿素。浅水分蘖，够苗晒田，中后期均以干湿相间保持田间湿润为主，不要断水过早。注意防治稻瘟病、纹枯病、二化螟、稻纵卷叶螟、稻飞虱等病虫害。

株两优175（Zhuliangyou 175）

品种来源：吉安市农业科学研究所利用株1S/40175（中优81/403）杂交选配而成。2012年通过江西省农作物品种审定委员会审定，编号：赣审稻2012024。

形态特征和生物学特性：属籼型三系杂交中熟早稻。全生育期117d，比对照金优1506迟熟1.2d。株高101.1cm，株型略散，长势繁茂，穗大粒多，熟期转色好。有效穗数288万穗/hm²，每穗粒数115.7粒，结实率80.8%，千粒重28.4g。

品质特性：糙米率80.8%，精米率68.3%，整精米率23.7%，糙米粒长7.4mm，糙米长宽比3.4，垩白粒率98.0%，垩白度12.7%，直链淀粉含量23.0%，胶稠度53mm。

抗性：稻瘟病抗性自然诱发鉴定：穗颈瘟为9级；2010年穗颈瘟平均损失率为6.3%，低于对照；2011年穗颈瘟平均损失率为32.2%，低于对照。

产量及适宜地区：2010—2011年参加江西省水稻区试，2010年平均产量6 402kg/hm²，比对照金优1506增产1.4%；2011年平均产量7 518kg/hm²，比对照金优1506增产5.9%。两年平均产量6 960kg/hm²，比对照金优1506增产3.6%。适宜在江西省稻瘟病轻发区种植。

栽培技术要点：3月中下旬播种，秧田播种量225kg/hm²，大田用种量22.5kg/hm²。湿润育秧，秧龄30d以内。栽插规格19.8cm×13.2cm或19.8cm×16.5cm，每穴插2苗，栽插基本苗150万苗/hm²。大田施肥以基肥为主、追肥为辅，施纯氮150kg/hm²，氮、磷、钾比例为1.0：0.5：1.2，其中磷肥全部用作基肥；氮、钾肥50%用作基肥，40%用作苗期追肥，10%作用穗肥。浅水活棵，浅水分蘖，够苗晒田，有水孕穗、扬花，湿润灌浆。结合当地农业部门病虫预报，做好稻瘟病等病虫害的防治工作。

株两优3号 （Zhuliangyou 3）

品种来源：德农正成种业有限公司江西分公司利用株1S/R324（澧优1号/早优505）杂交选配而成。2007年通过江西省农作物品种审定委员会审定，编号：赣审稻2007040。

形态特征和生物学特性：属籼型两系杂交早熟早熟。全生育期106d，比对照浙733早熟2.4d。株高83.9cm，株型适中，叶色浓绿，整齐度好，分蘖力强，穗粒数中，熟期转色好。有效穗数351万穗/hm²穗，每穗粒数104.2粒，结实率83.6%，千粒重24.6g。

品质特性：糙米率81.0%，精米率66.85%，整精米率61.1%，垩白粒率20.0%，垩白度2.0%，直链淀粉含量12.11%，胶稠度80mm，糙米粒长6.6mm，糙米长宽比2.9。

抗性：稻瘟病抗性自然诱发鉴定：穗颈瘟为9级，高感稻瘟病。

产量及适宜地区：2006—2007年参加江西省水稻区试，2006年平均产量6 936kg/hm²，比对照浙733增产5.4%；2007年平均产量7 037kg/hm²，比对照浙733增产0.8%。两年平均产量6 986kg/hm²，比对照浙733增产3.0%。适宜在赣中北稻瘟病轻发区种植。

栽培技术要点：软盘育秧3月10～15日播种，水育秧3月25日播种，秧田播种量180kg/hm²，大田用种量30kg/hm²。软盘抛秧于3.5叶抛栽，水育秧于4.5叶移栽。栽插规格16.5cm×19.8cm，每穴插2苗，确保基本苗150万苗/hm²。施水稻专用复合肥750kg/hm²作基肥，移栽后5～7d结合施用除草剂追施90kg/hm²尿素促进分蘖。孕穗期注意追施钾肥。分蘖期浅水促进分蘖早发，够苗晒田，生育中后期均以干湿相间保持田间湿润为主，不要断水过早。根据当地农业部门病虫测报，加强防治稻瘟病、纹枯病、二化螟、稻纵卷叶螟、稻飞虱等病虫害。

株两优316（Zhuliangyou 316）

品种来源：上饶市农业科学研究所利用株1S/R316（T0463/浙733）杂交选配而成。2014年通过江西省农作物品种审定委员会审定，编号：赣审稻2014028。

形态特征和生物学特性：属籼型两系杂交中熟早稻。全生育期110d，比对照中早35迟熟0.1d。株高94.3cm，株型适中，剑叶挺直，长势繁茂，分蘖力强，颖尖秆黄色，穗粒数较多，熟期转色好。有效穗数357万穗/hm²，穗长19.8cm，每穗粒数100.0粒，结实率85.6%，千粒重27.9g。

品质特性：糙米率76.6%，精米率63.1%，整精米率44.8%，糙米粒长7.0mm，糙米长宽比3.2，垩白粒率95.0%，垩白度16.9%，直链淀粉含量24.3%，胶稠度30mm。

抗性：稻瘟病抗性自然诱发鉴定：穗颈瘟为9级，高感稻瘟病。

产量及适宜地区：2013—2014年参加江西省水稻区试，2013年平均产量8 207kg/hm²，比对照中早35增产3.6%；2014年平均产量7 376kg/hm²，比对照中早35增产2.4%。两年平均产量7 791kg/hm²，比中早35增产3.0%。适宜在江西省稻瘟病轻发区种植。

栽培技术要点：3月下旬播种，秧田播种量225kg/hm²，大田用种量30kg/hm²。秧龄25d左右。栽插规格为16.5cm×19.8cm。每穴插2苗，栽插基本苗150万苗/hm²。施用纯氮165kg/hm²，氮、磷、钾比例为1.0：0.6：0.8，施足基肥，早施追肥，增施磷、钾肥，适施穗肥。浅水插秧，浅水返青，寸水分蘖，够苗晒田，薄水抽穗，干湿壮籽，收割前7～10d断水。根据当地农业部门预报，及时防治稻瘟病等病虫害。

株两优538（Zhuliangyou 538）

品种来源：江西天涯种业有限公司、株洲市农业科学研究所利用株1S/科早538（赣早籼58号/嘉育253）杂交选配而成。2014年通过江西省农作物品种审定委员会审定，编号：赣审稻2014029。

形态特征和生物学特性：属籼型两系杂交中熟早稻。全生育期110d，比对照中早35迟熟0.2d。株高94.0cm，株型适中，剑叶挺直，长势繁茂，分蘖力强，颖尖秆黄色，穗大粒多，熟期转色好。有效穗数330万穗/hm²，穗长19.9cm，每穗粒数118.6粒，结实率84.3%，千粒重25.4g。

品质特性：糙米率78.3%，精米率67.4%，整精米率54.8%，糙米粒长6.2mm，糙米长宽比2.7，垩白粒率90.0%，垩白度15.6%，直链淀粉含量26.4%，胶稠度30mm。

抗性：稻瘟病抗性自然诱发鉴定：穗颈瘟为9级，高感稻瘟病。

产量及适宜地区：2013—2014年参加江西省水稻区试，2013年平均产量8 243kg/hm²，比对照中早35增产5.9%，极显著；2014年平均产量7 586kg/hm²，比对照中早35增产5.3%，显著。两年平均产量7 914kg/hm²，比对照中早35增产5.6%。适宜在江西省稻瘟病轻发区种植。

栽培技术要点：薄膜保温育秧3月中下旬播种，湿润育秧3月底至4月初播种，秧田播种量300kg/hm²，大田用种量30kg/hm²。秧龄不超过28d。栽插规格为16.5cm×19.8cm。每穴插2苗。施40%水稻专用复混肥600kg/hm²作底肥，移栽后6d结合施用除草剂追施尿素165kg/hm²，幼穗分化初期施氯化钾150kg/hm²，后期看苗补肥。干湿相间促分蘖，够苗晒田，有水孕穗，浅水抽穗，湿润灌浆，干干湿湿，收割前7d断水。根据当地农业部门病虫预报，及时防治稻瘟病、纹枯病、二化螟、稻纵卷叶螟、稻飞虱等病虫害。

株两优606（Zhuliangyou 606）

品种来源：江西省农业科学院水稻研究所、江西金山种业有限公司利用株1S/金恢606（1504/优丰早11）杂交选配而成。2010年通过江西省农作物品种审定委员会审定，编号：赣审稻2010037。

形态特征和生物学特性：属籼型三系杂交早熟早稻。2009年全生育期110d，比对照浙733早熟0.1d，2010年全生育期116d，比对照中早35迟熟0.6d。株高85.8cm，株型适中，叶色浓绿，分蘖力强，熟期转色好。有效穗数327万穗/hm²，每穗粒数114.0粒，结实率79.0%，千粒重25.9g。

品质特性：糙米率80.0%，精米率69.2%，整精米率44.3%，糙米粒长6.6mm，糙米长宽比3.1，垩白粒率82.0%，垩白度11.5%，直链淀粉含量19.6%，胶稠度53mm。

抗性：稻瘟病抗性自然诱发鉴定：穗颈瘟为9级；2009年穗颈瘟平均损失率为6.6%；2010年穗颈瘟平均损失率为4.8%。

产量及适宜地区：2009—2010年参加江西省水稻区试，2009年平均产量6 977kg/hm²，比对照浙733增产7.6%；2010年平均产量6 405kg/hm²，比对照中早35增产0.1%。两年平均产量6 692kg/hm²。适宜在江西省稻瘟病轻发区种植。

栽培技术要点：软盘育秧3月10～15日播种，水育秧3月25日播种，秧田播种量180kg/hm²，大田用种量302kg/hm²。软盘育秧于3.5叶抛栽，水育秧于4.5叶移栽。栽插规格16.5cm×19.8cm，每穴插2苗，栽插基本苗150万苗/hm²。施水稻专用复合肥750kg/hm²作基肥，移栽后5～7d结合施用除草剂追施尿素90kg/hm²促进分蘖，孕穗期追施钾肥75kg/hm²。浅水分蘖，够苗晒田，后期保持干湿相间，不要断水过早。根据当地农业部门病虫预报，防治稻瘟病、纹枯病、二化螟、稻纵卷叶螟、稻飞虱等病虫害。

株两优6108 (Zhuliangyou 6108)

品种来源：江西天涯种业有限公司利用株1S/早6108（浙610变异株）杂交选配而成。2012年通过江西省农作物品种审定委员会审定，编号：赣审稻2012019。

形态特征和生物学特性：属籼型两系杂交中熟早稻。全生育期111d，比对照中早35迟熟0.9d。株高92.1cm，株型适中，叶片挺直，长势繁茂，分蘖力较强，穗粒数多，熟期转色好。有效穗数306万穗/hm²，每穗粒数112.6粒，结实率85.8%，千粒重26.7g。

品质特性：糙米率81.5%，精米率71.8%，整精米率51.2%，糙米粒长7.1mm，糙米长宽比3.4，垩白粒率68.0%，垩白度7.5%，直链淀粉含量20.0%，胶稠度60mm。

抗性：稻瘟病抗性自然诱发鉴定：穗颈瘟为9级；2011年穗颈瘟平均损失率为6.4%；2012年穗颈瘟平均损失率为4.9%。

产量及适宜地区：2011—2012年参加江西省水稻区试，2011年平均产量7 229kg/hm²，比对照中早35增产0.7%；2012年平均产量7 592kg/hm²，比对照中早35增产8.6%，极显著。两年平均产量7 410kg/hm²，比中早35增产4.7%。适宜在江西省稻瘟病轻发区种植。

栽培技术要点：3月下旬播种，秧田播种量300kg/hm²，大田用种量30kg/hm²。秧龄不超过28d。栽插规格16.5cm×19.8cm，每穴插2～3苗，栽插基本苗120万苗/hm²。施肥总量纯氮165kg/hm²、纯磷90kg/hm²、纯钾150kg/hm²，施足基肥，栽后5～7d结合除草剂，追施尿素150kg/hm²，幼穗分化初期追施氯化钾75kg/hm²，后期看苗补肥。干湿相间促分蘖，够苗晒田，湿润孕穗，浅水抽穗，湿润灌浆，后期不要断水过早。及时施药防治稻瘟病、纹枯病、二化螟、稻纵卷叶螟、稻飞虱等病虫害。

准两优916（Zhunliangyou 916）

品种来源：江西科源种业有限公司利用准S/R916（9311/蜀恢527）杂交选配而成。2010年通过江西省农作物品种审定委员会审定，编号：赣审稻2010001。

形态特征和生物学特性：属籼型两系杂交中熟一季稻。全生育期125d，比对照Ⅱ优838长0.5d。株高123.5cm，株型适中，叶片长直，长势繁茂，颖尖秆黄色，穗粒数中，熟期转色好。有效穗数249万穗/hm²，每穗粒数121.6粒，结实率91.4%，千粒重32.2g。

品质特性：糙米率79.1%，精米率69.8%，整精米率56.3%，糙米粒长7.5mm，糙米长宽比3.3，垩白粒率53.0%，垩白度5.3%，直链淀粉含量20.2%，胶稠度77mm。

抗性：稻瘟病抗性自然诱发鉴定：穗颈瘟为9级，高感稻瘟病。

产量及适宜地区：2008—2009年参加江西省水稻区试，2008年平均产量8 400kg/hm²，比对照Ⅱ优838增产8.3%；2009年平均产量8 112kg/hm²，比对照Ⅱ优838增产2.2%。两年平均产量8 256kg/hm²，比对照Ⅱ优838增产5.2%。适宜在江西省稻瘟病轻发区种植。

栽培技术要点：丘陵、山区于4月下旬至5月下旬播种，秧田播种量180kg/hm²，大田用种量22.5kg/hm²。秧龄30d。栽插规格16.5cm×26.4cm，每穴插2苗。重施基肥，早施追肥，增施钾肥，适施穗粒肥，施纯氮210kg/hm²、纯磷105kg/hm²、纯钾225kg/hm²。深水返青，浅水促蘖，够苗晒田，有水孕穗，湿润灌浆，后期不要断水过早。加强稻瘟病、稻飞虱等病虫害的防治。

第四章
著名育种专家

ZHONGGUO SHUIDAO PINZHONGZHI·JIANGXI JUAN

姜文正

江西省南昌县人（1916—1997），研究员。1940年毕业于中央大学农艺系，曾任江西省农业科学院作物研究所副所长、江西省农业科学院学术委员会副主任。曾获江西省首届英模奖、江西省农业劳动模范、全国农业水利先进生产代表奖、全国先进生产者代表奖等荣誉称号。享受国务院政府特殊津贴。

20世纪70年代中期以前，主要致力于水稻丰产栽培技术研究与推广，在赣中南、赣北农业生产一线推广水稻良种，改土改水增肥，培育壮秧及合理密植，合理搭配品种，成功推广"一改二"，即单季稻改双季稻。20世纪70年代后期，主要从事农作物品种资源征集、研究与利用工作。参与选育著名品种南特号，在南方各省推广面积超过670万 hm²，并成为矮秆品种的主要亲本源。参与育成的莲塘早及系列早稻品种及后来的早籼6044、早籼7055，曾在江西省及南方各省大面积推广。组织全省水稻资源调查，先后征集水稻地方品种1 957份。在东乡野生稻的发现、考察、鉴定、研究与利用中，做了大量开创性工作，为东乡野生稻珍稀资源的保护和利用做出了突出贡献。

获国家农牧渔业部科技进步一等奖、国家科技进步一等奖和二等奖各1项，江西省科技进步一等奖、二等奖和三等奖各1项。主编《常用生物统计与田间技术》，参编《中国水稻品种及其系谱》《中国稻种资源目录》和《中国稻种资源》。发表论文40余篇。

肖诗锦

江西省泰和县人（1922—2018），研究员。1950年毕业于南昌大学农学院农学系，曾任江西省农业科学院作物系副主任，宜春地区农业科学研究所所长、农学会副理事长、种子学会理事长。获全国、江西省先进科技工作者，江西省劳动模范等荣誉。享受国务院政府特殊津贴。

从事水稻育种工作50多年，20世纪50年代起先后组织育成水稻新品种莲塘早、莲塘早1号、莲塘早2号、莲塘早3号、莲塘早4号等系列品种，对扩大水稻复种指数起到重要的推动作用；60年代针对高秆改矮秆的需要，组织育成早熟不早衰、米质优、产量高的矮秆良种赣早籼1号（6044）和赣早籼2号（7055），解决了高秆品种易倒伏不高产的缺点；20世纪70~90年代针对高产、优质、多抗的育种目标，先后育成早稻78-334、秀江早9号、赣早籼16、赣早籼25，晚稻秀江晚3号、秀江晚4号、508、协优赣20、协优1429（协优赣26）等品种；21世纪以来，利用优质野生资源"东乡野生稻"细胞质转育成不育系东B11A，组配成东优13（先农40）应用于农业生产。先后育成品种、杂交稻组合40余个。

获全国、江西省科学大会奖2项，江西省科技成果二等奖1项，三等奖2项，江西省农科教人员突出贡献三等奖3项，2009年获宜春市科学技术特别贡献奖。发表论文20余篇。

甘淑贞

　　江西省南昌县人（1930—　），研究员。1954年毕业于江西农学院，在江西省农业科学院水稻研究所从事水稻育种40余年，曾任江西省农学会常务理事。获江西省先进科技工作者称号，享受国务院政府特殊津贴。

　　长期致力于水稻常规育种，坚持高产与优质、多抗相结合的育种目标，在水稻矮化育种和品质改良中作出突出贡献。主持育成7055（赣早籼2号）、赣早籼10号、赣早籼12、赣早籼37、5450（赣晚籼2号）、赣晚籼19、赣晚籼22、南矮12，合作选育莲塘早3号、赣早籼40、赣陆矮、赣四矮、赣早籼21等系列籼型双季水稻品种。其中7055、赣早籼37、赣晚籼19、赣早籼40等均是当年江西省水稻新品种区域试验的对照品种。

　　1968年育成著名早籼早熟品种7055和晚籼品种5450，推动了长江中下游双季水稻的发展。1978—1987年，7055在全国15个省（自治区、直辖市）推广面积1 480万hm²，是当时全国推广面积最大的17个品种之一，曾作为全国和江西省水稻区试对照品种分别为5年和15年。5450是20世纪70年代江西省的著名晚稻当家品种。

　　20世纪90年代初育成的赣晚籼19和赣早籼37，集优质、丰产、抗病于一体，是江西水稻品质改良的先锋品种和主栽品种，其中赣晚籼19品质达到国家优质米一级标准，产量高、抗性强，1992年获首届农业博览会银奖，1994年列入科技部重点推广成果。赣早籼37早熟、优质、抗稻瘟病、适应性广，曾列入农业部推广的优质早籼品种。

　　主持和参与育成双季水稻新品种13个，累计种植面积超2 000万hm²。1978年获国家科学大会奖和江西省科学大会奖。先后获江西省科技进步一等奖1项、二等奖1项、三等奖4项，江西省农科教人员突出贡献奖4项。

杨素芬

江西省南昌县人（1931—　），研究员。1954年毕业于江西农学院，曾任江西省农业科学院水稻研究所副所长、党支部书记，中共十一大、十二大代表，全国"三八"红旗手，江西省劳动模范，享受国务院政府特殊津贴。

20世纪80年代利用5450/印尼水田谷的杂交后代经$^{60}Co\gamma$射线辐照，经6代选育而成赣晚籼5号（晚籼M112），成为当时江西省晚稻主栽品种，连续7年被选为南方稻区区域试验对照品种，累计推广150万hm^2。育成的早熟优质抗稻瘟病品种赣早籼15，在江西省60多个县市和湖北、湖南、安徽等省的部分地区广泛种植。育成优质香米赣晚籼23，其稻米品质可与泰国优质稻媲美，大米产品获首届中国农业博览会金奖。育成优质糯稻赣香糯，获首届中国农业博览会铜奖。

先后主持育成水稻品种6个，应用面积200万hm^2。获得成果奖3项，其中国家发明奖四等奖1项、江西省科技进步奖二等奖2项。

张瑞祥

　　江西省兴国县人（1934—　　），研究员。1959年毕业于赣南农学院作物栽培专业，先后在赣南农学院、江西共产主义劳动大学上犹分校、赣州地区农科所从事水稻育种研究。获全国先进工作者、中华人民共和国成立60周年江西省最具影响力劳动模范、全国优秀农业科技工作者、全国老有所为奉献奖、江西省农业科技先进工作者等荣誉。享受国务院政府特殊津贴。

　　先后育成杂交水稻品种和不育系30多个。1986年育成优质早稻威优测50，1989年育成协优49，1994年育成协优赣15，1989年育成实用型两用核不育系田丰s及其杂交早稻田两优402，这些组合成为江西早稻主栽品种。21世纪初育成水稻高秆隐性（*eui*）长穗颈不育系，解除或部分解除不育系的包颈现象，育成的K17eA及其系列组合已在生产上应用，累计种植面积120万hm^2。

　　先后获奖15项，其中获江西省科技进步一等奖、农业部科技进步一等奖各1项，江西省科技进步二等奖3项、三等奖4项。发表论文90篇。

钱怀璞

　　安徽省怀宁县人（1936—　），高级农艺师。1956年江西省樟树农校农学专业毕业，长期在农村基层从事农业生产、水稻育种和农技推广等工作。历任萍乡市芦溪县农业科学研究所所长、县农业局副局长、县政府总农艺师。获国家级有突出贡献中青年专家、江西省劳动模范、全国农业劳动模范、全国先进工作者、江西省十大科技明星、江西省十大科技创新人物、江西省突出贡献人才等荣誉称号。享受国务院政府特殊津贴。

　　20世纪70年代起先后主持育成萍芦晚、73晚1、赣早籼7号（73-07）、赣早籼26、赣早籼29、赣早籼48常规稻品种，以及杂交中晚稻强优势组合献优赣12（献优63）、杂交优质有色稻天丰优紫红（武功紫红米0801）8个早、晚稻新品种。高产优质早籼品种73-07成为江西省的主推当家品种，1984年获江西省政府优秀科技成果一等奖。

　　在江西省内外杂志上发表论文20余篇。

颜龙安

江西省萍乡市人（1937—　　），作物遗传育种家，研究员。1962年毕业于江西农学院，曾任江西省农业科学院院长，2007年当选为中国工程院院士。第五、六、七、八、九届全国人大代表，其中第六至九届为主席团成员。享受国务院政府特殊津贴。

长期从事水稻遗传育种研究。1972年带领课题组育成野败籼型不育系珍汕97A和二九矮4号A，1973年育成第一个大面积推广的强优势组合汕优2号，实现三系配套。1973年研究明确了"野败"恢复基因的分布规律，为三系杂交稻恢复系的筛选和培育提供了理论和技术指导。1982—2003年，以珍汕97A不育系配组的杂交稻累计推广种植1.25亿hm²，占全国种植杂交稻总面积的47.6%。1987年首次发现显性雄性核不育水稻，并证明具有温敏特性。1980年提出增大"三系"库容量的育种思路，带领团队选育出献优63、新露A、新优752等大穗大粒型亲本和组合，其中献优63在江苏种植，创造了20世纪80年代末长江中下游水稻单产的最高纪录。近年培育出金优458、荣优225等双季超级稻组合，为江西省水稻持续增产稳产做出了重要贡献。

先后获国家发明奖特等奖、全国科学大会奖、江西省特别贡献奖、江西省科学大会奖、江西省科技进步一等奖和浙江省科技进步奖一等奖各1项，江西省科技进步奖二等奖4项、科技进步奖三等奖4项，中国作物学会科技成就奖，袁隆平农业科技奖和中华农业英才奖等；入选中华人民共和国成立60年来江西60位最具影响力劳模、江西骄傲人物和第四届"十大井冈之子"。先后3次被评为全国劳动模范和先进工作者，5次被评为江西省劳动模范，并荣获国家级有突出贡献的中青年专家、全国先进工作者等称号。

主编《杂交水稻繁制学》《优质稻生产技术》《江西水稻育种研究与发展》专著3部，发表论文50余篇。

潘熙淦

江西省武宁县人（1938— ），水稻遗传育种学家、研究员。1961年毕业于江西农学院，曾任江西省农业科学院水稻研究所所长、江西省农业科学院副院长、江西省作物学会理事长、农业部科学技术委员会委员（粮食组）。1994年参加主持并实施国家中菲10-407国际科技合作项目，2000年应FAO聘为"杂交水稻专家"前往菲律宾进行技术指导、讲学。获国家有突出贡献中青年专家、江西省科技精英（江铃奖）、江西省劳动模范等称号。享受国务院政府特殊津贴。

先后在杂交水稻选育、三系配套、杂种优势基础理论及成果转化等方面做了大量研究和组织工作。1964年初针对"矮秆良种"能否在江西推广种植、1976年针对"三系杂交稻"能否在生产应用等技术问题做了大量的调查和研究工作，20世纪80年代末主持江西省两系杂交稻项目研究与示范工作，90年代末引进超级杂交稻"两优培九"在江西试种示范成功，为水稻新品种新技术快速形成生产力，推动江西稻作生产做出了重大贡献。

自1976年连续20余年主持"全国籼型杂交稻区试"，主持育成协优赣8号、安两优25等组合5个，累计种植面积300万hm²。肯定了位于28°14′N的江西东乡野生稻是我国普通野生稻分布的最北限，研究发现东乡野生稻的核型偏粳，对东乡野生稻的细胞质特性、形态多样性、生态环境等进行了系统的分析，且选育出东野型细胞质雄性不育系国际油粘A，初步实现了新三系配套。

先后获国家科技进步特等奖、三等奖各1项，农业部科技进步一等奖、二等奖各1项，江西省科技进步一等奖2项、二等奖1项，江西省星火计划一等奖1项，袁隆平农业科技奖1项。主编《水稻雄性不育杂种优势利用》和《两系法杂交水稻实用技术》等专著。参编《中国稻作学》《中国杂交水稻的发展》和《中国水稻》等专著。在国内外发表论文80余篇。

朱德瑶

　　重庆市人（1938—　　），水稻生物技术育种家，研究员。1959年毕业于四川农学院农学专业，1961年到江西省农业科学院工作。曾任江西省植物生理学会常务理事、江西省植物学会常务理事，多次获全国及江西省"三八"红旗手称号，1998年获第二届中国"十大女杰"提名奖。享受国务院政府特殊津贴。

　　1975年起一直承担并主持国家、省（部）级有关籼稻花培育种研究课题，将籼稻花药诱导成苗率提高到1.8%的世界先进水平；致力于将"花培技术"和"杂种优势利用"有机结合，开创了"优化培养技术，低世代同步鉴定，多方位综合利用"水稻花药培养生物技术育种体系；育成籼稻品种（含三系、两系）6个，其中特早熟早稻赣早籼45曾在避灾及灾后补救中发挥主要作用。

　　主持获得联合国《发明创新科技之星》等国际性奖励3次，国家科技进步三等奖1项，江西省（农业部）科技进步一等奖1项、二等奖2项、三等奖5项。

　　参与编写《水稻生物技术育种》《农作物组织培养》《生物技术在水稻育种中的应用》和《生物技术系列丛书》（德国出版）等专著，在国内外发表研究论文40余篇。

旷一相

　　江西省永新县人（1940—2018），研究员。1964年江西省农学院毕业，1971年在江西省农业科学院水稻研究所主持杂交水稻研究工作，对江西省杂交水稻的研究、推广，以及专业人才的培养做出了突出贡献。获江西省劳动模范称号，享受国务院政府特殊津贴。

　　20世纪70年代初期，参加全国籼型杂交水稻三系配套研究，从IR系统中筛选出一大批"野败"恢复系。其中，独立筛选出古154和6185两个早熟恢复系与珍汕97A、V20A配组，其组合在我国南方稻作区作早稻或二晚早熟组合大面积种植。参与育成的杂交水稻强优势组合汕优2号是全国第一个种植面积超过670万hm²的杂交组合，曾获得江西省优秀科技成果一等奖。1980年籼型杂交水稻获国家特等发明奖，他是主要获奖成员之一。

　　20世纪80年代之后，育成了江农早2号不育系（G2A），并配制出江优63，获得江西省科技进步三等奖。育成赣早籼18，江Ⅱ优赣18，杂交早稻组合江Ⅱ优458和早稻恢复系早恢458等。"早恢R458的创制及其超级杂交水稻新组合的选育与应用"项目于2010年获得江西省科学技术进步二等奖。选育的江农早4号不育系及配制的系列短生育期组合，于2012年获得江西省科学技术进步二等奖。

　　曾先后在省内外农业期刊上发表论文30多篇。

刘宜柏

　　江西省永新县人（1940—　），教授、博士生导师。1964年毕业于江西农学院农学系，曾任江西农业大学党委书记、校长。曾任江西省高等教育学会副会长、江西省作物学会副理事长、江西省农作物品种审定委员会副主任、江西省发明协会副会长、第三届江西省自然科学基金委员会副主任等职。江西省第七届政协委员，第九届全国人大代表，享受国务院政府特殊津贴。

　　长期从事作物遗传育种的教学和科研工作，20世纪80年代选育出赣晚籼9号和赣晚籼17两个优质稻品种。在优质稻资源筛选及评价利用方面做了大量开创性的工作。80年代末领导研究组提出了"水稻光、温敏核不育光、温作用的两个基本模式"，得到国内专家的肯定，被确定为选育实用型光、温敏核不育系的基本技术策略，以此为主的"水稻光（温）敏核不育系的光温生态和育种的应用基础研究"成果，获江西省1994年度科学技术进步一等奖。2002—2004年以首席专家身份主持完成国家农业部跨越计划："赣晚籼30生产特优质无公害大米技术体系的集成与示范"，建立赣晚籼30原种提纯、繁育、示范和推广一条龙的原种生产及良种供应技术体系。获江西省科技进步一等奖1项、二等奖2项、三等奖3项、国家教委三等奖1项，参与"两系法杂交水稻技术研究与应用"成果获2013年度国家科技进步特等奖。编写《作物遗传育种原理》《生态经济与生态江西》《绿色大米生产与产业化》《杂交水稻繁制学》等教材和专著5部，发表论文50余篇。

陈大洲

　　江西省会昌县人（1955— ），研究员，江西农业大学硕士生导师，江西农业科学院博士后工作站导师。1979年毕业于江西共产主义劳动大学，2004年获南京农业大学硕士学位，曾任江西省农业科学院总农艺师、水稻研究所所长、江西省遗传学会理事长、全国第三届特种稻协会副主席等职位。获全国先进工作者、全国"五一"劳动奖章、全国优秀科技工作者、全国农业科技推广标兵、江西省突出贡献人才等荣誉称号，享受江西省政府特殊津贴和国务院政府特殊津贴。

　　对东乡野生稻的遗传多样性和保护技术进行了长期研究，提出"三位一体"有效保护模式。在挖掘东乡野生稻有利基因，特别是在强耐冷基因的研究利用上做了大量的研究。在早稻品质改良、两系杂交稻育种及制种技术研究上取得较好成效。作为江西省超级稻示范推广首席专家，有力推进了超级稻的发展。

　　20世纪80年代，育成的协优赣8号（协优2374）成为长江流域主推品种，90年代主持育成的金优F6、赣早籼49等优质早稻品种；育成优质稻井冈早稻1号、赣晚籼37（晚籼926），03优66（早籼超级稻）、宜两优207、99优468、赣优明占、九香占等品种，不育系03A、99A、赣香A、赣莲S等4个。利用东乡野生稻强耐冷种质与栽培稻杂交，育成了强耐冷的东野1号和4788A三系雄性不育系，在江西自然条件下越冬，翌年春出苗，表现出极强的耐冷性。

　　前后主持育成水稻新品种22个，研发新技术2项，应用面积400万hm²。参与的"两系法杂交水稻技术研究与应用"获得国家科技进步特等奖，获得江西省科技进步一等奖1项、农业部丰收计划一等奖1项、省级二等奖6项，获得发明专利7项。编著《朝阳稻业》，主编《杂交水稻技术培训教程》《江西杂交水稻制种繁殖高产技术》《2010年江西省水稻产业技术发展报告》，副主编《中国野生稻研究与利用》《江西水稻育种研究与发展》《江西农村经济探索》《江西农业经济六十年》等专著，发表论文76篇。

第五章
品种检索表

品种名	英文（拼音）名	类型	审定（育成）年份	审定编号	品种权号	页码
03B	03B	常规早籼稻	2006	赣审稻2006052		217
03优66	03 you 66	三系杂交早籼稻	2007	赣审稻2007025		226
113-461	113-461	籼型恢复系				201
69优02	69 you 02	三系杂交早籼稻	2014	赣审稻2014006		227
99B	99B	常规早籼稻	2006	赣审稻2006053		218
99优468	99 you 468	三系杂交晚籼稻	2010	赣审稻2010008		228
Ⅱ优1733	Ⅱ you 1733	三系杂交中籼稻	2007	赣审稻2007044		229
Ⅱ优305	Ⅱ you 305	三系杂交中籼稻	2005	赣审稻2005085		230
Ⅱ优7599	Ⅱ you 7599	三系杂交晚籼稻	2008	赣审稻2008011		231
Ⅱ优908	Ⅱ you 908	三系杂交中籼稻	2007	赣审稻2007011		232
Ⅱ优淦1号	Ⅱ yougan 1	三系杂交中籼稻	2009	赣审稻2009002		233
C1429	C1429	籼型恢复系				202
C两优168	C Liangyou 168	两系杂交中籼稻	2014	赣审稻2014007		492
D38S	D38S	籼型保持系	2003			219
D优赣9号	D yougan 9	三系杂交早籼稻	1992	赣审稻1992005		234
eK优10号	eK you 10	三系杂交早籼稻	2007	赣审稻2007026		235
eK优21	eK you 21	三系杂交晚籼稻	2008	赣审稻2008014		236
eK优25	eK you 25	三系杂交晚籼稻	2009	赣审稻2009012		237
eK优4号	eK you 4	三系杂交早籼稻	2007	赣审稻2007027		238
eK优4480	eK you 4480	三系杂交晚籼稻	2005	赣审稻2005029 桂审稻2005005		239
e福两优F8	e Fuliangyou F8	两系杂交晚籼稻	2004	赣审稻2005013		493
e优2号	e you 2	三系杂交早籼稻	2005	赣审稻2005068		240
e优6号	e you 6	三系杂交早籼稻	2006	赣审稻2006059		241
F6-7-4	F6-7-4	籼型恢复系				203
H优158	H you 158	三系晚籼稻	2009	赣审稻2009013 国审稻2010023		242
K优66	K you 66	三系杂交早籼稻	2002	赣审稻2002009	CNA20030290.6	243
K优金谷1号	K youjingu 1	三系杂交晚籼稻	2003	赣审稻2003014	CNA20030161.6	244

（续）

品种名	英文（拼音）名	类型	审定（育成）年份	审定编号	品种权号	页码
K优金谷3号	K youjingu 3	三系杂交晚籼稻	2003	赣审稻2003015		245
M98213	M98213	常规早籼稻				138
My82166	My82166	常规晚籼稻				139
R101	R101	籼型恢复系				204
R102	R102	籼型恢复系				205
R121	R121	籼型恢复系				206
R458	R458	籼型恢复系				207
R66	R66	籼型恢复系				208
R66-13	R66-13	籼型恢复系				209
R98049	R98049	籼型恢复系				210
SG98786	SG98786	晚籼老品种				140
SP优Ⅰ98	SP you Ⅰ98	三系杂交晚籼稻	2004	赣审稻2004024		246
T优463	T you 463	三系杂交早籼稻	2004	赣审稻2005081 桂审稻2004005		247
T优5128	T you 5128	三系杂交中籼稻	2010	赣审稻2010005		248
T优615	T you 615	三系杂交晚籼稻	2006	赣审稻2006036		249
T优832	T you 832	三系杂交晚籼稻	2009	赣审稻2009019		250
T优968	T you 968	三系杂交晚籼稻	2005	赣审稻2005034		251
Y两优202	Y Liangyou 202	两系杂交中籼稻	2014	赣审稻2014009		494
Y两优5813	Y Liangyou 5813	两系杂交中籼稻	2012	赣审稻2012002		495
Y两优5867	Y Liangyou 5867	两系杂交中籼稻	2010	赣审稻2010002 国审稻2012027 浙审稻2011016	CNA006563E	496
Y两优916	Y Liangyou 916	两系杂交中籼稻	2009	赣审稻2009003	CNA008297E	497
矮化奉新红米	Aihuafengxinhongmi	晚籼老品种				141
安两优01	Anliangyou 01	两系杂交晚籼稻	2009	赣审稻2009028		498
安两优25	Anlianyou 25	两系杂交早籼稻	1998	赣审稻1998003		498
安两优402	Anliangyou 402	两系杂交早籼稻	2001	赣审稻2001008		499
安两优9808	Anliangyou 9808	两系杂交晚籼稻	2005	赣审稻2005014		500
安两优青占	Anliangyouqinzhan	两系杂交晚籼稻	2004	赣审稻2004022	CNA20030286.8	501

（续）

品种名	英文（拼音）名	类型	审定（育成）年份	审定编号	品种权号	页码
帮两优 9103	Bangliangyou 9103	两系杂交早籼稻	2014	赣审稻 2014031		502
炳优华占	Bingyouhuazhan	三系杂交晚籼稻	2014	赣审稻 2014021	CNA007026E	252
博优 141	Boyou 141	三系杂交中籼稻	2003	赣审稻 2003008		253
博优 752	Boyou 752	三系杂交晚籼稻	1999	赣审稻 1999007 桂审稻 2001025		254
不脱籼	Butuoxian	早籼老品种				142
昌优 1 号	Changyou 1	三系杂交晚籼稻	2005	赣审稻 2005017		255
昌优 10 号	Changyou 10	三系杂交晚籼稻	2006	赣审稻 2006031		256
昌优 2 号	Changyou 2	三系杂交中籼稻	2004	赣审稻 2004015		257
昌优 4 号	Changyou 4	三系杂交中籼稻	2004	赣审稻 2004014		258
常优赣 11	Changyougan 11	三系杂交晚籼稻	1993	赣审稻 1993005		258
池优 65	Chiyou 65	三系杂交中籼稻	2006	赣审稻 2006007	CNA20060550.X	259
川香 231	Chuanxiang 231	三系杂交中籼稻	2010	赣审稻 2010004		260
春光 1 号	Chunguang 1	三系杂交早籼稻	2006	赣审稻 2006055		261
德农 88	Denong 88	三系杂交早籼稻	2005	赣审稻 2005073		262
德香早 4 号	Dexiangzao 4	三系杂交早籼稻	2005	赣审稻 2005074		263
德优 1254	Deyou 1254	三系杂交晚籼稻	2008	赣审稻 2008031		264
东野 1 号	Dongye1	常规晚粳稻	2003	赣审稻 2003027		143
二九陆 1 号	Erjiulu 1	早籼老品种				144
二九青 1 号	Erjiuqing 1	早籼老品种				145
菲优 137	Feiyou 137	三系杂交晚籼稻	2008	赣审稻 2008023		265
菲优 463	Feiyou 463	三系杂交早籼稻	2006	赣审稻 2006064		266
菲优 98	Feiyou 98	三系杂交早籼稻	2006	赣审稻 2006065		267
丰华优 1 号	Fenghuayou 1	三系杂交晚籼稻	2005	赣审稻 2005087	CNA20060549.6	268
丰华优 2 号	Fenghuayou 2	三系杂交中籼稻	2005	赣审稻 2005082	CNA20060264.0	269
丰园香稻	Fengyuanxiangdao	晚籼老品种				146
丰源优 2297	Fengyuanyou 2297	三系杂交晚籼稻	2010	赣审稻 2010029 湘审稻 2014017		270
丰源优 24	Fengyuanyou 24	三系杂交晚籼稻	2010	赣审稻 2010030		271
丰源优航 98	Fengyuanyouhang 98	三系杂交晚籼稻	2009	赣审稻 2009010		272

（续）

品种名	英文（拼音）名	类型	审定（育成）年份	审定编号	品种权号	页码
凤晚糯1号	Fengwannuo 1	常规晚籼稻（糯）				147
福优715	Fuyou 715	三系杂交中籼稻	2011	赣审稻2011002	CNA008510E	273
福优737	Fuyou 737	三系杂交中籼稻	2009	赣审稻2009001		274
淦两优602	Ganliangyou 602	两系杂交晚籼稻	2007	赣审稻2007014 韶审稻200902 国审稻2011018	CNA007369E	503
淦鑫202	Ganxin 202	三系杂交早籼稻	2006	赣审稻2006060		275
淦鑫203	Ganxin203	三系杂交籼稻	2006	赣审稻2006062 国审稻2009009 韶审稻201001		276
淦鑫600	Ganxin 600	三系杂交晚籼稻	2007	赣审稻2007013		277
淦鑫604	Ganxin604	三系杂交早籼稻	2009	赣审稻2009032		278
淦鑫688	Ganxin 688	三系杂交晚籼稻	2006	赣审稻2006032	CNA20050904.7	279
淦鑫7号	Ganxin 7	三系杂交中籼稻	2007	赣审稻2007003		280
赣6优88	Gan 6 you 88	三系杂交晚籼稻	2009	赣审稻2009044		281
赣化诱1号	Ganhuayou 1	晚籼老品种				148
赣良早3号	Ganliangzao 3	早籼老品种				149
赣南晚1号	Gannanwan 1	晚籼老品种				150
赣南晚7号	Gannanwan 7	晚籼老品种				151
赣南早23	Gannanzao 23	早籼老品种				152
赣南早3号	Gannanzao 3	早籼老品种				153
赣农3425	Gannong 3425	早籼老品种				154
赣农晚粳2号	Gannongwanjing 2	晚籼老品种				155
赣农早	Gannongzao	早籼老品种				156
赣饶76	Ganrao76	晚籼老品种				157
赣晚糯5	Ganwannuo 5	晚籼老品种				158
赣晚籼1号	Ganwanxian 1	常规晚籼老品种	1987	赣审稻1987009		103
赣晚籼10号	Ganwanxian 10	常规晚籼老品种	1990	赣审稻1990014		104
赣晚籼11	Ganwanxian 11	常规晚籼老品种	1990	赣审稻1990015		105
赣晚籼12	Ganwanxian 12	常规晚籼稻	1990	赣审稻1990016		105

（续）

品种名	英文（拼音）名	类型	审定（育成）年份	审定编号	品种权号	页码
赣晚籼13	Ganwanxian 13	常规晚籼稻	1990	赣审稻1990017		106
赣晚籼14	Ganwanxian 14	常规晚籼稻	1990	赣审稻1990018		107
赣晚籼15	Ganwanxian 15	常规晚籼稻	1990	赣审稻1990019		108
赣晚籼16	Ganwanxian 16	常规晚籼稻	1990	赣审稻1990020		109
赣晚籼17	Ganwanxian 17	常规晚籼稻	1991	赣审稻1991012		110
赣晚籼18	Ganwanxian 18	常规晚籼稻	1991	赣审稻1991013		110
赣晚籼19	Ganwanxian 19	常规晚籼稻	1992	赣审稻1992006		111
赣晚籼2号	Ganwanxian 2	常规晚籼稻	1987	赣审稻1987010		112
赣晚籼20	Ganwanxian 20	常规晚籼稻	1992	赣审稻1992007		113
赣晚籼21	Ganwanxian 21	常规晚籼稻	1994	赣审稻1994008		114
赣晚籼22	Ganwanxian 22	常规晚籼稻	1994	赣审稻1994009		115
赣晚籼23	Ganwanxian 23	常规晚籼稻	1994	赣审稻1994010		116
赣晚籼24	Ganwanxian 24	常规晚籼稻	1996	赣审稻1996007		117
赣晚籼25	Ganwanxian 25	常规晚籼稻	1996	赣审稻1996008		118
赣晚籼26	Ganwanxian 26	常规晚籼稻	1996	赣审稻1996009		119
赣晚籼27	Ganwanxian 27	常规晚籼稻	1997	赣审稻1997008		120
赣晚籼28	Ganwanxian 28	常规晚籼稻	1998	赣审稻1998005		120
赣晚籼29	Ganwanxian 29	常规晚籼稻	1999	赣审稻1999005		121
赣晚籼3号	Ganwanxian 3	常规晚籼稻	1987	赣审稻1987011		121
赣晚籼30	Ganwanxian 30	常规晚籼稻	2000	赣审稻2000003		122
赣晚籼31	Ganwanxian 31	常规晚籼稻	2002	赣审稻2002012		123
赣晚籼32	Ganwanxian 32	常规晚籼稻	2003	赣审稻2003011		124
赣晚籼33	Ganwanxian 33	常规晚籼稻	2003	赣审稻2003012		125
赣晚籼34	Ganwanxian 34	常规晚籼稻	2003	赣审稻2003026		126
赣晚籼35	Ganwanxian 35	常规晚籼稻	2004	赣审稻2004005		127
赣晚籼36	Ganwanxian 36	常规晚籼稻	2004	赣审稻2004006		128
赣晚籼37	Ganwanxian 37	常规晚籼稻	2005	赣审稻2005054		129
赣晚籼38	Ganwanxian 38	常规晚籼稻	2008	赣审稻2008002		130
赣晚籼39	Ganwanxian 39	常规晚籼稻	2009	赣审稻2009009		131

（续）

品种名	英文（拼音）名	类型	审定（育成）年份	审定编号	品种权号	页码
赣晚籼4号	Ganwanxian 4	常规晚籼稻	1987	赣审稻1987012		132
赣晚籼5号	Ganwanxian 5	常规晚籼稻	1987	赣审稻1987013		133
赣晚籼6号	Ganwanxian 6	常规晚籼稻	1987	赣审稻1987014		134
赣晚籼7号	Ganwanxian 7	常规晚籼稻	1987	赣审稻1987015		135
赣晚籼8号	Ganwanxian 8	常规晚籼稻	1987	赣审稻1987016		136
赣晚籼9号	Ganwanxian 9	常规晚籼稻	1987	赣审稻1987017		137
赣香B	Ganxiang B	籼型保持系	2009	赣审稻2009031		220
赣亚1号	Ganya 1	两系杂交中籼稻	2002	赣审稻2002022	CNA20020210.3	282
赣引17号	Ganyin 17	晚籼老品种				159
赣优晚8号	Ganhuawan 8	晚籼老品种				160
赣早籼1号	Ganzaoxian 1	常规早籼稻	1987	赣审稻1987001		49
赣早籼10号	Ganzaoxian 10	常规早籼稻	1990	赣审稻1990004		50
赣早籼11	Ganzaoxian 11	常规早籼稻	1990	赣审稻1990005		51
赣早籼12	Ganzaoxian 12	常规早籼稻	1990	赣审稻1990006		52
赣早籼13	Ganzaoxian 13	常规早籼稻	1990	赣审稻1990007		52
赣早籼14	Ganzaoxian 14	常规早籼稻	1990	赣审稻1990008		53
赣早籼15	Ganzaoxian 15	常规早籼稻	1990	赣审稻1990009		54
赣早籼16	Ganzaoxian 16	常规早籼稻	1991	赣审稻1991003		55
赣早籼17	Ganzaoxian 17	常规早籼稻	1991	赣审稻1991004		55
赣早籼18	Ganzaoxian 18	常规早籼稻	1991	赣审稻1991005		56
赣早籼19	Ganzaoxian 19	常规早籼稻	1991	赣审稻1991006		56
赣早籼2号	Ganzaoxian 2	常规早籼稻	1987	赣审稻1987002		57
赣早籼20	Ganzaoxian 20	常规早籼稻	1991	赣审稻1991007		58
赣早籼21	Ganzaoxian 21	常规早籼稻	1991	赣审稻1991008		59
赣早籼22	Ganzaoxian 22	常规早籼稻	1991	赣审稻1991009		60
赣早籼23	Ganzaoxian 23	常规早籼稻	1991	赣审稻1991010		61
赣早籼24	Ganzaoxian 24	常规早籼稻	1991	赣审稻1991011		62
赣早籼25	Ganzaoxian 25	常规早籼稻	1992	赣审稻1992001		63
赣早籼26	Ganzaoxian 26	常规早籼稻	1992	赣审稻1992002		64

（续）

品种名	英文（拼音）名	类型	审定（育成）年份	审定编号	品种权号	页码
赣早籼27	Ganzaoxian 27	常规早籼稻	1992	赣审稻1992003		65
赣早籼28	Ganzaoxian 28	常规早籼稻	1992	赣审稻1992004		66
赣早籼29	Ganzaoxian 29	常规早籼稻	1993	赣审稻1993001		67
赣早籼3号	Ganzaoxian 3	常规早籼稻	1987	赣审稻1987003		68
赣早籼30	Ganzaoxian 30	常规早籼稻	1993	赣审稻1993002		69
赣早籼31	Ganzaoxian 31	常规早籼稻	1993	赣审稻1993003		70
赣早籼32	Ganzaoxian 32	常规早籼稻	1994	赣审稻1994002		71
赣早籼33	Ganzaoxian 33	常规早籼稻	1994	赣审稻1994003		72
赣早籼34	Ganzaoxian 34	常规早籼稻	1994	赣审稻1994004		73
赣早籼35	Ganzaoxian 35	常规早籼稻	1994	赣审稻1994005		74
赣早籼36	Ganzaoxian 36	常规早籼稻	1994	赣审稻1994006		75
赣早籼37	Ganzaoxian 37	常规早籼稻	1995	赣审稻1995001		76
赣早籼38	Ganzaoxian 38	常规早籼稻	1995	赣审稻1995003		77
赣早籼39	Ganzaoxian 39	常规早籼稻	1996	赣审稻1996001		78
赣早籼4号	Ganzaoxian 4	常规早籼稻	1987	赣审稻1987004		79
赣早籼40	Ganzaoxian 40	常规早籼稻	1996	赣审稻1996002		80
赣早籼41	Ganzaoxian 41	常规早籼稻	1996	赣审稻1996003		81
赣早籼42	Ganzaoxian 42	常规早籼稻	1997	赣审稻1997001		82
赣早籼43	Ganzaoxian 43	常规早籼稻	1997	赣审稻1997002		83
赣早籼44	Ganzaoxian 44	常规早籼稻	1997	赣审稻1997003		84
赣早籼45	Ganzaoxian 45	常规早籼稻	1998	赣审稻1998001		85
赣早籼46	Ganzaoxian 46	常规早籼稻	1999	赣审稻1999001		86
赣早籼47	Ganzaoxian 47	常规早籼稻	2000	赣审稻2000001		87
赣早籼48	Ganzaoxian 48	常规早籼稻	2000	赣审稻2000002		88
赣早籼49	Ganzaoxian 49	常规早籼稻	2002	赣审稻2002001		89
赣早籼5号	Ganzaoxian 5	常规早籼稻	1987	赣审稻1987005		90
赣早籼50	Ganzaoxian 50	常规早籼稻	2002	赣审稻2002002		90
赣早籼51	Ganzaoxian 51	常规早籼稻	2002	赣审稻2002003		91
赣早籼52	Ganzaoxian 52	常规早籼稻	2002	赣审稻2002004		92

（续）

品种名	英文（拼音）名	类型	审定（育成）年份	审定编号	品种权号	页码
赣早籼53	Ganzaoxian 53	常规早籼稻	2003	赣审稻2003001		93
赣早籼54	Ganzaoxian 54	常规早籼稻	2003	赣审稻2003002		94
赣早籼55	Ganzaoxian 55	常规早籼稻	2003	赣审稻2003003		95
赣早籼56	Ganzaoxian 56	常规早籼稻	2004	赣审稻2004001		96
赣早籼57	Ganzaoxian 57	常规早籼稻	2004	赣审稻2004002		97
赣早籼58	Ganzaoxian 58	常规早籼稻	2004	赣审稻2004003		98
赣早籼59	Ganzaoxian 59	常规早籼稻	2005	赣审稻2005015		99
赣早籼6号	Ganzaoxian 6	常规早籼稻	1987	赣审稻1987006		100
赣早籼7号	Ganzaoxian 7	常规早籼稻	1987	赣审稻1987007 GS01005—1989		101
赣早籼8号	Ganzaoxian 8	常规早籼稻	1987	赣审稻1987008		102
赣早籼9号	Ganzaoxian 9	常规早籼稻	1990	赣审稻1990003		102
高粱稻	Gaoliangdao	常规早籼稻				161
红两优333	Hongliangyou 333	两系杂交中籼稻	2012	赣审稻2012001		504
红足早3号	Hongzuzao 3	早籼老品种				162
洪崖优2号	Hongyayou 2	三系杂交晚籼稻	2006	赣审稻2006034		283
洪早籼1号	Hongzaoxian 1	早籼老品种				163
恢2374	Hui 2374	籼型恢复系				211
吉优225	Jiyou 225	三系杂交晚籼稻	2014	赣审稻2014013		284
吉优268	Jiyou 268	三系杂交晚籼稻	2013	赣审稻2013004		285
吉优3号	Jiyou 3	三系杂交晚籼稻	2014	赣审稻2014017		286
佳优1251	Jiayou 1251	三系杂交晚籼稻	2009	赣审稻2009015		287
佳优1332	Jiayou 1332	三系杂交晚籼稻	2008	赣审稻2008024		288
佳优615	Jiayou 615	三系杂交晚籼稻	2006	赣审稻2006072		289
佳优617	Jiayou 617	三系杂交晚籼稻	2010	赣审稻2010017		290
建优718	Jian you 718	三系杂交中籼稻	2011	赣审稻2011003		291
江Ⅱ优赣17	Jiang Ⅱ yougan 17	三系杂交早籼稻	1999	赣审稻1999002		292
江Ⅱ优赣18	Jiang Ⅱ yougan 18	三系杂交晚籼稻	1995	赣审稻1995005		292
江科732	Jiangke 732	三系杂交晚籼稻	2007	赣审稻2007015		293

（续）

品种名	英文（拼音）名	类型	审定（育成）年份	审定编号	品种权号	页码
江科 736	Jiangke 736	三系杂交晚籼稻	2007	赣审稻 2007016		294
江农早 4 号 B	Jiangnongzao 4 B	籼型保持系	2010	赣审稻 2010033		221
江四优 207	Jiangsiyou 207	三系杂交晚籼稻	2006	赣审稻 2006029		295
江四优 402	Jiangsiyou 402	三系杂交晚籼稻	2008	赣审稻 2008035		296
江四优 992	Jiangsiyou 992	三系杂交晚籼稻	2004	赣审稻 2004021		297
江西丝苗	Jiangxisimiao	晚籼老品种				164
江杂 1 号	Jiangza 1	三系杂交晚籼稻	2005	赣审稻 2005088		298
江早 361	Jiangzao 361	常规晚籼稻	2014	赣审稻 2014026		165
金谷 F8	Jingu F 8	三系杂交晚籼稻	2006	赣审稻 2006030		299
金优 113	Jinyou 113	三系杂交晚籼稻	2011	赣审稻 2011008	CNA008511E	300
金优 1506	Jinyou 1506	三系杂交早籼稻	2007	赣审稻 2007035		301
金优 16	Jinyou 16	三系杂交早籼稻	2007	赣审稻 2007028		302
金优 165	Jinyou 165	三系杂交晚籼稻	2010	赣审稻 2010013		303
金优 313	Jinyou 313	三系杂交早籼稻	2009	赣审稻 2009036		304
金优 418	Jinyou 418	三系杂交早籼稻	2008	赣审稻 2008043		305
金优 458	Jinyou 458	三系杂交早籼稻	2003	赣审稻 2003005 国审稻 2008007		306
金优 476	Jinyou 476	三系杂交早籼稻	2008	赣审稻 2008041		307
金优 556	Jinyou 556	三系杂交早籼稻	2008	赣审稻 2008044		308
金优 71	Jinyou 71	三系杂交早籼稻	2001	赣审稻 2001004		308
金优 752	Jinyou 752	三系杂交中籼稻	2002	赣审稻 2002018	CNA20020061.5	309
金优 844	Jinyou 844	三系杂交晚籼稻	2008	赣审稻 2008029		310
金优 90	Jinyou 90	三系杂交中籼稻	2008	赣审稻 2008046		311
金优 968	Jinyou 968	三系杂交晚籼稻	2005	赣审稻 2005035		312
金优 9901	Jinyou 9901	三系杂交中籼稻	2006	赣审稻 2006009		313
金优 992	Jinyou 992	三系杂交晚籼稻	2008	赣审稻 2008010		314
金优 F6	Jinyou F 6	三系杂交早籼稻	2002	赣审稻 2002008		315
金优 H4	Jinyou H 4	三系杂交晚籼稻	2010	赣审稻 2010012		316
金优 L2	Jinyou L 2	三系杂交早籼稻	2008	赣审稻 2008037		317

（续）

品种名	英文（拼音）名	类型	审定（育成）年份	审定编号	品种权号	页码
京福4优13	Jingfu 4 you 13	三系杂交中籼稻	2010	赣审稻2010003		318
井冈早稻1号	Jinggangzaodao 1	常规早籼稻	2004	国审稻2004054	CNA006241E	166
九两优F 6	Jiuliangyou F 6	两系杂交早籼稻	2002	赣审稻2002011		505
九两优丰	Jiuliangyoufeng	两系杂交早籼稻	2002	赣审稻2002010		506
九农712	Jiunong 712	三系杂交晚籼稻	2006	赣审稻2006035		319
九云晚1号	Jiuyunwan 1	常规晚籼稻				167
科香优8417	Kexiangyou 8417	三系杂交晚籼稻	2011	赣审稻2011012		320
科优6418	Keyou 6418	三系杂交晚籼稻	2013	赣审稻2013008		321
莲塘晚香	Liantangwanxiang	晚籼老品种				168
莲塘早	Liantangzao	早籼老品种				169
莲塘早1号	Liantangzao 1	早籼老品种				170
莲塘早4号	Liantangzao 4	早籼老品种				171
两优038	Liangyou 038	两系杂交中籼稻	2010	赣审稻2010006		507
两优126	Liangyou 126	两系杂交晚籼稻	2009	赣审稻2009014		508
两优48	Liangyou 48	两系杂交早籼稻	2014	赣审稻2014027		509
两优608	Liangyou 608	两系杂交晚籼稻	2009	赣审稻2009021		510
两优617	Liangyou 617	两系杂交中籼稻	2009	赣审稻2009008		511
两优9773	Liangyou 9773	两系杂交早籼稻	2011	赣审稻2011014		512
两优黄占	Liangyouhuangzhan	两系杂交晚籼稻	2014	赣审稻2014018		513
陵两优193	Lingliangyou 193	两系杂交早籼稻	2014	赣审稻2014034		514
陵两优915	Lingliangyou 915	两系杂交早籼稻	2014	赣审稻2014001		515
六两优3327	Liuliangyou 3327	两系杂交早籼稻	2003	赣审稻2003006		516
隆平006	Longping 006	三系杂交早籼稻	2005	赣审稻2005078		322
隆平048	Longping 048	三系杂交晚籼稻	2005	赣审稻2005037		323
隆平601	Longping 601	三系杂交晚籼稻	2004	赣审稻2004008		324
陆两优35	Luliangyou 35	两系杂交早籼稻	2014	赣审稻2014003		517
陆两优98	Luliangyou 98	两系杂交早籼稻	2011	赣审稻2011019		518
密野1号	Miye 1	晚籼老品种				172

（续）

品种名	英文（拼音）名	类型	审定（育成）年份	审定编号	品种权号	页码
民先富3008	Minxianfu 3008	三系杂交中籼稻	2006	赣审稻2006010		325
民先富3020	Minxianfu 3020	三系杂交中籼稻	2006	赣审稻2006011	CNA20040654.X	326
南昌早2号	Nanchangzao 2	早籼老品种				173
南城麻姑米	Nanchengmagu	晚籼老品种				174
南特号	Nantehao	早籼老品种				175
农香优676	Nongxiangyou 676	三系杂交中籼稻	2014	赣审稻2014010		327
培两优1993	Peiliangyou 1993	两系杂交中籼稻	2009	赣审稻2009005		519
培两优丰1号	Peiliangyoufeng 1	两系杂交中籼稻	2009	赣审稻2009004		520
培两优抗占	Peiliangyoukangzhan	两系杂交晚籼稻	2005	赣审稻2005033		521
萍ⅡB	Ping Ⅱ B	籼型保持系				222
萍矮1号	Ping'ai 1	早籼老品种				176
萍恢2028	Pinghui 2028	籼型恢复系				212
萍乡显性核不育	Pingxiangxianxinghebuyu	籼型保持系				223
鄱优364	Poyou 364	三系杂交早籼稻	2010	赣审稻2010036		328
虔两优4480	Qianliangyou 4480	两系杂交晚籼稻	2010	赣审稻2010011		522
清香晚	Qingxiangwan	晚籼老品种				177
庆丰优306	Qingfengyou 306	三系杂交早籼稻	2011	赣审稻2011017		329
庆丰优7998	Qingfengyou 7998	三系杂交晚籼稻	2011	赣审稻2011009		330
秋矮	Qiu'ai	晚籼老品种				178
饶农7号	Raonongzao 7	早籼老品种				179
饶晚6号	Raowan 6	晚籼老品种				180
荣丰优868	Rongfengyou 868	三系杂交晚籼稻	2010	赣审稻2010007		331
荣优15	Rongyou 15	三系杂交晚籼稻	2012	赣审稻2012012		332
荣优1506	Rongyou 1506	三系杂交早籼稻	2007	赣审稻2007036		333
荣优225	Rongyou 225	三系杂交晚籼稻	2009	赣审稻2009017 国审稻2012029	CNA005977E	334
荣优463	Rongyou 463	三系杂交早籼稻	2010	赣审稻2010045	CNA007156E	335
荣优585	Rongyou 585	三系杂交早籼稻	2014	赣审稻2014033		336

（续）

品种名	英文（拼音）名	类型	审定（育成）年份	审定编号	品种权号	页码
荣优608	Rongyou 608	三系杂交早籼稻	2012	赣审稻2012022		337
荣优7号	Rongyou 7	三系杂交晚籼稻	2009	赣审稻2009022		338
荣优9号	Rongyou 9	三系杂交早籼稻	2008	赣审稻2008040 国审稻2011001		339
瑞丰优106	Ruifengyou 106	三系杂交早籼稻	2009	赣审稻2009033		340
三先密	Sanxianmi	晚籼老品种				181
汕优2号	Shanyou 2	三系杂交晚籼稻	1984	GS01009—1984 赣审稻1987019		341
汕优306	Shanyou 306	三系杂交晚籼稻	2010	赣审稻2010024		342
汕优736	Shanyou 736	三系杂交晚籼稻	2009	赣审稻2009016		343
汕优赣1号	Shanyougan 1	三系杂交早籼稻	1990	赣审稻1990010		344
汕优赣10号	Shanyougan 10	三系杂交晚籼稻	1990	赣审稻1990024		345
汕优赣13	Shanyougan 13	三系杂交早籼稻	1993	赣审稻1993006		345
汕优赣24	Shanyougan 24	三系杂交晚籼稻	1998	赣审稻1998007		346
深两优9152	Shenliangyou 9152	两系杂交中籼稻	2011	赣审稻2011001	CNA008096E	523
深优516	Shenyou 516	三系杂交晚籼稻	2014	赣审稻2014023		347
丝苗王	Simiaowang	晚籼老品种				182
四十早红	Sishizaohong	早籼老品种				183
泰丰优淦3号	Taifengyougan 3	三系杂交晚籼稻	2012	赣审稻2012015	CNA007361E	348
泰优398	Taiyou 398	三系杂交晚籼稻	2012	赣审稻2012008		349
特优1138	Teyou 1138	三系杂交晚籼稻	2008	赣审稻2008016		350
天丰优101	Tianfengyou 101	三系杂交晚籼稻	2010	赣审稻2010010		351
天丰优19	Tianfengyou 19	三系杂交晚籼稻	2008	赣审稻2008017		352
天丰优281	Tianfengyou 218	三系杂交晚籼稻	2009	赣审稻2009020		353
天丰优606	Tianfengyou 606	三系杂交晚籼稻	2008	赣审稻2008003		354
天丰优6418	Tianfengyou 6418	三系杂交晚籼稻	2009	赣审稻2009026 桂审稻2013015		355
天丰优736	Tianfeng 736	三系杂交晚籼稻	2010	赣审稻2010018		356
天丰优T025	Tianfengyou T025	三系杂交晚籼稻	2008	赣审稻2008012		357
天丰优紫红	Tianfengyouzihong	三系杂交中籼稻	2009	赣审稻2009042		358

（续）

品种名	英文（拼音）名	类型	审定（育成）年份	审定编号	品种权号	页码
天优1251	Tianyou 1251	三系杂交晚籼稻	2008	赣审稻2008025 桂审稻2011021		359
天优827	Tianyou 827	三系杂交晚籼稻	2014	赣审稻2014020		360
田两优227	Tianliangyou 227	两系杂交早籼稻	2008	赣审稻2008036		524
田两优31	Tianliangyou 31	三系杂交晚籼稻	2010	赣审稻2010023		525
田两优4号	Tianliangyou 4	两系杂交早籼稻	2005	赣审稻2005067		526
田两优402	Tianliangyou 402	两系杂交晚籼稻	1998	赣审稻1998004 桂审稻2001091		527
田两优66	Tianliangyou 66	两系杂交早籼稻	2003	赣审稻2003024		528
田两优9号	Tianliangyou 9	两系杂交晚籼稻	2004	赣审稻2004026		529
晚70145	Wan 70145	晚籼老品种				184
晚糯53	Wannuo 53	常规晚籼稻	1994	赣审稻1994011		185
万年贡谷	Wanniangonggu	晚籼老品种				186
威优156	Weiyou 156	三系杂交早籼稻	2010	赣审稻2010039		361
威优1号	Weiyou 1	三系杂交早籼稻	2008	赣审稻2008042		362
威优822	Weiyou 822	三系杂交早籼稻	2014	赣审稻2014035		363
威优赣3号	Weiyougan 3	三系杂交早籼稻	1990	赣审稻1990011		364
威优赣5号	Weiyougan 5	三系杂交早籼稻	1990	赣审稻1990012		365
威优洲418	Weiyou zhou 418	三系杂交早籼稻	2009	赣审稻2009035		366
五丰优157	Wufengyou 157	三系杂交早籼稻	2010	赣审稻2010044		367
五丰优286	Wufengyou 286	三系杂交早籼稻	2014	赣审稻2014005	CNA008064E	368
五丰优623	Wufengyou 623	三系杂交早籼稻	2009	赣审稻2009037		369
五丰优T025	Wufengyou T 025	三系杂交晚籼稻	2008	赣审稻2008013 国审稻2010024		370
五丰优T470	Wufengyou T 470	三系杂交中籼稻	2008	赣审稻2008004		371
五丰优淦3号	Wufengyougan 3	三系杂交晚籼稻	2009	赣审稻2009023		372
五优136	Wuyou 136	三系杂交晚籼稻	2013	赣审稻2013002		373
五优15	Wuyou 15	三系杂交晚籼稻	2012	赣审稻2012011		374
五优1573	Wuyou 1573	三系杂交晚籼稻	2014	赣审稻2014019		375
五优21	Wuyou 21	三系杂交早籼稻	2011	赣审稻2011018		376

（续）

品种名	英文（拼音）名	类型	审定（育成）年份	审定编号	品种权号	页码
五优268	Wuyou 268	三系杂交晚籼稻	2014	赣审稻2014016		377
五优301	Wuyou 301	三系杂交早籼稻	2011	赣审稻2011015		378
五优328	Wuyou 328	三系杂交晚籼稻	2013	赣审稻2013006		379
五优463	Wuyou 463	三系杂交早籼稻	2014	赣审稻2014004		380
五优566	Wuyou 566	三系杂交早籼稻	2014	赣审稻2014032		381
五优662	Wuyou 662	三系杂交晚籼稻	2012	赣审稻2012010		382
五优666	Wuyou 666	三系杂交晚籼稻	2014	赣审稻2014024		383
五优9833	Wuyou 9833	三系杂交早籼稻	2014	赣审稻2014002		384
伍农早3号	Wunongzao 3	早籼老品种				187
先恢1号	Xianhui 1	籼型恢复系				213
先恢962	Xianhui 962	籼型恢复系				214
先农1号	Xiannong 1	三系杂交早籼稻	2005	赣审稻2005007 国审稻2006012	CNA20030318.X	385
先农10号	Xiannong 10	三系杂交晚籼稻	2005	赣审稻2005023	CNA20040668.X	386
先农101	Xiannong 101	三系杂交中籼稻	2005	赣审稻2005055		387
先农11	Xiannong 11	三系杂交中籼稻	2004	赣审稻2004016	CNA20020271.5	388
先农12	Xiannong 12	三系杂交晚籼稻	2005	赣审稻2005024		389
先农123	Xiannong 123	三系杂交中籼稻	2007	赣审稻2007009		390
先农13	Xiannong 13	三系杂交早籼稻	2003	赣审稻2003020	CNA20030101.2	391
先农16	Xiannong 16	三系杂交晚籼稻	2003	赣审稻2003013 国审稻2003064 滇审稻200523	CNA20030410.0	392
先农18	Xiannong 18	三系杂交晚籼稻	2005	赣审稻2005025 国审稻2008019		393
先农2号	Xiannong 2	三系杂交晚籼稻	2005	赣审稻2005019		394
先农20	Xiannong 20	三系杂交晚籼稻	2004	赣审稻2004018		395
先农21	Xiannong 21	三系杂交早籼稻	2003	赣审稻2003021		396
先农23	Xiannong 23	三系杂交早籼稻	2005	赣审稻2005070		397
先农25	Xiannong 25	三系杂交早籼稻	2005	赣审稻2005071		398
先农26	Xiannong 26	三系杂交晚籼稻	2006	赣审稻2006033		399
先农3号	Xiannong 3	三系杂交晚籼稻	2005	赣审稻2005019		400

（续）

品种名	英文（拼音）名	类型	审定（育成）年份	审定编号	品种权号	页码
先农313	Xiannong 313	三系杂交中籼稻	2007	赣审稻2007007		401
先农36	Xiannong 36	三系杂交晚籼稻	2007	赣审稻2007017		402
先农37	Xiannong 37	三系杂交早籼稻	2006	赣审稻2006058		403
先农4号	Xiannong 4	三系杂交晚籼稻	2005	赣审稻2005020	CNA20040669.8	404
先农40	Xinnong 40	三系杂交晚籼稻	2005	赣审稻2005026		405
先农404	Xiannong 404	三系杂交中籼稻	2007	赣审稻2007008		406
先农5号	Xiannong 5	三系杂交早籼稻	2005	赣审稻2005009 国审稻2006012	CNA20030320.1	407
先农50号	Xiannong 50	三系杂交晚籼稻	2008	赣审稻2008019		408
先农6号	Xiannong 6	三系杂交晚籼稻	2005	赣审稻2005021	CNA20040670.1	409
先农8号	Xiannong 8	三系杂交晚籼稻	2005	赣审稻2005022		410
先农808	Xinnong 808	三系杂交中籼稻	2006	赣审稻2006016		411
献优赣12	Xianyougan 12	三系杂交晚籼稻	1990	赣审稻1990025		412
香稻	Xiangdao	晚籼老品种				188
香两优98049	Xiangliangyou 98049	两系杂交早籼稻	2003	赣审稻2003007		530
香优早	Xiangyouzao	早籼老品种				189
湘丰优100	Xiangfengyou 100	三系杂交晚籼稻	2014	赣审稻2014011		413
湘优196	Xiangyou 196	三系杂交晚籼稻	2012	赣审稻2012009		414
湘优4号	Xiangyou 4	三系杂交晚籼稻	2011	赣审稻2011010		415
湘优华占	Xiangyouhuazhan	三系杂交晚籼稻	2013	赣审稻2013003		416
协青早B	Xieqingzao B	籼型保持系				224
协优1429	Xieyou 1429	三系杂交晚籼稻	1999	赣审稻1999006 国审稻2001028		417
协优207	Xieyou 207	三系杂交晚籼稻	2001	赣审稻2001010		418
协优4480	Xieyou 4480	三系杂交晚籼稻	2001	赣审稻2001009		418
协优77	Xieyou 77	三系杂交中籼稻	2001	赣审稻2001012		419
协优80	Xieyou 80	三系杂交晚籼稻	2002	赣审稻2002015 国审稻2004023		419
协优916	Xieyou 916	三系杂交晚籼稻	2009	赣审稻2009024		420
协优962	Xieyou 962	三系杂交晚籼稻	2002	赣审稻2002017		421

（续）

品种名	英文（拼音）名	类型	审定（育成）年份	审定编号	品种权号	页码
协优赣14	Xieyougan 14	三系杂交晚籼稻	1994	赣审稻1994012		422
协优赣15	Xieyougan 15	三系杂交早籼稻	1994	赣审稻1994007		423
协优赣20	Xieyougan 20	三系杂交晚籼稻	1996	赣审稻1996010		424
协优赣7号	Xieyougan 7	三系杂交早籼稻	1990	赣审稻1990013		425
协优赣8号	Xieyougan 8	三系杂交晚籼稻	1990	赣审稻1990023		426
协优洲156	Xieyouzhou 156	三系杂交早籼稻	2010	赣审稻2010040		427
协优洲282	Xieyouzhou 282	三系杂交晚籼稻	2010	赣审稻2010020		428
协优洲48	Xieyouzhou 48	三系杂交晚籼稻	2010	赣审稻2010019		429
欣荣08	Xinrong 08	三系杂交早籼稻	2007	赣审稻2007031		430
欣荣优023	Xinrongyou 023	三系杂交早籼稻	2008	赣审稻2008018 国审稻2011004		431
欣荣优2045	Xinrongyou 2045	三系杂交早籼稻	2009	赣审稻2009034		432
欣荣优2067	Xinrongyou 2067	三系杂交晚籼稻	2008	赣审稻2008020		433
欣荣优2498	Xinrongyou 2498	三系杂交晚籼稻	2010	赣审稻2010021		434
欣荣优254	Xinrongyou 254	三系杂交晚籼稻	2008	赣审稻2008022		435
欣荣优2660	Xinrongyou 2660	三系杂交晚籼稻	2010	赣审稻2010022		436
欣荣优268	Xinrongyou 268	三系杂交晚籼稻	2011	赣审稻2011006		437
欣香优1068	Xinxiangyou 1068	三系杂交晚籼稻	2011	赣审稻2011007		438
新丰优121	Xinfengyou 121	三系杂交晚籼稻	2008	赣审稻2008027		439
新丰优22	Xinfengyou 22	三系杂交早籼稻	2007	赣审稻2007034		440
新丰优644	Xinfengyou 644	三系杂交晚籼稻	2009	赣审稻2009018		441
新露B	Xinlu B	籼型保持系				225
新香318	Xinxiang 318	三系杂交晚籼稻	2009	赣审稻2009027		442
新叶216	Xinye 216	三系杂交中籼稻	2007	赣审稻2007005		443
新优赣16	Xinyougan 16	三系杂交晚籼稻	1994	赣审稻1994013		444
新优赣22	Xinyougan 22	三系杂交晚籼稻	1990	赣审稻1997009 国审稻1990024		445
星横糯	xinghengnuo	晚籼老品种				190
秀5号	Xiu 5	晚籼老品种				191
秀江早4号	Xiujiangzao 4	早籼老品种				192

（续）

品种名	英文（拼音）名	类型	审定（育成）年份	审定编号	品种权号	页码
雅农1600	Yanong 1600	三系杂交中籼稻	2006	赣审稻2006069		446
宜S晚2号	Yi Swan 2	两系杂交晚籼稻	2004	赣审稻2004020	CNA003965E	531
宜矮1号	Yi'ai 1	晚籼老品种				193
宜早2号	Yizao 2	早籼老品种				194
弋阳大禾谷	Yiyangdahegu	中粳老品种				195
益丰优121	Yifengyou 121	三系杂交晚籼稻	2009	赣审稻2009011		447
益丰优205选	Yifengyou 205 Xuan	三系杂交晚籼稻	2011	赣审稻2011011		448
益丰优218	Yifeng you 218	三系杂交晚籼稻	2010	赣审稻2010026		449
益丰优3027选	Yifengyou 3027 Xuan	三系杂交晚籼稻	2010	赣审稻2010025		450
益禾16	Yihe 16	三系杂交中籼稻	2007	赣审稻2007004		451
益禾2号	Yihe 2	三系杂交中籼稻	2006	赣审稻2006008		452
益禾5号	Yihe 5	三系杂交早籼稻	2006	赣审稻2006057		453
益禾8号	Yihe 8	三系杂交晚籼稻	2007	赣审稻2007012		454
益两优88	Yiliangyou 88	两系杂交早籼稻	2008	赣审稻2008039		532
益优918	Yiyou 918	三系杂交晚籼稻	2012	赣审稻2012017		455
益优华占	Yiyouhuazhan	三系杂交晚籼稻	2014	赣审稻201402		456
永优9380	Yongyou 9380	三系杂交晚籼稻	2014	赣审稻2014012		457
优I 1501	You I 1501	三系杂交早籼稻	2007	赣审稻2007037		458
优I 156	You I 156	三系杂交早籼稻	2008	赣审稻2008038		459
优I 2009	You I 2009	三系杂交早籼稻	2012	赣审稻2012021		460
优I 2058	You I 2058	三系杂交早籼稻	2010	赣审稻2010042		461
优I 458	you I 458	三系杂交早籼稻	2005	赣审稻2005069		462
优I 536	You I 536	三系杂交早籼稻	2010	赣审稻2010038		463
优I 608	You I 608	三系杂交早籼稻	2012	赣审稻2012023		464
优I 66	You I 66	三系杂交早籼稻	2010	赣审稻2010041		465
优I 691	You I 691	三系杂交晚籼稻	2010	赣审稻2010015		466
优I华联2号	You I hualian 2	三系杂交早籼稻	1997	赣审稻1997006		467
优丰稻	Youfengdao	早籼老品种				196

（续）

品种名	英文（拼音）名	类型	审定（育成）年份	审定编号	品种权号	页码
油粘子	Youzhanzi	晚籼老品种				197
余农晚2号	Yunongwan 2	晚籼老品种				198
余农早1号	Yunongzao 1	早籼老品种				199
玉香1716	Yuxiang 1716	三系杂交中籼稻	2009	赣审稻2009006		468
岳优286	Yueyou 286	三系杂交晚籼稻	2008	赣审稻2008030		469
岳优617	Yueyou 617	三系杂交晚籼稻	2010	赣审稻2010016		470
跃丰202	Yaofeng 202	三系杂交中籼稻	2006	赣审稻2006068	CNA005978E	471
跃新1号	Yaoxin 1	三系杂交晚籼稻	2005	赣审稻2005031	CNA20050877.6	472
跃新2号	Yaoxin 2	三系杂交晚籼稻	2005	赣审稻2005032		473
跃新68	Yaoxin 68	三系杂交早籼稻	2005	赣审稻2005066		474
杂合A 201	Zahe A 201	三系杂交早籼稻	2006	赣审稻2006056		475
杂合A 402	Zahe A 402	三系杂交早籼稻	2005	赣审稻2005065		476
杂合A 906	Zahe A 906	三系杂交晚籼稻	2004	赣审稻2004025		477
早恢006	Zaohui 006	籼型恢复系				215
早恢382	Zaohui 382	籼型恢复系				216
早熟广六	Zaoshuguangliu	早籼老品种				200
正成456	Zhengcheng 456	三系杂交晚籼稻	2006	赣审稻2006037		478
中21优691	Zhong 21you 691	三系杂交晚籼稻	2010	赣审稻2010014		479
中9优3385	Zhong 9 you 3385	三系杂交晚籼稻	2010	赣审稻2010009		480
中9优801	Zhong 9 you 801	三系杂交晚籼稻	2003	赣审稻2003016		481
中百优华占	Zhongbaiyouhuazhan	三系杂交晚籼稻	2014	赣审稻2014015		482
中优08	Zhongyou 08	三系杂交早籼稻	2007	赣审稻2007030		483
中优141	Zhougyou 141	三系杂交中籼稻	2005	赣审稻2005056 闽审稻2007F04		484
中优173	Zhongyou 173	三系杂交晚籼稻	2009	赣审稻2009025		485
中优2596	Zhongyou 2596	三系杂交晚籼稻	2005	赣审稻2005027		486
中优329	Zhongyou 329	三系杂交晚籼稻	2005	赣审稻2005028		487
中优463	Zhongyou 463	三系杂交早籼稻	2006	赣审稻2006066		488
中优616	Zhongyou 616	三系杂交晚籼稻	2008	赣审稻2008021		489

（续）

品种名	英文（拼音）名	类型	审定（育成）年份	审定编号	品种权号	页码
中优洲481	Zhongyouzhou 481	三系杂交晚籼稻	2008	赣审稻2008026		490
株两优09	Zhuliangyou 09	两系杂交早籼稻	2007	赣审稻2007032		533
株两优1号	Zhuliangyou 1	两系杂交早籼稻	2007	赣审稻2007029		534
株两优101	Zhuliangyou 101	两系杂交早籼稻	2014	赣审稻2014030		535
株两优152	Zhuliangyou 152	两系杂交早籼稻	2010	赣审稻2010043		536
株两优16	Zhuliangyou 16	两系杂交早籼稻	2007	赣审稻2007033		537
株两优175	Zhuliangyou 175	两系杂交早籼稻	2012	赣审稻2012024		538
株两优3号	Zhuliangyou 3	两系杂交早籼稻	2007	赣审稻2007040		539
株两优316	Zhuliangyou 316	两系杂交早籼稻	2014	赣审稻2014028		540
株两优538	Zhuliangyou 538	两系杂交早籼稻	2014	赣审稻2014029		541
株两优606	Zhuliangyou 606	两系杂交早籼稻	2010	赣审稻2010037		542
株两优6108	Zhuliangyou 6108	两系杂交早籼稻	2012	赣审稻2012019		543
准两优916	Zhunliangyou 916	两系杂交中籼稻	2010	赣审稻2010001		544
紫优218	Ziyou 218	三系杂交晚籼稻	2008	赣审稻2008028		491

图书在版编目（CIP）数据

中国水稻品种志. 江西卷/万建民总主编；余传元，
余丽琴主编. —北京：中国农业出版社，2018.12
ISBN 978-7-109-24946-6

Ⅰ.①中… Ⅱ.①万…②余…③余… Ⅲ.①水稻–
品种–江西 Ⅳ.①S511.037

中国版本图书馆CIP数据核字（2018）第264312号

审图号：赣S（2019）032

中国水稻品种志·江西卷
ZHONGGUO SHUIDAO PINZHONGZHI·JIANGXI JUAN

中国农业出版社

地址：北京市朝阳区麦子店街18号楼
邮编：100125

策划编辑：舒 薇 贺志清
责任编辑：魏兆猛 柯文武
装帧设计：贾利霞
版式设计：胡至幸 韩小丽
责任校对：陈晓红
责任印制：王 宏 刘继超

印刷：北京通州皇家印刷厂
版次：2018年12月第1版
印次：2018年12月北京第1次印刷
发行：新华书店北京发行所

开本：787mm×1092mm 1/16
印张：37.25
字数：880千字

定价：370.00元